高等职业教育工业生产自动化技术系列教材

过程控制系统

（第3版）

齐卫红 主 编
刘芳园 副主编

電子工業出版社
Publishing House of Electronics Industry
北京 · BEIJING

内 容 简 介

本书以常规过程控制系统为主体，以目前在工业生产过程中广泛使用且较为成熟的典型控制方案作为重点内容，予以系统的阐述。

本书共分为8章。第1章过程控制基础知识，第2章简单控制系统，第3章串级控制系统，第4章前馈控制系统，第5章比值控制系统，第6章其他控制系统，第7章典型化工单元的控制，第8章控制系统工程设计。每章前面均设置“内容提要”和“特别提示”，章内每小节后附有“工程经验”，章后配备“本章小结”、“思考与练习”及实验等内容，本书配有PPT及习题的参考答案，以便于读者学习和使用。

本书由浅入深，重点突出，选材精练，便于自学，适合作为高职高专院校过程控制自动化、测控技术及仪器仪表等相关专业的教材，也可供电气、机械、炼油、化工、冶金、轻工等相关专业参考。

图书在版编目（CIP）数据

过程控制系统 / 齐卫红主编. —3版. —北京：电子工业出版社，2018.1

ISBN 978-7-121-33131-2

Ⅰ. ①过…　Ⅱ. ①齐…　Ⅲ. ①过程控制－高等学校－教材　Ⅳ. ①TP273

中国版本图书馆CIP数据核字（2017）第295388号

策划编辑：王昭松
责任编辑：韩奇桅
印　　刷：北京盛通数码印刷有限公司
装　　订：北京盛通数码印刷有限公司
出版发行：电子工业出版社
　　　　　北京市海淀区万寿路173信箱邮编 100036
开　　本：787×1 092　1/16　印张：17.25　字数：441.6千字
版　　次：2007年5月第1版
　　　　　2018年1月第3版
印　　次：2025年1月第14次印刷
定　　价：56.00元

凡所购买电子工业出版社图书有缺损问题，请向购买书店调换。若书店售缺，请与本社发行部联系，联系及邮购电话：（010）88254888，88258888。

质量投诉请发邮件至zlts@phei.com.cn，盗版侵权举报请发邮件至dbqq@phei.com.cn。

本书咨询联系方式：wangzs@phei.com.cn，QQ：83169290。

前　言

“过程控制”是现代工业自动化的一个重要领域。随着各类生产工艺技术不断改进提高，生产过程的连续化、大型化不断强化，以及对过程内在规律的进一步了解和仪表、计算机技术的迅猛发展，生产过程控制技术获得了更大的发展。“过程控制系统”是工业生产自动化及相关专业的一门主要专业课程。随着我国高等职业技术教育的迅速发展，工业生产自动化专业的办学规模也在逐步扩大。本书正是为了适应工业生产发展的需要和高等职业技术教育的教学特点而编写的。

本书第 1 版于 2007 年出版后，受到了不少大专院校的欢迎，被选为教材，也得到了许多自动化技术人员的肯定。该书作为一本面向工业生产自动化、测控技术与仪器等专业主干专业课程的教材，由于切合课程的教学大纲，书中内容叙述便于自学，为适合高职学生学习而减少了复杂的理论推导，且每一章均附有本章小结、思考与练习及主要实验环节等，因此受到了师生的普遍欢迎。经过 4 年多的使用，编者在收集和整理广大读者意见和建议的基础上，结合高职教学改革的实际情况，于 2011 年对本书进行了修订，推出了《过程控制系统（第 2 版）》教材。修订后的教材内容叙述更为详细、重点更为突出，并对原书的一些笔误和错字也进行了更正。

近几年，高等职业教育教学改革继续深入推进，为适应现阶段高职教学改革的需要，尤其是对高水平高职教材的需要，结合当前生源质量的变化情况，编者在广泛征求兄弟院校和使用单位的意见、总结多年教学实践经验的基础上，对《过程控制系统（第 2 版）》进行了再次修订。本次修订在保持前两版教材整体结构和主要内容不变的基础上，主要在以下方面进行了提高。

（1）对部分章节的内容进行了精简，使部分内容的论述及案例分析更为简练；为避免与《可编程序控制器》课程内容重复，删除了第 6 章第 4 节“自动保护系统”。

（2）增设学习“导引”环节，以突出应用性、实践性的培养目标。本次修订在每一章的正文之前设有“特别提示”，以期能帮助学生掌控学习的方向性；在第 1～6 章的每一节后设有“工程经验”，强化理论与实践的密切结合，更为具体地指导“学以致用”。

（3）提供了第 1～7 章课后习题的参考答案，方便读者自我检验学习效果。

（4）制作了电子课件，以便读者选用和参考。

读者可登录电子工业出版社华信教育资源网（www.hxedu.com.cn）自行下载电子课件和习题答案。

本书共分为 8 章，包括三大部分内容。第一部分为第 1 章过程控制基础知识，阐述了过程控制系统的组成、基本要求、控制性能指标、控制规律对系统控制质量的影响，以及过程动态特性与建模方法；第二部分为过程控制系统，包括第 2 章简单控制系统、第 3 章串级控制系统、第 4 章前馈控制系统、第 5 章比值控制系统和第 6 章其他控制系统，各章均以系统的分析、设计与应用为轴线，重点讨论了各类控制系统的组成、特点、设计原则、实施和应用范围，以及系统的投运和参数整定方法；第三部分为过程控制的工程设计和应用，包括第

7 章典型化工单元的控制和第 8 章控制系统工程设计，使学生具备工程设计的初步知识和识图能力，为控制系统的应用、维护、改进、设计奠定基础。

本次修订工作由西安理工大学高等技术学院齐卫红、刘芳园完成。齐卫红负责全书的统稿与修改，并编写第 1、2、3、6、7、8 章；第 4、5 章由刘芳园编写。在此对参加前两版编写工作的林春丽、孙庆玉、高燕、于洪庆、杨德宝、黄铁，以及主审王永红等各位老师表示诚挚的感谢。

由于编者水平有限，书中难免有不妥之处，恳请各位专家和读者不吝指正。

编　者

2017 年 10 月

目　　录

绪论 ………………………………………………………………………… 1

0.1　过程控制的定义和任务 ………………………………………………… 1

0.2　过程控制的发展与趋势 ………………………………………………… 4

0.2.1　自动控制理论的发展历程 ………………………………………… 4

0.2.2　过程控制系统的发展与趋势 ……………………………………… 5

第 1 章　过程控制基础知识 ………………………………………………… 7

1.1　自动控制系统的组成及分类 …………………………………………… 7

1.1.1　人工控制与自动控制 ……………………………………………… 7

1.1.2　自动控制的基本方式 ……………………………………………… 8

1.1.3　自动控制系统的组成 ……………………………………………… 10

1.1.4　自动控制系统的分类 ……………………………………………… 11

1.2　系统运行的基本要求 …………………………………………………… 14

1.2.1　系统的动态与静态 ………………………………………………… 14

1.2.2　基本要求 …………………………………………………………… 15

1.3　过程控制系统的过渡过程及控制性能指标 …………………………… 16

1.3.1　过程控制系统的过渡过程 ………………………………………… 16

1.3.2　过程控制系统的控制性能指标 …………………………………… 17

1.4　过程动态特性与建模 …………………………………………………… 20

1.4.1　数学模型的定义 …………………………………………………… 20

1.4.2　被控过程的数学模型（过程特性） ……………………………… 20

1.4.3　传递函数 …………………………………………………………… 27

1.4.4　过程特性的一般分析 ……………………………………………… 29

1.4.5　过程动态模型的实验测取 ………………………………………… 32

1.5　过程控制系统的方框图及传递函数 …………………………………… 35

1.5.1　系统方框图 ………………………………………………………… 35

1.5.2　方框图的等效变换与化简 ………………………………………… 35

1.5.3　过程控制系统的传递函数 ………………………………………… 40

1.6　常规控制规律及其对系统控制质量的影响 …………………………… 42

1.6.1　PID 控制的特点 …………………………………………………… 42

1.6.2　位式控制 …………………………………………………………… 43

1.6.3　比例控制（P） …………………………………………………… 44

1.6.4　积分控制（I） …………………………………………………… 47

1.6.5　微分控制（D） …………………………………………………… 50

本章小结 …………………………………………………………………… 53

思考与练习 ………………………………………………………………… 55

实验一　单回路控制系统控制过程演示……56
实验二　一阶（单容）过程特性测试二阶（双容）过程特性测试……57
第 2 章　简单控制系统……59
2.1　系统组成原理……59
2.1.1　简单控制系统的结构组成……59
2.1.2　控制过程分析……61
2.1.3　简单控制系统的设计概述……62
2.2　被控变量的选择……63
2.2.1　被控变量的选择方法……63
2.2.2　被控变量的选择原则……64
2.2.3　被控变量的选择实例……64
2.3　过程特性对控制质量的影响及操纵变量的选择……66
2.3.1　扰动通道特性对控制质量的影响……68
2.3.2　控制通道特性对控制质量的影响……71
2.3.3　操纵变量的选择……74
2.4　执行器（气动薄膜控制阀）的选择……74
2.4.1　控制阀概述……74
2.4.2　控制阀的结构形式及选择……77
2.4.3　控制阀气开、气关形式的选择……80
2.4.4　控制阀流量特性的选择……81
2.4.5　控制阀口径的选择……87
2.4.6　阀门定位器的正确使用……89
2.5　测量变送环节的选取及其对控制质量的影响……91
2.5.1　对测量变送环节的基本要求……92
2.5.2　测量误差分析……92
2.5.3　减小动态误差的方法……93
2.6　控制器的选择……95
2.6.1　控制器控制规律的选择……96
2.6.2　控制器正、反作用方式的选择……97
2.7　简单控制系统的投运和整定……100
2.7.1　控制系统的投运……100
2.7.2　控制系统的整定……103
2.8　简单控制系统的故障与处理……108
2.8.1　故障产生的原因……109
2.8.2　故障判断和处理的一般方法……109
2.8.3　故障分析举例……110
本章小结……111
思考与练习……113
实验三　简单控制系统的投运和整定……116
第 3 章　串级控制系统……117

3.1 基本原理和结构 …………118
3.1.1 串级控制系统的组成原理 …………118
3.1.2 串级控制系统的结构 …………119
3.1.3 串级控制系统的控制过程 …………121
3.2 串级控制系统的特点 …………122
3.3 串级控制系统的应用范围 …………126
3.3.1 用于具有较大纯滞后的过程 …………126
3.3.2 用于具有较大容量滞后的过程 …………128
3.3.3 用于存在变化剧烈和较大幅值扰动的过程 …………129
3.3.4 用于具有非线性特性的过程 …………129
3.4 串级控制系统的设计 …………130
3.4.1 主、副被控变量的选择 …………131
3.4.2 主、副控制器控制规律的选择 …………135
3.4.3 主、副控制器正、反作用的选择 …………135
3.4.4 串级控制系统的实施 …………137
3.5 串级控制系统的投运和整定 …………139
3.5.1 串级控制系统的投运 …………139
3.5.2 串级控制系统的整定 …………139
本章小结 …………141
思考与练习 …………142
实验四 串级控制系统的投运和整定 …………144
第 4 章 前馈控制系统 …………146
4.1 前馈控制原理 …………146
4.2 前馈控制的特点及局限性 …………147
4.2.1 前馈控制的特点 …………147
4.2.2 前馈控制的局限性 …………148
4.3 前馈控制系统的几种主要结构形式 …………148
4.3.1 单纯的前馈控制系统 …………148
4.3.2 前馈-反馈控制系统 …………149
4.3.3 前馈-串级控制系统 …………150
4.4 前馈控制系统的实施及应用 …………151
4.4.1 前馈控制系统的实施 …………151
4.4.2 前馈控制系统的应用 …………153
本章小结 …………154
思考与练习 …………155
第 5 章 比值控制系统 …………156
5.1 概述 …………156
5.2 比值控制系统的类型 …………157
5.2.1 单闭环比值控制系统 …………157
5.2.2 双闭环比值控制系统 …………158

5.2.3 变比值控制系统 ……159
5.3 比值系数的计算 ……161
5.3.1 流量与测量信号成线性关系时的折算 ……161
5.3.2 流量与测量信号成非线性关系时的折算 ……163
5.4 比值控制系统的实施 ……164
5.4.1 两种实施方案 ……164
5.4.2 比值控制系统中的信号匹配问题 ……165
5.5 比值控制系统的投运与整定 ……166
本章小结 ……167
思考与练习 ……167
实验五 单闭环比值控制系统的投运和整定 ……168
第 6 章 其他控制系统 ……170
6.1 均匀控制系统 ……170
6.1.1 均匀控制原理 ……170
6.1.2 均匀控制方案 ……172
6.2 选择性控制系统 ……175
6.2.1 选择性控制原理 ……175
6.2.2 选择性控制系统的类型 ……175
6.2.3 选择性控制系统工程设计和实施时的几个问题 ……178
6.3 分程控制系统 ……180
6.3.1 分程控制系统的组成及工作原理 ……180
6.3.2 分程控制的应用场合 ……181
6.3.3 分程控制系统的实施 ……184
本章小结 ……185
思考与练习 ……186
第 7 章 典型化工单元的控制 ……187
7.1 流体输送设备的控制 ……187
7.1.1 泵的控制 ……188
7.1.2 压缩机的控制 ……190
7.1.3 离心式压缩机的防喘振控制系统 ……192
7.2 传热设备的控制 ……194
7.2.1 传热设备的特性 ……194
7.2.2 一般传热设备的控制 ……195
7.2.3 加热炉的控制 ……198
7.3 锅炉设备的控制 ……202
7.3.1 锅炉汽包水位的控制 ……203
7.3.2 锅炉燃烧系统的控制 ……206
7.3.3 蒸汽过热系统的控制 ……209
7.4 精馏塔的控制 ……210
7.4.1 精馏塔的控制目标和扰动分析 ……211

7.4.2 精馏塔被控变量的选择 ……212
7.4.3 精馏塔的控制方案……214
*7.4.4 复杂控制和新型控制方案在精馏塔中的应用……218
7.5 化学反应器的控制……219
7.5.1 化学反应器的控制要求和被控变量的选择……219
7.5.2 化学反应器的基本控制策略……220
7.5.3 几种典型反应器的控制方案……221
本章小结……223
思考与练习……224
第8章 控制系统工程设计……227
8.1 工程设计的基本知识……227
8.1.1 工程设计的基本任务和设计步骤……227
8.1.2 工程设计的内容……228
8.1.3 自控系统工程设计的方法……229
8.2 控制方案及工艺控制流程图的设计……230
8.2.1 工程设计的图例符号……231
8.2.2 控制方案的设计……236
8.2.3 工艺控制流程图的绘制……239
8.3 控制系统的设备选择……241
8.3.1 仪表自动化设备的选型……241
8.3.2 检测仪表的选择……241
8.3.3 显示控制仪表的选型……242
8.3.4 自控设备表……243
8.4 仪表盘正面布置图和背面电气接线图……244
8.4.1 仪表盘正面布置图……244
8.4.2 仪表盘背面电气接线图……247
8.5 其他设计文件简介……252
本章小结……256
思考与练习……256
附录A 工艺流程图上常用设备和机器图例符号……258
附录B 工艺流程图上常用物料代号……260
附录C 工艺流程图上管道、管件、阀门及附件图例符号……261
附录D 过程控制范例——识读工业锅炉工艺控制流程图……262
附录E 某自控设计的自控设备表（表一）（部分）……263
附录F 某自控设计的自控设备表（表二）（部分）……264
参考文献……265

绪　论

生产过程自动化，一般是指石油、化工、冶金、炼焦、造纸、建材、陶瓷及电力发电等工业生产中连续的或按一定程序周期进行的生产过程的自动控制。电力拖动及电机运转等过程的自动控制一般不包括在内。凡是采用模拟或数字控制方式对生产过程的某一或某些物理参数进行的自动控制统称为过程控制。过程控制是自动控制学科的一个重要分支。

过程控制系统可分为常规仪表过程控制系统与计算机过程控制系统两大类。前者在生产过程自动化中应用最早，已有七十余年的发展历史，这是本书要介绍的主要内容。后者是自20世纪70年代发展起来的以计算机为核心的控制系统，这部分内容将在“计算机过程控制”课程中予以专门介绍，因此不再纳入本书的讨论范围。

0.1　过程控制的定义和任务

1．过程控制的基本概念

（1）自动控制。在没有人的直接参与下，利用控制装置操纵生产机器、设备或生产过程，使表征其工作状态的物理参数（状态变量）尽可能接近人们的期望值（即设定值）的过程，称为自动控制。

（2）过程控制。对生产过程所进行的自动控制，称为过程控制。也可采用前面的表述方法：凡是采用模拟或数字控制方式对生产过程的某一或某些物理参数进行的自动控制统称为过程控制。

（3）过程控制系统。为了实现过程控制，以控制理论和生产要求为依据，采用模拟仪表、数字仪表或微型计算机等构成的控制总体，称为过程控制系统。

2．过程控制的研究对象与任务

过程控制是自动控制学科的一门分支学科，是对过程控制系统进行的分析与综合。在这里，“综合”主要是指方案设计。有关过程控制系统的设计内容和步骤将在第2章、第8章中予以专门介绍。

3．过程控制的目的

生产过程中，对各个工艺过程的物理量（或称工艺变量）有着一定的控制要求。有些工艺变量直接表征生产过程，对产品的数量与质量起着决定性的作用。例如，精馏塔的塔顶或塔釜温度，一般在操作压力不变的情况下必须保持一定，才能得到合格的产品；加热炉出口温度的波动不能超出允许范围，否则将影响后一工段的效果；化学反应器的反应温度必须保持平稳，才能使效率达到指标。有些工艺变量虽不直接影响产品的质量和数量，然而保持其平稳却是使生产获得良好控制的前提。例如，用蒸汽加热反应器或再沸器，如果在蒸汽总压波动剧烈的情况下，要把反应温度或塔釜温度控制好将极为困难；中间储槽的液位高度与气柜压力，必须维持在允许的范围之内，才能使物料平衡，保持连续的均衡生产。有些工艺变量是决定安全生产的因素。例如，锅炉汽包的水位、受压容器的压力等，不允许超出规定的限度，否则将威胁生产安全。还有一些工艺变量直接鉴定产品的质量。例如，某些混合气体的组成、溶液的酸碱度等。近三十几年来，工业生产规模的迅猛发展，加剧了对人类生存环境的污染，因此，减小工业生产对环境的影响也已纳入了过程控制的目标范围。

综上所述，过程控制的主要目标应包括以下几个方面：

① 保障生产过程的安全和平稳；

② 达到预期的产量和质量；

③ 尽可能地减少原材料和能源损耗；

④ 把生产对环境的危害降低到最小程度。

由此可见，生产过程自动化是保持生产稳定、减少消耗、降低成本、改善劳动条件、促进文明生产、保证生产安全和提高劳动生产率的重要手段，是科学与技术进步的特征，是工业现代化的标记之一。

图 0.1 所示是工业生产中常见的锅炉汽包示意图。

锅炉是生产蒸汽的设备，几乎是工业生产中不可缺少的设备。保持锅炉汽包内的液（水）位高度在规定范围内是非常重要的，若水位过低，则会影响产汽量，且锅炉易烧干而发生事故；若水位过高，生产的蒸汽含水量高，会影响蒸汽质量。这些都是危险的。因此，汽包液位是一个重要的工艺参数，对其严加控制是保证锅炉正常生产必不可少的措施。

如果一切条件（包括给水流量、蒸汽量等）都近乎恒定不变，只要将进水阀置于某一适当开度，则汽包液位能保持在一定高度。但实际生产过程中这些条件是变化的，如进水阀前的压力变化、蒸汽流量的变化等。此时若不进行控制（即不去改变阀门开度），则液位将偏离规定的高度。因此，为保持汽包液位恒定，操作人员应根据液位高度的变化情况，控制进水量。

在此，工艺所要求的汽包液位高度称为设定值；所要求控制的液位参数称为被控变量或输出变量；那些影响被控变量使之偏离设定值的因素统称为扰动作用，如给水量、蒸汽量的变化等（设定值和扰动作用都是系统的输入变量）；用以使被控变量保持在设定值范围内的作用称为控制作用。

为了保持液位为定值，进行手工控制时主要有三步：

① 观察被控变量的数值，即汽包的液位；

② 把观察到的被控变量值与设定值加以比较，根据两者的偏差大小或随时间变化的情况，作出判断并发布命令；

③ 根据命令操作给水阀，改变进水量，使液位回到设定值。

如果采用检测仪表和自动控制装置来代替手工控制，就成为自动控制系统。

现以图 0.2 所示的锅炉汽包液位过程控制系统为例，说明过程控制系统的原理。当系统受到扰动作用后，被控变量（液位）发生变化，通过检测仪表得到其测量值 z；在自动控制装置（液位控制器 LC）中，将测量值 z 与设定值 x 进行比较，得到偏差 $e=z-x$；经过运算后，发出控制信号，这一信号作用于执行器（在此为控制阀），改变给水量，以克服扰动的影响，使被控变量回到设定值。这样就完成了所要求的控制任务。这些自动控制装置和被控的工艺对象就组成了一个过程控制系统。

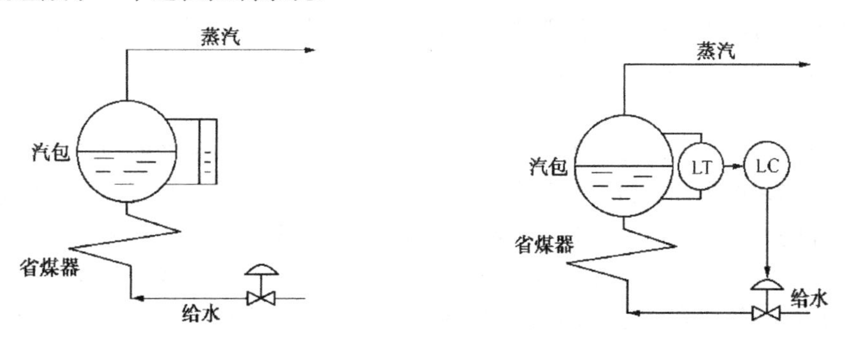

图 0.1 锅炉汽包示意图　　　　图 0.2 锅炉汽包液位过程控制系统示意图

通常，设定值是系统的输入变量，而被控变量是系统的输出变量。输出变量通过适当的检测仪表，又送回输入端，并与输入变量相比较，这个过程称为反馈。两者相加称为正反馈，两者相减称为负反馈。输出变量与输入变量相比较所得的结果叫做偏差，控制装置根据偏差的方向、大小或变化情况进行控制，使偏差减小或消除。发现偏差，然后去除偏差，这就是反馈控制的原理。利用这一原理组成的系统称为反馈控制系统，通常也称为自动控制系统。在一个过程控制系统中，实现自动控制的装置可以各不相同，但反馈控制的原理却是相同的。由此可见，有反馈存在和按偏差进行控制，是过程控制系统最主要的特点。

4．过程控制的特点

生产过程的自动控制，一般是要求保持过程进行中的有关参数为一定值或按一定规律变化。显然，过程参数的变化，不但受外界条件的影响，它们之间往往也相互影响，这就增加了某些参数自动控制的复杂性和难度。过程控制有如下特点。

（1）被控对象的多样性。工业生产各不相同，生产过程本身大多比较复杂，生产规模也可能差异很大，这就给对被控对象的认识带来了困难。不同生产过程要求控制的参数各异，且被控参数一般不止一个，这些参数的变化规律不同，引起参数变化的因素也不止一个，并且往往互相影响，所以想正确描绘这样复杂多样的对象特性是不可能的，至今也只能对简单的对象特性有明确的认识，对那些复杂多样的对象特性，还只能采用简化的方法来近似处理。虽然理论上有适应不同情况的控制方法，但由于对象特性辨识困难，要设计出适应不同对象的控制系统至今仍非易事。

（2）对象存在滞后。由于热工生产过程大多在比较庞大的设备内进行，对象的储存能力大，惯性也较大，内部介质的流动与热量转移都存在一定的阻力，并且往往具有自动转向平衡的趋势，因此当流入或流出对象的物质或能量发生变化时，由于存在容量、惯性和阻力，被控参数不可能立即反映出来。滞后的大小取决于生产设备的结构与规模，并同其流入量与流出量的特性有关。显然，生产设备的规模越大，物质传递的距离越长，热量传递的阻力越大，造成的滞后就越大。一般来说，热工过程中大多是具有较大滞后的对象，对自动控制十分不利。

（3）对象特性的非线性。对象特性往往是随负荷而变的。当负荷不同时，其动态特性有明显的差别，即具有非线性特性。如果只以较理想的线性对象的动态特性作为控制系统的设计依据，则难以达到控制目的。

（4）控制系统比较复杂。出于生产安全的考虑，生产设备的设计、制造都力求使各种参数稳定，不会产生振荡，所以作为被控对象就具有非振荡环节的特性。热工对象往往具有自动趋向平衡的能力，即被控量发生变化后，对象本身能使被控量逐渐稳定下来，这种对象就具有惯性环节的特性。也有无自动趋向平衡能力的对象，被控量会一直变化而不能稳定下来，这种对象就具有积分特性。

由于对象的特性不同，其输入与输出量可能不止一个，控制系统的设计在于适应这些不同的特点，以确定控制方案和控制器的设计或选型，以及控制器特性参数的计算与设定。这些都要以对象的特性为依据，而对象的特性正如上述那样复杂且难以充分认识，所以要完全通过理论计算进行系统设计与整定至今仍不可能。目前已设计出的各种各样的控制系统（如简单的位式控制系统、单回路及多回路控制系统，以及前馈控制、计算机控制系统等），都是通过必要的理论计算，采用现场调整的方法达到过程控制的目的的。

0.2　过程控制的发展与趋势

0.2.1　自动控制理论的发展历程

20 世纪 40 年代开始形成的控制理论被称为“20 世纪上半叶三大伟绩之一”，在人类社会的各个方面有着深远的影响。与其他学科一样，控制理论源于社会实践和科学实践。在自动化的发展中，有两个明显的特点：第一，任务的需要、理论的开拓与技术手段的进展三者相互推动，相互促进，显示了一幅错综复杂但又轮廓分明的画卷，三者间显示出清晰的同步性；第二，自动化技术是一门综合性的技术，控制论更是一门广义的学科，在自动化的各个领域，移植和借鉴起到了交流汇合的作用。

自动化技术的前驱，可以追溯到我国古代，如指南车的出现。至于工业上的应用，一般以瓦特的蒸汽机调速器作为正式起点。工业自动化是与工业革命同时开始的，这时的自动化装置是机械式的，而且是自力型的。随着电动、液动和气动这些动力源的应用，电动、液动和气动的控制装置开创了新的控制手段。

有人把形成于 20 世纪 30 年代末这段时期的控制理论称为第一代控制理论。第一代控制理论分析的主要问题是稳定性，主要的数学方法是微分方程解析方法。这时候的系统（包括过程控制系统）是简单控制系统，仪表是基地式、大尺寸的，能够满足当时的需要。

到第二次世界大战前后，控制理论有了很大发展。Nyquist（1932）和 Bode（1945）频域法分析技术及稳定判据、Evans 根轨迹分析方法的建立，使经典控制理论发展到了成熟的阶段，这是第二代控制理论。至此，自动控制技术开始形成一套完整的，以传递函数为基础，在频域对单输入、单输出（SISO）控制系统进行分析与设计的理论，这就是今天所谓的古典控制理论。古典控制理论最辉煌的成果之一要首推 PID 控制规律。PID 控制原理简单，易于实现，对无时间延迟的单回路控制系统极为有效。目前，工业过程控制中 80%～90%的系统还使用 PID 控制规律。经典控制理论最主要的特点是：线性定常对象，单输入、单输出，完成定值控制任务。即便对这些极简单对象的描述及控制任务，理论上也尚不完整，从而促使了现代控制理论的发展。

从 20 世纪 50 年代开始，随着工业的发展、控制需求的提高，除了简单控制系统以外，各种复杂控制系统也发展了起来，而且取得了显著的功效。为适应多种结构系统的需要，在控制器方面，单元组合式仪表应运而生。在20世纪60～70年代的相当长的一段时期内，气动单元组合仪表（QDZ）和电动单元组合仪表（DDZ）是控制仪表的主流。

20世纪60年代，现代控制理论迅猛发展，它是以状态空间方法为基础、以极小值原理和动态规划等最优控制理论为特征的，而以在随机干扰下采用Kalman滤波器的线性二次型系统（LQG）设计方法宣告了时域方法的完成，这是第三代控制理论。第三代控制理论在航天、航空、制导等领域取得了辉煌的成果，在过程控制领域也有所移植。

从20世纪70年代开始，为了解决大规模复杂系统的优化与控制问题，现代控制理论和系统理论相结合，逐步发展形成了大系统理论。其核心思想是系统的分解与协调。多级递阶优化与控制正是应用大系统理论的典范。实际上，大系统理论仍未突破现代控制理论的思想与框架，除了高维线性系统之外，它对其他复杂控制系统仍然束手无策。对于含有大量不确定性和难于建模的复杂系统，基于知识的专家系统、模糊控制、人工神经网络控制、学习控制和基于信息论的智能控制等应运而生，它们在许多领域都得到了广泛的应用。

0.2.2 过程控制系统的发展与趋势

从系统结构来看，过程控制已经经历了四个阶段。

1. 基地式控制阶段（初级阶段）

20世纪50年代，生产过程自动化主要是凭生产实践经验，局限于一般的控制元件及机电式控制仪器，采用比较笨重的基地式仪表（如自力式温度控制器、就地式液位控制器等），实现生产设备就地分散的局部自动控制。在设备与设备之间或同一设备中的不同控制系统之间，没有或很少有联系，其功能往往限于单回路控制。过程控制的目的主要是几种热工参数（如温度、压力、流量及液位）的定值控制，以保证产品质量和产量的稳定。时至今日，这类控制系统仍没有被淘汰，而且还有了新的发展，但所占的比重大为减少。

2. 单元组合仪表自动化阶段

20世纪60年代出现了单元组合仪表组成的控制系统，单元组合仪表有电动和气动两大类。所谓单元组合，就是把自动控制系统中的仪表按功能分成若干单元，依据实际控制系统结构的需要进行适当的组合，因此单元组合仪表使用方便、灵活。单元组合仪表之间用标准统一信号联系。气动仪表（QDZ系列）为（20～100）kPa气压信号。电动仪表信号为（0～10）mA直流电流信号（DDZ－Ⅱ系列）和（4～20）mA直流电流信号（DDZ－Ⅲ系列）。由于电流信号便于远距离传送，因而实现了集中监控与集中操纵的控制系统，对提高设备效率和强化生产过程有所促进，适应了工业生产设备日益大型化与连续化发展的需要。随着仪表工业的迅速发展，对过程控制对象特性的认识、对仪表及控制系统的设计计算方法等都有了较大的进步。但从设计构思来看，过程控制仍处于各控制系统互不关联或关联甚少的定值控制范畴，只是控制的品质有了较大的提高。单元组合仪表已延续了几十年，目前国内还有较多使用。由单元组合仪表组成的控制系统，其控制策略主要是PID控制和常用的复杂控制系统（如串级、均匀、比值、前馈、分程和选择性控制等）。

3. 计算机控制的初级阶段

20世纪70年代出现了计算机控制系统，最初是直接数字控制（DDC）实现集中控制，代替常规的控制仪表。但由于集中控制的固有缺陷，未能普及与推广就被集散控制系统（DCS）所替代。DCS 在硬件上将控制回路分散化，数据显示、实时监督等功能集中化，有利于安全平稳生产。就控制策略而言，DCS 仍以简单的 PID 控制为主，再加上一些复杂的控制算法，并没有充分发挥计算机的功能和控制水平。

4．综合自动化阶段

20 世纪 80 年代以后出现了二级优化控制，在 DCS 的基础上实现先进控制和优化控制。在硬件上采用上位机和 DCS（或电动单元组合仪表）相结合，构成二级计算机优化控制。随着计算机及网络技术的发展，DCS 出现了开放式系统，实现多层次计算机网络构成的管控一体化系统（CIPS）。同时，以现场总线为标准，实现以微处理器为基础的现场仪表与控制系统之间进行全数字化、双向和多站通信的现场总线网络控制系统（FCS）。FCS 将对控制系统结构带来革命性变革，开辟控制系统的新纪元。

当前自动控制系统发展的一些主要特点是：生产装置实施先进控制成为发展主流；过程优化受到普遍关注；传统的 DCS 正在走向国际统一标准的开放式系统；综合自动化系统（CIPS）是发展方向。

综合自动化系统，就是包括生产计划和调度、操作优化、先进控制和基层控制等内容的递阶控制系统，亦称管理控制一体化系统（简称管控一体化系统）。这类自动化系统是靠计算机及其网络来实现的，因此也称为计算机集成过程系统（CIPS）。这里，“计算机集成”指出了它的组成特征，“过程系统”指明了它的工作对象，正好与计算机集成制造系统（CIMS）相对应，有人也称之为过程工业的 CIMS。

可以认为，综合自动化是当代工业自动化的主要潮流。它以整体优化为目标，以计算机为主要技术工具，以对生产过程进行管理和控制的自动化为主要内容，将各个自动化“孤岛”综合集成为一个整体的系统。

第1章

过程控制基础知识

内容提要

本章概括性地论述了学习过程控制所必须掌握的基础知识。主要介绍了自动控制系统的组成和分类，对自动控制系统运行的基本要求，并以满足稳定性、快速性和准确性三方面要求的单项性能指标作为重点，详细描述了衡量过程控制系统控制质量的品质指标；分别介绍了用理论分析法和实验测试法求取被控过程数学模型的一般步骤及主要注意事项。最后重点讨论常规控制器的基本控制规律及其对系统控制质量的影响。

特别提示：

本章为过程控制基础篇。考虑到部分院校因课程体系设置不同，未在前期开设“自动控制原理”课程。为保证本门课程的顺利学习，特在此章增设了过程控制必备的基本知识及要点；已开设“自动控制原理”课程的院校，只需重点讲授第1.3和1.6节即可。

1.1 自动控制系统的组成及分类

1.1.1 人工控制与自动控制

自动控制是在人工控制的基础上发展起来的。下面先通过一个实例，将人工控制与自动控制进行对比分析，从而进一步认识自动控制系统的特点及组成。

图1.1（a）所示是用于生产蒸汽的锅炉汽包设备，其控制要求已在绪论中予以阐述。图1.1（b）为人工控制示意图。为保持汽包液位恒定，操作人员应根据液位高度的变化情况控制进水量。手工控制的过程主要分为三步：

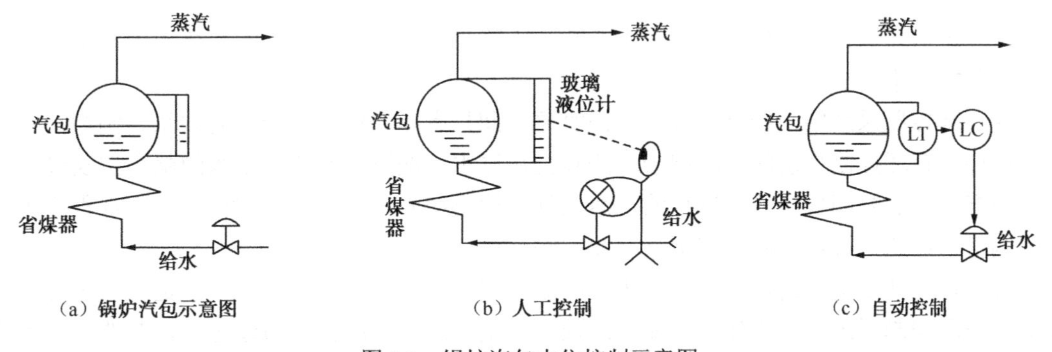

（a）锅炉汽包示意图　（b）人工控制　（c）自动控制

图1.1　锅炉汽包水位控制示意图

① 用眼睛观察玻璃液位计中的水位高低以获取测量值，并通过神经系统传送到大脑；

② 大脑根据眼睛看到的水位高度，与设定值进行比较，得出偏差的大小和方向，然后根据操作经验发出控制命令；

③ 根据大脑发出的命令，用双手去改变给水阀门的开度，使给水量与产汽消耗量相等，最终使水位保持在工艺要求的高度上。

在整个手工控制过程中，操作人员的眼、脑、手三个器官，分别起到了检测、判断和运算、执行三个作用，来完成测量、求偏差、再施加控制操作以纠正偏差的工作过程，保持汽包水位的恒定。

如采用检测仪表和自动控制装置来代替人工控制，就成为自动控制系统。如图 1.1（c）所示为锅炉汽包液位自动控制系统示意图。这里以此为例来说明自动控制系统的工作原理。

当系统受到扰动作用后，被控变量（液位）发生变化，通过检测变送仪表得到其测量值；控制器接收液位测量变送器送来的测量信号，与设定值相比较得出偏差，按某种运算规律进行运算并输出控制信号；控制阀接收控制器的控制信号，按其大小改变阀门的开度，调整给水量，以克服扰动的影响，使被控变量回到设定值，最终达到控制汽包水位稳定的目的。这样就完成了所要求的控制任务。这些自动控制装置和被控的工艺设备组成了一个没有人直接参与的自动控制系统。

通常，设定值是系统的输入变量，而被控变量是系统的输出变量。系统的输出变量通过适当的检测变送仪表又引回到系统输入端，并与输入变量相比较，这种做法称为“反馈”。当反馈信号与设定值相减时，称为负反馈；当反馈信号取正值与设定值相加时，称为正反馈。反馈变量与输入变量（设定值）相比较所得的结果叫做偏差，控制装置根据偏差的方向、大小或变化情况进行控制，使偏差减小或消除。发现偏差，然后去除偏差，这就是反馈控制的原理。利用这一原理组成的系统称为反馈控制系统，通常也称为自动控制系统。在一个自动控制系统中，实现自动控制的装置可以各不相同，但反馈控制的原理却是相同的。由此可见，有反馈存在、按偏差进行控制，是自动控制系统最主要的特点。

1.1.2 自动控制的基本方式

自动控制系统一般有两种基本控制方式。通常我们按照控制系统是否设有反馈环节来对其进行分类。不设反馈环节的，称为开环控制系统；设有反馈环节的，称为闭环控制系统。这里所说的“环”，是指由反馈环节构成的回路。下面介绍这两种控制系统的控制特点。

1. 开环控制系统

若系统的输出信号对控制作用没有影响，则称为开环控制系统，即系统的输出信号不反馈到输入端，不形成信号传递的闭合环路。

在开环控制系统中，控制装置与被控对象之间只有顺向作用而无反向联系。例如，家用洗衣机便是开环控制系统的实际例子。洗衣机从进水、洗涤、漂洗到脱水的整个洗衣过程，都是根据设定的时间程序依次进行的，而无须对输出信号（如衣服清洁程度、脱水程度等）进行测量。显然，开环控制系统不是反馈控制系统。

又如，图 1.2 所示的数控加工机床中广泛应用的精密定位控制系统，也是一个没有反馈环节的开环控制系统。其工作流程如下：预先设定的加工程序指令通过运算控制器（可为微机或单片机）去控制脉冲的产生和分配，发出相应的脉冲；再由这些脉冲（通常还要经过功率放大）驱动步进电机，通过精密传动机构带动工作台（或刀具）进行加工。此系统的被控对象是工作台；加工程序指令是输入量；工作台位移是被控变量，它只根据控制信号（控制脉冲）而变化。系统中既不对被控变量进行测量，也无反馈环节，输出量（被控变量）并不返回来影响控制部分，因此这个定位控制系统是开环控制。

此系统结构比较简单，但不能保证消除误差，图 1.2 中，步进电机是一种由“脉冲数”控制的电机，只要输入一个脉冲，电机就转过一定角度，称为“一步”。所以根据工作台所需要移动的距离，输入端给予一定的脉冲。如果因为外界扰动，步进电机多走或少走了几步，但系统并不能“觉察”，将造成误差。

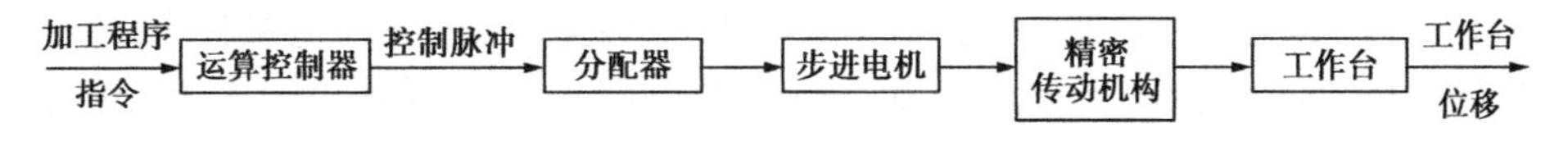

图 1.2　精密定位控制系统方框图

开环控制系统的原理方框图如图 1.3 所示。

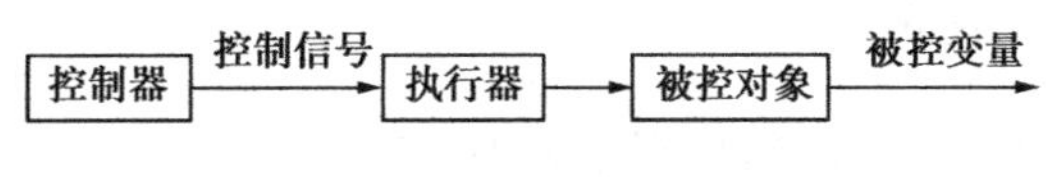

图 1.3　开环控制系统原理方框图

由此可见，由于开环控制方式不需要对被控变量进行测量，只根据输入信号进行控制，所以开环控制方式的特点是：无反馈环节；系统结构和控制过程均很简单；操作方便；成本比相应的闭环系统低。由于不测量被控变量，也不与设定值进行比较，所以系统受到扰动作用后，被控变量偏离设定值，且无法消除偏差，因此开环控制的缺点是抗扰动能力差、控制精度不高。

一般情况下开环控制系统只能适用于对控制性能要求较低的场合。其具体应用原则如下：当不易测量被控变量或在经济上不允许时，采用开环控制比较合适；在输出量和输入量之间的关系固定，且内部参数或外部负载等扰动因素不大（或这些扰动因素产生的误差可以预先确定并能进行补偿）的情况下，也应尽量采用开环控制系统。但是当系统中存在无法预计的扰动因素，并且对控制性能要求较高时，开环控制系统便无法满足技术要求，这时就应考虑采用闭环控制系统。

2. 闭环控制系统

凡是系统的输出信号对控制作用有直接影响的控制系统，就称为闭环控制系统。在闭环控制系统中，系统的输出信号通过反馈环节返回到输入端，形成闭合环路，故又称为反馈控制系统。

图 1.1（c）中的锅炉汽包液位自动控制系统就是一个具有反馈环节的闭环控制系统，其原理方框图如图 1.4 所示。

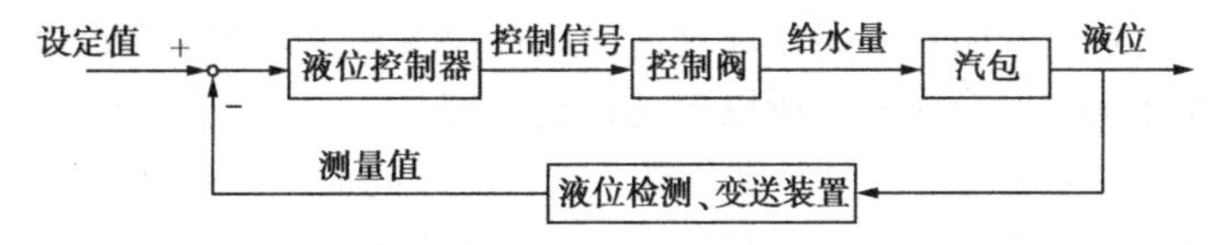

图 1.4　锅炉汽包液位闭环控制系统原理方框图

从图 1.4 中可以看出，为使被控变量稳定在工艺要求的设定值附近，闭环控制系统均采用负反馈方式。在一个负反馈控制系统中，将被控变量通过反馈环节送回输入端，与设定值进行比较，根据偏差控制被控变量，从而实现控制作用。因此，“采用负反馈环节，按偏差进行控制”是闭环控制系统在结构上的最大特点。不论什么原因引起被控变量偏离设定值，只要出现偏差，就会产生控制作用，使偏差减小或消除，达到使被控变量与设定值一致的目的，这是闭环控制的优点。这一优点使得闭环控制系统具有较高的控制精度和较强的抗扰动能力。因此，在实现对生产过程进行自动控制的过程控制系统中，均采用闭环控制。

闭环控制需要增加检测、反馈比较、控制器等部件，这会使系统较为复杂、成本提高。特别需要指出的是，闭环控制会带来使系统的稳定性变差甚至造成不稳定的副作用。这是由于闭环控制系统按偏差进行控制，所以尽管扰动已经产生，但在尚未引起被控变量变化之前，系统是不会产生控制作用的，这就使控制不够及时。此外，如果系统内部各环节配合不当，则会引起剧烈振荡，甚至会使系统失去控制。这些是闭环控制系统的缺点，在自动控制系统的设计和调试过程中应加以注意。

1.1.3 自动控制系统的组成

在研究自动控制系统时，为了更清楚地说明控制系统各环节的组成、特性和相互间的信号联系，一般都采用方框图来表示自动控制系统的原理。方框图也是过程控制系统中的一个重要概念和常用工具之一。

图 1.5 所示为通用的自动控制系统原理方框图，对该方框图说明如下。

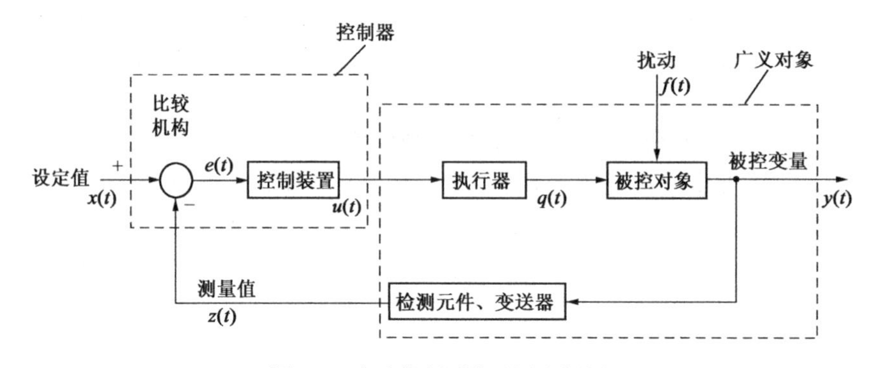

图 1.5 自动控制系统通用方框图

（1）图中每个方框表示组成系统的一个环节，两个方框之间用一条带箭头的线段表示它们相互间的信号联系（而不表示具体的物料或能量），箭头方向表示信号传递的方向，线上的字母说明传递信号的名称。

（2）进入环节的信号为环节输入，离开环节的信号为环节输出。输入会引起输出变化，而输出不会反过来直接引起输入的变化，环节的这一特性称为“单向性”，即箭头具有“单向性”。

（3）在方框图中，任何一个信号沿着箭头方向前进，最后又回到原来的起点，构成一个闭合回路。闭环控制系统的闭合回路是通过检测元件及变送器，将被控变量的测量值送回到输入端与设定值进行比较而形成的，所以自动控制系统是一个负反馈闭环控制系统。

（4）方框图中的各传递信号都是时间函数，它们随时间而不断变化。在定值控制系统中，扰动作用使被控变量偏离设定值，控制作用又使它恢复到设定值。当扰动作用与控制作用构成一对主要矛盾时，被控变量则处于不断运动之中。

图 1.5 所示的方框图采用下列符号：

① $x(t)$——设定值；
② $z(t)$——测量值；
③ $e(t)$——偏差，$e(t)=x(t)-z(t)$；
④ $u(t)$——控制作用（控制器输出）；
⑤ $y(t)$——被控变量；
⑥ $q(t)$——操纵变量；
⑦ $f(t)$——扰动。

由图 1.5 可以看出，一般自动控制系统包括被控对象、检测变送单元、控制器和执行器。

1．被控对象

被控对象也称被控过程（简称过程），是指被控制的生产设备或装置。工业生产中的各种塔器、反应器、换热器、泵和压缩机及各种容器、储槽都是常见的被控对象，甚至一段管道也可以是一个被控对象。在复杂的生产设备中（如精馏塔、吸收塔等），一个设备上可能有几个控制系统，这时在确定被控对象时，就不一定是生产设备的整个装置，只有该装置的某一个与控制有关的部分才是某一个控制系统的被控对象。

在图 1.1 中，被控对象就是锅炉汽包。

2．检测变送单元

检测变送单元一般由检测元件和变送器组成。其作用是测量被控变量，并按一定规律将其转换为标准信号输出，作为测量值，即把被控变量 $y(t)$转化为测量值 $z(t)$。例如，用热电阻或热电偶测量温度，并用温度变送器转换为统一的气压信号（（20～100）kPa）或直流电流信号（（0～10）mA 或（4～20）mA）。

3．控制器

控制器也称调节器。它将被控变量的测量值与设定值进行比较得出偏差信号 $e(t)$，并按某种预定的控制规律进行运算，给出控制信号 $u(t)$。

需要特别指出的是，在自动控制系统分析中，把偏差 $e(t)$定义为 $e(t)=x(t)-z(t)$。然而在仪表制造行业中，却把$[z(t)-x(t)]$作为偏差，即 $e(t)=z(t)-x(t)$，控制器以 $e(t)=z(t)-x(t)$进行运算给出控制信号。两者的符号恰好相反。

4．执行器

在过程控制系统中，常用的执行器是控制阀，其中以气动薄膜控制阀被使用最多。执行器接收控制器送来的控制信号 $u(t)$，直接改变操纵变量 $q(t)$。操纵变量是被控对象的一个输入变量，通过操作这个变量可以克服扰动对被控变量的影响，操纵变量通常是执行器控制的某一工艺变量。

通常将系统中控制器以外的部分组合在一起，即将被控对象、执行器和检测变送环节合并为广义对象。因此，也可以将自动控制系统看成由控制器和广义对象两部分组成。

1.1.4 自动控制系统的分类

自动控制系统的分类方法有多种，每一种分类方法都反映了控制系统某一方面的特点。

这里为了便于分析反馈控制系统的特性，按设定值的变化情况，将自动控制系统分为三类，即定值控制系统、随动控制系统和程序控制系统。

1．定值控制系统

设定值保持不变（为恒定值）的反馈控制系统称为定值控制系统。在定值控制系统中，由于设定值是固定不变的，扰动就成为引起被控变量偏离设定值的主要因素，因此定值控制系统的基本任务就是要克服扰动对被控变量的影响，使其保持为设定值。所以也把仅以扰动量作为输入的系统叫做定值控制系统。本书叙述的自动控制系统均为定值控制系统。

工业生产中大多数都是定值控制系统，如各种温度、压力、流量、液位等控制系统，恒温箱的温度控制，稳压电源的电压稳定控制等。换热器出口温度控制系统和图 1.1（c）所示的锅炉汽包水位自动控制系统即属于定值控制系统。

图 1.6（a）所示是一个用电阻丝加热的恒温箱温度控制系统。控制变压器活动触点的位置即改变了输入电压，使通过电阻丝的电流产生变化，从而将恒温箱控制在不同的温度值上。所以，控制活动触点的位置可以达到控制温度的目的。这里的被控变量是恒温箱的温度，经热电偶测量并与设定值比较后，其偏差经过放大器放大，控制电动机的转向，然后经过传动装置，移动变压器的活动触点位置，其控制结果使偏差减小，直到温度达到设定值为止。其系统方框图如图 1.6（b）所示。

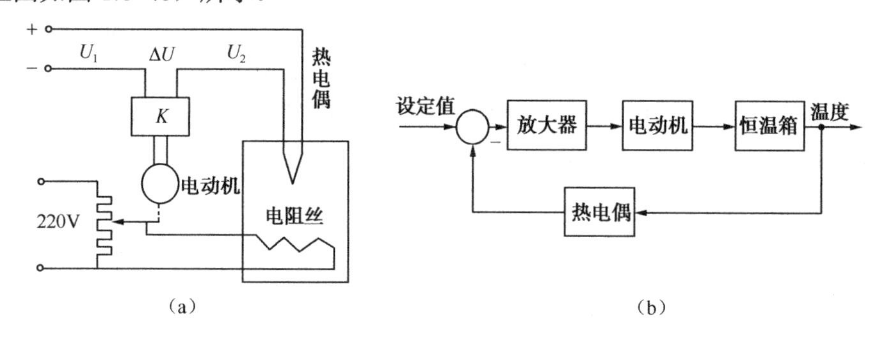

图 1.6　恒温箱温度控制系统

2．随动控制系统

随动控制系统也称跟踪控制系统。这类控制系统的特点是设定值在不断变化，而且没有确定的规律，是时间的未知函数，并且要求系统的输出（被控变量）随之而变化。自动控制的目的是要使被控变量能够及时而准确地跟踪设定值的变化。例如，雷达跟踪系统就是典型的随动控制系统；各类测量仪表中的变送器本身亦可以看做一个随动控制系统，它的输出（指示值）应迅速、准确地随着输入（被测变量）而变化。

图 1.7（a）所示是工业生产中常用的比值控制系统。现以加热炉燃料与空气的混合比例控制系统为例说明其控制过程。在该系统中，燃料量是按工艺过程的需要而手动或自动地不断改变的，控制系统应使空气量跟随燃料量而变化，并自动按规定的比例增、减空气量，保证燃料经济地燃烧。图 1.7（b）所示是该系统的方框图，从图中可以清楚地看出，该系统也是一个随动控制系统。

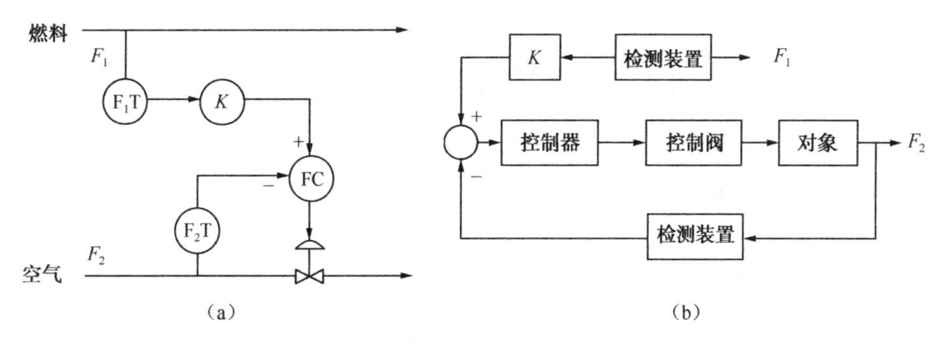

图 1.7　比值控制系统示意图及方框图

3. 程序控制系统

程序控制系统的设定值是根据工艺过程的需要而按照某种预定规律变化的，是一个已知的时间函数，自动控制的目的是使被控变量以一定的精度、按规定的时间程序变化，以保证生产过程顺利完成。程序控制系统主要用于实现对周期作业的工艺设备的自动控制，如某些间歇式反应器的温度控制、冶金工业中退火炉的温度控制，以及程序控制机床等。

图 1.8 所示是某电炉炉温程序控制系统示意图。给定电压 U_0 由程序装置给出（根据需要按时间变化，由时钟机构和凸轮产生），并与热电偶所产生的热电势 U_1 比较。若 $U_1 \neq U_0$，则放大器输入端有偏差电压 $U=U_0-U_1$ 产生，此电压经放大后送到电动机。电动机根据偏差大小和极性而动作，经减速器改变电炉电阻丝的电流，使电炉内的温度发生变化，直至 $U_1=U_0$ 为止。此时放大器输入的偏差电压 $U=U_0-U_1=0$，电动机不转动。当 U_0 按一定程序变化时，电炉温度也随之而变化，使热电势 U_1 时刻跟踪给定电压 U_0。

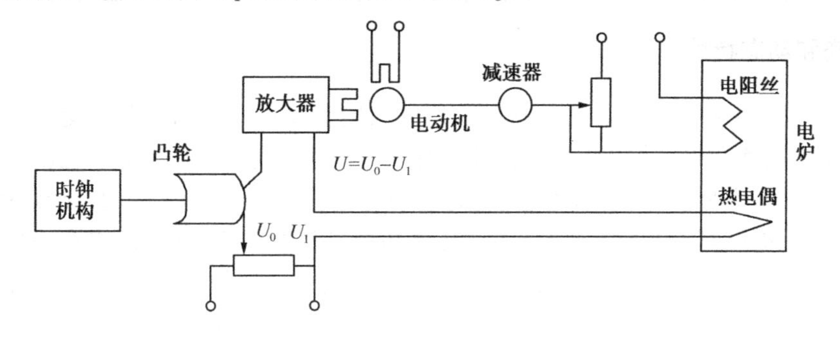

图 1.8　电炉炉温程序控制系统示意图

上述各种反馈控制系统中，各环节间信号的传送都是连续变化的，故称为连续控制系统或模拟控制系统，统称为常规过程控制系统。在石油、化工、冶金、电力、陶瓷、轻工、制药等工业生产中，定值控制系统占大多数，是主要的控制系统，其次是程序控制系统和随动控制系统。

【工程经验】

工业生产过程流程复杂、扰动繁多，为取得良好的控制效果，绝大多数过程控制系统均采用“闭环负反馈”控制方式；过程控制中最有效的调节手段为流量参数，因此过程控制系统中的执行器均为控制阀。这是过程控制区别于其他自动控制的显著特点。

1.2 系统运行的基本要求

1.2.1 系统的动态与静态

1. 静态和静态特性

自动控制系统的输入有两种，一种是设定值的变化（或称设定作用），另一种是扰动的变化（或称扰动作用）。当输入恒定不变时，整个系统若能建立平衡，系统中各个环节将暂不动作，它们的输出都处于相对静止状态。在自动控制系统中，把被控变量不随时间而变化的平衡状态，称为系统的静态（或稳态）。

在此，值得指出的是，系统的静态与平时认为的静止不动是不相同的。静止，习惯上都是指静止不动。而在自动控制领域中，系统的静态，并非指系统内没有物料与能量的流动，而是指各个参数（或信号）的变化率为零，即参数保持不变，此时的控制系统暂时处于相对的平衡状态。自动控制系统在静态时，生产仍在进行，物料和能量仍然有进有出，只是整个生产过程暂时平稳运行，各参数保持不变。例如，在锅炉汽包液位控制系统中，当给水量与蒸汽量相等时，液位保持不变，此时称系统达到了平衡，亦即处于静态。

同样，对于系统中的任何一个环节来说，也存在静态。在保持平衡时环节的输出与输入关系称为环节的静态特性。

系统和环节的静态特性是很重要的。系统的静态特性是控制品质的重要一环；被控过程的静态特性是扰动分析、确定控制方案的基础；检测装置的静态特性反映了它的精度、线性度、灵敏度、变差等性能；控制装置和执行器的静态特性对控制品质有显著的影响。

2. 动态和动态特性

当系统暂处于平衡状态时，由于扰动作用或设定值变化（即输入发生变化），系统的平衡受到破坏，被控变量（即输出）随即发生变化，偏离设定值，自动控制装置就会相应动作，进行控制以克服扰动的影响，力图使系统恢复平衡。从输入开始变化时起，经过控制，直到再建立静态，在这段时间中整个系统的各个环节和变量都处于变动状态。在自动控制系统中，把被控变量随时间而变化的不平衡状态，称为系统的动态。例如，前述锅炉汽包液位控制系统中，当给水量与蒸汽量不相等时，液位将上下波动变化，此时系统处于动态。

系统处于动态时的输出与输入之间的关系称为系统的动态特性。同样，对系统中的任何一个环节来说，当输入发生变化时，也将引起输出的变化，其间的关系称为环节的动态特性。

在控制系统中，了解动态特性甚至比了解静态特性更为重要，也可以说，静态特性是动态特性的一种极限情况。在定值控制系统中，扰动不断产生，控制作用也就不断克服其影响，系统总是处于动态过程中。同样，在随动控制系统中，设定值不断变化，系统也总是处于动态过程中。因此，控制系统的分析重点要放在系统和环节的动态特性上，这样才能设计出良好的控制系统，以满足生产提出的各种要求。

3. 静态与动态的辩证关系

以哲学的观点看，在自动控制系统中，平衡和静态是暂时的、相对的、有条件的，不平衡和动态才是普遍的、绝对的、无条件的。在生产过程中，扰动作用不断产生，控制作用也就不断地去克服扰动对被控变量的影响，最后使被控变量恢复到设定值上来。所以，自动控制系统总是处在动态之中。

1.2.2 基本要求

自动控制理论是研究各种自动控制系统的共同规律的一门学科。尽管自动控制系统有不同的类型，对每个系统也都有不同的特殊要求，但是，对于每一种类型的控制系统，对被控变量变化全过程提出的基本要求都是一样的。

由于系统在控制过程中存在着动态过程，所以自动控制系统性能的好坏，不仅取决于系统稳态时的控制精度，还取决于动态时的工作状况。因此，对自动控制系统的基本技术性能的要求，包含静态和动态两个方面，一般可以将其归纳为稳定性、快速性和准确性，即“稳、快、准”的要求。

1. 稳定性

稳定性是指系统受到外来作用后，其动态过程的振荡倾向和系统恢复平衡的能力。如果系统受到外来作用后，经过一段时间，其被控变量可以达到某一稳定状态，则称系统是稳定的；否则，则称系统是不稳定的。

稳定性是保证控制系统正常工作的先决条件。一个稳定的控制系统，其被控变量偏离设定值的初始偏差应随时间的增长而逐渐减小或趋近于零。具体来说，对于稳定的定值控制系统，当被控变量因扰动作用而偏离设定值后，经过一个动态过程，被控变量应恢复到原来的设定值状态；对于稳定的随动控制系统，被控变量应能始终跟踪设定值的变化。反之，不稳定的控制系统，其被控变量偏离设定值的初始偏差将随时间的增长而发散，因此，不稳定的控制系统无法实现预定的控制任务。

线性自动控制系统的稳定性是由系统结构和参数所决定的，与外界因素无关。因此，保证控制系统的稳定性，是设计和操作人员的首要任务。

2. 快速性

一个能在工业生产中实际应用的控制系统，仅仅满足稳定性要求是不够的。还必须对其动态过程的形式和快慢提出要求，一般称为动态性能。

快速性是通过动态过程持续时间的长短来表征的。输入变化后，系统重新稳定下来所经历的过渡过程的时间越短，表明快速性越好；反之亦然。快速性表明了系统输出对输入响应的快慢程度。因此，提高响应速度、缩短过渡过程的时间，对提高系统的控制效率和控制过程的精度都是有利的。

3. 准确性

在理想情况下，当过渡过程结束后，被控变量达到的稳态值（即平衡状态）应与设定值一致。但实际上，由于系统结构和参数、外来作用的形式等非线性因素的影响，被控变量的稳态值与设定值之间会有误差存在，称为稳态误差（余差）。稳态误差是衡量控制系统静态控制精度的重要标志，在技术指标中一般都有具体要求。

稳定性、快速性和准确性往往是互相制约的。在设计与调试过程中，若过分强调系统的稳定性，则可能会造成系统响应迟缓和控制精度较低的后果；反之，若过分强调系统响应的快速性，则又会使系统的振荡加剧，甚至引起不稳定。

怎样根据工作任务的不同分析和设计一个自动控制系统，使其对三方面的性能要求有所侧重，并兼顾其他，以全面满足要求，这正是本课程所要研究的内容。

【工程经验】

系统静态的实质，是指在生产连续运行前提下，被控变量不随时间变化的相对稳定状态。正确分辨系统的动、静态，是自控从业人员的必备技能。

1.3 过程控制系统的过渡过程及控制性能指标

在前面两节中，主要介绍了一般自动控制系统的组成、分类和对系统运行的基本要求。从本节开始，将重点讨论在生产过程中实现自动控制的过程控制系统。

1.3.1 过程控制系统的过渡过程

原来处于稳定状态下的过程控制系统，当其输入（扰动作用或设定值）发生变化后，被控变量（即输出）将随时间不断变化，它随时间而变化的过程称为系统的过渡过程，即系统从一个平衡状态过渡到另一个平衡状态的过程。

过程控制系统的过渡过程，实质上就是控制作用不断克服扰动作用的过程。当扰动作用与控制作用这一对矛盾得到统一时，过渡过程也就结束了，系统又达到了新的平衡状态。

研究过程控制系统的过渡过程，对分析和改进控制系统具有很重要的意义，因为它直接反映控制系统质量的优劣，与生产过程中的安全及产品的产量、质量有着密切的联系。

对于一个稳定的控制系统（所有正常工作的反馈系统都是稳定系统），要分析其稳定性、准确性和快速性，常以阶跃输入作用时被控变量的过渡过程为例。这是因为阶跃信号形式简单，容易实现，便于分析计算，实际中也经常遇到，并且这类输入变化对控制系统的影响最大。如果一个系统对阶跃输入有较好的响应，那么它对其他形式的输入变化就更能适应。

在阶跃扰动作用下，定值控制系统的过渡过程有如下几种基本形式，如图 1.9 所示。

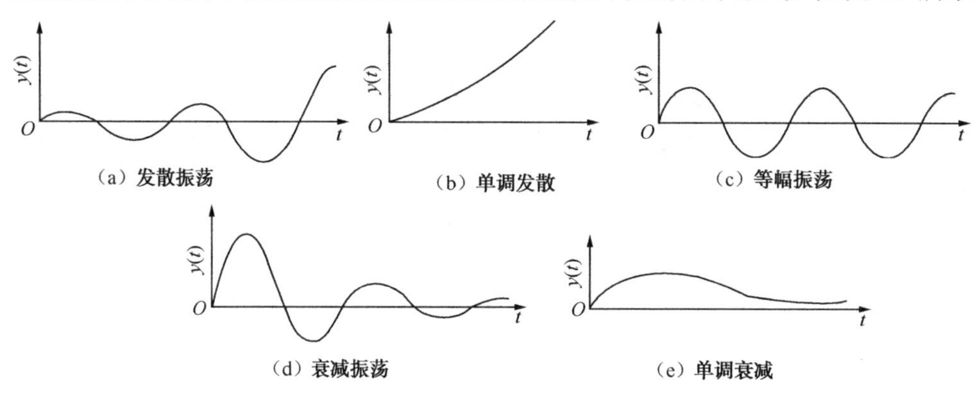

图 1.9 定值控制系统过渡过程的几种形式

（1）图 1.9（a）所示是发散振荡过程，被控变量一直处于振荡状态，且振幅逐渐增加，远离设定值，直到超出工艺所允许的范围产生事故为止。显然，这种过渡过程是绝对不允许出现的。

（2）图 1.9（b）所示是单调发散过程，被控变量虽不振荡，但偏离原来的静态点越来越远。显然，这种过渡过程也是不稳定的。

（3）图 1.9（c）所示是等幅振荡过程，既不衰减也不发散，处于稳定与不稳定的临界状态。由于被控变量始终在某一数值附近上下波动而不能稳定下来，因此除了简易的双位控制，这种系统在生产上也不能采用。

（4）图 1.9（d）所示是衰减振荡过程，被控变量经过几个周期的波动后就能重新稳定下来，符合对系统基本性能的要求（稳定、迅速、准确），这正是人们所希望的。

（5）图 1.9（e）所示是非周期的单调衰减过程，它表明被控变量偏离设定值以后，要经过相当长的时间才慢慢地接近设定值。单调衰减过程符合稳定要求，但不够迅速，不够理想，因此一般不宜采用，只有当生产上不允许被控变量有较大幅度波动时才采用。

综上所述，从满足稳定性、快速性和准确性的基本要求出发，一般都希望过程控制系统在阶跃输入作用下的过渡过程为图 1.9（d）和图 1.10 所示的衰减振荡过程（图 1.10 所示为稳定的随动控制系统的过渡过程）。

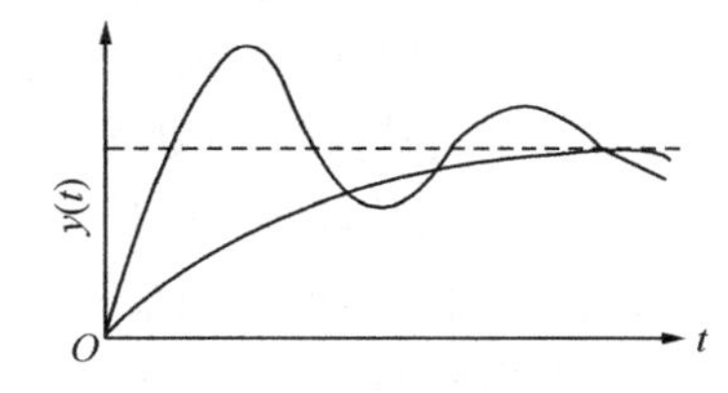

图 1.10　稳定的随动系统过渡过程

1.3.2　过程控制系统的控制性能指标

过程控制系统的控制性能指标是衡量系统控制质量优劣的依据，又称为质量指标（或品质指标）。根据分析方法的不同，控制性能指标也有很多形式，通常主要采用两类性能指标：单项性能指标和综合控制指标。

1. 单项性能指标

由上述分析可知，过程控制系统在受到外来作用时，被控变量应平稳、迅速和准确地趋近或恢复到设定值。图 1.11 所示是满足此要求的定值控制系统和随动控制系统在阶跃输入作用下的典型过渡过程响应曲线。

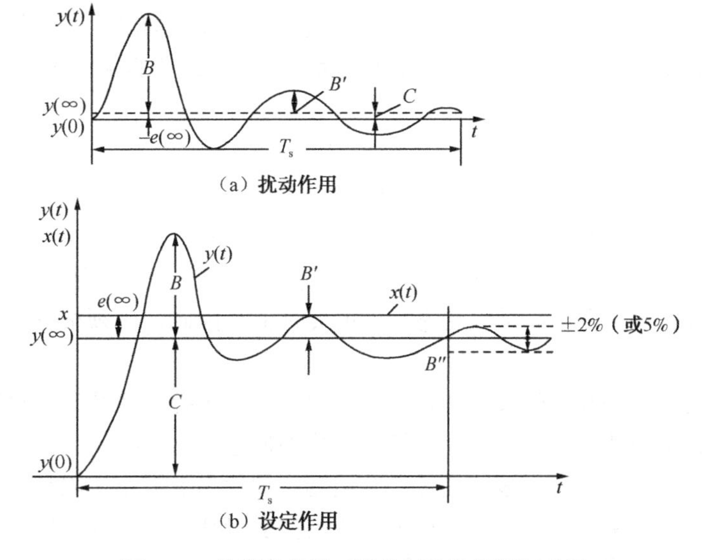

图 1.11　控制系统的时域控制性能指标示意图

单项性能指标是在时间域上从满足稳定性、快速性和准确性三方面的基本要求出发，来评价一个原处于静态的过程控制系统在单位阶跃输入作用下的过渡过程，也即单项性能指标是以原处于零状态下的系统在单位阶跃输入作用下被控变量的衰减振荡曲线来定义的。通常用如下四个指标来评定，这些控制指标仅适用于衰减振荡过程。

（1）衰减比 n。衰减比是控制系统的稳定性指标。它表示振荡过程的衰减程度，其定义是过渡过程曲线上相邻同方向两个波峰的幅值之比。在图 1.11 中，若用 B 表示第一个波的振幅，B' 表示同方向第二个波的振幅，则衰减比为

$$n=\frac{B}{B'} \tag{1.1}$$

习惯上用 $n:1$ 表示衰减比。若衰减比 $n<1$，表明过渡过程是发散振荡，系统处于不稳定状态；若衰减比 $n=1$，则过渡过程是等幅振荡，系统处于临界稳定状态；若衰减比 $n>1$，则过渡过程是衰减振荡，n 越大，系统越稳定。为保持足够的稳定裕度，衰减比一般取 4∶1～10∶1，这样，大约经过两个周期，系统就能趋近于新的稳态值。通常，希望随动控制系统的衰减比为 10∶1，定值控制系统的衰减比为 4∶1。而对于少数不希望有振荡的过渡过程，则需要采用非周期的形式，因此，其衰减比须视具体被控对象的不同来选取。

（2）超调量σ与最大动态偏差 $e_{\max}$。超调量和最大动态偏差表征在控制过程中被控变量偏离参比变量的超调程度，是衡量过渡过程动态精确度（即准确性）的一个动态指标。它也反映了控制系统的稳定性。

① 在随动控制系统中，超调量是一个反映被控变量偏离设定值的最大程度和衡量稳定程度的指标。它的定义是第一个波的峰值与最终稳态值之差，见图 1.11（b）中的 B。一般超调量以百分数给出，即

$$\sigma=\frac{B}{y(\infty)}\times 100\%=\frac{B}{C}\times 100\% \tag{1.2}$$

式中，C 是输出的最终稳态值，B 是输出超过最终稳态值的最大振幅（即第一个波峰的幅值）。

② 在定值控制系统中，最终稳态值很小或趋近于零，因此，仍用σ作为超调情况的指标就不合适了。通常改用最大动态偏差 $e_{\max}$ 来代替超调程度，作为衡量过渡过程最大偏离程度的一项指标。对于图 1.11（a）所示的定值控制系统，过渡过程的最大动态偏差是指在单位阶跃扰动下，被控变量第一个波的峰值与设定值之差，它等于最大振幅 B 与最终稳态值 C 之和的绝对值，即

$$\left|e_{\max}\right|=\left|B+C\right| \tag{1.3}$$

最大动态偏差或超调量越大，生产过程瞬时偏离设定值就越远。在实际工作中，最大动态偏差不允许超过工艺所允许的最大值。对于某些工艺要求比较高的生产过程（如存在爆炸极限的化学反应），就需要限制最大动态偏差的允许值；同时，考虑到扰动会不断出现，偏差有可能是叠加的，就更需要限制最大动态偏差的允许值。因此，必须根据工艺条件确定最大偏差或超调量的允许值。

（3）回复时间 T_s。回复时间又称为过渡过程时间，表示控制系统过渡过程的长短，也就是控制系统在受到阶跃外作用后，被控变量从原稳态值达到新稳态值所需要的时间。严格地讲，控制系统在受到外作用后，被控变量完全达到新的稳态值需要无限长的时间，但是这个时间在工程上是没有意义的。因此，工程上用“被控变量从过渡过程开始到进入稳态值附近±5%或±2%范围内并且不再超出此范围时所需要的时间”作为过渡过程的回复时间 T_s。回复时间越短，表示控制系统的过渡过程越快，即使扰动频繁出现，系统也能适应；反之，回复

时间越长，表示控制系统的过渡过程越慢。显然，回复时间越短越好。回复时间是衡量控制系统快速性的指标。

控制系统的快速性也可以用振荡频率ω来表示。过渡过程的振荡频率ω与振荡周期T的关系是

$$\omega=\frac{2\pi}{T} \tag{1.4}$$

在衰减比相同的条件下，振荡频率与回复时间成反比，振荡频率越高，回复时间越短；在相同振荡频率下，衰减比越大，回复时间越短。因此，振荡频率也可作为控制系统的快速性指标。定值控制系统常用振荡频率来衡量控制过程的快慢。

（4）余差 $e(\infty)$。余差又称残余偏差或静差，是控制系统的最终稳态偏差 $e(\infty)$，即过渡过程终了时被控变量的设定值与新稳态值之差，即

$$e(\infty)=\lim_{t\to\infty}e(t)=x-y(\infty)=x-C \tag{1.5}$$

对于定值控制系统，$x=0$，则有 $e(\infty)=-C$。

余差是反映控制系统稳态准确性的指标，相当于生产中允许的被控变量与设定值之间长期存在的偏差。一般希望余差为零，或不超过预定的范围，但不是所有的控制系统对余差都有很高的要求，如一般储槽的液位控制，对余差的要求就不是很高，而往往允许液位在一定范围内变化。因此，余差的大小是按生产工艺过程的实际需要制订的。若这个指标订高了，则要求系统特别完善；订低了又难以满足生产需要，也失去自动控制的意义。当然从控制品质着眼，自然是余差越小越好。余差的大小应根据被控过程的特性与被控变量允许的波动范围，综合考虑决定，不能一概而论。

必须说明，以上这些控制指标在不同的控制系统中各有其重要性，而且相互之间又有着内在的联系。高标准的同时要求满足这几个控制指标是很困难的，因此，应根据工艺生产的具体要求分清主次，区别轻重，对于主要的控制指标应优先保证。

2．综合控制指标

以上介绍的单项性能指标分别代表了系统一个方面的性能。衰减比是描述系统稳定性的，最大动态偏差和余差是分别描述动态和静态的精确度（即准确性）的，回复时间则反映了系统的控制速度（即快速性）。这些指标往往相互影响、相互制约，难以同时满足要求。要对整个过程控制系统的过渡过程作出全面评价，一般采用综合控制指标。

综合控制指标又称为偏差的积分性能指标，常用于分析系统的动态响应性能。常用的综合控制指标见表 1.1，选用不同的积分公式作为目标函数则意味着控制的侧重点不同。各积分形式的表达式、特点及控制结果见表 1.1。

表 1.1　综合控制指标比较表

名称	公式	特点	控制结果	适用范围
绝对偏差积分鉴定指标（IAE）	$\mathrm{IAE}=\int_0^\infty \lvert e(t)\rvert \mathrm{d}t$	把不同时刻、不同幅值的偏差等同对待	各方面的性能比较均衡	一般用于评定定值控制系统的质量指标
偏差平方积分鉴定指标（ISE）	$\mathrm{ISE}=\int_0^\infty e^2(t)\mathrm{d}t$	对大偏差敏感	最大偏差小但回复时间长	一般用于评定定值控制系统的质量指标
时间与偏差绝对值乘积的积分鉴定指标（ITAE）	$\mathrm{ITAE}=\int_0^\infty t\lvert e(t)\rvert \mathrm{d}t$	对初期偏差不敏感而对后期偏差敏感	最大偏差大但回复时间短	一般用于评定随动控制系统的质量指标

对于存在余差的控制系统，由于余差 $e(\infty)$不为零，因此，积分指标都将趋于无穷大，这时，可用 $e(t)-e(\infty)=-[y(t)-y(\infty)]$代替偏差项进行积分运算。

过程控制系统控制质量的好坏，取决于组成控制系统的各个环节，特别是被控对象（过程）的特性。自动控制装置应按被控过程的特性加以选择和调整，才能达到预期的控制质量。如果过程和自动控制装置两者配合不当，或在过程控制系统运行过程中自动控制装置的性能或过程特性发生变化，都会影响到过程控制系统的控制质量，这些问题在控制系统的设计运行过程中应该充分注意。

【工程经验】

单项性能指标是评定系统控制质量优劣的依据，深刻领会各项性能指标的含义，是控制系统参数整定的必备前提。控制系统的整定多从稳定性指标入手，首先整定 P（或 PI）参数，最后整定微分时间 T_D。对于计算机控制系统，亦可采用符合控制要求的某项综合性能指标来评定。

1.4 过程动态特性与建模

1.4.1 数学模型的定义

过程控制系统一般是由被控过程、控制器、控制阀、检测元件和变送器等基本环节所组成的。在对过程控制系统进行分析、设计和质量改进之前，必须首先掌握构成系统的基本环节的特性，特别是过程的特性，即建立系统（或环节）的数学模型。建立过程数学模型的目的是进行过程控制系统的设计、分析，以及用于新型控制系统的开发和研究。

数学模型是描述系统（或环节）在动态过程中的输出变量与输入变量之间关系的数学表达式。数学模型有多种表示形式，在时间域上常用的数学模型有微分方程式、传递函数和系统方框图等。它们反映了系统的输出量、输入量和内部各种变量间的关系，表征了系统的内部结构和内在特性。

建立过程数学模型的方法主要有以下两种。

（1）理论分析法。理论分析法又称机理建模法或解析法。这种方法是根据工业生产过程的内在机理，应用物料平衡、能量平衡和有关的化学、物理规律建立过程的数学模型。

（2）实验测试法。指在系统的输入端加上一定形式的测试信号，通过实验测试出系统的输出信号，再根据输入、输出特性确定数学模型。

本节首先介绍运用理论分析法来建立被控过程的数学模型。描述被控过程的输入量和输出量之间关系的最直接的数学方法是列写被控过程的微分方程。当过程的输入量和输出量都是时间 t 的函数时，其微分方程可以确切地描述过程的动态特性。因此，微分方程是过程数学模型最基本的表示形式。

1.4.2 被控过程的数学模型（过程特性）

工业生产过程的数学模型有静态和动态之分。静态数学模型是过程输出变量和输入变量之间不随时间变化时的数学关系。动态数学模型是过程输出变量和输入变量之间随时间变化时动态关系的数学描述。过程控制中通常采用动态数学模型，也称为动态特性。建立控制系统中各组成环节和整个系统的数学模型不仅是分析和设计控制系统方案的需要，也是控制系统投运、控制器参数整定的需要，它在操作优化、故障检测和诊断、操作方案的制订等方面也是非常重要的。

在工业生产过程中，最常见的被控过程是各类热交换器、塔器、反应器、加热炉、锅炉、窑炉、储液槽、泵、压缩机等。每个过程都各有其自身固有的特性，而过程特性的差异对整个系统的运行控制有着重大影响。有的生产过程较易操作，工艺变量能够控制得比较平稳；有的生产过程很难操作，工艺变量容易产生大幅度的波动，只要稍不谨慎就会越出工艺允许的范围，轻则影响生产，重则造成事故。只有充分了解和熟悉生产过程，才能得心应手地进行操作，使工艺生产在最佳状态下进行。在过程控制系统中，若想采用过程控制装置来模拟操作人员的劳动，就必须充分了解过程的特性，掌握其内在规律，确定合适的被控变量和操纵变量。在此基础上才能选用合适的检测和控制仪表，选择合理的控制器参数，设计合乎工艺要求的控制系统。特别是在设计新型的控制方案时，多数都要涉及过程的数学模型，更需要考虑过程特性。

工业生产过程中常采用阶跃输入信号作用下过程的响应表示过程的动态特性。

1. 过程特性的类型

以阶跃响应分类，典型的工业过程动态特性分为四类。

（1）自衡的非振荡过程。这一大类是在工业生产过程中最常见的过程。该类过程在阶跃输入信号作用下的输出响应曲线没有振荡地从一个稳态趋向于另一个稳态。

过程能自发地趋于新稳态值的特性称为自衡性。在外部阶跃输入信号作用下，过程原有的平衡状态被破坏，并在外部信号作用下自动地、非振荡地稳定到一个新的稳态，这类工业过程称为具有自衡的非振荡过程。

例如，如图 1.12 所示的液体储罐（槽）中的液位高度 L 和如图 1.13 所示的蒸汽加热器的出口温度 T 都具有这种特性，其响应曲线分别如图 1.14（a）、图 1.14（b）所示。

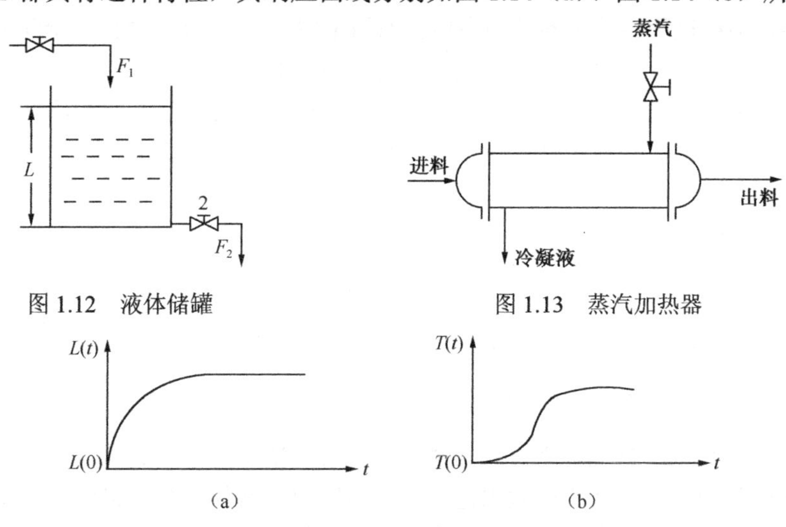

图 1.12　液体储罐

图 1.13　蒸汽加热器

（a）

（b）

图 1.14　自衡的非振荡过程

对于图 1.12 所示的液体储罐，当储罐的进料阀开度增大，使进料量阶跃增加时，原来稳定的液位就会上升。由于出料阀开度未变，随着液位的升高，静压增大，出料流量也增大，因此，液位上升速度逐渐变慢，直到液位达到一个新的稳定位置。显然，这种过程会自发地趋于新的平衡状态。

图 1.13 所示的蒸汽加热器也有类似的特性。当蒸汽阀门开大、流入的蒸汽流量增大时，热平衡被破坏。由于输入热量大于输出热量，多余的热量加热管壁，继而使管内流体温度升高，出口温度也随之上升。这样，随着输出热量的增大，输入、输出热量之差会逐渐减小，流体出口温度的上升速度也逐渐变慢。这种过程最后也能在新的出口温度下自发地建立起新的热量平衡状态。

过程有无自衡特性，取决于过程本身的结构和性质。具有自衡特性的过程比较容易控制。

（2）无自衡的非振荡过程。该类过程没有自衡能力，它在阶跃输入信号作用下的输出响应曲线无振荡地从一个稳态一直上升或下降，不能达到新的稳态。

例如，如图 1.15（a）所示的液体储罐，其出料采用定量泵抽出，当进料阀开度阶跃变化时，液位会一直上升到溢出或下降到排空，而不能重新达到新的平衡状态。其响应曲线如图 1.15（b）所示。

具有无自衡的非振荡过程，也可能出现如图 1.16 所示的响应曲线。虽然在阶跃信号作用下无自衡的非振荡过程会不稳定，但组成闭环后，控制系统可以稳定。通常，无自衡过程要比自衡过程难控制一些。

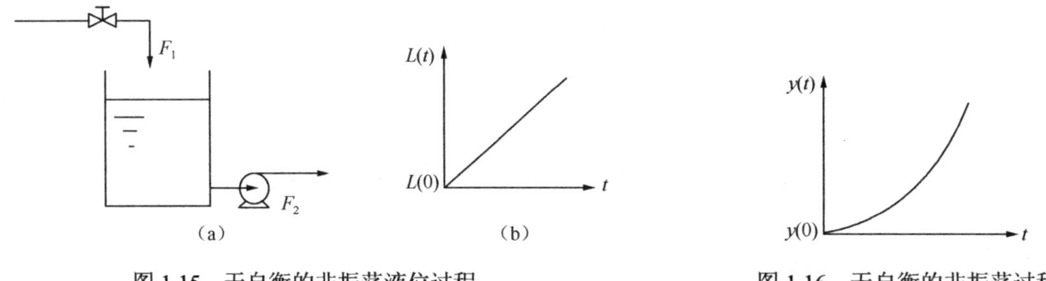

图 1.15　无自衡的非振荡液位过程　　图 1.16　无自衡的非振荡过程

（3）自衡的振荡过程。该类过程具有自衡能力，在阶跃输入信号作用下，输出响应呈现衰减振荡特性，最终过程会趋于新的稳态值。如图 1.17 所示为该类过程的阶跃响应。工业生产过程中这类过程不多见。显然，具有振荡的过程也较难控制。

（4）具有反向特性的过程。该类过程在阶跃输入信号作用下的开始与终止时出现反向的变化，即输出响应先降后升或先升后降。过程的这种性质称为“反向特性”，如图 1.18 所示。

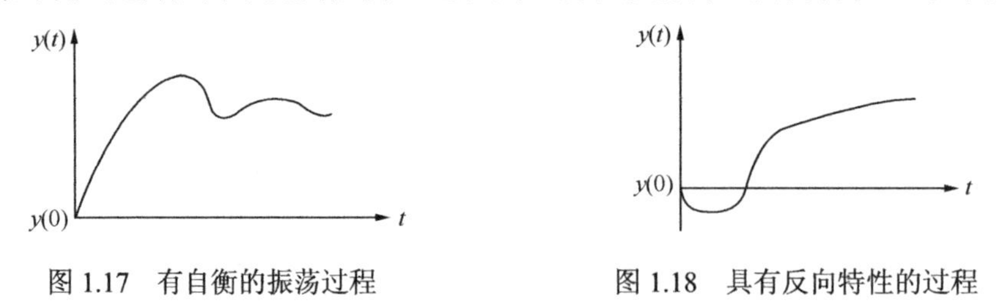

图 1.17　有自衡的振荡过程　　图 1.18　具有反向特性的过程

这类过程的典型例子是锅炉水位。当蒸汽用量阶跃增加时，引起蒸汽压力突然下降，汽包水位由于水的闪急汽化，造成虚假水位上升，但因用汽量的增加，最终，水位反而下降。由于控制器根据水位的上升会作出减少给水量的误操作，因此，控制这类过程最为困难，必须十分谨慎，避免误向控制动作。

2. 过程数学模型的建立方法

运用理论分析的方法（机理建模方法）来建立过程的数学模型时，其最基本的方法是根据过程的内部机理列写各种有关的平衡方程，如物料平衡方程、能量平衡方程、动量平衡方程、相平衡方程，以及某些物性方程、设备特性方程、化学反应定律、电路基本定律等，从而获得过程的数学模型。微分方程是过程数学模型最基本的表示形式。

机理建模的一般步骤如下所述。

（1）根据过程的结构及工艺生产要求进行基本分析，确定过程的输入变量和输出变量；

（2）根据过程的内在机理，列写原始方程，如物料平衡和能量平衡方程等；

（3）消去中间变量，并在工作点处进行线性化处理，简化过程特性，得到只含有输入变量和输出变量增量表示形式的微分方程式；

（4）将该方程整理成标准形式，即把与输入量有关的各项写在方程式等号的右边，与输出量有关的项写在方程式等号的左边，各导数项按降幂排列，并将方程的系数转化为具有一定物理意义的表示形式，如时间常数等。

如果推导出的过程的数学模型是一阶微分方程式，则称这类过程具有一阶特性，简称一阶过程（或单容过程）；如果数学模型是二阶微分方程式，则称这类过程具有二阶特性，简称二阶过程（或双容过程）；其余类推，也可统称为高阶过程（或多容过程）。

下面分别求取典型一阶和二阶自衡过程的数学模型，由此再推广到过程特性的一般表达式。

3. 一阶过程的数学模型

下面以图 1.12 所示的储罐液位过程为例来分析如何建立一阶过程的数学模型。为了便于分析，现将其重画于图 1.19（a）中。

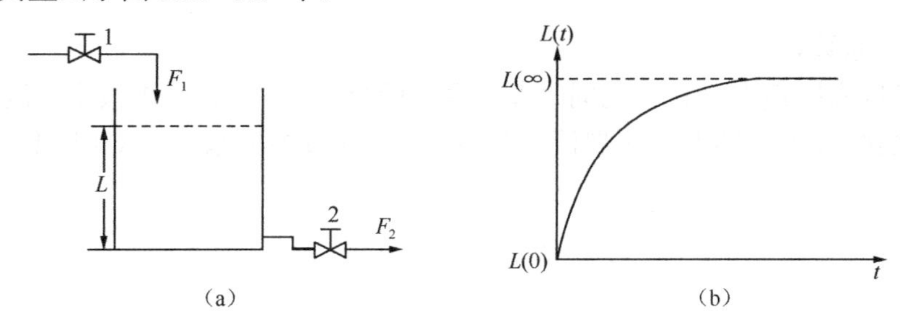

图 1.19　储槽液位过程及其阶跃响应曲线

（1）确定过程的输入变量和输出变量。图 1.19（a）所示的储罐是一个简单的液位过程，流入储罐的流量 F_1 是由进料阀 1 来控制的；流出储罐的流量 F_2 取决于储罐液位 L 和出料阀 2 的开度，而出料阀 2 的开度是随用户需要而改变的。这里，液位 L 是被控变量（即输出变量），进料阀 1 为控制系统中的控制阀，它所控制的进料流量 F_1 是过程的控制输入（即操纵量），出料流量 F_2 是外部扰动。本例仅以进料流量 F_1 作为输入变量进行分析。

（2）根据过程的内在机理，列写原始方程。根据物料平衡关系，当过程处于原有稳定状态时，储罐液位保持不变，其静态方程式为

$$F_{10}-F_{20}=0 \tag{1.6}$$

式中，F_{10}、F_{20} 分别为原稳定状态下储罐的进料流量和出料流量。

当进料流量 F_1 突然增大（即作阶跃变化）时，储罐原来的平衡状态被破坏，此时进料量大于出料量，多余的液体在储罐内蓄积起来，使其液位升高。设储罐中液体的储存量为 V，则单位时间内出料流量与进料流量之差等于储罐中液体储存量的净增量。其动态方程式为

$$F_1 - F_2 = \frac{\mathrm{d}V}{\mathrm{d}t} \tag{1.7}$$

式中，$F_2=F_{20}+\Delta F_2$，$F_1=F_{10}+\Delta F_1$。ΔF_1、ΔF_2 分别为 F_1 和 F_2 的增量。

设储罐截面积为 A，则有 $V=AL$，其增量形式为 $\mathrm{d}V=A\mathrm{d}L$，即

$$\frac{\mathrm{d}V}{\mathrm{d}t} = A\frac{\mathrm{d}L}{\mathrm{d}t} \tag{1.8}$$

将 $F_2=F_{20}+\Delta F_2$、$F_1=F_{10}+\Delta F_1$ 和式（1.8）代入式（1.7），得

$$F_{10} + \Delta F_1 - (F_{20} + \Delta F_2) = A\frac{\mathrm{d}(L_0 + \Delta L)}{\mathrm{d}t}$$

即

$$F_{10} + \Delta F_1 - F_{20} - \Delta F_2 = A\frac{\mathrm{d}\Delta L}{\mathrm{d}t} \tag{1.9}$$

将式（1.9）减去式（1.6），可得用增量形式表示的动态方程式，为

$$\Delta F_1 - \Delta F_2 = A\frac{\mathrm{d}\Delta L}{\mathrm{d}t} \tag{1.10}$$

（3）消去中间变量，简化，求得微分方程式。所谓中间变量，就是原始方程式中出现的一些既不是输入变量又不是输出变量的工艺变量。为了获得只含有输出变量和输入变量的微分方程式，需找出中间变量与输出变量（或输入变量）的函数关系，通过方程联立将中间变量消去。

式（1.10）中，ΔF_2 为中间变量。F_2 与输出变量 L 的关系可表示为

$$F_2 = k\sqrt{L} \tag{1.11}$$

式中，k 为比例系数。

可见，出料流量 F_2 与液位 L 之间是非线性的函数关系。当只考虑液位与流量均在有限小的范围内变化时，就可以认为出料流量与液位变化呈线性关系。将式（1.11）改写成增量形式：

$$\Delta F_2 = \frac{k}{2\sqrt{L_0}}\Delta L$$

令 $\dfrac{k}{2\sqrt{L_0}} = \dfrac{1}{R}$，则有

$$\Delta F_2 = \frac{\Delta L}{R} \tag{1.12}$$

将式（1.12）代入式（1.10）中，即得

$$RA\frac{\mathrm{d}\Delta L}{\mathrm{d}t} + \Delta L = R\Delta F_1 \tag{1.13}$$

式（1.13）即为储罐液位过程的数学模型。可见，这是一个一阶微分方程，因此该液位过程为一阶过程。同理，也可求得当扰动变量（即出料流量 F_2）作用时，被控液位 L 与出料流量 F_2 之间的微分方程。

在此，还需引入“通道”的概念。所谓“通道”，是指过程输入变量至输出变量的信号联系。控制作用至被控变量的信号联系称为过程的控制通道。扰动作用至被控变量的信号联系称为过程的扰动通道。本例中，进料流量 F_1 与被控液位 L 的信号联系即为储罐液位过程的控制通道，其微分方程见式（1.13）；而出料流量 F_2 与被控液位 L 的信号联系则为该液位过

程的扰动通道。

采用同样的方法也可以对其他一阶过程进行分析。

通常将一阶过程的微分方程写成下面的标准形式：

$$RC\frac{\mathrm{d}\Delta y(t)}{\mathrm{d}t}+\Delta y(t)=K\Delta x(t) \tag{1.14}$$

或

$$T\frac{\mathrm{d}\Delta y(t)}{\mathrm{d}t}+\Delta y(t)=K\Delta x(t) \tag{1.15}$$

式中，T 为一阶过程的时间常数，$T=RC$，具有时间的量纲；K 为一阶过程的放大系数，具有放大倍数的量纲；$y(t)$为一阶过程的输出变量；$x(t)$为一阶过程的输入变量；R 为阻力系数，R=推动力/流量的变化量；C 为容量系数，C=过程中储存的物料量或能量的变化/输出变量的变化。

对于上述例子，液位过程的阻力系数为

流阻 R=液位的变化量/出料流量的变化量

容量系数 C=储存物料的变化量/液位的变化量

一阶过程的阶跃响应曲线见图 1.19（b）。显然，过程的特性与放大系数 K 和时间常数 T 有关。

当被控变量的检测地点与产生扰动的地点之间有一段物料传输距离时，就会出现滞后。在控制过程中，滞后是指过程输出的变化落后于输入的变化，如果是因信号传输引起的则称为纯滞后或传输滞后。如图 1.20（a）所示，若进料阀安装在与储罐进料口距离为 S 的地方，则当进料阀开度变化而引起进料流量变化后，液体需要经过一段传输时间τ_0才能流入储罐，使液位发生变化并被检测出来。显然液体流经距离 S 所需的时间τ_0完全是传输滞后造成的。图 1.20（b）所示的曲线 1 为图 1.19（b）所描述的无纯滞后一阶过程的阶跃响应曲线，而曲线 2 为具有纯滞后的一阶过程的阶跃响应曲线，它与曲线 1 的形状完全相同，只在时间上相差一个纯滞后时间τ_0。

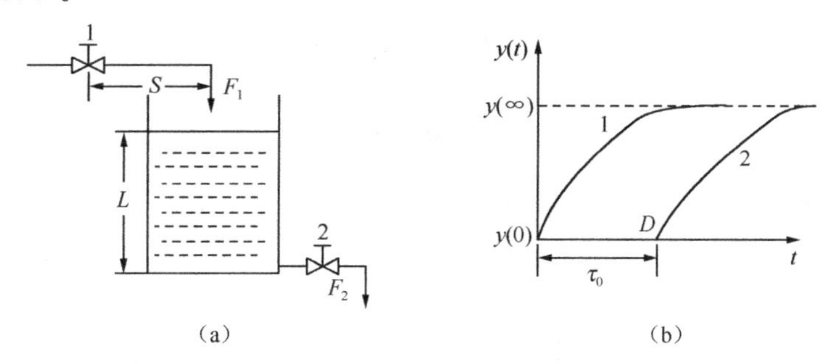

图 1.20　有纯滞后的一阶过程及其阶跃响应曲线

纯滞后一阶过程的微分方程为

$$T\frac{\mathrm{d}\Delta y(t)}{\mathrm{d}t}+\Delta y(t)=K\Delta x(t-\tau_0) \tag{1.16}$$

由此可见，具有纯滞后的一阶过程的特性与放大系数 K、时间常数 T 和纯滞后时间τ_0有关。

综上所述，一阶自衡过程的特性可用放大系数 K、时间常数 T 和纯滞后时间τ_0这三个特性参数来全面表征。

4．二阶过程的数学模型

二阶过程数学模型的建立方法与一阶过程的建立方法类似。由于二阶过程比较复杂，所以下面的过程仍以简单的实例进行介绍。

两个串联的液体储罐如图 1.21（a）所示。为便于分析，假设储罐 1 和储罐 2 近似为线性过程，则阻力系数 R_1、R_2 近似为常数。

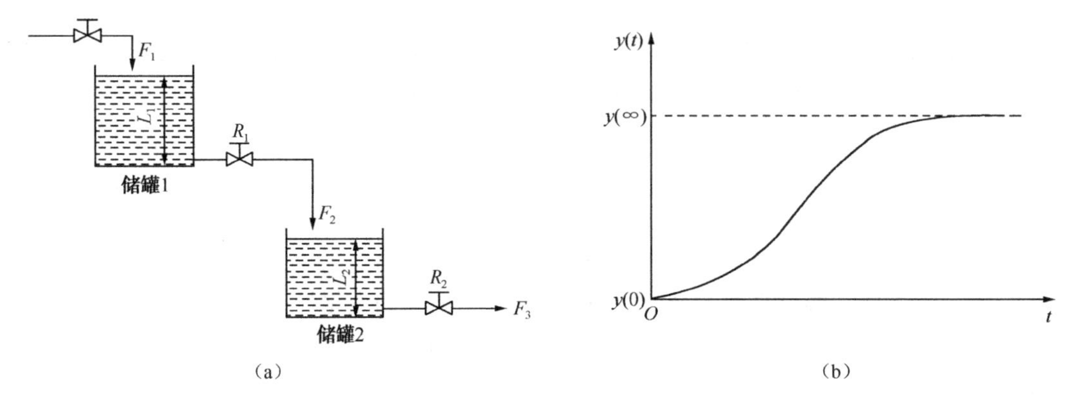

图 1.21　二阶过程及其阶跃响应曲线

（1）确定被控过程的输入变量和输出变量。本例中，储罐 2 的液位 L_2 是过程的输出变量，进料流量 F_1 是过程的输入变量。

（2）建立原始方程式。由式（1.10）和式（1.12）可得

$$\Delta F_1 - \Delta F_2 = A_1 \frac{\mathrm{d}\Delta L_1}{\mathrm{d}t} \tag{1.17}$$

$$\Delta F_2 = \frac{\Delta L_1}{R_1} \tag{1.18}$$

$$\Delta F_2 - \Delta F_3 = A_2 \frac{\mathrm{d}\Delta L_2}{\mathrm{d}t} \tag{1.19}$$

$$\Delta F_3 = \frac{\Delta L_2}{R_2} \tag{1.20}$$

式中，A_1、A_2 分别为储罐 1、2 的容量系数；R_1、R_2 分别为储罐 1、2 的阻力系数。

（3）消去中间变量，求得微分方程式。由式（1.17）～式（1.20）所组成的联立方程，可得

$$R_1 A_1 R_2 A_2 \frac{\mathrm{d}^2\Delta L_2}{\mathrm{d}t^2} + (R_1 A_1 + R_2 A_2)\frac{\mathrm{d}\Delta L_2}{\mathrm{d}t} + \Delta L_2 = R_2 \Delta F_1 \tag{1.21}$$

或

$$T_1 T_2 \frac{\mathrm{d}^2\Delta L_2}{\mathrm{d}t^2} + (T_1 + T_2)\frac{\mathrm{d}\Delta L_2}{\mathrm{d}t} + \Delta L_2 = R_2 \Delta F_1 \tag{1.22}$$

式（1.22）中，$T_1 = R_1 A_1$、$T_2 = R_2 A_2$ 分别为储罐 1、2 的时间常数。

式（1.21）和式（1.22）即为图 1.21 中由两个串联的液体储罐所组成的二阶过程的数学模型。

二阶过程数学模型的一般形式为

$$T_1T_2\frac{\mathrm{d}^2\Delta y(t)}{\mathrm{d}t^2}+(T_1+T_2)\frac{\mathrm{d}\Delta y(t)}{\mathrm{d}t}+\Delta y(t)=K\Delta x(t) \tag{1.23}$$

纯滞后二阶过程数学模型的一般形式为

$$T_1T_2\frac{\mathrm{d}^2\Delta y(t)}{\mathrm{d}t^2}+(T_1+T_2)\frac{\mathrm{d}\Delta y(t)}{\mathrm{d}t}+\Delta y(t)=K\Delta x(t-\tau_0) \tag{1.24}$$

式中，T_1——第一容积的时间常数，$T_1=R_1C_1$；

T_2——第二容积的时间常数，$T_2=R_2C_2$；

K——过程的放大系数；

τ_0——过程的纯滞后时间；

$x(t)$——二阶过程的输入变量；

$y(t)$——二阶过程的输出变量。

上述介绍的是运用理论分析来求取过程的数学模型的方法。这种方法对于简单过程是容易获取其数学模型的。但实际生产中的被控过程十分复杂，通常用理论分析法难以解决问题。因此，工程中往往需要依靠实验测试法获取过程的数学模型。

1.4.3 传递函数

在过程控制中，可用微分方程式来表示系统各环节的动态特性。但是，微分方程在运算过程中较为复杂，所以通常惯于采用传递函数和方框图来表示系统各环节的动态特性。传递函数是描述过程控制系统或环节动态特性的另一种数学模型表达式，它可以更直观、形象地表示出一个系统的结构和系统各变量间的相互关系，并使运算大为简化。经典控制理论就是在传递函数的基础上建立起来的。

1. 传递函数的定义

从控制系统的数学模型来看，若微分方程的系数不是时间变量的函数，则称此类系统为定常系统，否则称为时变系统。定常系统的特点是：系统的全部参数不随时间变化，它的输出量与输入量的关系可用线性微分方程来描述。

传递函数的定义为：在零初始条件下，线性定常系统输出量的拉普拉斯变换式与系统输入量的拉普拉斯变换式之比。

传递函数可用 $G(s)$表示。对系统的微分方程式进行拉普拉斯变换，再经整理便可求得传递函数。若用 $x(t)$、$y(t)$分别表示输入量和输出量，则有

$$\text{传递函数}\ G(s)=\left.\frac{\text{输出量的拉氏变换}}{\text{输入量的拉氏变换}}\right|_{\text{初始条件为零}}=\frac{Y(s)}{X(s)} \tag{1.25}$$

这里，“初始条件为零”是指：系统和环节原来处于静止状态，外加输入量是在 $t=0$ 时刻以后才开始作用于系统或环节的，系统的输入量和输出量及其各阶导数在 $t\leqslant 0$ 时的值也均为零。现实中的控制系统多属这种情况。在研究一个系统时，通常总是假定该系统原来处于稳定的平衡状态，若不加输入量，系统就不会发生任何变化。系统中的各个变量都可用输入量作用前的稳态值作为起算点（即零点），因此，一般都能满足零初始条件。

2. 传递函数的一般表达式

一般过程控制系统（或环节）的动态方程式可写为

$$a_n\frac{\mathrm{d}^n y(t)}{\mathrm{d}t^n}+a_{n-1}\frac{\mathrm{d}^{n-1}y(t)}{\mathrm{d}t^{n-1}}+\cdots+a_1\frac{\mathrm{d}y(t)}{\mathrm{d}t}+a_0y(t)$$

$$=b_m\frac{\mathrm{d}^m x(t)}{\mathrm{d}t^m}+b_{m-1}\frac{\mathrm{d}^{m-1}x(t)}{\mathrm{d}t^{m-1}}+\cdots+b_1\frac{\mathrm{d}x(t)}{\mathrm{d}t}+b_0x(t) \tag{1.26}$$

若初始条件为零，对式（1.26）两端逐项进行拉氏变换得

$$(a_ns^n+a_{n-1}s^{n-1}+\cdots+a_1s+a_0)Y(s)=(b_ms^m+b_{m-1}s^{m-1}+\cdots+b_1s+b_0)X(s)$$

整理得

$$G(s)=\frac{Y(s)}{X(s)}=\frac{b_ms^m+b_{m-1}s^{m-1}+\cdots+b_1s+b_0}{a_ns^n+a_{n-1}s^{n-1}+\cdots+a_1s+a_0} \tag{1.27}$$

式（1.27）即为传递函数的一般表达式。由此可见，传递函数是复变量 s 的有理分式，其分子和分母的各项系数均为实数，传递函数分母中 s 的最高次 n 即为系统（或环节）的阶次。

由以上推导过程可见，在零初始条件下，只要将微分方程中的微分算符 $\mathrm{d}^{(i)}/\mathrm{d}t^{(i)}$（$i$=1，2，…，$n$）换成相应的 $s^{(i)}$（i=1，2，…，n），而系数保持不变，即可得到系统或环节的传递函数。

下面举例说明。

（1）无纯滞后一阶过程的微分方程式为

$$T\frac{\mathrm{d}\Delta y(t)}{\mathrm{d}t}+\Delta y(t)=K\Delta x(t)$$

对上式进行拉氏变换，得

$$(Ts+1)Y(s)=KX(s)$$

因此，无纯滞后一阶过程的传递函数为

$$G(s)=\frac{K}{Ts+1} \tag{1.28}$$

（2）有纯滞后的一阶过程的微分方程式为

$$T\frac{\mathrm{d}\Delta y(t)}{\mathrm{d}t}+\Delta y(t)=K\Delta x(t-\tau_0)$$

对上式进行拉氏变换，得

$$(Ts+1)Y(s)=K\mathrm{e}^{-\tau_0 s}X(s)$$

因此，带纯滞后一阶过程的传递函数为

$$G(s)=\frac{K}{Ts+1}\mathrm{e}^{-\tau_0 s} \tag{1.29}$$

（3）对于二阶过程，其微分方程的一般表达式为

$$T_1T_2\frac{\mathrm{d}^2\Delta y(t)}{\mathrm{d}t^2}+(T_1+T_2)\frac{\mathrm{d}\Delta y(t)}{\mathrm{d}t}+\Delta y(t)=K\Delta x(t-\tau_0)$$

对上式进行拉氏变换，得

$$\left[T_1T_2s^2+(T_1+T_2)s+1\right]Y(s)=K\mathrm{e}^{-\tau_0 s}X(s)$$

由此可得二阶过程传递函数的一般表达式为

$$G(s)=\frac{K}{(T_1s+1)(T_2s+1)}\mathrm{e}^{-\tau_0 s} \tag{1.30}$$

3. 传递函数的性质

传递函数具有以下性质。

（1）传递函数是经拉氏变换导出的，拉氏变换是一种线性积分运算，因此传递函数的概念只适用于线性定常系统。

（2）传递函数是在零初始条件下定义的，因而不能反映非零初始条件下系统的运动过程（此即传递函数作为系统动态数学模型的局限性）。

（3）传递函数只取决于系统的结构和参数，而与系统的输入量、扰动量等外部因素无关。它表示了系统的固有特性，是一种在复数域描述系统的数学模型。

（4）传递函数只表明一个特定的输入、输出关系。同一系统，取不同变量作为输出，以设定值或不同位置的扰动为输入，传递函数将各不相同。

（5）传递函数是由微分方程变换得来的，它和微分方程之间存在着一一对应的关系。对于一个确定的系统（输出量与输入量都已确定），其微分方程是唯一的，所以，其传递函数也是唯一的。

1.4.4 过程特性的一般分析

工业生产大多是多容过程（即阶次 $n\geqslant2$ 的高阶过程），其传递函数一般表示为

$$G(s)=\frac{K}{(T_1s+1)(T_2s+1)\cdots(T_ns+1)}\mathrm{e}^{-\tau_0 s} \tag{1.31}$$

不同阶次过程的阶跃响应曲线如图 1.22 所示。多容过程的特点是：在阶跃信号的作用下，被控变量的速度在开始时变化比较缓慢，经过一段时间后响应速度才能达到最大。这段延迟时间主要是由过程的容量造成的，称为容量滞后，以 τ_C 表示，这是多容过程的主要特征。构成过程的容积越多，容量滞后越大。图 1.22 表示 1～8 个储存容积过程的阶跃响应曲线。显然，随着过程阶次的增加，其阶跃响应曲线越趋于平缓，传递函数也越复杂。这会使得被控过程数学模型的求取更加困难，对系统特性的分析也就更为复杂。

为了简化过程的数学模型，通常对多容过程的阶跃响应曲线进行如下近似处理：在图 1.23 所示多容过程的阶跃响应曲线上，通过曲线拐点 B 作切线，与稳态值 $y(\infty)$ 交于 A 点，与横坐标交于 C 点，则线段 AC 在时间轴上的投影即为过程的等效时间常数 T。这样，就可以用一条由一个纯滞后 ODC 及一个无纯滞后单容（一阶）过程的动态特性曲线 CBE 所组成的曲线 $ODCBE$ 来近似地表示多容过程的动态特性。在此，可将纯滞后 τ_0 和容量滞后 τ_C 均近似地看做纯滞后来一并处理，称为滞后时间，用 τ 表示，则滞后时间 $\tau=\tau_0+\tau_C$。

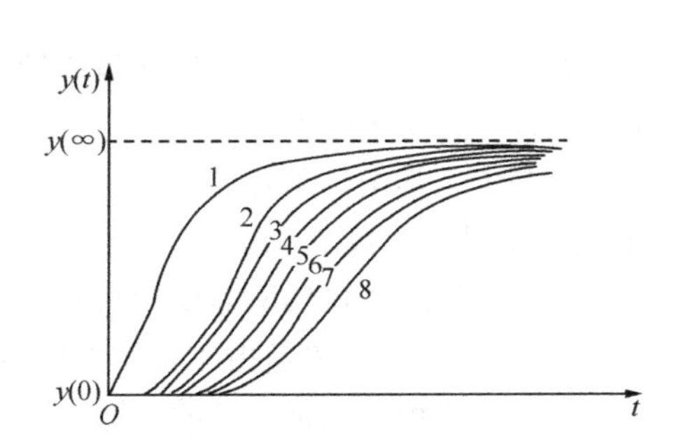

图 1.22 多容过程的阶跃响应曲线

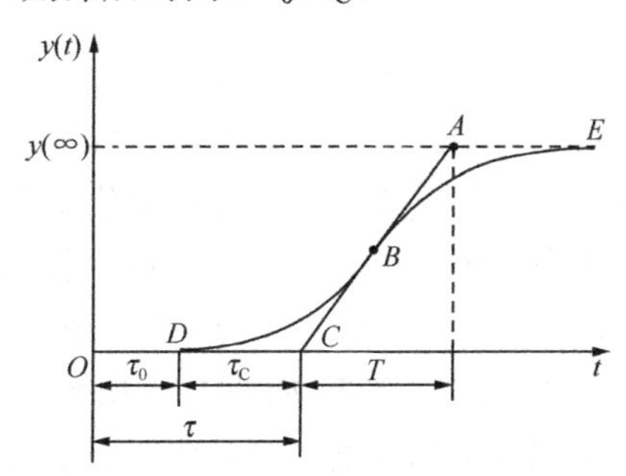

图 1.23 多容过程响应曲线的近似处理

采用上述处理后，多容过程的传递函数可近似表示为

$$G(s)=\frac{K}{Ts+1}\mathrm{e}^{-\tau s} \tag{1.32}$$

过程控制中的热工过程大多数具有多容特性，采用上式进行计算则更为简便一些。

由此可见，描述自衡非振荡过程的特性参数有放大系数 K、时间常数 T 和滞后时间 τ。下面结合一些实例分别介绍 K、T、τ 的意义。

1．放大系数 K

被控过程输出量变化的新稳态值与输入量变化值之比，称为过程的放大系数。对于图 1.12 和图 1.19（a）所示的储罐液位过程，若进料流量的变化值用 Δx 表示，由 Δx 所引起的液位（被控变量）变化量用 $\Delta y(\infty)$ 表示，即当进料流量增大 Δx 时，待动态过程结束后液位相应升高 $\Delta y(\infty)$ 并稳定不变，则过程的放大系数可以表示为

$$K=\frac{\Delta y(\infty)}{\Delta x}=\frac{y(\infty)-y(0)}{\Delta x} \tag{1.33}$$

式（1.33）表明，过程的放大系数 K 反映了过程以初始工作点为基准的被控变量与输入变量在过程结束时的变化量之间的关系。所谓初始工作点，即过程原有的稳定状态。也就是说，放大系数 K 只与过程的初、终状态有关，而与过程的变化无关。所以放大系数 K 是一个代表过程静态特性的物理量，是过程的静态特性参数。

过程的放大系数表示了在其受到输入作用后，被控变量最终变化的大小。因此对于同样大小的输入变化量，过程的放大系数越大，则对被控变量的影响越大；反之，放大系数越小，则对被控变量的影响越小。在过程控制系统中，由于被控变量受到控制作用（控制通道）和扰动作用（扰动通道）的影响，所以过程控制通道的放大系数和扰动通道的放大系数对被控变量的影响是截然不同的。这一点对于控制系统中操纵变量的选取尤为重要。

对于放大系数 K，需进行以下几点说明。

（1）上述放大系数的概念只适用于自衡过程。

（2）过程的输入与输出不一定是同一个物理量，其量纲也不尽相同，如输入与输出均以变化值的百分数表示，则 K 为一个无因次的比值。这样表示对分析问题比较简单。

（3）把放大系数视为常数，只适合于线性过程。实际上，由于被控过程大多具有非线性，因此，在不同负荷下，K 随负荷大小的变化而有增减。尤其是负荷变化较大时，非线性更严重，因此只有在规定的工作点和较小扰动的条件下，把 K 视为常数才合理。

2．时间常数 T

控制过程是一个运动过程，用放大系数只能分析其静态特性，即分析变化的最终结果。然而，只有在同时了解了动态特性参数之后，才能知道具体的变化过程。

时间常数 T 是表征被控变量变化快慢的动态参数。在电工学中，阻容环节充（放）电过程的快慢取决于电阻 R、电容 C 的大小，R、C 的乘积就是时间常数 T。其定义为：在阶跃外作用下，一个阻容（惯性）环节的输出变化量完成全部变化量的 63.2%所需要的时间，就是这个环节的时间常数 T，如图 1.24 所示。或者另外定义为：时间常数 T 是指在阶跃外作用下，被控变量保持起始速度不变而达到稳定值所经历的时间。这两种定义是一致的，即

$$T=RC \tag{1.34}$$

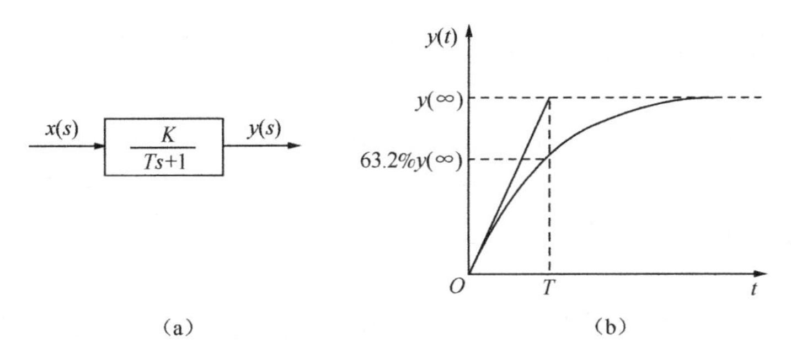

图 1.24　惯性环节框图及阶跃响应曲线

（1）容量系数 C。现将电工学中的时间常数概念应用到过程控制中。由于任何过程都具有储存物料或能量的能力，所以可以像用电容 C 来描述电容器储存电量的能力一样，用容量系数 C 来描述过程储存物料或能量的能力。其物理意义是：引起被控变量单位变化时过程储存量变化的大小，即

$$C=\frac{\Delta M}{\Delta y} \tag{1.35}$$

式中，C 为容量系数；Δy 为被控变量的变化量；ΔM 为引起Δy 变化时在过程中所增加或减少的物料或能量的数量。

显然，由于储存物料或能量的不同，容量具有不同的形式，如热容、液容、气容等，但它们共同的特点是都具有积分特性。

（2）阻力系数 R。任何过程在物料或能量的传递中，总是存在着一定的阻力，阻力的大小取决于不同的势头和流率。阻力也具有不同的形式，如热阻、液阻、气阻等。阻力系数的定义为

$$R=\frac{\Delta y}{\Delta F} \tag{1.36}$$

其物理意义是：当被控变量发生变化时对过程中流量 F 的影响。如前述单个储罐的液位过程，出料阀具有的流阻可以这样理解：它是使流量产生单位变化时液位变化量的大小；由式(1.12)可得 $R=\Delta L/\Delta F_2$。

因而可以用过程的容量系数 C 与阻力系数 R 之积来表征过程的时间常数 T。如储罐液位过程中，若以进料量控制液位高度，可将储罐截面积与出料阀阻力的乘积看成时间常数 T。显然，R（或 C）越大，则 T 越大。

由此可知，时间常数 T 反映的是当过程输入变化后被控变量变化的快慢，所以它是反映过程动态特性的参数。

3. 滞后时间 τ

过程被控变量的变化落后于输入作用的这一现象叫做滞后。

（1）纯滞后 τ_0。不少过程在输入变化后，输出并不立即发生变化，而是需要经过一段时间后输出才发生变化，这段时间称为纯滞后（时间）τ_0。

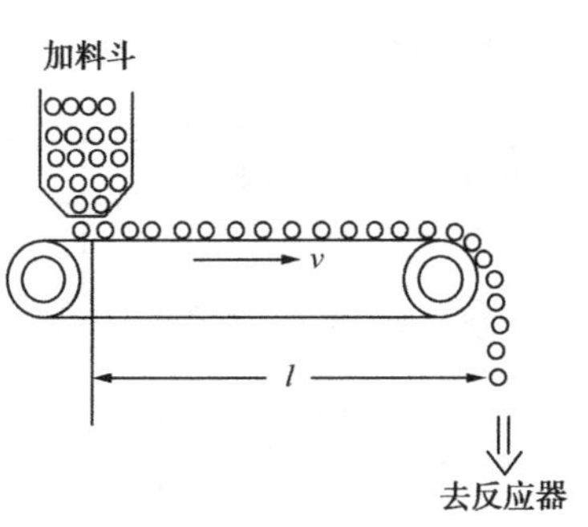

图 1.25　皮带运输机

输送物料的皮带运输机可作为典型的纯滞后过程实例，如图 1.25 所示。当加料斗的出料量变化时，需要经过纯滞后

时间$\tau_0=l/v$才能进入反应器。其中l表示皮带长度，v表示皮带移动的线速度，l越长，v越小，则纯滞后时间τ_0越大。

可见，纯滞后τ_0是由于传输信息需要时间引起的。它可能起因于被控变量$y(t)$至测量值$z(t)$的检测通道，也可能起因于控制信号$u(t)$至操纵变量$q(t)$的一侧。图1.20（b）中坐标原点至点D所对应的时间即为曲线2（单容过程）的纯滞后时间τ_0，图1.23中坐标原点至点D所对应的时间是多容过程的纯滞后时间τ_0。

由于纯滞后给自动控制带来极为不利的影响，故在实际工作中总是尽量把它消除或减到最小。

（2）容量滞后τ_C。过程的另一种滞后现象是容量滞后，它是多容量过程的固有属性，一般是因为物料或能量的传递需要通过一定的阻力而引起的。必须指出，容量滞后并不是真正的滞后，它是对因过程的多容性而引起的被控变量的阶跃响应起始部分变化速度缓慢做近似处理的结果。在图1.23中，时间轴上的DC段即为容量滞后τ_C。

多数过程都具有容量滞后。例如，在列管式换热器中，管外、管内及管子本身就是两个容量；在精馏塔中，每一块塔板就是一个容量。容量数目越多，容量滞后越显著。一般情况下，实际的工业过程可能既有纯滞后，又有容量滞后。在不同变量的过程中，液位和压力过程的τ较小，流量过程的τ和T都较小，温度过程的τ_C较大，成分过程的τ_0和τ_C都较大。

在分析过程特性时可将容量滞后近似地作为纯滞后处理，因此过程的总滞后应为纯滞后τ_0与容量滞后τ_C之和，称为滞后时间，用τ表示，即

$$滞后时间\ \tau=\tau_0+\tau_C$$

过程的滞后时间τ也是表征过程动态特性的一个特征参数。

虽然时间常数T和滞后时间τ都是表征过程动态特性的参数，但两者在概念和物理意义上不同，在实际生产中应注意区别对待。它们对控制系统的影响也需分为控制通道和扰动通道两种情况讨论，有关内容将在第2章中予以介绍。

1.4.5 过程动态模型的实验测取

实验测试法建模通常只适用于建立输入/输出模型。它是根据工业过程的输入和输出的实测数据进行某种数学处理后得到的模型，其特点是把被研究的工业过程视为一个黑匣子，完全从外特性上测试和描述它的动态性质。由于系统的内部运动不得而知，故称为“黑箱模型”。实验测试法建模的具体做法就是直接在生产设备或机器中施加典型的实验信号（常用阶跃信号或矩形脉冲信号）作为扰动，并对该过程的输出变量（被控变量）进行测量和记录，测得反映过程动态特性的反应曲线，而后进行分析整理，便得到表征过程动态特性的数学模型。常见的测试方法有阶跃扰动法、矩形脉冲扰动法、周期扰动法和统计相关法。在此仅介绍较为简单且在工业生产上广泛应用的阶跃扰动法，它是一种时域法。

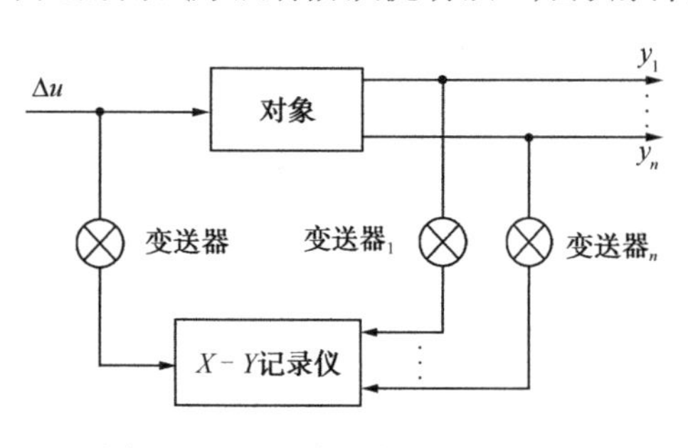

图1.26 测定过程阶跃响应的原理

1. 阶跃响应的获取

阶跃扰动法又称反应曲线法，其实验方法如图1.26所示。首先，通过手动操作使过程工作在所需测试的稳态条件下，稳定运行一段时间后，快速改变过程的输入量，并用记录仪或数据采集

系统同时记录过程输入和输出的变化曲线。经过一段时间后，过程进入新的稳定状态，本次实验结束时得到的记录曲线就是过程的阶跃响应。

通常，在用实验法测定过程的动态特性时，已经将检测元件、变送器乃至控制阀的动态特性包括在内，因此取得的是控制系统中除控制器以外的广义对象的动态特性，使得对控制系统的分析简单化，可将控制系统看成由广义过程和控制器两部分组成。

测取阶跃响应的原理很简单，但在实际工业过程中进行这种测试会遇到许多实际问题，如不能因测试使正常生产受到严重扰动，还要尽量设法减少其他随机扰动的影响及系统中非线性因素的考虑等。为了得到可靠的测试结果，应注意以下事项。

（1）合理选择阶跃扰动信号的幅度。由于受工艺条件限制，阶跃扰动幅度要选择恰当，过小的阶跃扰动幅度不能保证测试结果的可靠性，过大的扰动幅度则会使正常生产受到严重干扰甚至危及生产安全，一般取正常输入值的5%～15%。

（2）实验开始前确保被控对象处于某一选定的稳定工况。实验期间应设法避免发生偶然性的其他扰动。

（3）考虑到实际被控对象的非线性，应选取不同负荷，在被控变量的不同设定值下，进行多次测试。即使在同一负荷和被控变量的同一设定值下，也要在正向和反向扰动下重复测试，以求全面掌握对象的动态特性。

（4）实验要进行到被控变量接近稳态值，或至少要达到被控变量的变化速度已达最大值之后。

（5）要特别注意记录下响应曲线的起始部分，如果这部分没有测出（或测准），就难以获得过程的动态特性参数。

（6）实验结束、获得测试数据后，应进行数据处理，剔除明显不合理的部分。

阶跃扰动法能形象、直观地描述过程的动态特性，简便易行；不需要特殊的附属设备，被控变量可用原有的仪表进行测量记录；测试的工作量不大，数据的处理也很方便，所以得到了广泛的应用。但是当生产上的控制要求较严、不允许长时间的阶跃扰动时，则应采用对生产影响更小的矩形脉冲法。

2. 由阶跃响应确定过程的近似传递函数

根据测定到的阶跃响应，可以把它拟合成近似的传递函数。

如前所述，当给过程的输入端施加一个阶跃扰动信号后，就会在记录仪或其他监视仪器上获得一条完整的记录曲线，这就是过程的阶跃响应。测取阶跃响应曲线的目的是得到表征所测被控过程的传递函数，为分析、设计控制系统，整定控制器参数或改进控制系统提供必要的参考数据。

对于所获过程的阶跃响应曲线，工程上常用切线法、图解法及两点法等数据处理方法来求取过程的特性参数K、T、τ，由此便可得到过程的传递函数。在此仅介绍较为简单的切线法。

（1）求取带纯滞后一阶过程的传递函数。一阶自衡过程的阶跃响应是一条指数曲线，如图1.27所示。

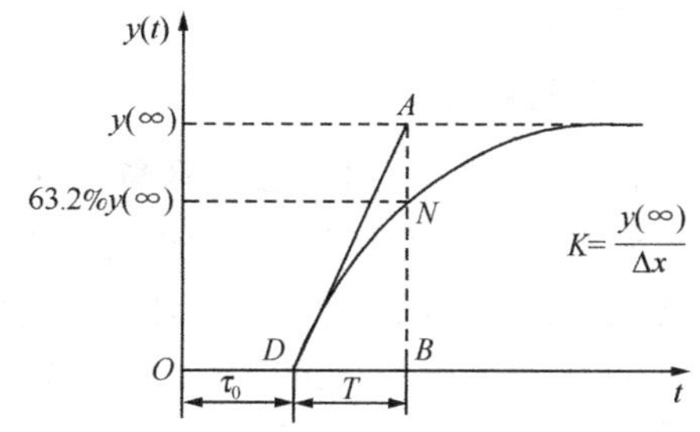

图1.27　带纯滞后一阶自衡过程的阶跃响应曲线

对于带纯滞后一阶自衡过程阶跃响应曲线的

处理比较简单，只需确定过程的放大系数 K、时间常数 T、纯滞后时间 τ_0，便可求得式（1.29）所示的传递函数 $G(s)=\frac{K}{Ts+1}e^{-\tau_0 s}$。

① 放大系数 K。由所测阶跃响应曲线估计并绘出被控变量的稳态值 $y(\infty)$，即可求出放大系数 K，为

$$K=\frac{y(\infty)-y(0)}{\Delta x}=\frac{y(\infty)}{\Delta x} \tag{1.37}$$

式中，Δx 为输入阶跃信号的幅值，$y(0)$为被控量的原稳态值。处理时通常将阶跃响应曲线的坐标原点设置在原稳态点（0，$y(0)$），因此可视 $y(0)=0$。这样处理会使运算更为简便。

② 纯滞后时间 τ_0。由坐标原点 O 到被控变量的起始变化点 D 所经历的时间即为纯滞后时间 τ_0。

③ 时间常数 T。由阶跃响应曲线的起始变化点 D 作切线，该切线与被控变量稳态值 $y(\infty)$ 的渐近线相交于一点 A，则 DA 在时间轴上的投影即为时间常数 T。

由于切线不易作准，通常也可采取“两点法”求取时间常数 T，即在响应曲线 $y(t_1)=0.632y(\infty)$的点 B 处，量得的 DB 就是 T。也就是说，从被控变量开始变化到达到新稳态值的 63.2%处所需的时间即为一阶自衡过程的时间常数 T。

将用上述方法求得的 K、T、τ_0代入式（1.29），即可得到带纯滞后一阶自衡过程的传递函数。

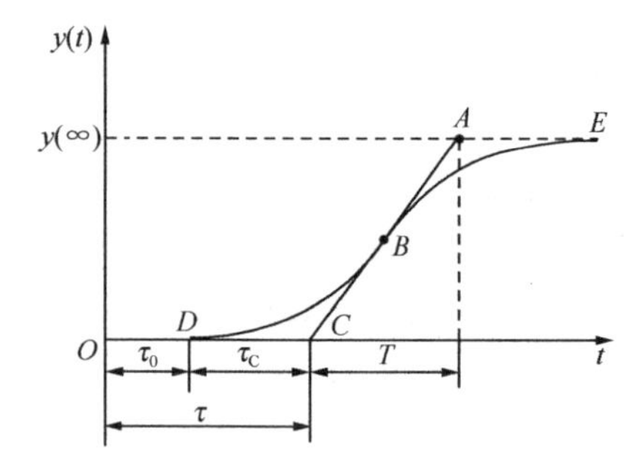

图 1.28　多容过程响应曲线的近似处理

（2）求取多容过程的近似传递函数。当所测响应曲线的起始速度较慢、曲线呈 S 状时（如图 1.23 所示，现重画于图 1.28），即可判定所测过程为多容过程。为简化实际特性，可将多容过程近似为带纯滞后的一阶过程，将过程的容量滞后也当做纯滞后处理，则传递函数为

$$G(s)=\frac{K}{Ts+1}e^{-\tau s}$$

因此，需由过程的阶跃响应求出过程的放大系数 K、时间常数 T 和滞后时间 τ，才能得到过程的传递函数。

对于 S 状的阶跃响应曲线，其近似处理的方法如下：通过响应曲线的拐点 B 作切线，与稳态值 $y(\infty)$交于 A 点，与横坐标（时间轴）交于 C 点，则 OC 就是过程的滞后时间 τ，AC 在时间轴上的投影即为过程的等效时间常数 T。过程的放大系数 K 仍按式（1.37）求得。

将用上述方法求得的 K、T、τ 代入式（1.32），即可得到多容过程的近似传递函数。

必须指出，当需要将多容过程的阶跃响应更为准确地拟合成二阶甚至更高阶过程的传递函数表达式时，切线法已不适用，需改用其他处理方法。

【工程经验】

1. 过程建模是工程上获取新型设备（或工艺单元）各状态变量间关系的有效方法。被控变量是过程的输出变量，影响输出变量的因素作为过程的输入量，大多采用实验测试法获取其数学模型，以作为系统设计中确定控制方案、选择操纵变量的依据。

2. 过程控制的被控变量主要为压力、流量、液位、温度和物性五类。一般来说，压力、流量过程惯性最小，液位过程的惯性大小与其容量有关，温度和物性过程的惯性最大。控制系统设计需依据被控过程惯性的大小及工艺上的控制要求来选择控制器的控制规律。

1.5　过程控制系统的方框图及传递函数

1.5.1　系统方框图

方框图又称结构图，是传递函数的一种图形描述方式，它可以形象地描述过程控制系统中各单元之间和各作用量之间的相互联系，具有简明直观、运算方便的优点，所以方框图在过程控制系统的分析中获得了广泛的应用。

方框图由信号线、引出点、比较点和功能框等组成，如图 1.29 所示。

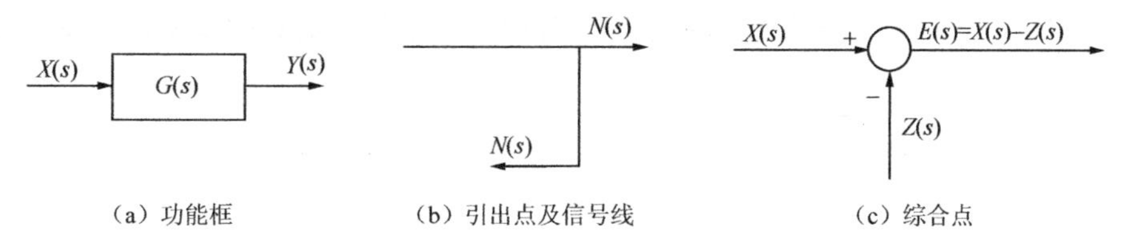

图 1.29　方框图的图形符号

（1）信号线。信号线表示信号流通的路径和方向，箭头代表信号的传递方向，如图 1.29（b）所示。

（2）功能框。如图 1.29（a）所示，功能框表示系统中一个相对独立的环节（单元）。方框两侧应为输入信号线和输出信号线，框左侧向内箭头为输入量（拉氏变换式），右侧向外箭头为输出量（拉氏变换式），框内写入该输入、输出之间的传递函数 $G(s)$。它们之间的关系为 $Y(s)=G(s)X(s)$。

（3）引出点。引出点又称分点，如图 1.29（b）所示。引出点表示同一信号传输到几个地方，即信号由该点取出。从同一信号线上取出的信号，其大小和性质完全相同。

（4）综合点。综合点亦称加减点，表示几个信号相加减，其输出量为各输入量的代数和。因此在信号输入处要注明它们的极性。

图 1.30 所示为某典型自动控制系统的方框图。它通常包括前向通路和反馈回路（包括主反馈回路和局部反馈回路）、引出点和综合点、输入量 $X(s)$、输出量 $Y(s)$、反馈量 $Z(s)$和偏差量 $E(s)$。图中，各种变量均标以大写英文字母的拉氏式，功能框中均为传递函数。

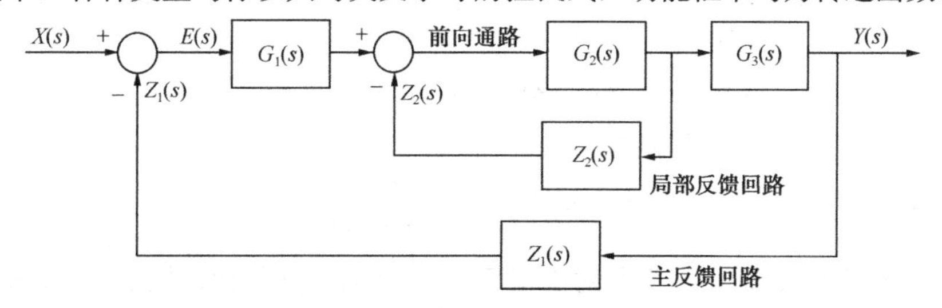

图 1.30　典型自动控制系统方框图

1.5.2　方框图的等效变换与化简

建立了系统的方框图，便可直观地了解系统内部各变量之间的动态关系。这对系统的动态分析和设计都是至关重要的。而为了便于分析和求出系统的传递函数，常需将复杂的系统方框图进行化简。下面介绍化简的具体方法。

1. 过程控制系统的基本结构

任何复杂控制系统的方框图，都无例外地是由串联、并联和反馈三种基本结构交织而成的。

（1）串联。由若干个方框首尾相连，前一方框的输出为后一个方框的输入，这种结构称为串联。环节串联是最常见的一种组合方式，图 1.31（a）所示为两个环节的串联。由图 1.31（a）可得

$$G(s)=\frac{Y(s)}{X(s)}=G_1(s)G_2(s) \tag{1.38}$$

由此可得出，串联环节的总传递函数等于各串联环节传递函数的乘积，如图 1.31（b）所示。

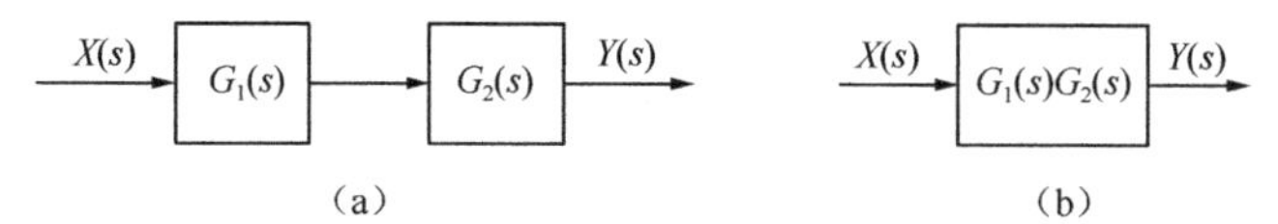

图 1.31　环节的串联

（2）并联。对于并联的各个环节，它们的输入都相同，而总输出为各环节输出的代数和，这种结构称为并联。图 1.32（a）所示为两个环节的并联。由图可得

$$G(s)=\frac{Y(s)}{X(s)}=\frac{Y_1(s)\pm Y_2(s)}{X(s)}=G_1(s)\pm G_2(s) \tag{1.39}$$

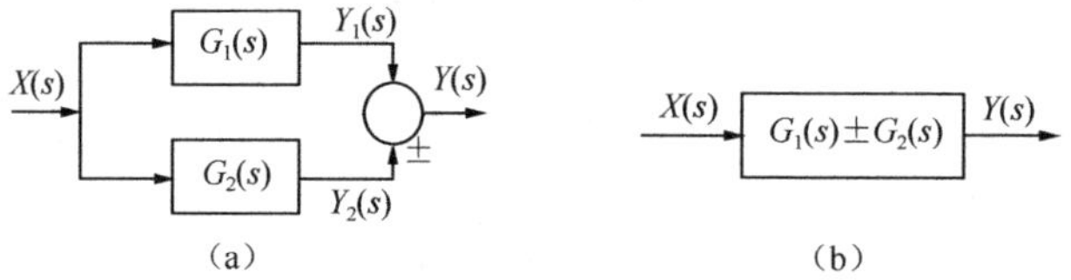

（a）　　　　（b）

图 1.32　环节的并联

由此可见，并联环节的总传递函数等于各并联环节传递函数的代数和，如图 1.32（b）所示。

（3）反馈连接。图 1.33（a）所示为反馈连接的一般形式，输出 $Y(s)$经过一个反馈环节 $H(s)$后的反馈信号 $Z(s)$与输入 $X(s)$相加减，再作用到传递函数为 $G(s)$的环节。由图可得

$$Y(s)=G(s)\left[X(s)\pm Z(s)\right]=G(s)\left[X(s)\pm H(s)Y(s)\right]$$

所以，反馈连接后的总传递函数为

$$W(s)=\frac{Y(s)}{X(s)}=\frac{G(s)}{1\mp G(s)H(s)} \tag{1.40}$$

式中，“＋”号对应负反馈，“－”号对应正反馈。其等效方框图如图 1.33（b）所示。

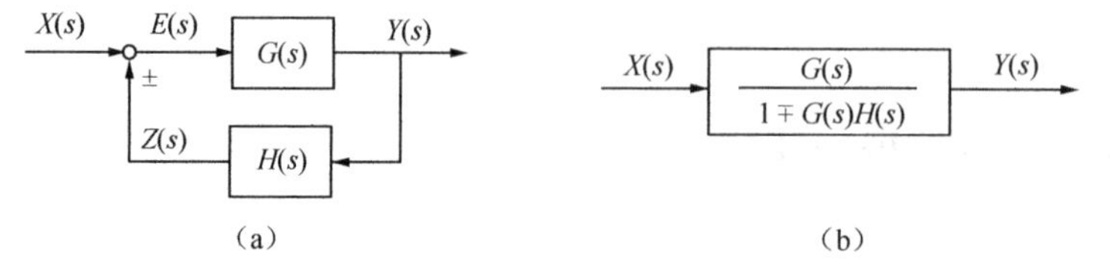

图 1.33　环节的反馈连接

式（1.38）～式（1.40）为系统方框图等效变换中最常用的公式，亦称基本变换法则。

2. 方框图的等效变换规则

在分析系统时经常需要对方框图进行一定的变换。尤其是对于较为复杂的多回路系统，更需要对系统的方框图进行逐步的等效变换，直至将其简化为典型的反馈系统的结构形式，并求出系统总的传递函数以便对系统进行分析。

所谓方框图的等效变换，是指在对方框图进行变换或化简前后，系统总的输入和输出关系保持不变。上述三种基本结构中的图（b）即为对图（a）进行等效变换后的简化结果。

在一些复杂系统的方框图中，回路之间常存在交叉连接，因此无法直接应用上述三种基本结构进行化简。对于这类结构，必须设法将某些综合点和引出点的位置在保证总传递函数不变的条件下进行适当的移动，以消除回路间的交叉连接，进行进一步的变换。

方框图的等效变换的基本规则见表 1.2，供化简时参考。现说明如下。

表 1.2　方框图的等效变换基本规则

变换类型	变换前	变换后	等效关系
串联	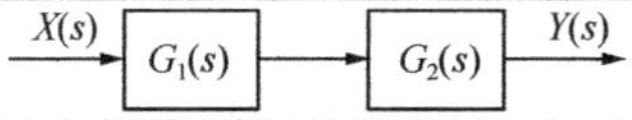 $X(s)$, $G_1(s)$, $G_2(s)$, $Y(s)$	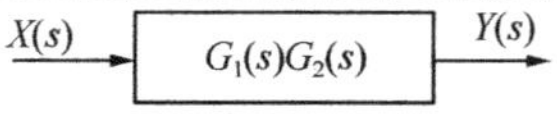 $X(s)$, $G_1(s)G_2(s)$, $Y(s)$	$Y=G_1G_2X=GX$
并联	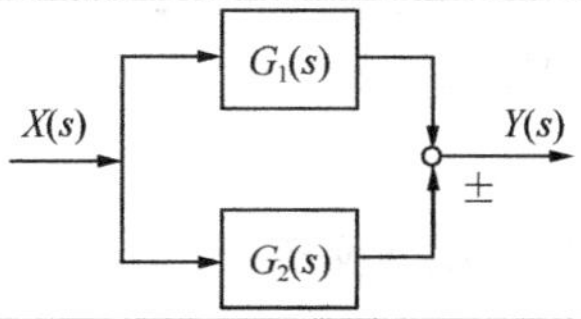 $X(s)$, $G_1(s)$, $G_2(s)$, $\pm$, $Y(s)$	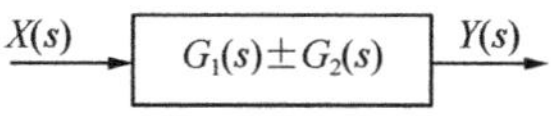 $X(s)$, $G_1(s)\pm G_2(s)$, $Y(s)$	$Y=(G_1\pm G_2)X$ $=GX$
反馈	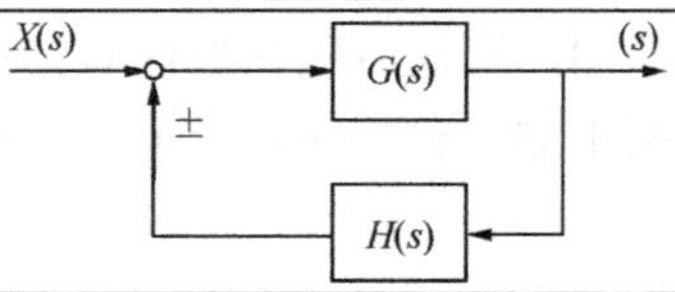 $X(s)$, $G(s)$, $H(s)$, $\pm$, (s)	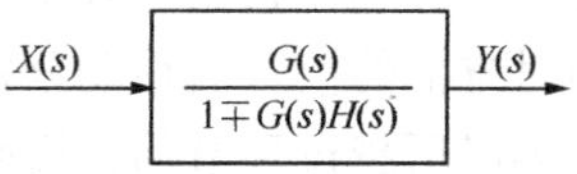 $X(s)$, $\dfrac{G(s)}{1\mp G(s)H(s)}$, $Y(s)$	$Y=\dfrac{G}{1\mp GH}X$
综合点之间移动	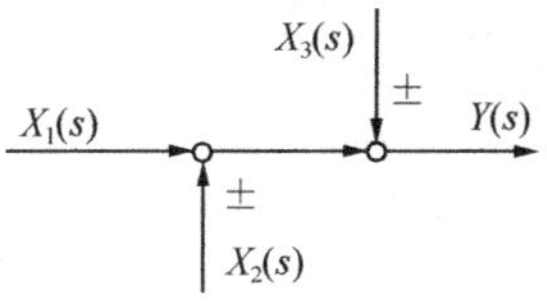 $X_1(s)$, $X_2(s)$, $X_3(s)$, $\pm$, $\pm$, $Y(s)$	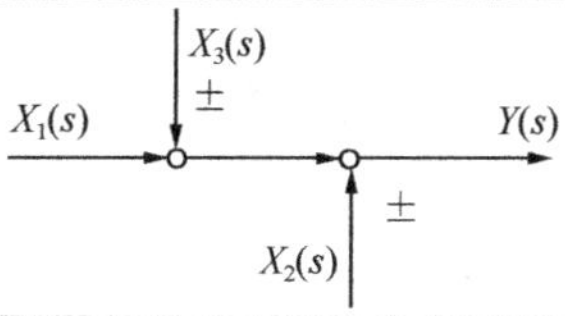 $X_1(s)$, $X_3(s)$, $X_2(s)$, $\pm$, $\pm$, $Y(s)$	$Y=X_1\pm X_2\pm X_3$
引出点之间移动	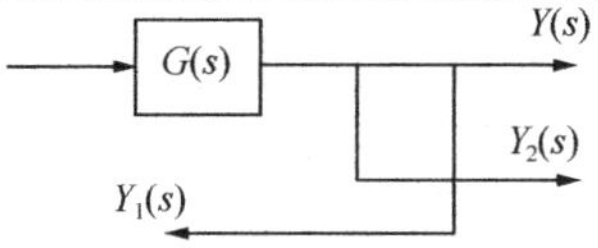 $G(s)$, $Y(s)$, $Y_2(s)$, $Y_1(s)$	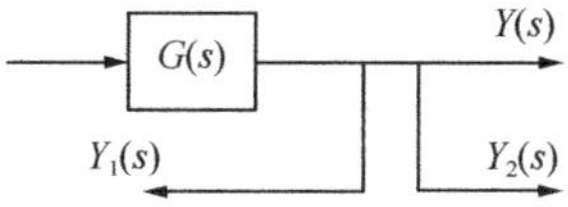 $G(s)$, $Y(s)$, $Y_1(s)$, $Y_2(s)$	$Y=Y_1=Y_2$
综合点前移	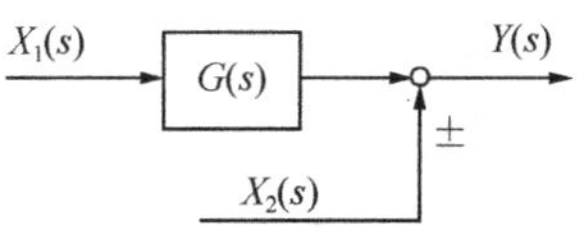 $X_1(s)$, $G(s)$, $X_2(s)$, $\pm$, $Y(s)$	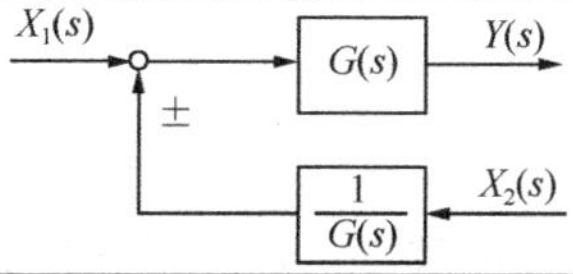 $X_1(s)$, $G(s)$, $\dfrac{1}{G(s)}$, $X_2(s)$, $\pm$, $Y(s)$	$Y=G\left(X_1\pm\dfrac{1}{G}X_2\right)$
综合点后移	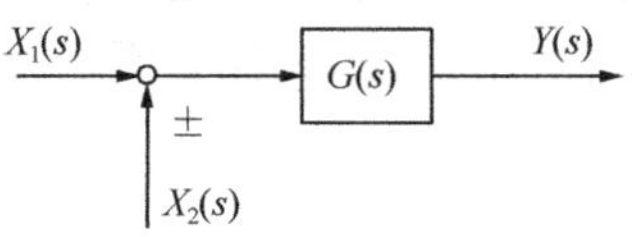 $X_1(s)$, $X_2(s)$, $\pm$, $G(s)$, $Y(s)$	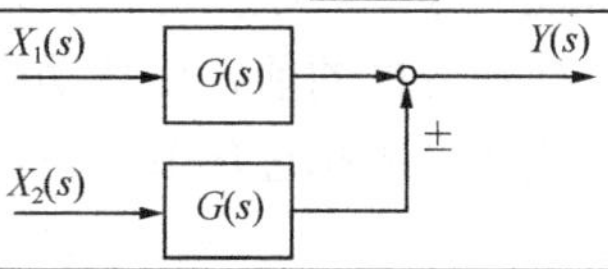 $X_1(s)$, $G(s)$, $X_2(s)$, $G(s)$, $\pm$, $Y(s)$	$Y=GX_1\pm GX_2$
引出点前移	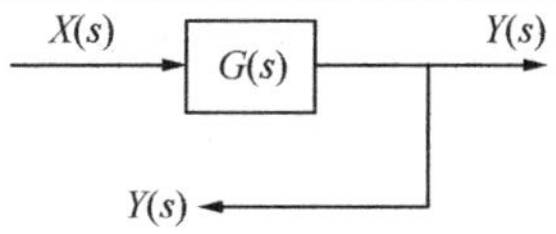 $X(s)$, $G(s)$, $Y(s)$, $Y(s)$	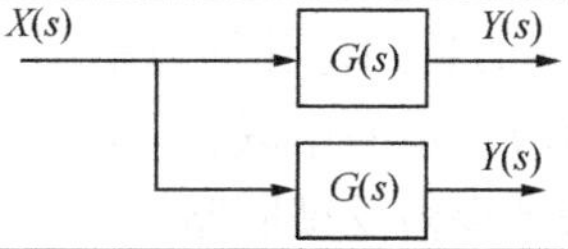 $X(s)$, $G(s)$, $Y(s)$, $G(s)$, $Y(s)$	$Y=GX$

续表

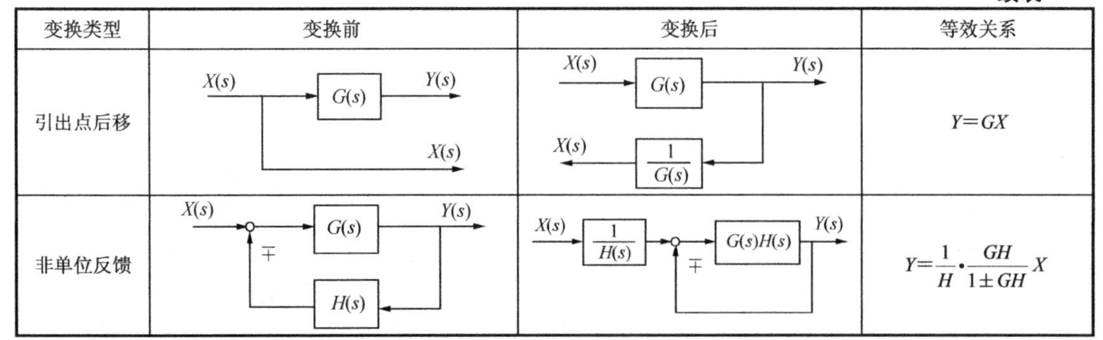

变换类型	变换前	变换后	等效关系
引出点后移	X(s) G(s) Y(s) X(s)	X(s) G(s) Y(s) X(s) 1/G(s)	$Y=GX$
非单位反馈	X(s) G(s) Y(s) ∓ H(s)	X(s) 1/H(s) G(s)H(s) Y(s) ∓	$Y=\frac{1}{H}\cdot\frac{GH}{1\pm GH}X$

（1）综合点之间或引出点之间的位置交换。相邻综合点之间的位置交换或合并，如图 1.34（a）所示；引出点之间的位置交换或合并，如图 1.34（b）所示。可见，位置交换前后是等效的。

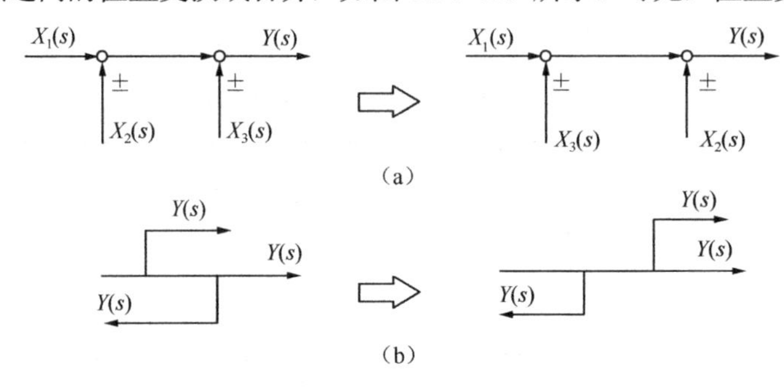

图 1.34　引出点之间或综合点之间的位置交换

（2）综合点相对方框的移动。根据等效变换的原则，变换后应在被移动支路中串入适当的传递函数。综合点相对方框的前、后移动分别如图 1.35（a）、（b）所示。可见，综合点的前移或后移，需除以或乘以所越过环节的传递函数。

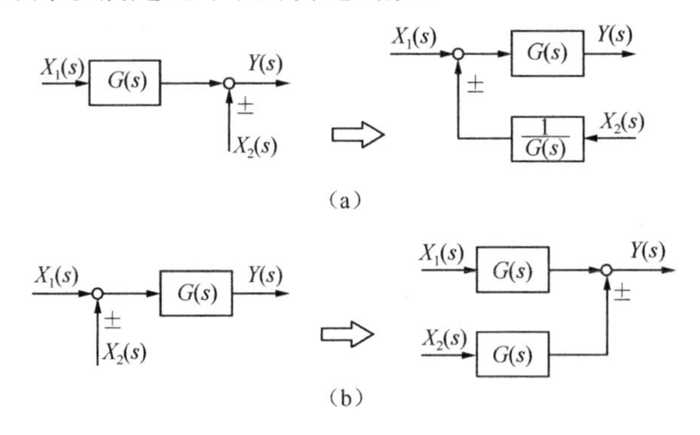

图 1.35　综合点相对方框的移动

（3）引出点相对方框的移动。根据等效变换的原则，变换后也应在被移动支路中串入适当的传递函数。引出点相对方框的前、后移动分别如图 1.36（a）、（b）所示。可见，引出点的前移或后移，需乘以或除以所越过环节的传递函数。

在进行方框图的等效变换时，还需注意以下几点。

① 方框图等效变换的目的是化简方框图，所以考虑问题时应从如何把一个复杂的方框图通过等效变换，化简成基本的串联、并联、反馈三种组合方式入手。采用的方法一般是，移动综合点或引出点来减少内反馈回路。

② 要正确区分反馈连接与并联连接（特别是在复杂方框图中易搞错）。反馈是信号从环节的输出端取出引回到环节的输入端；并联是信号从环节的输入端取出引至环节的输出端。

③ 在基本变换规则中指出，相邻综合点或引出点可互换位置。但综合点与引出点之间不能互换次序。

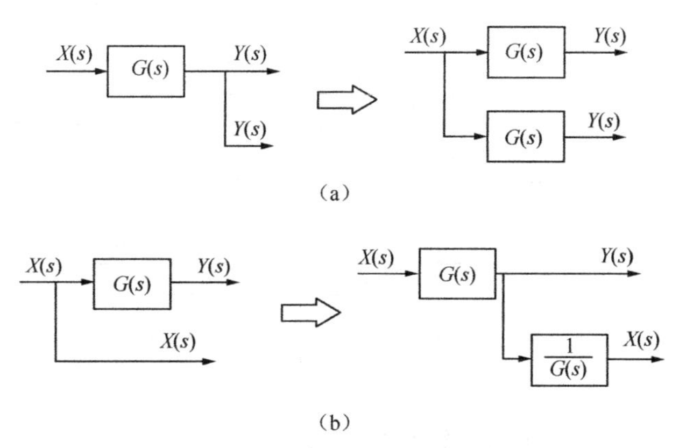

图 1.36 引出点相对方框的移动

3. 方框图化简示例

【例 1】 化简图 1.37（a）所示的系统方框图，求传递函数 $\dfrac{Y(s)}{X(s)}$。

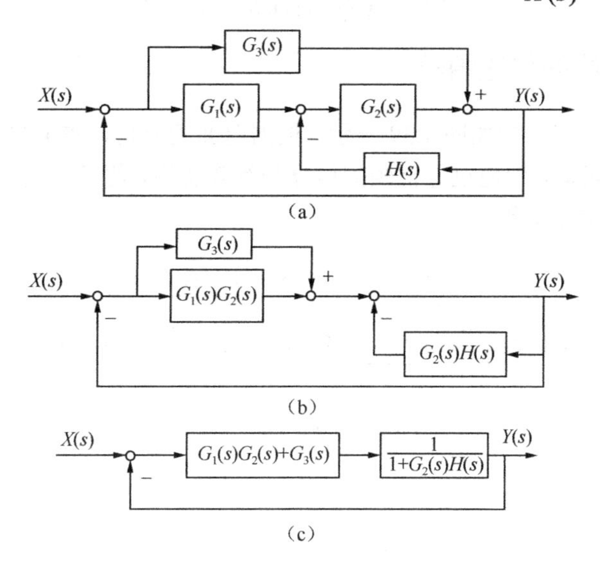

图 1.37 【例 1】的方框图及等效变换

解： 由图 1.37（a）可以看出，该系统是一个具有交叉结构的反馈系统。对该类系统化简的方法是，先通过移动引出点和综合点，消除交叉连接，使方框图变成独立的回路，然后再进行串联、并联及反馈的等效变换，最后求得系统的传递函数。

将图 1.37（a）中的综合点移动，如图 1.37（b）所示。然后求出并联方框和反馈内环的传递函数，如图 1.37（c）所示。最后利用反馈变换求出系统的传递函数为

$$G(s)=\frac{Y(s)}{X(s)}=\frac{G_1(s)G_2(s)+G_3(s)}{1+G_2(s)H(s)+G_1(s)G_2(s)+G_3(s)}$$

【例 2】 求图 1.38（a）所示 RC 串联网络的传递函数。

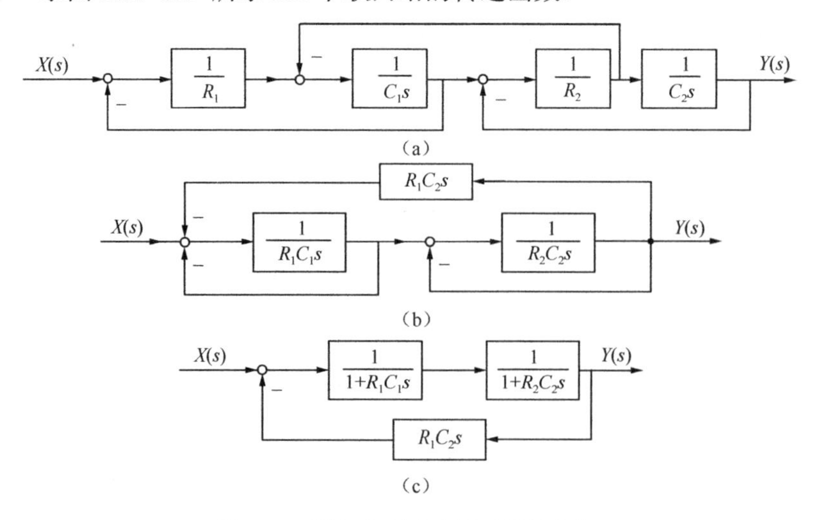

图 1.38 【例 2】的方框图及等效变换

解：将综合点和引出点同时移动，如图 1.38（b）所示。再求内环传递函数，将系统方框图简化，如图 1.38（c）所示。最后，利用反馈变换可求得系统的传递函数为

$$G(s)=\frac{Y(s)}{X(s)}=\frac{1}{(R_1C_1s+1)(R_2C_2s+1)+R_1C_2s}$$

1.5.3 过程控制系统的传递函数

过程控制系统的典型结构如图 1.39 所示。根据前面的分析，如果知道了组成过程控制系统的各个环节的传递函数，则通过方框图的运算与等效变换，便可求出系统的开环传递函数、闭环传递函数和偏差传递函数。

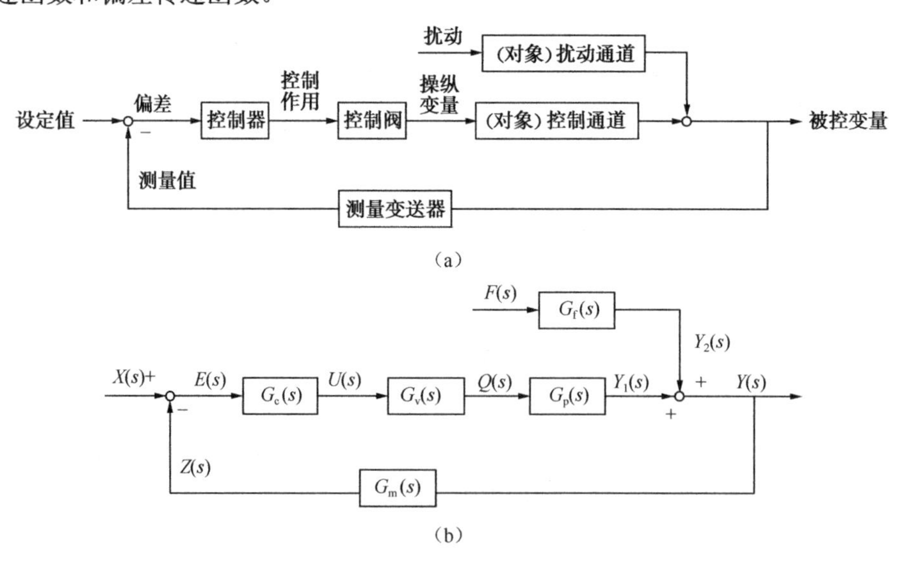

图 1.39 过程控制系统的典型结构

研究系统中被控变量 $Y(s)$的变化规律，不仅要考虑设定信号 $X(s)$的作用，往往还要考虑扰动信号 $F(s)$的作用。下面介绍反馈控制系统传递函数的一般概念。

1. 系统的开环传递函数

将反馈通道上环节 $G_m(s)$的输出端断开，系统便处于开环状态，其反馈信号 $Z(s)$与偏差信号 $E(s)$之比，称为系统的开环传递函数，即

$$G_k(s)=\frac{Z(s)}{E(s)}=G_c(s)G_v(s)G_p(s)G_m(s) \tag{1.41}$$

其中，$\frac{Y(s)}{E(s)}=G_c(s)G_v(s)G_p(s)$ 为前向通道传递函数，$G_m(s)$为反馈通道的传递函数。

可见，系统的开环传递函数等于前向通道传递函数 $G_c(s)G_v(s)G_p(s)$与反馈通道传递函数 $G_m(s)$的乘积。

当反馈通道的传递函数 $G_m(s)=1$ 时，称系统为单位反馈系统，此时，开环传递函数与前向通道传递函数相同。

2. 系统的闭环传递函数

当反馈回路接通时，系统便处于闭环状态，此时系统的输出变量与输入变量之间的传递函数，称为系统的闭环传递函数。通常所说的系统传递函数就是指闭环传递函数。常用的有以下几种。

（1）定值控制系统的闭环传递函数。由于设定值是生产过程中的工艺指标，在一定时间内是保持不变的，即 $X(s)=0$（设定值的增量为零），所以，此时过程控制系统的主要任务是克服扰动对被控变量的影响。可将图 1.39（b）变换成图 1.40 所示的定值控制系统方框图。

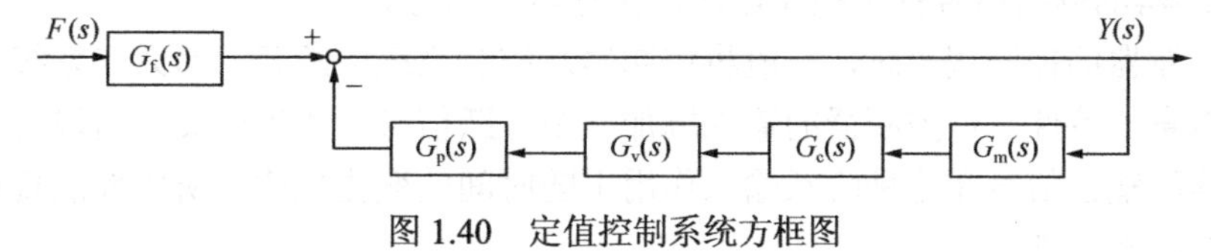

图 1.40　定值控制系统方框图

其闭环传递函数为

$$\frac{Y(s)}{F(s)}=\frac{G_f(s)}{1+G_c(s)G_v(s)G_p(s)G_m(s)} \tag{1.42}$$

（2）随动控制系统的闭环传递函数。由于运行时设定信号和扰动信号均会发生变化，故随动控制系统的闭环传递函数应分为两种情况讨论。

① 设定作用下的闭环传递函数。当生产过程平稳运行时，可忽略扰动作用对被控变量的影响，即 $F(s)=0$。此时系统中只有设定值 $X(s)$的变化会对 $Y(s)$产生影响，因此可将图 1.39（b）变换成图 1.41 所示的随动控制系统方框图。

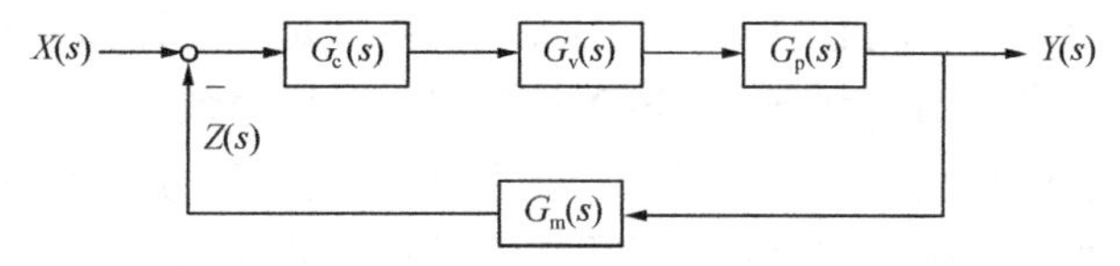

图 1.41　随动控制系统方框图

设定值作用下系统的闭环传递函数为

$$\frac{Y(s)}{X(s)}=\frac{G_c(s)G_v(s)G_p(s)}{1+G_c(s)G_v(s)G_p(s)G_m(s)} \tag{1.43}$$

② 扰动作用下的闭环传递函数。当设定值在一定时间内保持不变（$X(s)=0$）时，则在该段时间内随动控制系统的主要任务与定值控制系统的相同，仍然是克服扰动对被控变量的影响。因此，仍可用图 1.40 和式（1.42）来分别表示随动控制系统在只有扰动作用下的等效方框图和闭环传递函数 $\frac{Y(s)}{F(s)}$。

根据以上分析，如果知道了组成过程控制系统的各个环节的传递函数，则通过方框图的运算与等效变换，便可求出系统的开环传递函数及在相应输入信号作用下的闭环传递函数，以便进行控制系统的性能分析及系统设计。

【工程经验】

方框图的等效变换是化简复杂控制系统，求取其开、闭环传递函数的有效手段。掌握此项技能的秘诀就是依据等效变换的基本规则多学多练。

1.6　常规控制规律及其对系统控制质量的影响

控制器是控制系统的心脏，其作用是将变送信号的测量值与设定值相比较产生偏差信号，并按一定的运算规律产生输出信号，送往执行器。

控制器的控制规律来源于人工操作规律，是在模仿、总结人工操作经验的基础上发展起来的。控制器的控制规律是指控制器的输出信号与输入信号之间随着时间变化的规律。控制器的输入信号是经比较机构后的偏差信号，它是设定值信号 $x(t)$与变送器送来的测量值信号 $z(t)$之差。控制器的输出信号就是控制器送往执行器的信号。

在研究控制器的控制规律时，一般将控制器从控制系统中断开，即只在系统开环时单独研究控制器本身的特性。在控制器的输入端加一个阶跃信号，相当于突然出现某一偏差，然后分析控制器的输出信号在这种阶跃输入作用下随时间的变化规律。所以控制规律实际上表征着控制器的动态特性。

1.6.1　PID 控制的特点

PID 控制具有以下优点。

① 原理简单，使用方便；

② 适应性强，可以广泛应用于化工、热工、冶金、炼油及造纸、建材等各种生产部门。控制器经历了机械式、液动式、气动式、电子式等发展阶段，但始终没有脱离 PID 控制的范畴。即使目前最新式的过程控制计算机，其基本的控制功能也仍然是 PID 控制；

③ 鲁棒性强，即控制品质对被控对象特性的变化不大敏感。

由于具有这些优点，尽管随着科学技术的发展，特别是电子计算机的发展和其在过程控制中的使用，涌现出许多新的控制方法，PID 控制仍然是应用最广泛的基本控制方式。一个大型的现代化生产装置的控制回路可能多达一二百种甚至更多，其中绝大部分都采用 PID 控制。例外的情况有两种：一种是被控对象易于控制而控制要求又不高的，可以采用更简单的开关（位式）控制方式；另一种是被控对象特别难以控制而控制要求又特别高的情况，这时如果 PID 控制难以达到生产要求就要考虑采用更先进的控制方法了。

控制器分位式控制器（其中以双位控制器比较常用）和常规控制器两种。常规控制器的基本控制规律有比例控制（P）、积分控制（I）和微分控制（D）。工业生产中实际使用的控制规律主要有比例控制（P）、比例积分控制（PI）、比例积分微分控制（PID）三种，它们都是对长期生产实践经验的总结。

不同的控制规律适用于不同的生产要求，必须根据生产要求来选用适当的控制规律。如选用不当，不但不能起到好的作用，反而会使控制过程恶化，甚至造成事故。要选用合适的控制器，首先必须了解常用的几种控制规律的特点与适用条件，然后根据过渡过程品质指标的要求，结合具体对象的特性，作出正确的选择。

1.6.2 位式控制

双位控制是位式控制的最简单形式。双位控制的动作规律是，当测量值大于设定值时，控制器的输出为最大（或最小）；而当测量值小于设定值时，则其输出为最小（或最大）。即控制器只有两个输出值，相应的执行器只有开和关两个极限位置。因此双位控制又称开关控制。

理想的双位控制器，其输出 u 与输入偏差 e 之间的关系为

$$u=\begin{cases}u_{\max}, & e>0\text{（或}e<0\text{）}\\ u_{\min}, & e<0\text{（或}e>0\text{）}\end{cases} \tag{1.44}$$

理想的双位控制特性如图 1.42 所示。

图 1.43 所示是一个采用双位控制的液位控制系统，它利用电极式液位计来控制储槽的液位。槽内装有一根电极作为测量液位的装置，电极的一端与继电器 J 的线圈相接，另一端调整在液位设定值的位置。导电的流体由装有电磁阀 V 的管线进入储槽，经下部出料管流出。储槽的外壳接地。当液位低于设定值 L_0 时，流体未接触电极，继电器断路，此时电磁阀 V 全开，物料流入储槽使液位上升；当液位上升至稍大于设定值时，流体与电极接触，于是继电器接通，从而使电磁阀全关，物料不再流入储槽。但此时槽内物料仍继续往外排出，故液位将要下降。当液位下降至稍小于设定值时，物料又与电极脱离，于是电磁阀又开启……如此反复循环，使液位在设定值 L_0 上下的一个很小范围内波动。

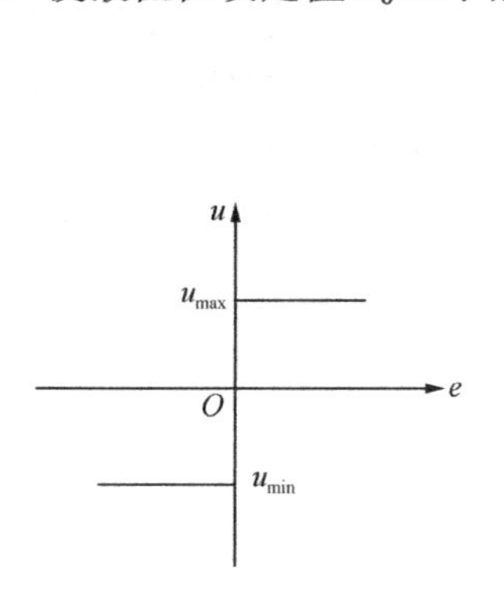

图 1.42 理想双位控制特性

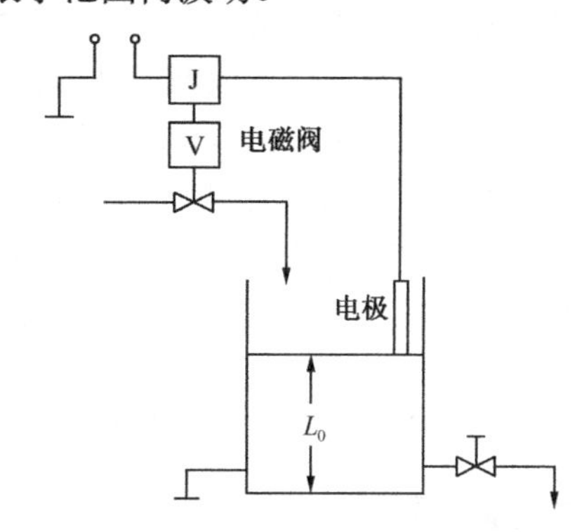

图 1.43 双位控制示例

实际上，双位控制器按图 1.42 所示的理想特性动作是很难保证的，而且也没有必要。从上例中双位控制器的动作来看，若要按上述规律动作，则控制机构的动作非常频繁，会使系统中的运动部件（如继电器、电磁阀等）因动作频繁而损坏，这样就很难保证双位控制系统安全、可靠地工作。况且，实际控制的设定值 L_0 也是允许有一个变化范围的，因此，实际应用的双位控制器都有一个中间区。所谓中间区就是当被控变量上升时，必须在测量值高于设定值某一数值（即偏差大于某一数值）后，控制器的输出才变为最大 $u_{\max}$，控制机构处于关

（或开）的位置；而当被控变量下降时，必须在测量值低于设定值某一数值后，控制机构才处于开（或关）的位置；当偏差在中间区内变化时，控制机构不动作。这样既满足了工艺要求，又可以使控制机构开关的频繁程度大为降低，延长了系统中运动部件的使用寿命。

实际的双位控制器的控制规律如图 1.44 所示。将上例中的测量装置及继电器线路稍加改变，便可成为一个具有中间区域的双位控制器。

具有中间区域的双位控制过程如图 1.45 所示。在双位控制系统中，由于双位控制器只有两个特定的输出值，相应的控制阀也只有两个极限位置，系统无法平衡，因此被控变量不可避免地会产生持续的等幅振荡过程。当液位 y 低于下限值 y_L 时，电磁阀是全开的，流体流入储槽，由于流入量大于流出量，故液位上升。当升至上限值 y_H 时，电磁阀全关，流体停止流入，由于此时流体只出不入，故液位下降。直到液位下降至下限值 y_L 时，电磁阀重新开启，液位又开始上升。如此反复，被控变量势必产生等幅振荡。

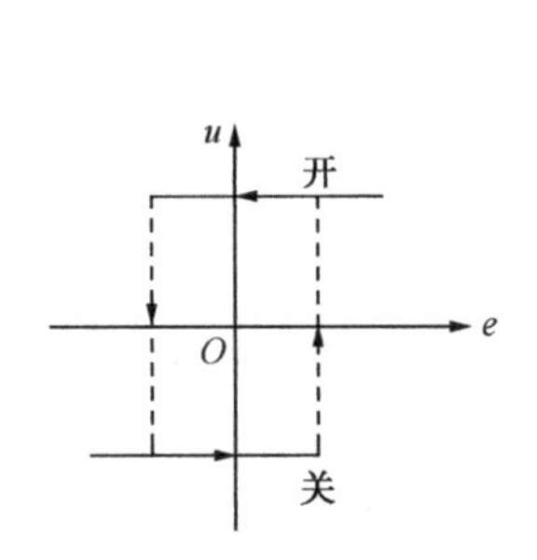

图 1.44　实际的双位控制特性

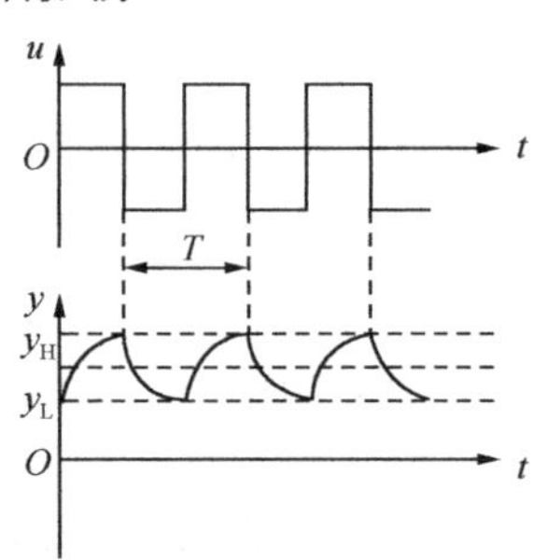

图 1.45　具有中间区域的双位控制过程

双位控制过程中不采用对连续控制作用下的衰减振荡过程所制定的那些品质指标，一般采用振幅与周期作为品质指标。在图 1.45 中，振幅为 y_H-y_L，周期为 T。

如果工艺生产允许被控变量在一个较宽的范围内波动，则控制器的中间区就可以宽一些，这样振荡周期较长，可使可动部件动作的次数减少，于是减少了磨损，也就减少了维修工作量。因而只要被控变量波动的上、下限在允许范围内，使周期长些比较有利。

双位控制器结构简单，成本较低，易于实现。双位控制的实质是随着偏差信号符号的改变，使控制阀全开或者全关。但双位控制器会产生冲击性的流量而影响工艺过程，还易损坏控制阀，所以不常使用，它只能用在控制质量要求不高，所产生的冲击流量对工艺影响不大的场合，如仪表用压缩空气储罐的压力控制。在工厂和实验室中，常用 XCT 型动圈式指示控制仪对一些电加热设备（如恒温炉、管式炉等）进行双位式温度控制。

除了双位控制外，还有三位（即具有一个中间位置）或更多位的控制方式。这一类统称为位式控制，它们的工作原理基本上是相同的。

1.6.3　比例控制（P）

过程控制一般是指连续控制系统，控制器的输出随时间而连续变化。工业上实际使用的控制器中，比例控制器是最简单的一种。

1．比例控制规律

比例控制规律是指，控制器的输出信号（指变化量）与输入信号（指偏差，当设定值不变时，偏差就是被控变量测量值的变化量）之间成比例关系，即

$$\Delta u(t)=K_C e(t) \tag{1.45}$$

式中，比例增益 K_C 是控制器的输出变化量$\Delta u(t)$与输入变化量 $e(t)$之比，其值在一定范围内可调。在相同偏差 $e(t)$输入下，K_C 越大，输出$\Delta u(t)$也越大，比例控制作用越强。因此 K_C 是衡量比例作用强弱的一个重要参数。

比例控制器的传递函数为

$$G_C(s)=\frac{U(s)}{E(s)}=K_C \tag{1.46}$$

在阶跃偏差作用下，比例控制器的响应曲线如图 1.46 所示。

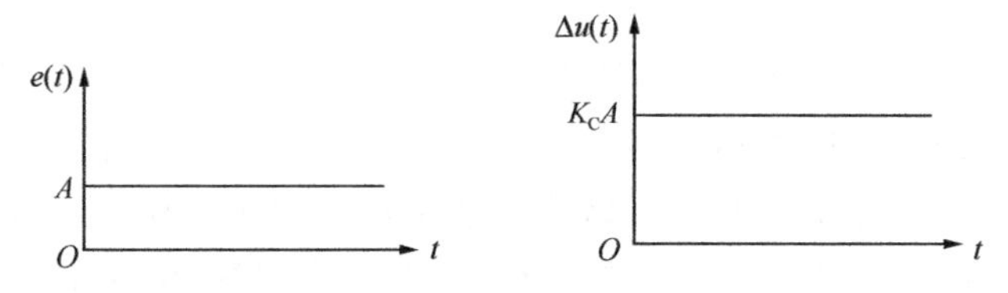

图 1.46　比例控制器的阶跃响应

2. 比例控制的特点

比例控制的特点是反应速度快，控制作用及时，在时间上没有延滞。当有偏差信号输入时，控制器的输出立刻与偏差成比例地变化，所以能够较快而有效地克服扰动所引起的被控变量的波动，这是比例控制的一个显著的优点。

因控制器的输出信号与偏差信号之间在任何时刻都存在着比例关系，所以其控制的结果难免要存在余差，这是比例控制的最大缺点。这是因为在扰动（如负荷）及设定值变化时，会使过程的物料或能量的平衡关系遭到破坏，只有改变进入到过程中的物料或能量的量值，才能建立起新的平衡关系。这就要求控制阀必须有一个新的开度，即控制器必须有一个输出量Δu。而比例控制器的输出 u 又与输入偏差 e 成正比，因此这时控制器的输入偏差 e 必然不会是零。可见，比例控制系统的余差是由比例控制器的特性所决定的。

3. 比例度δ

工业上所用的控制器，其比例控制作用的强弱通常不用比例增益 K_C 表示，而是习惯上使用比例度δ来表示。

比例度是指控制器输入的变化相对值与输出的变化相对值之比的百分数，用式子表示为

$$\delta=\left(\frac{e}{x_{max}-x_{min}}\bigg/\frac{\Delta u}{u_{max}-u_{min}}\right)\times 100\% \tag{1.47}$$

式中，e 为控制器输入信号的变化量，即偏差信号；Δu 为控制器输出信号的变化量，即控制命令；（$x_{max}-x_{min}$）为控制器输入信号的变化范围，即量程；（$u_{max}-u_{min}$）为控制器输出信号的变化范围。

控制器的比例度δ可理解为：要使输出信号做全范围变化，输入信号必须改变全量程的百分之几。

在单元组合仪表中，控制器的输入和输出都是标准统一信号，即

$$(x_{max}-x_{min})=(u_{max}-u_{min})$$

此时比例度可表示为

$$\delta=\frac{1}{K_C}\times 100\% \tag{1.48}$$

因此，比例度δ与比例增益 K_C 成反比。δ越小，则 K_C 越大，比例控制作用就越强；反之，δ越大，则 K_C 越小，比例控制作用就越弱。

4．比例度δ对系统控制质量的影响

比例作用的控制效果如何，关键问题在于选择合适的比例度。在控制系统的方框图中，比例增益 K_C 与过程的增益 K_P 都处于控制系统的前向通道，因此，它们对控制系统的影响相同，简述如下。

（1）对余差的影响。将比例控制器切入系统，闭环运行时其比例度δ对系统过渡过程的影响如图 1.47 所示。由图 1.47 可以看出，在扰动（如负荷）及设定值变化时，控制系统均有余差存在。余差的大小不仅与比例度δ（或比例增益 K_C）有关，还与负荷的变化量有关。

比例控制系统的控制结果会产生余差，这是由比例控制器的固有特性所决定的。比例度δ对余差的影响是：比例度δ越小（K_C 越大），由于$\Delta u(t)= K_C e(t)$，要获得同样大小的控制作用$\Delta u(t)$，所需的偏差 $e(t)$就越小。因此，在相同负荷变化量的扰动下，比例度δ越小，控制过程终了时的余差就越小；在比例度δ相同的情况下，负荷变化量越大，则余差越大。

余差的大小反映了系统的稳态精度。为了获得较高的稳态精度，应适当减小比例度δ。

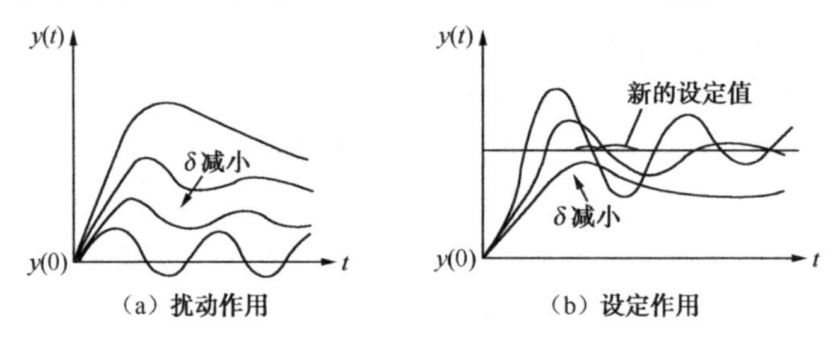

图 1.47　不同比例度下的过渡过程

（2）对系统稳定性的影响。对比例控制系统来讲，对象特性和控制器的比例度不同，往往会得到不同的过渡过程形式。一般来说，对象特性受工艺设备的限制，不可能任意改变，因此要通过改变比例度来获得我们希望的过渡过程形式。

比例度对系统稳定性的影响可以从图 1.47 中看出。比例度δ很大时，控制器放大倍数（比例增益 K_C）小，控制作用很弱，在扰动加入后，控制器的输出变化小，因此过渡过程变化缓慢，过渡过程曲线很平稳。减小比例度，控制器放大倍数增加，控制作用增强，即在同样的偏差作用下，控制阀开度改变就大，系统的过渡过程曲线出现振荡。且随着比例度δ的减小，系统的振荡程度加剧，衰减比减小，稳定性变差（降低）。当比例度δ继续减小到某一数值时，由于控制作用过强，系统可能出现等幅振荡，这时的比例度称为临界比例度δ_k。当比例度继续减小至小于临界比例度δ_k时，系统将发散振荡，这时系统就不能进行正常的控制了，这是很危险的，有时甚至会造成重大事故。因此不能认为组成控制系统后就一定能起到自动控制的作用，只有根据系统各个环节的特性，特别是过程特性，合理选择控制器的比例度δ，才能使系统获得较为理想的控制指标。

由以上分析可知，减小比例度δ会降低系统的稳定性。

（3）对系统过渡过程的影响。从图 1.47 中可见，随着比例度δ的减小，振荡加剧，振荡频率提高（即振荡周期缩短），因此把被控变量拉回到设定值所需时间就短。

一般而言，在广义对象的放大系数较小、时间常数较大、时滞较小的情况下，控制器的比例度δ可选得小些，以提高系统的灵敏度；反之，在广义对象的放大系数较大、时间常数较小而时滞较大的情况下，必须适当加大控制器的比例度，以增加系统的稳定性。工业生产中，定值控制系统通常要求控制系统具有振荡不太剧烈、余差不太大的过渡过程，即衰减比在4∶1～10∶1的范围内，而随动控制系统的衰减比一般在10∶1以上。

（4）对最大偏差的影响。最大偏差在两类外作用下不一样，在扰动作用下，δ越小，最大偏差越小；在设定作用下且系统处于衰减振荡时，δ越小，最大偏差却越大。这是因为在扰动作用下，最大偏差主要取决于余差，δ小则余差小，所以最大偏差也小；在设定作用下，最大偏差则取决于超调量，δ小则超调量大，所以最大偏差越大。

由上述内容可知，只有当比例度δ的取值适当时，才能取得系统呈衰减振荡、最大偏差和余差都不太大、过程稳定快、回复时间短的控制效果。因此在实施时要适当选择比例度δ的大小，使系统得到比较平稳、快速，且余差和最大偏差均不太大的衰减过渡过程。

在工业生产中，经过长期的实践，人们摸索出了比例度的大致取值范围。

① 压力控制系统：30%～70%；

② 流量控制系统：40%～100%；

③ 液位控制系统：20%～80%；

④ 温度控制系统：20%～60%。

5. 比例控制系统的应用场合

在控制器的控制规律中，比例作用是最基本、最主要，也是应用最普遍的控制规律，它能较为迅速地克服扰动的影响，使系统很快地稳定下来。比例控制作用通常适用于扰动幅度较小且不频繁、负荷变化不大、过程时滞（指τ/T）较小、控制要求不高、允许有余差存在的场合。这是因为负荷变化越大，则余差越大，如果负荷变化小，余差就不太显著；过程的τ/T越大，振荡越厉害，如把比例度δ放大，这样余差也就越大，如果τ/T较小，δ可小一些，余差也就相应减小。

对于控制要求不高、允许有余差存在的场合，可以采用比例控制。例如，在液位控制中，往往只要求液位稳定在一定的范围之内，并没有严格要求。只有当比例控制系统的控制指标不能满足工艺生产要求时，才需要在比例控制的基础上适当引入积分或微分控制作用。

1.6.4 积分控制（I）

1. 积分控制规律

具有积分控制规律的控制器，其积分控制作用的输出变化量Δu与输入偏差$e(t)$的积分成正比，即

$$\Delta u(t)=K_{\mathrm{I}}\int_0^t e(t)\mathrm{d}t \tag{1.49}$$

式中，K_{I}表示积分速度。

从式（1.49）可见，具有积分控制规律的控制器，其输出信号的大小，不仅与偏差信号的大小有关，而且还将取决于偏差存在时间的长短。只要有偏差，控制器的输出就会不断变化，而且偏差存在的时间越长，输出信号的变化量也越大，直到输出达到极限值为止。

2. 积分控制的特点

在阶跃偏差作用下，积分控制作用的响应特性如图 1.48 所示。可见，只要偏差存在，积分控制器的输出信号就会随时间而不断地变化（增大或减小），控制机构随之动作，系统就不可能稳定。只有当偏差消除，即 $e(t)=0$ 时，输出信号才停止变化而稳定在某一数值上，或者使控制器的输出达到极限值（上限或下限）时，控制机构停止动作，系统才稳定下来。可见，具有积分作用的控制系统是一个无差系统。积分控制作用能够消除余差，这是它的重要优点。根据积分控制作用的这一优点，当对系统的控制质量有更高要求时，可在比例作用的基础上引入积分控制作用，构成无余差的控制系统。积分控制作用主要用于消除余差。

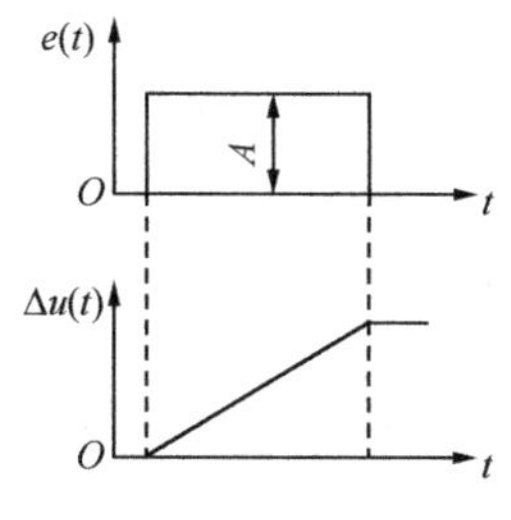

图 1.48　积分控制器特性

虽然积分作用能够消除余差，但在偏差刚出现时，控制作用是随着时间的积累而逐渐增强的，所以积分控制作用缓慢，总是滞后于偏差的存在，不能及时有效地克服扰动的影响，致使被控变量的动态偏差增大，控制过程拖长，甚至使系统难以稳定。因此积分控制规律在工业生产上很少单独使用，都是将比例作用与积分作用组合成比例积分控制规律来使用的。

3. 比例积分控制规律（PI）

比例积分控制规律是比例作用与积分作用的叠加，其数学表达式为

$$\Delta u(t)=K_C\left[e(t)+\frac{1}{T_I}\int_0^t e(t)\mathrm{d}t\right] \tag{1.50}$$

式中，$K_Ce(t)$是比例项；$(K_C/T_I)\int_0^t e(t)\mathrm{d}t$ 是积分项；T_I 为积分时间，$(K_C/T_I)=K_I$。

比例积分控制器的传递函数是

$$G_C(s)=\frac{U(s)}{E(s)}=K_C\left(1+\frac{1}{T_Is}\right) \tag{1.51}$$

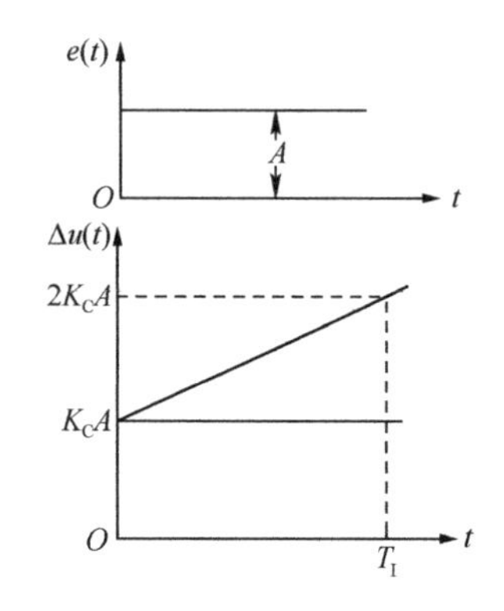

图 1.49　比例积分作用的阶跃响应

如图 1.49 所示为在阶跃偏差作用下比例积分控制器的输出曲线。在阶跃偏差作用下，比例输出$\Delta u_C=K_CA$；积分作用输出 $\Delta u_I=\frac{K_CA}{T_I}t$，随时间而增加。当时间 $t=T_I$ 时，有 $\Delta u_I=K_CA=\Delta u_C$，因此，当积分作用的输出等于比例作用的输出时所需的时间就是积分时间 T_I，又称再调时间。积分时间 T_I 越小，比例积分控制输出曲线的斜率越大，控制作用越强。反之，积分时间 T_I 越大，积分作用越弱。若积分时间为无穷大，就没有积分作用，而成为纯比例控制器了。一般来说，T_I 可在几秒到几十分钟范围内调整。

由于比例积分控制规律是在比例控制的基础上加入积分作用，所以既具有比例控制作用及时、快速的特点，又具有积分控制作用能消除余差的性能，因此是生产上常用的控制规律。

4. 积分时间 T_I 对系统控制质量的影响

在比例积分控制器中，比例度δ和积分时间 T_I 都是可调的。前面已经分析过比例度δ的大小对系统过渡过程的影响，这里着重分析积分时间 T_I 对系统过渡过程的影响。

在一个纯比例控制的闭环系统中引入积分作用时，若保持控制器的比例度δ不变，则可从图 1.50 所示的曲线族中看到，在同样的比例度下，积分时间过大或过小均不合适。积分时间过大，积分作用太弱，余差消除很慢，当 $T_I \to \infty$时，成为纯比例控制器，余差得不到消除；积分时间太小，过渡过程振荡太剧烈，只有当 T_I适当时，过渡过程能较快地衰减且快速消除余差。

积分时间 T_I是表征积分控制作用强弱的一个重要参数。积分时间 T_I越小，积分控制作用的输出变化越快，积分控制作用越强。适当地减小积分时间 T_I（积分控制作用增强），可使控制系统的最大动态偏差减小，余差消除变快；但同时振荡加剧，振荡频率增加，系统的稳定性下降。若 T_I过小，则可能导致系统不稳定。由此可见，积分时间 T_I对过渡过程的影响具有两重性。当缩短积分时间、加强积分控制作用时，一方面克服余差的能力增加；但另一方面会使系统振荡加剧、稳定性降低，积分时间越短，振荡倾向越强烈，甚至会出现不稳定的发散振荡。

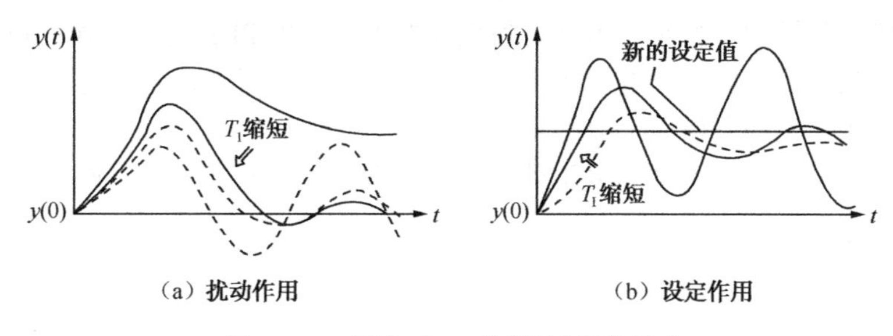

图 1.50　δ不变时 T_I对过渡过程的影响

因为积分作用会加剧振荡，这种振荡对于滞后大的对象更为明显。所以，控制器的积分时间应按对象的特性来选择。对于管道压力、流量等滞后不大的对象，T_I 可选得小些；温度对象一般滞后较大，T_I可选得大些。在过程控制系统中，积分时间 T_I的大致取值范围如下。

① 压力控制系统：0.4～3 min；

② 流量控制系统：0.1～1 min；

③ 温度控制系统：3～10 min；

④ 液位控制系统：不需要积分作用。

这些数据仅供参考。

在比例控制系统中引入积分作用的优点是能够消除余差，然而却降低了系统的稳定性；若要保持系统原有的衰减比，必须相应地加大控制器的比例度δ，这会使系统的其他控制指标下降。因此，如果余差不是主要的控制指标，就没有必要引入积分作用。

由于比例积分控制器兼有比例和积分控制的优点，有比例度δ和积分时间 T_I两个参数可供选择，因此适用范围比较广，多数控制系统都可以采用。只有在过程的容量滞后大、时间常数大，或负荷变化剧烈时，由于积分作用较为迟缓，系统的控制指标不能满足工艺要求，才考虑在系统中增加微分作用。

5. 积分饱和及其防止

当控制系统长期存在偏差时，比例积分控制器的输出会不断增加或减小，直到超过仪表输出信号范围的最大或最小值（如电动仪表的 20mA 和 4mA，气动仪表的 100kPa 和 20kPa），达到仪表所能达到的最大或最小极限值（如气动仪表的（0.14～0.16）MPa 和 0MPa）。这时，当偏差反向时，控制器输出不能及时改变方向，要在一定的延时后，控制器的输出才能从最大或最小的极限值回复到仪表范围的最大或最小值。在这段时间内，控制器不能发挥控制作用，因此造成控制不及时。通常将这种由于积分过量造成的控制不及时现象称为积分饱和。

造成积分饱和的内因是控制器包含积分控制作用，外因是控制器长期存在偏差，因此，在长期存在偏差的条件下，控制器输出会不断增加或减小，直到极限值。

使用电动或气动控制器均会出现积分饱和现象。由于积分饱和引起控制作用的推延乃至失灵，因此它会对系统造成危害，严重时会引发事故。积分饱和现象常出现在自动启动间歇过程的控制系统、串级控制系统中的主控制器及像选择性控制系统这样的复杂控制系统中。

根据产生积分饱和的原因，可以有多种防止积分饱和的方法。由于长期存在偏差是外因，无法改变，因此防止积分饱和的设计策略是消除积分控制作用。

解决积分饱和问题的一种常用方法是使控制器内部实现 PI-P 控制规律的自动切换，即当控制器的输出在某一范围内时，选用比例积分控制作用，能消除余差；而当其输出超过某一极限值时，只选用比例控制作用，以防止积分饱和。

另一种防止积分饱和的方法是采用外部积分反馈法，在此不进行讨论。

1.6.5 微分控制（D）

1．微分控制规律

控制器的微分控制规律，是指其输出信号的变化量Δu与偏差信号的变化速度成正比，即

$$\Delta u(t)=T_{\mathrm{D}}\frac{\mathrm{d}e(t)}{\mathrm{d}t} \tag{1.52}$$

式中，T_{D}为微分时间。从式（1.52）可以看出，在相同的偏差变化速度作用下，T_{D}越大，则控制器的输出变化越大，微分作用越强；反之，T_{D}越小，控制器的输出变化越小，微分作用越弱。因此，微分时间T_{D}是衡量微分作用强弱的重要参数。

2．微分控制的特点

微分控制器在阶跃偏差作用下的响应特性如图 1.51 所示。

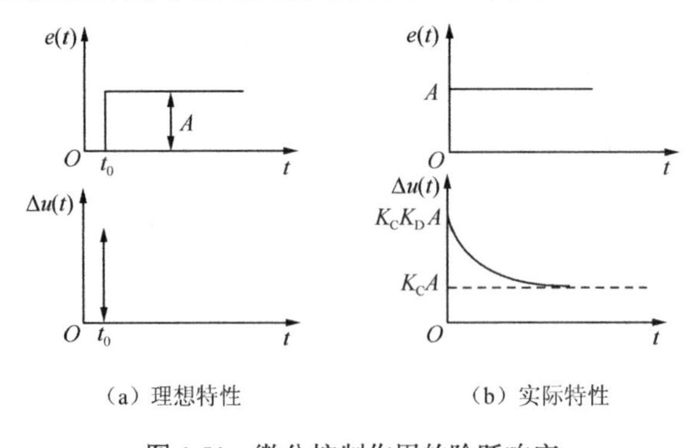

图 1.51 微分控制作用的阶跃响应

图 1.51（a）所示为理想微分控制的特性，理想微分控制器在阶跃偏差作用下的响应曲线

是一个幅度无穷大、脉宽趋于零的尖脉冲。由于微分控制器的输出只与偏差的变化速率有关，而与偏差的存在与否无关，所以这种控制器用在系统中，即使偏差很小，只要出现变化趋势，马上就进行控制，故有“超前控制”之称，这是它的优点。但微分控制器的输出不能反映偏差的大小。如果偏差固定，即使其数值很大，微分作用也没有输出，微分控制的结果不能消除偏差，所以微分控制规律不能单独使用，它常与比例或比例积分组合构成比例微分或比例积分微分控制规律。从实际使用情况来看，比例微分控制规律用得较少，在生产上微分往往与比例积分结合在一起使用，组成 PID 控制。

由于理想的微分作用在物理上是不能实现的，因此控制器中采用的都是实际微分控制规律，其阶跃响应如图 1.51（b）所示。

3. 比例积分微分控制规律（PID）

理想比例积分微分控制规律（PID）的表达式为

$$\Delta u(t)=K_{\mathrm{C}}\left[e(t)+\frac{1}{T_{\mathrm{I}}}\int_0^t e(t)\mathrm{d}t+T_{\mathrm{D}}\frac{\mathrm{d}e(t)}{\mathrm{d}t}\right] \tag{1.53}$$

传递函数为

$$G_{\mathrm{C}}(s)=\frac{U(s)}{E(s)}=K_{\mathrm{C}}\left(1+\frac{1}{T_{\mathrm{I}}s}+T_{\mathrm{D}}s\right) \tag{1.54}$$

图 1.52 所示为在阶跃偏差作用下，实际应用的 PID 控制器的阶跃响应。在阶跃偏差输入下，比例控制作用自始至终与偏差相对应起调节作用，它一直是一种最基本的控制作用；微分作用在开始时输出变化最大，使总的输出大幅度地变化，产生强烈的“超前”控制作用，抑制振荡，后逐渐消失，这种控制作用可看成“预调”；积分作用的输出在开始时变化弱，而后逐渐增大而占主导地位，只要余差存在，积分输出就不断增加，直到余差完全消除，积分作用才有可能停止，这种控制作用可看成“细调”。因此，在阶跃偏差作用下，PID 控制器的输出先跳变到最大值（这是比例微分的作用），然后逐渐下降，下降一段时间后又开始上升（这是比例微分和积分的共同作用），最后由于积分作用，输出呈积分上升趋势。图中显示了比例、积分、微分三种控制作用的响应。可以看到，比例作用是最基本的控制作用，在整个控制过程中都起作用；微分作用主要在控制前期起作用；而积分作用主要在控制后期起作用。

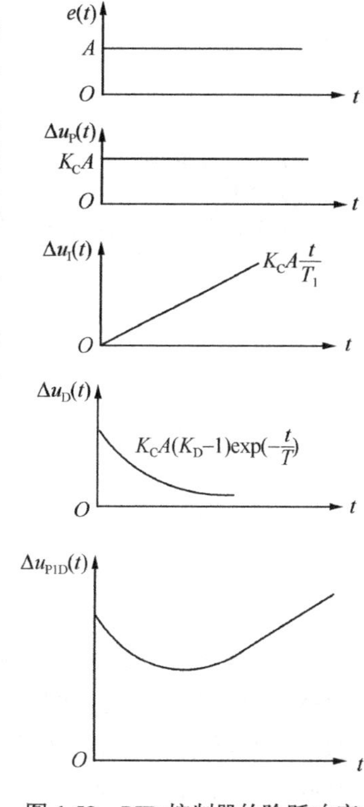

图 1.52　PID 控制器的阶跃响应

具有 PID 三种控制作用的控制器，集中了三种控制作用的优点，既能快速进行控制，又能消除偏差，还可以根据被控变量的变化趋势超前动作，具有较好的控制性能。通常在被控对象容量滞后较大、负荷变化较快且不允许有余差的情况下，可以采用 PID 三作用控制器。所以 PID 控制在过程控制系统，特别是在温度和成分分析控制系统中得到了广泛的应用。

虽然 PID 控制规律综合了各种控制规律的优点，具有较好的控制性能，但这并不意味着它在任何情况下都是最合适的，必须根据过程特性和工艺要求，选择最为合适的控制规律。

下面给出各类工业过程常用的控制规律。

① 液位：一般要求不高，用 P 或 PI 控制规律。

② 流量：时间常数小，测量信息中夹杂有噪声，用 PI 或加反微分（$K_D<1$）控制规律。

③ 压力：液体介质的时间常数小，气体介质的时间常数中等，用 P 或 PI 控制规律。

④ 温度和成分分析：容量滞后较大，宜用 PID 控制规律。

4. 微分时间 T_D 对系统控制质量的影响

微分时间 T_D 是表征微分控制作用强弱的一个重要参数。当微分时间 T_D 增大时，微分作用增强；反之，T_D 减小，微分作用减弱。在负荷变化剧烈、扰动幅度较大或过程容量滞后较大的系统中，适当引入微分作用，可在一定程度上提高系统的控制质量。这是因为，当控制器感受到偏差后再进行控制，过程已经受到较大幅度扰动的影响，或者扰动已经作用了一段时间，而引入微分作用后，当被控变量发生变化时，根据变化趋势适当加大控制器的输出信号，将有利于克服扰动对被控变量的影响，抑制偏差的增长，从而提高系统的稳定性。如果要求引入微分作用后仍然保持原来的衰减比 n，则可适当减小控制器的比例度 δ（一般可减小 15%左右），从而使控制系统的控制指标得到全面改善。但是，如果引入的微分作用太强，即 T_D 太大，则容易产生过调，反而会引起控制系统剧烈地振荡，这是必须注意的。此外，当测量中有显著的噪声时（如流量测量信号常带有不规则的高频扰动信号），则不宜引入微分作用。

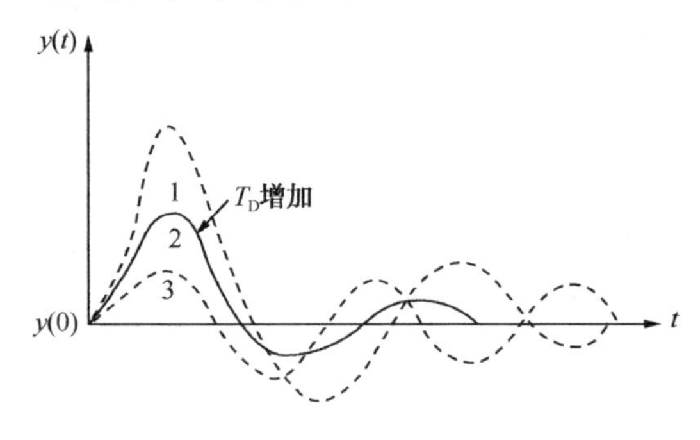

图 1.53 不同 T_D 下的控制过程

微分时间 T_D 的大小对系统过渡过程的影响，如图 1.53 所示。从图 1.53 中可见，若 T_D 取值太小，则对系统的控制指标没有影响或影响甚微，如图中曲线 1 所示；选取适当的 T_D，系统的控制指标将得到全面的改善，如图中曲线 2 所示；但若 T_D 取得过大，即引入太强的微分作用，反而会使控制系统的振荡加剧，稳定性变差，如图中曲线 3 所示。

在控制系统中，适当地增大微分时间 T_D，使微分作用增强，可以提高系统的稳定性，抑制振荡，减少被控变量的波动幅度，使控制时间缩短，并能减小最大偏差和余差（但并未消除余差）。但是，微分作用也不能加得过大，否则由于微分控制作用过强，控制器的输出剧烈变化，不仅不能提高系统的稳定性，反而会引起被控变量大幅度的振荡。特别对于噪声比较严重的系统，采用微分作用要特别慎重。工业上常将控制器的微分时间设置在数秒至几分钟的范围内。

一般来说，由于微分控制具有“超前”的控制作用，适当地加入微分作用，能够全面改善系统的控制质量。因此其适用于一些容量滞后较大的对象，如温度对象。但需要特别注意的是，微分作用对于真正的纯滞后是无能为力的。当遇到有较大纯滞后的被控对象时，要考虑别的解决方案。另外，微分作用对于高频的脉动信号敏感，因此当测量值本身掺杂有较大的噪声信号时，不宜加入微分作用。

比例积分微分控制规律是工业生产过程中最常用的控制规律，是历史最久、应用最广、适应性最强的控制规律。在常规过程控制系统中，比例积分微分控制算法约占了 85%～

90%，即使在计算机控制已经得到广泛应用的今天，比例积分微分控制规律仍是主要的控制算法。

【工程经验】

1. 为达到预期的控制效果，工业上通常将基本控制规律组合使用，实际使用的有 P、PI、PID 三种控制规律。

2. 控制系统的参数整定过程，自始至终都是依据比例度δ、积分时间 T_I、微分时间 T_D 各自对系统在稳定性、快速性、准确性方面的影响进行的，总结为 “看曲线，调参数”。

3. 在计算机过程控制系统中，数据处理、控制算法均实现了程序化。因此，相比于常规控制系统，容易实施更为复杂、多样、先进的控制功能。

本 章 小 结

过程控制系统应用负反馈原理，故称反馈控制系统；通过反馈使信号传递构成闭合环路，所以又称闭环控制系统。过程控制系统是为了实现过程控制，以控制理论和生产要求为依据，采用模拟仪表、数字仪表或微型计算机等构成的控制总体。典型的过程控制系统主要由被控过程、控制器、执行器（过程控制系统中主要是控制阀）、检测元件及变送器组成，在结构上形成闭环负反馈是确保其稳定的先决条件。过程控制系统通过测量变送器把被控变量的测量值反馈到输入端与设定值进行比较，根据两者的偏差，按预置的控制规律进行运算，输出控制信号给控制阀，通过控制阀调整操纵变量，以克服扰动的影响，保证被控变量与设定值一致。按设定值的变化情况，可将过程控制系统分为三类，即定值控制系统、随动控制系统和程序控制系统。过程控制系统多为定值控制系统。

按被控变量是否随时间而变化，可将系统的运行状态分为静态和动态。在自动控制系统中，把被控变量不随时间而变化的平衡状态，称为系统的静态或稳态。系统（或环节）处于静态时的输出与输入之间的关系称为系统（或环节）的静态特性。而把被控变量随时间而变化的不平衡状态，称为系统的动态。系统处于动态时的输出与输入之间的关系称为系统的动态特性。必须指出，系统的静态与平时认为的静止不动是不相同的。系统的静态，并非指系统内没有物料与能量的流动，而是指各个参数保持不变的相对平衡状态。对自动控制系统的基本技术性能要求，包含有静态和动态两个方面，一般可以归纳为稳定性、快速性和准确性，即稳、快、准。

描述过程控制系统性能的指标称为质量指标，在时间域上主要有单项性能指标和积分综合控制指标。单项性能指标是从使系统满足稳定性、快速性和准确性三方面的基本要求出发，以系统在单位阶跃输入作用下被控变量的衰减振荡曲线来定义的。通常以四个指标来评定：衰减比、回复时间、最大偏差和余差。衰减比用于衡量控制系统的稳定性，回复时间用于描述控制系统的快速性，最大偏差则反映了系统的动态精确度（即准确性），它们都是描述系统动态性能的指标；而余差是反映控制系统准确性的一个重要的稳态指标。

数学模型是描述系统（或环节）在动态过程中的输出变量与输入变量之间关系的数学表达式。在时间域上常用的数学模型有微分方程式、传递函数和系统方框图等。充分了解过程的特性，掌握其内在规律，是过程控制系统设计的前提。过程特性是系统设计时确定合适的被控变量和操纵变量、选择控制阀流量特性的依据，也是选择控制器控制规律的主要依据之一。建立过程数学模型的方法有理论分析法和实验测试法。

工业生产中的工艺设备和装置多为自衡非振荡过程。一阶自衡过程的特性可用放大系数 K、时间常数 T 和纯滞后时间 τ_0 这三个特性参数来全面表征。多容自衡非振荡过程的特性比较复杂，在描述时可近似处理成具有纯滞后的一阶过程，用放大系数 K、等效时间常数 T 和滞后时间 τ 三个特性参数来近似表征。过程的放大系数 K 是过程输出量变化的新稳态值与输入量变化值之比，它只与过程的初、终状态有关，而与过程的变化无关。所以放大系数 K 是过程的静态特性参数。时间常数 T 用来表征过程输入变化后被控变量的变化情况，它是反映过程动态特性的参数。纯滞后时间 τ_0 是指在过程的输入发生变化后，输出变化落后于输入变化的时间，它也是反映过程动态特性的参数。容量滞后 τ_C 一般是因为物料或能量的传递需要通过一定的容量环节和克服阻力而引起的，它并不是真正的滞后，而是对因过程的多容性而引起的被控变量的阶跃响应起始部分变化速度缓慢进行近似处理的结果，在分析过程特性时可将容量滞后近似地看成纯滞后处理。因此，过程的总滞后应为纯滞后 τ_0 与容量滞后 τ_C 之和，称为滞后时间，滞后时间 $\tau=\tau_0+\tau_C$。

在控制系统的分析和设计中，最常用到的数学模型是系统（或环节）的传递函数和方框图。典型的过程控制系统由串联、并联和反馈三种基本结构组成。对于具有交叉结构的复杂控制系统，应先通过移动引出点和综合点，消除交叉连接，使方框图变成独立的回路，然后再进行串联、并联及反馈的等效变换，最后求得系统的传递函数。

控制器分位式控制器和常规控制器两种。双位控制是位式控制中最简单的形式，其实质是随着偏差信号符号的改变，使控制阀全开或者全关。双位控制常用于控制质量要求不高、所产生的冲击流量对工艺影响不大的场合。

常规控制器的基本控制规律有比例控制（P）、积分控制（I）和微分控制（D），工业生产中实际使用的控制规律主要有三种：比例（P）控制、比例积分（PI）控制、比例积分微分（PID）控制。常规控制器的三个可调控制参数是比例度 δ、积分时间 T_I 和微分时间 T_D。

比例控制规律是控制器的基本控制规律。比例控制的特点是反应速度快、控制作用及时，但控制的结果存在余差。比例度 δ 是用于表示控制器比例控制作用强弱的参数，其取值大小会影响系统的控制质量。δ 越小，则比例控制作用就越强。减小比例度 δ，有利于减小系统的余差，缩短回复时间，但会使系统的稳定性变差。比例度 δ 对最大偏差的影响视设定作用和扰动作用而不同。

积分控制作用的特点是能够消除余差，但其控制作用缓慢，因此积分作用不能单独使用。积分控制作用的强弱用积分时间 T_I 来表示。T_I 越小，则积分作用越强，反之越弱。T_I 的减小，有利于尽快消除余差、减小最大偏差，但会使控制系统的振荡加剧、系统的稳定性下降。若 T_I 过小，则可能导致系统不稳定。

微分控制作用是按偏差的变化速率进行控制的，因此它具有“超前控制”作用，其控制的结果不能消除偏差，所以微分控制规律也不能单独使用。微分控制作用的强弱用微分时间 T_D 来表示。T_D 越大，表示微分作用越强。选取适当的微分时间 T_D，系统的控制指标将得到全面的改善，即可缩短系统的回复时间，提高系统稳定性，减少动态偏差和余差。但若 T_D 取得过大（即引入太强的微分作用），则会使系统变得非常敏感，系统的控制质量反而变差，甚至使系统不稳定。

思考与练习

1．闭环控制系统与开环控制系统有什么不同？

2．什么是负反馈？为什么自动控制系统要采用负反馈？

3．自动控制系统主要由哪几部分组成？各组成部分在系统中的作用是什么？

4．按设定值的不同，自动控制系统可分为哪几类？

5．什么是控制系统的过渡过程？研究过渡过程有什么意义？

6．对系统运行的基本要求是什么？过程控制系统的单项性能指标有哪些？它们分别表示了对系统哪一方面的性能要求？

7．为什么要建立过程的数学模型？主要有哪些建模方法？

8．什么是过程特性？研究过程特性对设计过程控制系统有何帮助？

9．一阶自衡非振荡过程的特性参数有哪些？各有何物理意义？

10．简述并画图说明高阶自衡非振荡过程阶跃响应曲线的近似处理方法。高阶自衡非振荡过程的特性可用哪些特性参数来近似表征？

11．已知一个具有纯滞后的一阶过程的时间常数为 4 min，放大系数为 10，纯滞后时间为 1 min，试写出描述该过程特性的一阶微分方程式及传递函数。

12．用阶跃扰动法测试过程特性时有哪些注意事项？

13．已知某换热器的被控变量是出口温度θ，操纵变量是蒸汽流量 Q。在蒸汽流量进行阶跃变化时，出口温度响应曲线如图 1.54 所示。该过程通常可以近似作为一阶滞后环节来处理。试用作图方法估算该控制通道的特性参数 K、T、τ，并写出其传递函数表达式。

14．图 1.55 所示是一个水位控制系统。试说明它的作用原理，画出相应的方框图；并指出系统的被控过程、被控变量、操纵变量、扰动量、控制器各是什么。

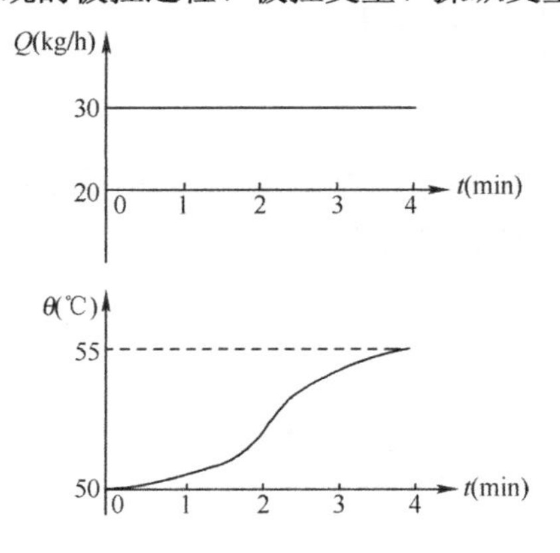

图 1.54　某换热器的阶跃响应

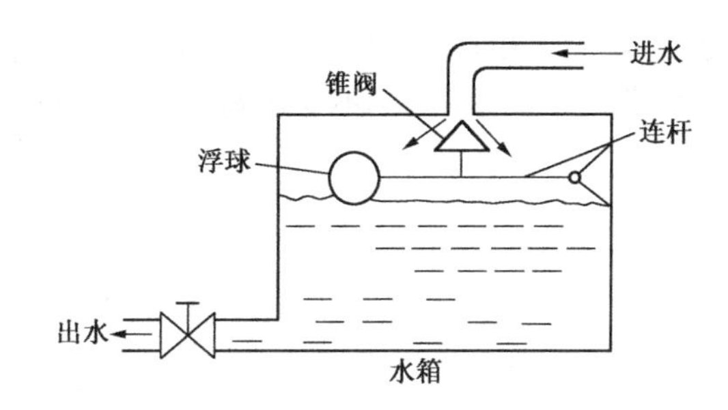

图 1.55　水位控制系统原理

15．综合所学专业，画一个自动控制系统的例子。

16．什么是控制器的控制规律？常规控制器的基本控制规律有哪些？它们各有什么特点？

17．为什么积分控制规律一般不能单独使用？微分控制规律一定不能单独使用？

18．工业上实际使用的控制规律主要有哪几种？试分别简述它们的适用场合。

19．比例度δ、积分时间 T_{I}、微分时间 T_{D} 对系统的过渡过程有什么影响？

20．化简图 1.56 所示的方框图，并求传递函数 $Y(s)/X(s)$。

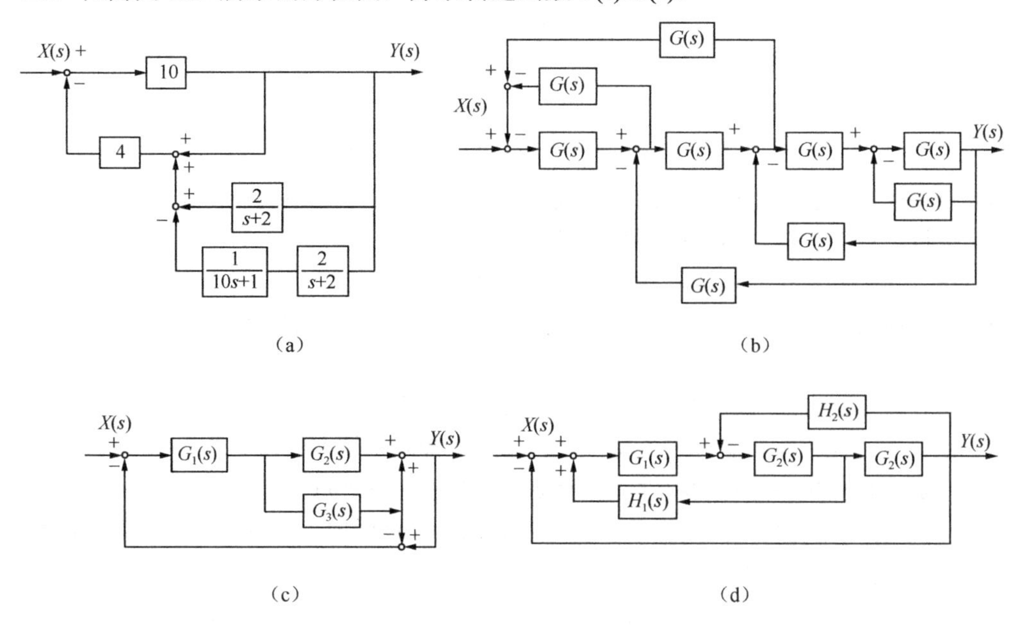

图 1.56　方框图

21．求图 1.57 所示系统的传递函数 $\dfrac{Y(s)}{X(s)}$ 和 $\dfrac{Y(s)}{F(s)}$。

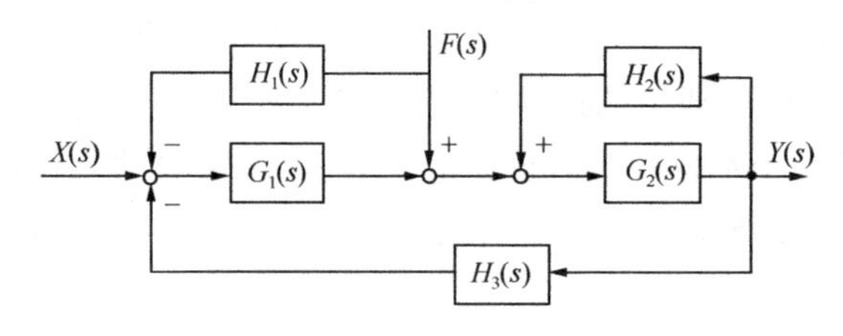

图 1.57　题 21 图

22．某控制系统的方框图如图 1.58 所示。图中，$W(s)$是一个补偿装置，目的是使系统在扰动 $F(s)$作用下的输出 $y(t)$不受影响。试求该补偿装置的传递函数。

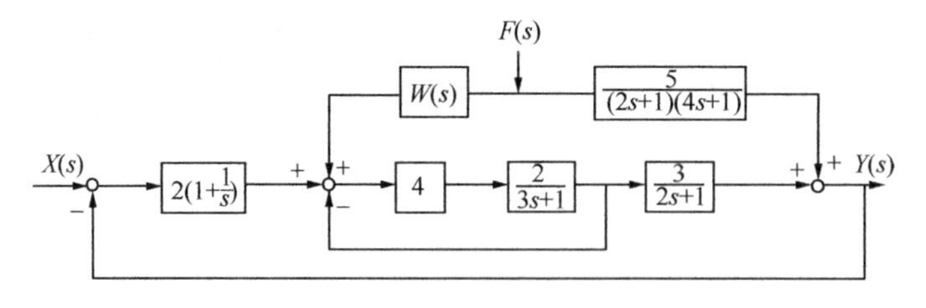

图 1.58　某控制系统方框图

实验一　单回路控制系统控制过程演示

1．实验目的

（1）掌握过程控制系统的实际结构及组成；

（2）初步认识定值控制系统的作用及控制过程。

2. 实验设备

过程控制实验装置一套。

3. 实验原理

水箱液位定值控制系统的结构示意图如图 1.59 所示。

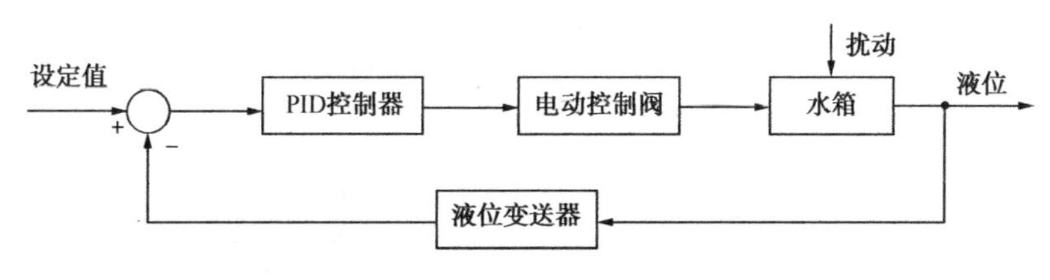

图 1.59　实验原理图

简单控制系统一般是指，在一个被控对象上用一台控制器来保持一个参数（被控变量）的恒定。本系统的控制任务就是使水箱液位保持在给定的高度上。

控制系统开机前，首先将控制器设置为自动状态，并按经验数据设置好 PID 参数值。开机并待系统处于稳定状态后，利用现有的控制装置给系统施加一个阶跃扰动（如将出水阀适当增大某一开度），观察被控变量变化的过渡过程。

待系统重新稳定后，再观察被控变量是否稳定在设定值附近、是否存在余差，并分析余差存在与否的原因。

4. 思考题

（1）在做本实验时，为什么要等到控制系统处于稳定状态时才施加扰动？

（2）试利用反馈控制原理分析该液位控制系统的控制过程。

实验二　一阶（单容）过程特性测试
二阶（双容）过程特性测试

1. 实验目的

（1）熟悉单容、双容水箱的数学模型及其阶跃响应曲线；

（2）根据由实际测得的单容、双容水箱的阶跃响应曲线，用相关的方法分别确定它们的特性参数。

2. 实验设备

过程控制实验装置一套。

3. 实验系统结构框图

单、双容水箱实验系统的结构示意图如图 1.60 所示。

4. 实验原理

阶跃响应测试法是在开环运行条件下，待系统稳定后，通过控制器或其他操作器，手动改变过程的输入信号（阶跃信号），同时记录过程的输出数据或阶跃响应曲线；然后根据已给定过程模型的结构形式，对实验数据进行处理，确定过程数学模型中的各个特性参数。

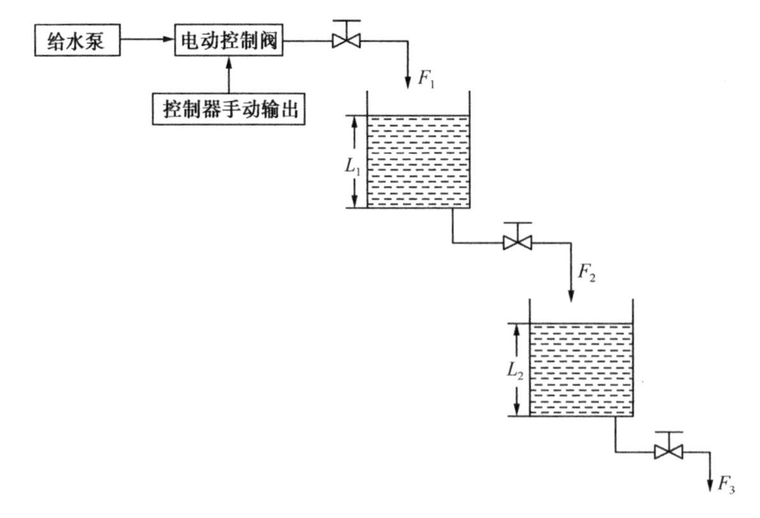

图 1.60　水箱系统结构示意图

5．注意事项

（1）实验系统组态完毕（或线路连好）之后，需经指导老师检查认可后方可接通电源。

（2）水泵启动前，出水阀门应当关闭，待水泵启动后，再逐渐打开出水阀，直至完全打开或开至某一预定开度。在实验过程中，不得任意改变出水阀的开度。

（3）阶跃信号的取值应适当，不能取得太大，以免影响正常运行；但也不能过小，以保证测试的精确度。一般取正常输入信号的 5%～15%。

（4）在输入阶跃信号前，过程必须处于平衡状态。

6．思考题

（1）在做本实验时，为什么不能任意改变水箱出水阀的开度大小？

（2）单容、双容水箱的阶跃响应曲线有何不同？为什么？

第2章

简单控制系统

内容提要

本章以简单控制系统的方案设计方法为主要内容，根据简单控制系统的结构特点，重点讨论了方案设计中被控变量和操纵变量的选择，气动薄膜控制阀的结构形式、材质、流量特性、气开/气关形式、口径大小的选择及阀门定位器的正确使用，检测元件和变送器的选取及克服测量、传送滞后的方法，控制器的控制规律及正/反作用方式的选择。并简单介绍了简单控制系统的投运步骤及常用的几种控制器参数的整定方法：经验凑试法、临界比例度法和衰减曲线法。最后讨论了简单控制系统的一般故障的原因及处理方法。

 **特别提示：**

本章所研究的简单控制系统是使用最普遍、结构最简单的一种过程控制系统，更是研究复杂控制系统的基础。复杂控制系统大多是在简单控制系统闭环负反馈结构的基础上增加了计算、控制或其他环节而构成的；简单控制系统中被控变量、操纵变量的选择原则，检测变送、控制器、气动薄膜控制阀等主要功能环节的选型方法仍适用于大多数的复杂控制系统。因此，本章知识是过程控制的重中之重。

考虑到计算机控制为现阶段主流的控制手段，常规控制仪表大多不再使用，特在本章中增设了气动薄膜控制阀的相关内容，以弥补未开设《过程控制仪表》课程之需。

2.1 系统组成原理

2.1.1 简单控制系统的结构组成

所谓简单控制系统，通常是指由一个被控对象、一个检测变送单元（检测元件及变送器）、一个控制器和一个执行器（控制阀）所组成的单闭环负反馈控制系统，也称为单回路控制系统。

图 2.1 所示为两个简单控制系统的示例。图 2.1（a）所示为蒸汽换热器的温度控制系统，该控制系统由蒸汽换热器、温度检测元件及温度变送器 TT、温度控制器 TC 和蒸汽流量控制阀组成。控制的目标是通过改变进入换热器的载热体（蒸汽）的流量，将换热器出口物料的温度维持在工艺规定的数值上。通过改变蒸汽流量以控制被加热物料的出口温度是工业生产中最为常见的换热器控制方案。

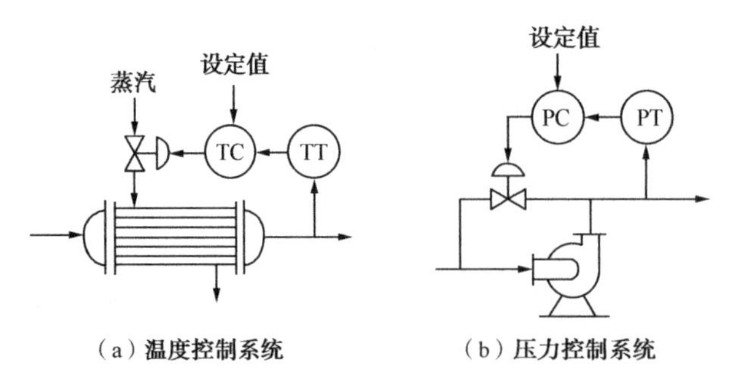

（a）温度控制系统　（b）压力控制系统

图 2.1　简单控制系统示例

图 2.1（b）所示为一个压力控制系统，它由流体输送泵及管路、压力变送器 PT、压力控制器 PC、流体回流量控制阀组成。控制的目标是通过改变回流量来保持泵的出口压力 P 值恒定。

在这些控制系统中，检测元件和变送器（测量变送装置）将检测被控变量并将其转换为标准信号（作为测量信号），当系统受到扰动影响时，测量信号与设定值之间就有偏差，因此，检测变送信号在控制器中与设定值相比较，将其偏差值按一定的控制规律运算，并输出控制信号驱动执行器（控制阀）改变操纵变量，使被控变量回复到设定值。

图 2.2 所示是简单控制系统的典型方框图。图 2.3 是将图 2.2 用传递函数描述的另外一种表示方法。由图可知，简单控制系统有着共同的特征，它们均由四个基本环节组成，即被控对象、测量变送装置、控制器和执行器。对于不同对象的简单控制系统，尽管其具体装置与变量不相同，但都可以用相同的方框图来表示。这就便于对它们的共性进行研究。

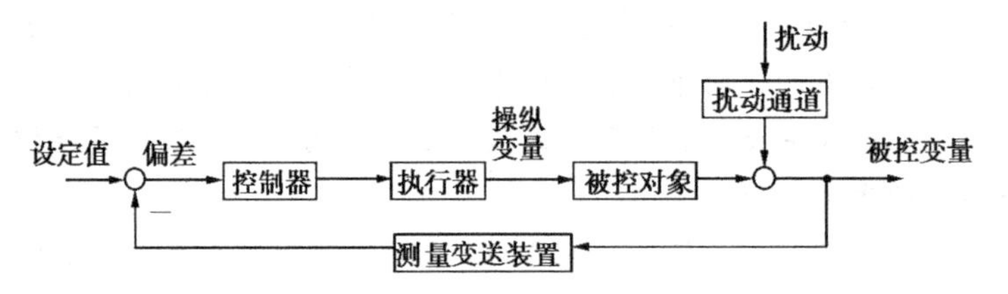

图 2.2　简单控制系统方框图

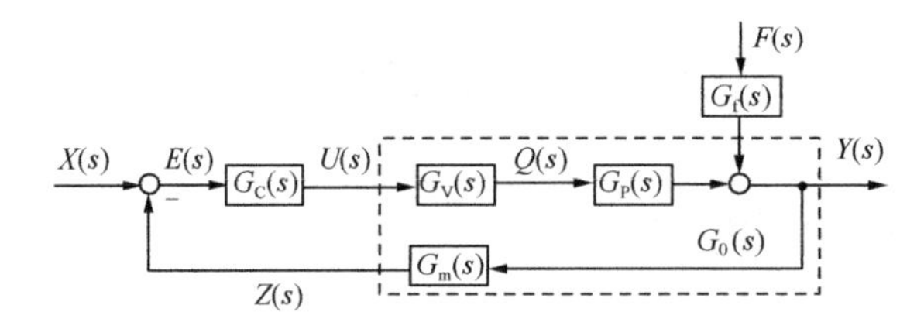

图 2.3　简单控制系统传递函数描述

简单控制系统的结构比较简单，所需的自动化装置数量少，投资低，操作维护也比较方便，而且在一般情况下，都能满足控制质量的要求。因此，简单控制系统在工业生产过程中得到了广泛的应用，生产过程中 70%以上的控制系统是简单控制系统。

由于简单控制系统是最基本、应用最广泛的系统，因此，学习和研究简单控制系统的结构、原理及使用是十分必要的。同时，简单控制系统是复杂控制系统的基础，掌握了简单控制系统的分析和设计方法，将会给对复杂控制系统的分析和研究提供很大的方便。

由于已在第 1 章中介绍了简单控制系统中各个组成部分的作用，故在此不再复述。本章将介绍组成简单控制系统的基本组成原理、被控变量及操纵变量的选择、控制阀和控制器的选择及控制器参数的工程整定等。

2.1.2 控制过程分析

在此，仍以图 2.1（a）所示的蒸汽换热器出口温度控制系统为例来分析简单控制系统的工作过程。为便于分析，设 T 表示被加热物料的出口温度，是该控制系统的被控变量。蒸汽流量是操纵变量，以及本例中测量变送装置选用分度号为 Pt 100 的铂热电阻及与之配套的温度变送器；采用电动控制器，且设置为 E 上升时 U 也上升，E 下降时 U 也下降；所用执行器为一台带电-气阀门定位器的气动控制阀，且将其作用方式设置为 U 上升时 Q 上升，U 下降时 Q 亦下降。

1．平衡状态

当流入系统的蒸汽传递给冷流体的热量使被加热物料的出口温度 T 维持在所要求的温度值时，设蒸汽的流量及品质保持不变，冷流体的流量及品质也保持不变，则控制系统处于平衡状态，并将保持这个动态平衡，直至有新的扰动量发生，或人们对被加热物料的出口温度有新的要求。

2．扰动分析

该系统的主要扰动如下所述。

（1）冷流体流量的变化。冷流体的流量增大，出口温度 T 下降。

（2）冷流体温度的变化。冷流体的温度上升，出口温度 T 升高。

（3）（如果蒸汽源不够稳定）蒸汽的压力变化。蒸汽压力上升导致蒸汽流量增大，出口温度 T 升高。

（4）蒸汽温度的变化、蒸汽换热器环境温度的变化也会影响出口温度 T 的变化。这些扰动一般都是随机的、无法预知的，但当它们最终影响到出口温度 T 发生变化时，控制系统都能够加以克服。

3．控制过程

无论是由于何种原因、何种扰动，只要其作用使出口温度 T 有了变化，则控制系统就能通过控制器来克服扰动对出口温度 T 的影响，使之回到原来的平衡状态。

当温度 T 偏离平衡状态而升高时，测温用铂热电阻的阻值增大。由温度变送器将该阻值的变化转换为输出电流的增大，作为测量值 Z 传送给控制器。控制器将 Z 与设定值 X 相比较，由于设定值 X 保持不变，而 Z 上升，由 $X-Z=E$ 可知，E 将下降。由所设置的控制器性质可知，此时 U 下降。再由所设置执行器的性质，此时进入蒸汽换热器的蒸汽流量 Q 将减小。显然，Q 减小将使出口温度 T 下降，出口温度 T 逐渐回复到设定值。如果温度控制器的参数设置恰当，可获得较满意的控制效果。这个控制过程可用符号简洁地表达为

$$扰动 \longrightarrow T\uparrow \longrightarrow Z\uparrow \longrightarrow E\downarrow \longrightarrow U\downarrow \longrightarrow Q\downarrow \longrightarrow T\downarrow$$

类似的，当扰动使出口温度 T 下降时有

$$扰动 \longrightarrow T\downarrow \longrightarrow Z\downarrow \longrightarrow E\uparrow \longrightarrow U\uparrow \longrightarrow Q\uparrow \longrightarrow T\uparrow$$

由此可见，简单控制系统的工作过程就是应用负反馈原理的控制过程。因此，方框图中 Z 信号旁的“－”号很重要，如果把这个“－”号去掉，系统就成为正反馈，就不能克服扰动，此时，系统的控制作用不能使被控变量回归到设定值

$$\text{扰动} \longrightarrow T\uparrow \longrightarrow Z\uparrow \longrightarrow E\uparrow \longrightarrow U\uparrow \longrightarrow Q\uparrow \longrightarrow T\uparrow$$

另外，如果控制器和执行器的作用方向选错了，系统也不能克服扰动（这些将在后面的系统设计中予以介绍）。

2.1.3 简单控制系统的设计概述

1. 基本要求

（1）要求自动控制系统设计人员在掌握较为全面的自动化专业知识的同时，也要尽可能多地熟悉所要控制的工艺装置对象；

（2）自动化专业技术人员要与工艺专业技术人员进行必要的交流，共同讨论确定自动化方案；

（3）自动化技术人员切忌盲目追求控制系统的先进性和所用仪表及装置的先进性；在控制系统的设计中，应注重选择那些能满足控制质量要求，且在应用上较为成熟的控制方案；

（4）设计一定要遵守有关的标准和行规，按科学合理的程序进行。

2. 基本内容

（1）确定控制方案。首先要确定整个设计项目的自动化水平，然后才能进行各个具体控制系统方案的讨论确定。对于比较大的控制系统工程，更要从实际情况出发，反复多方论证，以避免大的失误。控制系统的方案设计是整个设计的核心，是关键的第一步。要通过广泛的调研和反复的论证来确定控制方案，它包括被控变量的选择与确认、操纵变量的选择与确认、检测点的初步选择、绘制出带控制点的工艺流程图和编写初步控制方案设计说明书等内容。

（2）仪表及装置的选型。根据已经确定的控制方案进行选型，要考虑到供货方的信誉，产品的质量、价格、可靠性、精度，供货方便程度，技术支持和维护等因素，并绘制相关的图表。

（3）相关工程内容的设计。相关工程内容的设计包括控制室设计、供电和供气系统设计、仪表配管和配线设计，以及联锁保护系统设计等，并提供相关的图表。

3. 基本步骤

（1）初步设计。初步设计的主要目的是上报审批，并为订货做准备。

（2）施工图设计。施工图设计是在项目和方案获批后，为工程施工提供有关内容的详细的设计资料。

（3）设计文件和责任签字。设计文件和责任签字包括设计、校核、审核、审定、各相关专业负责人员的会签等，从而严格把关，明确责任，保持协调。

（4）参与施工和试车。设计代表应该到现场配合施工，并参加试车和考核。

（5）设计回访。在生产装置正常运行一段时间后，应去现场了解情况，听取意见，总结经验。

【工程经验】

1. 本节所述简单控制系统的结构及组成，已在前期“自动控制原理”课程中详细讲述。但经过了“过程控制仪表”、“过程检测仪表”等后续专业课程的研修，在此阶段应对该系统的结构及组成有了更为深刻、更为具体、且更具完整性的认知。因此，“过程控制系统”课程可以称为工业生产自动化类专业的综合性核心专业课程。

2. 对各类控制系统进行控制过程分析，是本专业每一位工程技术人员必备的基本技能。在扰动作用下过程控制系统的控制过程是定值控制系统的工作常态，而设定值作用下过程控制系统的控制过程是随动控制系统最主要的控制任务，也是定值控制系统参数整定的具体手段。

2.2 被控变量的选择

被控变量的选择是控制系统设计的核心问题，被控变量选择的正确与否是决定控制系统有无价值的关键。对于任何一个控制系统，总是希望其能够在稳定生产操作、增加产品产量、提高产品质量、保证生产安全及改善劳动条件等方面发挥作用，如果被控变量选择不当，配备再好的自动化仪表，使用再复杂、再先进的控制规律也是无用的，都不能达到预期的控制效果。

另一方面，对于一个具体的生产过程，影响其正常操作的因素往往有很多个，但并非所有的影响因素都要加以自动控制。所以，设计人员必须深入实际，调查研究，分析工艺，从生产过程对控制系统的要求出发，找出影响生产的关键变量作为被控变量。

2.2.1 被控变量的选择方法

生产过程中的控制大体上可以分为三类：物料平衡控制和能量平衡控制，产品质量或成分控制，限制条件的控制。毫无疑问，被控变量应是能表征物料和能量平衡、产品质量或成分，以及限制条件的关键状态变量。所谓“关键”变量，是指这样一些变量：它们对产品的产量或质量及安全具有决定性作用，而人工操作又难以满足要求；或者人工操作虽然可以满足要求，但是这种操作既紧张又频繁，劳动强度很大。

根据被控变量与生产过程的关系，可将其分为两种类型的控制型式：直接参数控制与间接参数控制。

1. 选择直接参数作为被控变量

能直接反映生产过程中产品的产量和质量，以及安全运行参数的称为直接参数。

在大多数情况下，被控变量的选择往往是显而易见的。对于以温度、压力、流量、液位为操作指标的生产过程，很明显被控变量就是温度、压力、流量、液位。这是很容易理解的，也无须多加讨论。如前面章节中所介绍过的锅炉汽包水位控制系统和换热器出口温度控制系统，其被控量的选择即属于这一类型。

2. 选择间接参数作为被控变量

质量指标是产品质量的直接反映，因此，选择质量指标作为被控变量应是首先要考虑的。如果工艺上是按质量指标进行操作的，理应以产品质量作为被控变量进行控制，但是，采用质量指标作为被控变量，必然要涉及产品成分或物性参数（如密度、黏度等）的测量问题，这就需要用到成分分析仪表和物性参数测量仪表。有关成分和物性参数的测量问题，目前国内外尚未得到很好的解决，其原因如下所述。

（1）缺乏各种合适的检测手段。该类产品的品种类型很不齐全，致使有些成分或物性参数目前尚无法实现在线测量和变送。

（2）虽有直接参数可测，但信号微弱或测量滞后太大。该类仪表，特别是成分分析仪表，大多具有较严重的测量滞后，不能及时地反映产品质量变化的情况。在这种情况下，还不如选用与直接质量指标具有单值对应关系而反应又快的另一变量，如温度、压力、流量等间接参数。

因此，当直接选择质量指标作为被控变量比较困难或不可能时，可以选择一种间接的指标，即间接参数作为被控变量。但是必须注意，所选用的间接指标必须与直接指标有单值的对应关系，并且还需具有足够大的灵敏度，即随着产品质量的变化，间接指标必须有足够大的变化。

2.2.2 被控变量的选择原则

在实践中，被控变量的选择以工艺人员为主，以自控人员为辅，因为对控制的要求是从工艺角度提出的。但自动化专业人员也应多了解工艺，多与工艺人员沟通，从自动控制的角度提出建议。工艺人员与自控人员之间的相互交流与合作，有助于选择好控制系统的被控变量。

在过程工业装置中，为了实现预期的工艺目标，往往有许多个工艺变量或参数可以被选择作为被控变量，也只有在这种情况下，被控变量的选择才是重要的问题。从多个变量中选择被控变量应遵循下列原则。

（1）被控变量应能代表一定的工艺操作指标或能反映工艺操作状态，一般都是工艺过程中比较重要的变量；

（2）应尽量选择那些能直接反映生产过程的产品产量和质量，以及安全运行的直接参数作为被控变量。当无法获得直接参数信号，或其测量信号微弱（或滞后很大）时，可选择一个与直接参数有单值对应关系、且对直接参数的变化有足够灵敏度的间接参数作为被控变量；

（3）选择被控变量时，必须考虑工艺合理性和国内外仪表产品的现状。

2.2.3 被控变量的选择实例

现以精馏塔的部分控制方案中被控变量的选择为例进行分析。

1. 精馏工艺简介

精馏过程是现代化工生产中应用极为广泛的传质过程，其目的是利用混合液中各组分挥发度的不同，将各组分进行分离并达到规定的纯度要求。

精馏操作设备主要包括再沸器、冷凝器和精馏塔。再沸器为混合物液相中的轻组分转移提供能量。冷凝器将塔顶来的上升蒸汽冷凝为液相并提供精馏所需的回流。精馏塔是实现混合物组分分离的主要设备，其一般为圆柱形体，内部装有提供汽液分离的塔板或填料，塔身设有混合物进料口和产品出料口。精馏塔是精馏过程的关键设备。

精馏过程是一个非常复杂的过程。在精馏操作中，被控变量多，可以选用的操纵变量也多，它们之间又可以有各种不同的组合，所以，控制方案繁多。由于精馏对象的通道很多、反应缓慢、内在机理复杂、变量之间相互关联、对控制要求又较高，因此必须深入分析工艺特性，总结实践经验，结合具体情况，才能设计出合理的控制方案。

2. 精馏工艺要求

要对精馏塔实施有效的自动控制，首先必须了解精馏塔的控制目标。精馏塔的控制目标一般从产品质量、产品产量和能量消耗三方面进行考虑。任何精馏塔的操作情况也同时受约束条件的制约，因此，在考虑精馏塔的控制方案时一定要把这些因素考虑进去。

（1）产品质量指标。产品质量指标（即产品纯度）必须符合规定的要求。一般应使塔顶或塔底的产品之一达到规定的纯度，另一个产品的纯度也应该维持在规定的范围之内；或者塔顶和塔底的产品均应保证一定的纯度要求。

（2）产品产量指标。化工产品的生产要求在达到一定质量指标要求的前提下，应得到尽可能高的回收率。显然这对于提高经济效益是有利的。

（3）能耗要求和经济性指标。精馏过程中消耗的能量，主要是再沸器的加热量和冷凝器的冷却量消耗；此外，精馏塔本身和附属设备及管线也要散失部分能量。

从总体上看，精馏塔的操作情况，必须从整个经济效益来衡量。在精馏塔的操作中，质量指标、产品回收率和能量消耗均是要控制的目标。其中质量指标是必要条件，在质量指标一定的条件下应在控制过程中使产品的产量尽可能提高一些，同时使能量消耗尽可能低一些。

图 2.4 所示为精馏塔的物料流程图，可简单地视其为二元精馏。

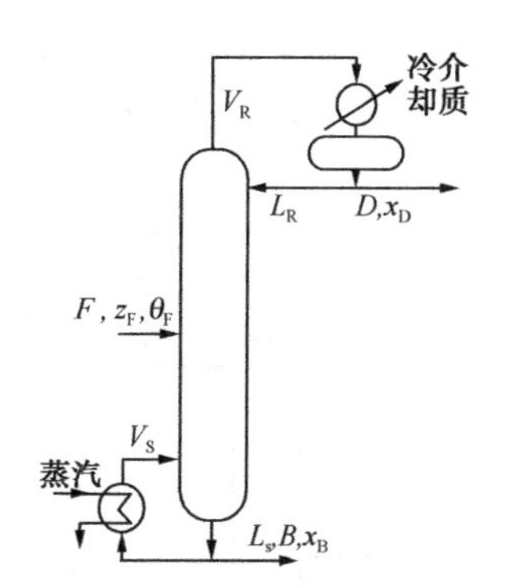

图 2.4　精馏塔的物料流程图

3. 扰动分析

在精馏塔的操作过程中，影响其质量指标的主要扰动有以下几种。

（1）进料流量 F 的波动；

（2）进料成分的变化；

（3）进料温度及进料热量的变化；

（4）再沸器加热剂（如蒸汽）加入热量的变化；

（5）冷却剂在冷凝器内除去热量的变化；

（6）环境温度的变化。

上述扰动中，进料流量的波动和进料成分的变化是精馏塔操作的主要扰动，而且往往是不可控的。其余扰动一般较小，而且往往是可控的，或者可以采用一些控制系统预先加以克服。

4. 精馏塔被控变量的选择

精馏塔的主要控制目标是实现产品质量控制，所以其被控变量的选择，应是表征产品质量指标的选择。精馏塔产品质量指标的选择有两类：直接产品质量指标和间接产品质量指标。在此重点讨论间接产品质量指标的选择。

（1）精馏塔最直接的质量指标是产品成分。近年来成分检测仪表的发展很快（特别是工业色谱分析仪的在线应用），出现了直接按产品成分来控制的方案，此时检测点就可放在塔顶或塔底。然而由于成分分析仪表价格昂贵，维护保养复杂，测量滞后较大，可靠性不够，所以其应用受到了一定限制。

（2）精馏塔最常用的间接质量指标是温度。温度之所以可选为间接质量指标，是因为对于一个二元组分精馏塔来说，在一定压力下，沸点和产品成分之间有单值的函数关系。因此，如果压力恒定，塔板温度就反映了成分。对于多元精馏塔来说，情况就比较复杂，然而在炼油和石油化工生产中，许多产品由一系列碳氢化合物的同系物组成，在一定压力下，保持一定的温度，成分的误差就可忽略不计。

由上述分析可见，在保证精馏塔塔内压力稳定的前提条件下，用温度作为反映质量指标的被控变量，是较为合理且易于实现的。选择塔内哪一点的温度作为被控变量，应根据实际情况加以选择。

一般来说，如果希望保持塔顶产品符合质量要求，即主要产品在顶部馏出时，以塔顶温度作为控制指标，可以得到较好的效果。同样，为了保证塔底产品符合质量要求，以塔底温度作为控制指标较好。为了保证产品质量在一定的规格范围内，精馏塔的操作要有一定裕量。例如，如果主要产品在顶部馏出、操纵变量为回流量的话，再沸器的加热量要有一定富裕，以使在任何可能的扰动条件下，塔底产品的规格都在一定限度以内。

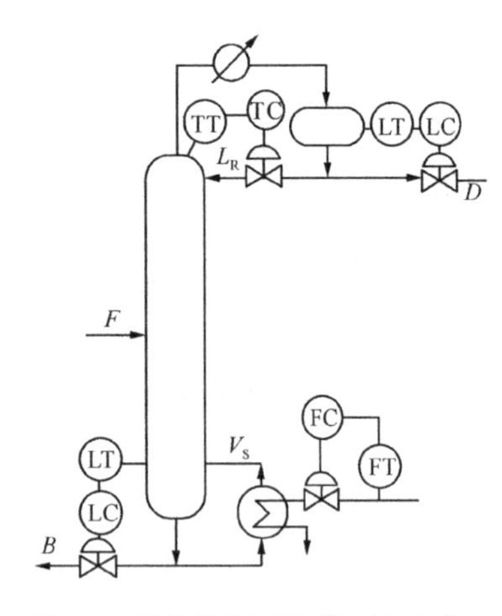

图 2.5　精馏段指标的控制方案之一

图 2.5 所示为精馏塔的精馏段指标的控制方案之一。该控制方案主要采取了以下几个控制措施。

（1）为了保证塔顶馏出物的产品质量，选取塔顶温度这一间接质量指标作为被控变量，构成一个塔顶温度定值控制系统。

（2）为克服再沸器加热剂（如蒸汽）加入热量的变化，在蒸汽压力稳定的前提下，可通过控制蒸汽流量将再沸器加热量维持一定。故选择蒸汽流量为被控变量，设置蒸汽流量控制系统来实现这一要求。

（3）为保证精馏塔的分离效果和塔内操作稳定，以塔底液位为被控变量，构成了塔底液位控制系统。

（4）为使塔顶保持一定的回流量，又以冷凝液回流罐液位为被控变量，构成回流罐液位控制系统。

【工程经验】

对生产过程的控制是从满足工艺操作要求的角度提出的。因此，被控变量的选择应以工艺人员为主，以自控人员为辅。具体体现为，对于工艺人员拟选的被控变量，自控人员需依据现阶段检测技术及产品的现状，从以下方面提供建设性意见。①该类变量是否有可供选型的在线检测仪表；②如有，该检测仪表的精确度、灵敏度、动态特性（尤其是纯滞后时间τ_{0m}）、可靠性等性能指标是否满足系统要求；③在适合、够用的前提下，选择被控变量不能忽略检测仪表的价格因素。

2.3　过程特性对控制质量的影响及操纵变量的选择

确定被控变量之后，还需要选择一个合适的操纵变量，以便被控变量在扰动作用下发生变化时，能够通过对操纵变量的调整，使得被控变量迅速地返回到原先的设定值上，从而保证生产的正常进行。

在过程控制系统中，把用来克服扰动对被控变量的影响、实现控制作用的变量称为操纵变量。操纵变量一般选系统中可以调整的物料量或能量参数。而石油、化工生产过程中，遇到的最多的操纵变量则是介质的流量。在 2.1 节的例子中，图 2.1（a）所示的换热器温度控制系统，其操纵变量是加热蒸汽流量；图 2.1（b）所示的流体输送泵压力控制系统，其操纵变量是泵的回流量。

在一个系统中，可作为操纵变量的参数往往不只一个，因为能影响被控变量的外部输入因素往往有若干个而不是一个。在这些因素中，有些是可控（可以调节）的，有些是不可控的，但并不是任何一个因素都可选为操纵量而组成可控性良好的控制系统。这就是说，操纵变量的选择，对控制系统的控制质量有很大的影响。为此，设计人员要在熟悉和掌握生产工艺机理的基础上，认真分析生产过程中有哪些因素会影响被控变量发生变化，在诸多影响被控变量的输入中选择一个对被控变量影响显著而且可控性良好的输入变量作为操纵变量，而其他未被选中的所有输入量则视为系统的扰动。操纵变量和扰动均为被控对象的输入变量，因此，可将被控对象看成一个多输入、单输出的环节，如图 2.6 所示。

如果用 U 来表示操纵变量，而用 F 来表示扰动，那么，被控对象的输入、输出之间的关系就可以用图 2.7 所示明确地表示出来。

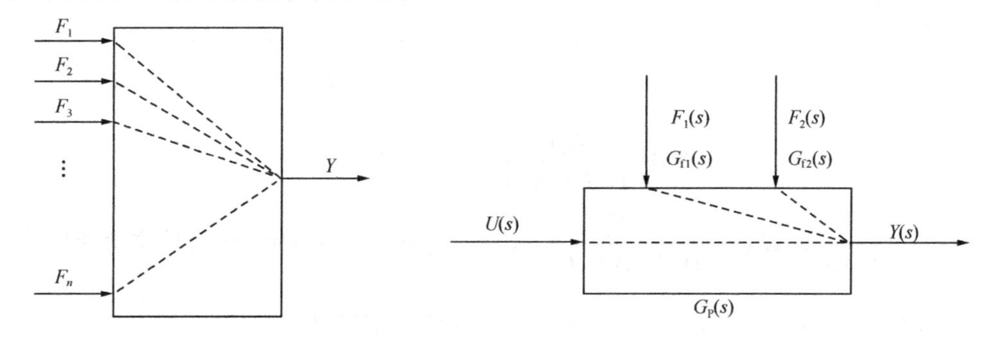

图 2.6　多输入、单输出对象示意图　　　图 2.7　对象输入、输出关系图

如果将图中的关系用数学形式表达出来，则为

$$Y(s)=G_p(s)U(s)+G_{f1}(s)F_1(s)+G_{f2}(s)F_2(s) \tag{2.1}$$

式中，$G_p(s)$为被控对象控制通道的传递函数，$G_{f1}(s)$、$G_{f2}(s)$为扰动通道的传递函数。

所谓“通道”，就是某个参数影响另外一个参数的通路。这里所说的控制通道，就是控制作用 $U(s)$对被控变量 $Y(s)$的影响通路；同理，扰动通道就是扰动作用 $F(s)$对被控变量 $Y(s)$的影响通路。一般来说，控制系统分析中更加注重信号之间的联系，因此，通常所说的“通道”是指信号之间的联系。扰动通道就是扰动作用与被控变量之间的信号联系，控制通道则是控制作用与被控变量之间的信号联系。

从式（2.1）可以看出，扰动作用与控制作用同时影响被控变量。不过，在控制系统中通过控制器正、反作用方式的选择，使控制作用对被控变量的影响正好与扰动作用对被控变量的影响方向相反，这样，当扰动作用使被控变量发生变化而偏离设定值时，控制作用就可以抑制扰动的影响，把已经变化的被控变量重新拉回到设定值上来。因此，在一个控制系统中，扰动作用与控制作用是相互对立而依存的，有扰动就有控制，没有扰动也就无须控制。控制作用能否有效地克服扰动对被控变量的影响，关键在于选择一个可控性良好的操纵变量，这就要研究被控对象（以下简称过程）的特性，研究系统中存在的各种输入量及它们对被控变量的影响情况，从中总结出选择操纵变量的一些原则。

下面以工业生产过程中最为多见的自衡非振荡过程为例进行分析。描述自衡非振荡过程的特性参数有放大系数 K、时间常数 T 和滞后时间 τ。

2.3.1 扰动通道特性对控制质量的影响

我们从 K、T、τ 三个方面来进行分析。

1. 放大系数 K_f 的影响

在操纵变量 $q(t)$ 不变的情况下，过程受到幅度为 Δf 的阶跃扰动作用，过程从原有稳定状态达到新的稳定状态时被控变量的变化量 $\Delta y(\infty)$（或被控变量的测量值 $\Delta z(\infty)$）与扰动幅度 Δf 之比，称为扰动通道的放大系数 K_f，即

$$K_f = \frac{\Delta y(\infty)}{\Delta f} = \frac{y(\infty) - y(0)}{\Delta f} = \frac{z(\infty) - z(0)}{\Delta f} \tag{2.2}$$

假定所研究的单回路系统方框图如图 2.8 所示。

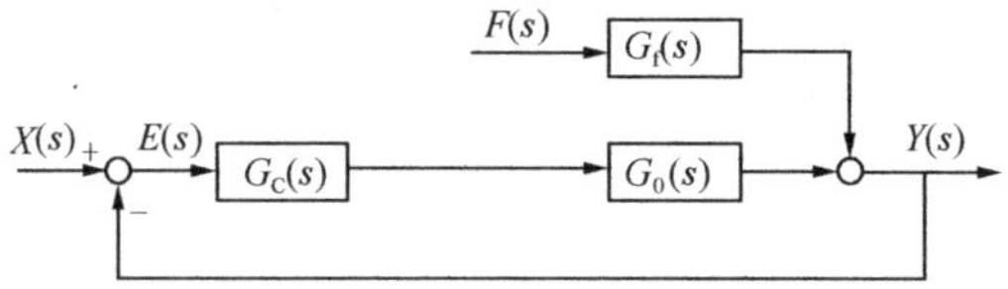

图 2.8　单回路系统方框图

由图 2.8 可直接求出在扰动作用下的闭环传递函数，为

$$\frac{Y(s)}{F(s)} = \frac{G_f(s)}{1 + G_C(s)G_0(s)} \tag{2.3}$$

由式（2.3）可得

$$Y(s) = \frac{G_f(s)}{1 + G_C(s)G_0(s)} F(s) \tag{2.4}$$

令 $G_f(s) = \dfrac{K_f}{1 + T_f s}$、$G_0(s) = \dfrac{K_0}{(1 + T_{01}s)(1 + T_{02}s)}$、$G_C(s) = K_C$，并假定 $f(t)$ 为单位阶跃扰动，则 $F(s) = \dfrac{1}{s}$。将各环节传递函数代入式（2.4），并运用终值定理可得

$$e(\infty) = y(\infty) = \lim_{s \to 0} sY(s) = \lim_{s \to 0} s \frac{1}{s} \frac{\dfrac{K_f}{1 + T_f s}}{1 + K_C \dfrac{K_0}{(1 + T_{01}s)(1 + T_{02}s)}} = \frac{K_f}{1 + K_C K_0} \tag{2.5}$$

式中，$K_C K_0$ 为控制器的放大倍数（比例增益）与广义对象放大系数的乘积，称为该系统的开环放大倍数。对于定值控制系统，$y(\infty)$ 即系统的余差。由式（2.5）可以看出，过程扰动通道的放大系数 K_f 越大，系统的余差也越大，即控制质量越差。

K_f 的大小对控制过程所产生的影响比较容易理解。设想如果没有控制作用，过程在受到扰动 Δf 作用后，被控变量的最大偏差值就是 $K_f \Delta f$。因此在相同的 Δf 作用下，K_f 越大，被控变量偏离设定值的程度也越大；在组成控制系统后，情况仍然如此，$K_f \Delta f$ 大时，定值控制系统的最大偏差亦大。

前面曾经提到，一个控制系统存在着多种扰动。从静态角度看，应该着重注意的是出现次数频繁且 $K_f \Delta f$ 乘积较大的扰动，这是分析主要扰动的一大依据。如果 K_f 较小，即使扰动量很大，对被控变量仍然不会产生很大的影响；反之，倘若 K_f 很大，扰动很小，效应也不强烈。因此，在对系统进行分析时，应该着重考虑 $K_f \Delta f$ 较大的严重扰动，必要时应设法消除这种扰动，以保证控制系统达到预期的控制指标。

以图 2.9（a）所示的直接蒸汽加热器为例，冷物料从加热器底部流入，经蒸汽直接加热至一定温度后，由加热器上部流出送至下道工序。这里，热物料的出口温度即为被控变量 $y(t)$（或被控变量的测量值 $z(t)$），加热蒸汽的流量即为操纵变量 $q(t)$，而冷物料的入口温度或冷物料流量的变化量及加热蒸汽压力的波动等因素即为扰动 $f(t)$。加热蒸汽压力的波动对被控变量的影响极为严重，这时若在蒸汽管道上设置蒸汽压力控制系统，或者引入按扰动进行控制的前馈作用（见第 4 章），就将使这一扰动对被控变量的影响减小到很不明显的程度。其阶跃响应曲线如图 2.9（b）所示。

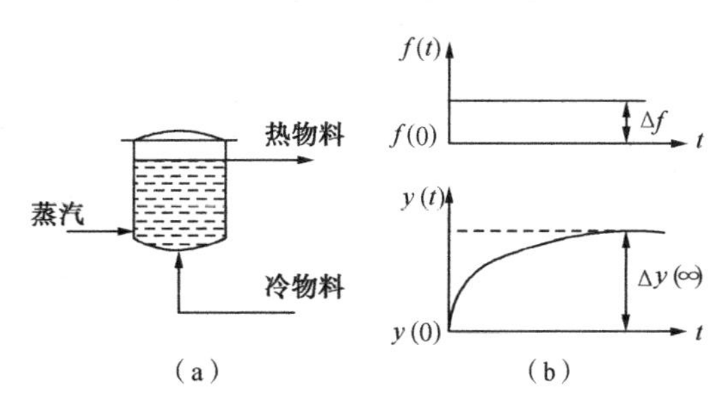

图 2.9　直接蒸汽加热器及其阶跃响应曲线

由上述分析可知，过程扰动通道的放大系数 K_f 越小越好。K_f 若小，表示扰动对被控变量的影响较小，过渡过程的超调量也较小。故确定控制系统时，也要考虑扰动通道的静态特性。

2．时间常数 T_f 的影响

扰动通道的传递函数一般为

$$G_f(s)=\frac{K_f}{(T_{f1}s+1)(T_{f2}s+1)\cdots(T_{fm}s+1)} \tag{2.6}$$

式中，T_f 为扰动通道的时间常数，m 为过程扰动通道的阶数。

从动态特性看，在放大系数 K_f 相同的情况下，扰动通道的时间常数 T_f 越大，或过程扰动通道的阶数越多（即 m 越大），则扰动对被控变量的影响越缓慢，即过程对扰动作用的抑制能力就越强，扰动对被控变量的影响也就越小，这是有利于控制的。

图 2.10 所示为单位阶跃扰动作用于不同扰动通道特性时，过程扰动通道的输出和系统输出的响应曲线。图中，曲线 1、2、3 分别表示时间常数 T_f 较小的一阶过程、时间常数 T_f 较大的一阶过程、二阶（多容）过程的阶跃响应和相应控制系统的阶跃响应。

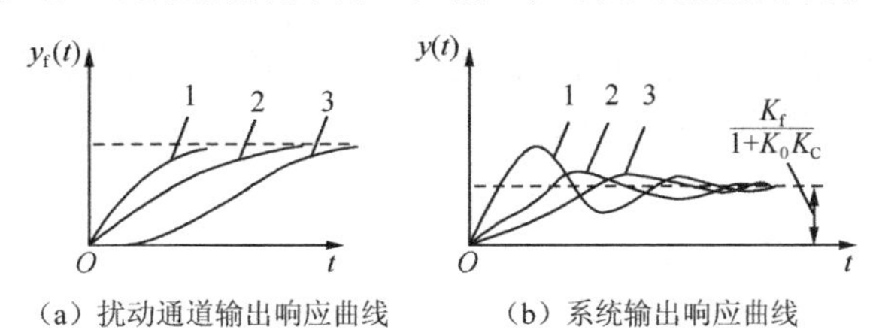

图 2.10　单位阶跃扰动下的响应曲线

由图 2.10 也可以看出，扰动通道的时间常数越大，阶次越高，则扰动作用下的动态偏差越小。这一点对于系统控制品质的提高是有利的。

有了上面的基础，分析扰动从不同位置进入系统时对被控变量的影响就不难了。如图 2.11 所示，扰动 F_1、F_2 及 F_3 从不同位置进入系统，如果扰动的幅值和形式都是相同的，显然，它们对被控变量的影响程度依次为 F_1 最大，F_2 次之，而 F_3 为最小。只要画出图 2.11 的等效方框图（如图 2.12 所示），并运用上述分析的结果，就很容易理解了。

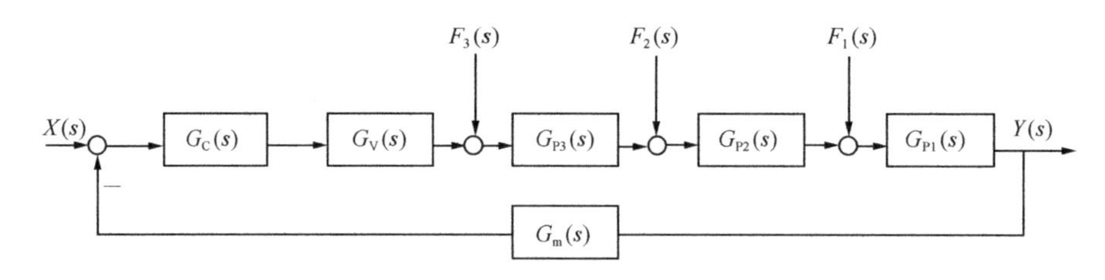

图 2.11 扰动进入位置图

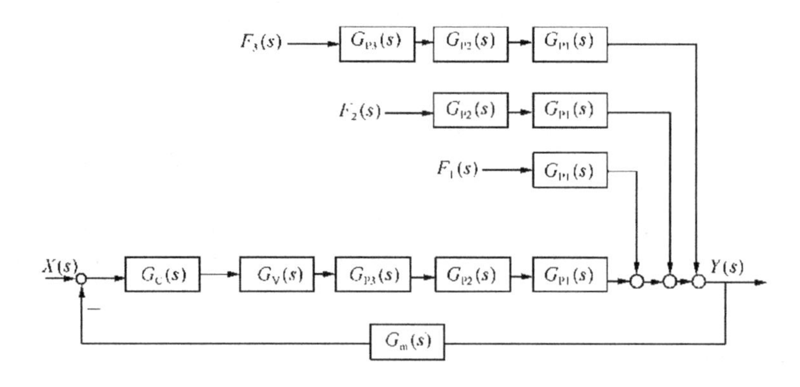

图 2.12 图 2.11 的等效方框图

由图 2.12 可以看出，F_3对 $y(t)$的影响依次要经过 $G_{p3}(s)$、$G_{p2}(s)$、$G_{p1}(s)$三个环节，如果每一个环节都是一阶惯性的，则对扰动信号 F_3进行了三次滤波，它对被控变量的影响会削弱得较多，对被控变量的实际影响就会较小。而 F_1只经过一个环节 $G_{p1}(s)$就影响到 $y(t)$，它的影响被削弱得较少，因此它对被控变量的影响最大。

由上分析可得出如下结论：扰动通道的时间常数越大，阶数越多，或者说扰动进入系统的位置越远离被控变量而靠近控制阀，扰动对被控变量的影响就越小，系统的质量就越高。这种过程比较容易控制。

3．纯滞后τ_f的影响

在上面分析扰动通道的时间常数对被控变量的影响时，没有考虑到扰动通道具有纯滞后的问题。设无纯滞后扰动通道的传递函数为

$$G_f(s)=\frac{K_f}{T_f s+1} \tag{2.7}$$

如果考虑扰动通道有纯滞后，则其传递函数可写成

$$G'_f(s)=\frac{K_f e^{-\tau_f s}}{T_f s+1}=G_f(s)e^{-\tau_f s} \tag{2.8}$$

这里，$G_f(s)$为扰动通道传递函数中不包含纯滞后的那一部分。根据前面的分析，对于无纯滞后的情况

$$Y(s)=\frac{G_f(s)}{1+G_C(s)G_0(s)}F(s) \tag{2.9}$$

对式（2.9）进行反拉氏变换，即可求得在扰动作用下的过渡过程 $y(t)$。

对于有纯滞后的情况

$$Y_{\tau}(s)=\frac{G_{\mathrm{f}}(s)\mathrm{e}^{-\tau_{\mathrm{f}}s}}{1+G_{\mathrm{C}}(s)G_{0}(s)}F(s) \tag{2.10}$$

对式（2.10）进行反拉氏变换，也可求得在扰动作用下的过渡过程 $y_{\tau}(t)$。$y_{\tau}(t)$、$y(t)$之间的关系为

$$y_{\tau}(t)=y(t-\tau_{\mathrm{f}}) \tag{2.11}$$

式（2.11）表明，$y_{\tau}(t)$与 $y(t)$是两条完全相同的变化曲线。这就是说，扰动通道有、无纯滞后对系统的控制质量没有影响，所不同的只是两者在影响时间上相差一个纯滞后时间τ_{f}，即当扰动通道存在纯滞后时，扰动对被控变量的影响要向后推延一段纯滞后时间τ_{f}，因而控制作用也推迟了时间τ_{f}，使整个过渡过程曲线在时间轴上右移了一个τ_{f}的距离。从物理概念上看，τ_{f} 的存在等于使扰动隔了τ_{f} 的时间再进入系统，而扰动在什么时间出现，本来就是无法预知的，因此，对于反馈控制系统来说，τ_{f}并不影响其控制品质。例如，第 1 章中图 1.19（a）列举的储槽液位过程，当进料阀开度变化而引起进料流量变化后，并不立刻影响被控变量，液体需要经过一段传输时间后才能流入储槽，使液位（被控变量）发生变化并被检测出来。

如果扰动通道存在容量滞后，则将使阶跃扰动对被控变量的影响趋于缓和，因而对系统是有利的。

单位阶跃扰动作用下的响应曲线如图 2.13 所示。

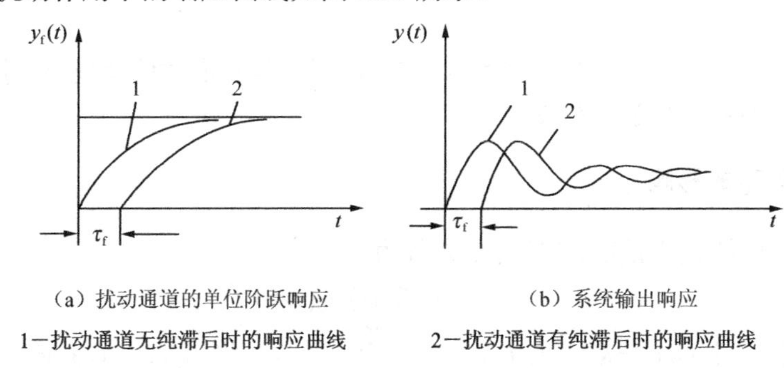

（a）扰动通道的单位阶跃响应　　（b）系统输出响应

1—扰动通道无纯滞后时的响应曲线　　2—扰动通道有纯滞后时的响应曲线

图 2.13　单位阶跃扰动作用下的响应曲线

2.3.2　控制通道特性对控制质量的影响

这里也从 K、T、τ三个方面进行分析。

1．放大系数 K_0 的影响

设控制过程处于原有稳定状态时，被控变量为 $y(0)$（或 $z(0)$），操纵变量为 $q(0)$。当操纵变量（如图 2.9（a）所示直接蒸汽加热器中的蒸汽流量）作幅度为Δq 的阶跃变化时，必将导致被控变量的变化（如图 2.9（b）所示），且有 $y(t)=y(0)+\Delta y(t)$（其中$\Delta y(t)$为被控变量的变化量），则过程控制通道的放大系数 K_0 即为被控变量的变化量Δy 与操纵变量的变化量Δq 在时间趋于无穷大时之比，即

$$K_{0}=\frac{\Delta y(\infty)}{\Delta q}=\frac{y(\infty)-y(0)}{\Delta q} \tag{2.12}$$

式中，$\Delta y(\infty)$为过程结束时被控变量的变化量。

式（2.12）表明，过程控制通道的放大系数 K_0 反映了过程以初始工作点（即过程原有的稳定状态，该点取决于过程的负荷及操纵变量的大小）为基准的、被控变量与操纵变量在过

程结束时的变化量之间的关系。

放大系数 K_0 对控制质量的影响要从静态和动态两个方面进行分析。从静态方面分析，由式（2.5）可以看出，控制系统的余差与扰动通道放大系数 K_f 成正比，与控制系统的开环放大倍数 K_CK_0 成反比。因此当 K_f、K_C 不变时，过程控制通道的放大系数 K_0 越大，系统的余差越小。

K_0 的变化不但会影响控制系统的静态控制质量，同时对系统的动态控制质量也会产生影响。从控制角度看，K_0 越大，则表示操纵变量对被控变量的影响越显著，使控制作用更为有效。因此，在选择操纵变量时应尽可能提高控制通道的放大系数 K_0。此外，对一个控制系统来说，在一定的稳定程度（即一定的衰减比）下，系统的开环放大倍数是一个常数。而系统的开环放大倍数即是控制器的比例增益 K_C 与广义对象控制通道放大系数 K_0 的乘积。这就是说，在系统衰减比一定的情况下，K_C 与 K_0 之间存在着相互匹配的关系，当系统中对象放大系数 K_0 增大时，控制器放大倍数 K_C 必须减小，K_C 小则比例度 δ 大，比较容易调整；而 K_0 减小时，K_C 必须增大，否则系统克服偏差的能力太弱，消除偏差的进程太慢。而 δ 小则不易调整，因为当 δ 小于 3%时，控制器相当于一个位式控制器，已失去作为连续控制器的作用。因此，从控制的有效性及控制器参数的易调整性来考虑，则希望控制通道的放大系数 K_0 越大越好。但是，若 K_0 过大，会使操纵变量对被控变量的影响过于灵敏，使控制系统不稳定，这也是要注意的。

综上所述，过程控制通道的放大系数 K_0 越大，则余差和最大偏差越小，控制作用增强，克服扰动的能力也越强，但稳定性变差。

2. 时间常数 T_0 的影响

由式（2.3）可得出单回路系统的特征方程为

$$1+G_C(s)G_0(s)=0 \tag{2.13}$$

为了便于分析，令 $G_C(s)=K_C$，$G_0(s)=\dfrac{K_0}{(1+T_{01}s)(1+T_{02}s)}$。将 $G_C(s)$、$G_0(s)$ 代入式（2.13）得

$$T_{01}T_{02}s^2+(T_{01}+T_{02})s+1+K_CK_0=0 \tag{2.14}$$

标准二阶系统的特征方程为

$$s^2+2\zeta\omega_0 s+\omega_0^2=0 \tag{2.15}$$

将式（2.14）化为标准二阶系统形式，得

$$s^2+\frac{T_{01}+T_{02}}{T_{01}T_{02}}s+\frac{1+K_CK_0}{T_{01}T_{02}}=0 \tag{2.16}$$

于是可得

$$\omega_0^2=\frac{1+K_CK_0}{T_{01}T_{02}},\quad 2\zeta\omega_0=\frac{T_{01}+T_{02}}{T_{01}T_{02}} \tag{2.17}$$

由式（2.17）可求得

$$\omega_0=\sqrt{\frac{1+K_CK_0}{T_{01}T_{02}}},\quad \zeta=\frac{T_{01}+T_{02}}{2\sqrt{T_{01}T_{02}(1+K_CK_0)}} \tag{2.18}$$

这里，ω_0 为系统的自然振荡频率。系统的工作频率 ω 与其自然振荡频率 ω_0 有如下关系：

$$\omega=\sqrt{1-\zeta^2}\,\omega_0 \tag{2.19}$$

由式（2.19）可以看出，在 ζ 不变的情况下，ω_0 与 ω 成正比，即

$$\omega \propto \sqrt{\frac{1+K_C K_0}{T_{01}T_{02}}} \tag{2.20}$$

由式（2.20）可知，不论 T_{01}、T_{02} 哪一个增大，都将会导致系统的工作频率降低。而系统的工作频率越低，则控制速度越慢。这就是说，控制通道的时间常数 T_0 越大，系统的工作频率越低，控制速度越慢。这样就不能及时地克服扰动的影响，因而，系统的质量会越差。

上面仅对具有两个时间常数的对象进行了分析。当控制通道的时间常数增多时（即容量数增多），将会得到与之相类似的结果。这里就不再证明了。

综上所述，系统控制通道的时间常数越大，经过的惯性环节越多（阶数越高），系统的工作频率将越低，控制越不及时，过渡过程时间也越长，系统的质量越低。随着控制通道时间常数的减小，系统的工作频率会提高，控制就较为及时，过渡过程也会缩短，控制质量将获得提高。然而也不是控制通道的时间常数越小越好。因为时间常数太小，系统工作过于频繁，系统将变得过于灵敏，反而会使系统的稳定性下降，系统质量变差。大多数流量控制系统的流量记录曲线波动得都比较厉害，就是由于流量系统时间常数比较小的原因所致。过程控制通道的时间常数太大或太小，在控制上都将存在一定的困难，因此需根据实际情况适当考虑。

3. 纯滞后 τ_0 的影响

控制通道纯滞后对控制质量的影响如图 2.14 所示。图中曲线 C 表示没有控制作用时被控变量在扰动作用下的变化曲线；A 和 B 分别表示无纯滞后和有纯滞后时操纵变量对被控变量的校正作用；D 和 E 分别表示在无纯滞后和有纯滞后情况下被控变量在扰动作用与校正作用同时作用时的变化曲线。

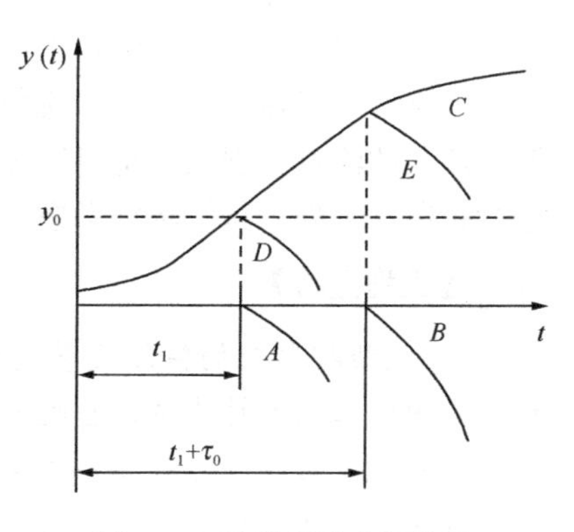

图 2.14　纯滞后影响示意图

如果 y_0 为变送器的灵敏度，那么，当过程控制通道没有纯滞后时，控制器在 t_1 时刻接收到正偏差信号而产生校正作用 A，使被控变量从 t_1 以后沿曲线 D 变化；当过程控制通道有纯滞后 τ_0 时，控制器虽在 t_1 时刻后发出了校正作用，但由于纯滞后的存在，使之对被控变量的影响推迟了 τ_0 时间，即对被控变量的实际校正作用是沿曲线 B 变化的。因此被控变量在扰动和校正的双重作用下沿曲线 E 变化。而在 $t_1+\tau_0$ 时刻以前，系统由于得不到及时的控制，被控变量只能任由扰动作用影响而不断地继续上升（或下降）。比较 D、E 曲线，可见纯滞后的存在将使系统的动态偏差增大，过渡过程的振荡加剧，以致回复时间变长，稳定性变差。

τ_0 的产生有两方面的原因，一是来自于测量变送方面，二是被控对象本身存在纯滞后。不论是由于哪一方面的原因造成的纯滞后，τ_0 的存在总是不利于控制的。测量方面存在纯滞后，将使控制器无法及时发现被控变量的变化情况；被控对象存在纯滞后，会使控制作用不能及时产生效应。

由上面的分析可以看出，控制通道纯滞后的存在不仅使系统控制不及时，使动态偏差增大，而且还会使系统的稳定性降低。因此，控制通道存在纯滞后是系统的大敌，会严重地降低控制质量。

对于控制通道来说，取 τ_0 与过程时间常数 T_0 的相对值 τ_0/T_0 作为衡量纯滞后影响的尺度更为合适。τ_0/T_0是一个无量纲的值，反映了纯滞后的相对影响。一般认为，$\tau_0/T_0 \leqslant 0.3$ 的过程较易控制，可用简单控制系统进行控制；当$\tau_0/T_0 > 0.3$ 时，应采用其他控制方案对该类过程进行控制。

在设计和确定控制方案时，设法减小纯滞后时间τ_0是必要的。例如，合理选择被控变量检测点的位置、缩短信号传输距离、提高信号传输速率等都属于常用方法。

2.3.3 操纵变量的选择

实际上，被控变量与操纵变量是放在一起综合考虑的。操纵变量应具有可控性、工艺操作的合理性、生产的经济性。

综合以上的分析结果，可以总结出操纵变量的选取应遵循下列原则。

（1）所选的操纵变量必须是可控的（即工艺上允许调节的变量），而且在控制过程中该变量变化的极限范围也是生产允许的；

（2）操纵变量应该是系统中被控过程的所有输入变量中对被控变量影响最大的一个，控制通道的放大系数 K_0 要适当大一些，时间常数 T_0 适当小些，纯滞后时间τ_0应尽量小；所选的操纵变量应尽量使扰动作用点远离被控变量而靠近控制阀。为使其他扰动对被控变量的影响减小，应使扰动通道的放大系数尽可能小，时间常数尽可能大；

（3）在选择操纵变量时，除了从自动化角度考虑外，还需考虑到工艺的合理性与生产的经济性。一般来说，不宜选择生产负荷作为操纵变量，以免产量受到影响。例如，对于换热器，通常选择载热体（蒸汽）流量作为操纵变量。如果不控制载热体（蒸汽）流量，而是控制冷流体的流量，理论上也可以使出口温度稳定。但冷流体流量是生产负荷指标，一般不宜进行控制。另外，从经济性考虑，应尽可能地降低物料与能量的消耗。

【工程经验】

1. 过程控制中的操纵变量均为流量参数。与被控变量的选择相类似，操纵变量的选择也是沿用以工艺人员为主，自控人员为辅的原则。在有两个或多个流量参数可供选择的情况下，自控人员必须通过对各备选操纵变量所对应的过程控制通道和扰动通道特性的分析，筛选出满足控制通道响应灵敏、快速的参数作为操纵变量。因此，掌握操纵变量的选择原则是至关重要的。

2. 操纵变量选定，过程控制通道、扰动通道的特性也随之确定。在选择控制阀流量特性、控制器控制规律及控制器参数整定等后续设计、投运环节时必须充分考虑过程特性这一因素。

2.4 执行器（气动薄膜控制阀）的选择

在过程控制系统的设计中，控制阀的选择是一项十分重要的工作。如果选型或使用不当，往往会使控制系统运行不良。

2.4.1 控制阀概述

执行器在控制系统中起着极为重要的作用。控制系统的控制性能指标与执行器的性能和正确选用有着十分密切的关系。执行器接收控制器输出的控制信号，通过改变阀的开度来实现对操纵变量（物料流量）的改变，从而使被控变量向设定值靠拢。

最常用的执行器是控制阀，也称调节阀。控制阀安装在生产现场，直接与工艺介质接触，通常在高温、高压、高黏度、强腐蚀、易渗透、易结晶、易燃易爆、剧毒等场合下工作。如果选择不当或者维修不妥，就会使整个系统无法正常运转。经验表明，控制系统不能正常运行的原因，多数发生在控制阀上，所以对控制阀这个环节必须高度重视。

控制阀按其能源形式可分为气动、电动和液动三大类。液动控制阀推力最大，但较笨重，现已很少使用。电动控制阀的能源取用方便，信号传递迅速，但结构复杂、防爆性能差。气动控制阀采用压缩空气作为能源，其特点是结构简单、动作可靠、平稳、输出推力较大、维修方便、防火防爆，而且价格较低，因此广泛地应用于化工、造纸、炼油等生产过程中。气动控制阀可以方便地与电动仪表配套使用。即使是采用电动仪表或计算机控制时，只要经过电-气转换器或电-气阀门定位器将电信号转换为20～100kPa的标准气压信号，仍然可以采用气动控制阀。

控制阀由执行机构和调节机构两部分组成。执行机构是指根据控制器的控制信号产生推力或位移的装置；调节机构是通用的，它根据执行机构的输出信号去改变能量或物料输送量。气动控制阀的执行机构和调节机构是统一的整体，其执行机构主要有薄膜式和活塞式两种。气动活塞式执行机构的推力较大，主要适用于大口径、高压降控制阀或蝶阀的推动装置；气动薄膜式执行机构最为常用，它可以作为一般控制阀的推动装置，组成气动薄膜控制阀。在此仅以气动薄膜控制阀为例介绍其工作原理及选择方法。

气动薄膜控制阀的外形和内部结构如图2.15所示。

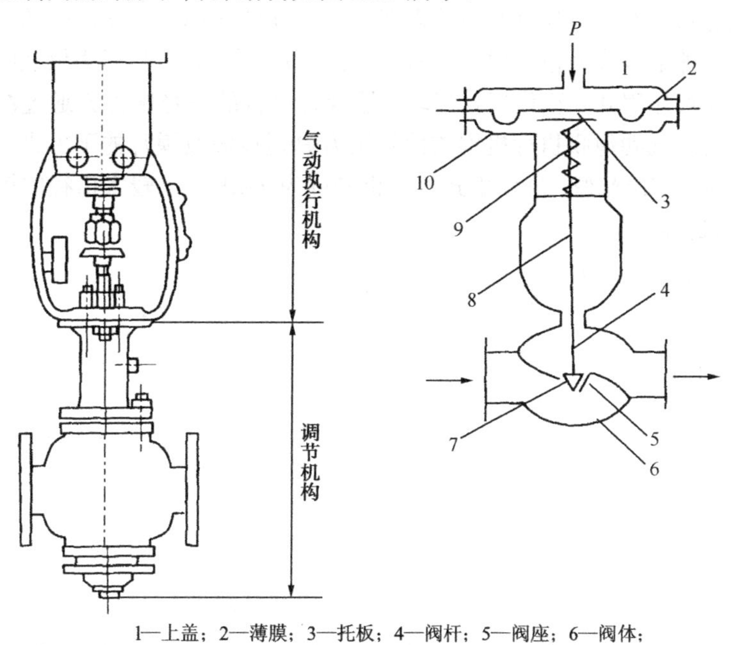

1—上盖；2—薄膜；3—托板；4—阀杆；5—阀座；6—阀体；
7—阀芯；8—推杆；9—平衡弹簧；10—下盖

图2.15　气动薄膜控制阀的外形和内部结构

气动薄膜控制阀由气动薄膜执行机构和调节机构（控制阀体）两部分组成。

（1）气动薄膜执行机构。气动薄膜执行机构是控制阀的推动装置，由膜片、推杆、弹簧等部件组成。它接受气动控制器输出的（或电动控制器经电-气转换器后输出的）20～100kPa的标准气压信号，在膜片上转换成相应的推力，使推杆产生位移，从而带动阀芯动作。

气动薄膜执行机构的作用原理是：信号压力P通过波纹膜片的上方（正作用式）或下方（反作用式）进入薄膜气室后，在有效面积为A_e的波纹膜片上产生一个作用力，使推杆移动并压缩（或拉伸）弹簧，直至弹簧的反作用力与薄膜上的推力相平衡，推杆稳定在一个新的位置为止。信号压力越大，作用在波纹膜片上的作用力越大，弹簧的反作用力也越大，即推杆的位移量也越大。

平衡状态下推杆位移与输入信号压力的关系为

$$PA_e=Kl \tag{2.21}$$

即

$$l=\frac{A_e}{K}P \tag{2.22}$$

式中，P——通入气室的信号压力；

A_e——波纹膜片的有效面积；

K——弹簧的刚度；

l——执行机构的推杆位移。

当执行机构的规格确定以后，A_e和K便为常数，因此推杆输出位移（又称行程）与输入的气压信号成正比。

推杆的位移范围就是执行机构的行程。气动薄膜执行机构的行程规格有10、16、25、40、60、100mm等。信号压力从20kPa增加到100kPa，推杆则从零走到全行程，阀门就从全开（或全关）到全关（或全开）。

气动薄膜执行机构有正作用和反作用两种形式。如图2.16（a）所示，信号压力增加时，推杆向下移动，这种结构称为正作用式；如图2.16（b）所示，信号压力增加时，推杆向上移动，这种结构称为反作用式。正作用式气动薄膜执行机构的信号压力P通过波纹膜片的上方进入气室；反作用式气动薄膜执行机构的信号压力P通过波纹膜片的下方进入气室。国产正作用式执行机构称为ZMA型，反作用式执行机构称为ZMB型。较大口径的控制阀都是采用正作用式的执行机构。

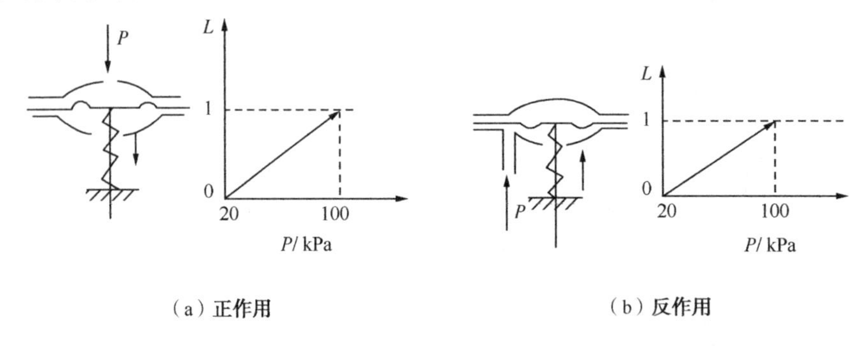

（a）正作用　　（b）反作用

图2.16　执行机构的正、反作用及特性

正、反作用执行机构在结构上基本相同，在正作用式结构上加上垫块等并更换个别零件，即可变为反作用式。

（2）调节机构。调节机构即控制阀体。它安装在生产管道上，直接与被控介质接触，使用条件比较恶劣。

从流体力学的观点看，控制阀体实际上是一个局部阻力可以改变的节流元件。通过阀杆，其上部与执行机构相连，下部与阀芯相连。由于阀芯在阀体内移动，改变了阀芯与阀座之间的流通面积，即改变了阀的阻力系数，被控介质的流量也就相应地改变，从而达到控制工艺参数的目的。

控制阀的阀芯与阀杆之间用销钉连接，这种连接形式使阀芯根据需要可以正装（正作用），也可以反装（反作用），如图 2.17 所示。正装阀在阀杆下移时流量减小，反装阀在阀杆下移时流量增大。将正作用和反作用执行机构与正装阀和反装阀结合在一起，可以组成气开和气关两类控制阀。

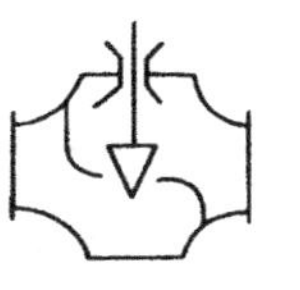
（a）正作用

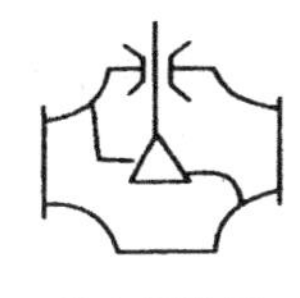
（b）反作用

图 2.17　控制阀的正、反作用

气动薄膜控制阀的特性，一般可用一阶惯性环节的形式来表示，即

$$G_V(s)=\frac{K_V}{T_V s+1} \tag{2.23}$$

式中，放大系数 K_V 是阀的静态特性参数，时间常数 T_V 是阀的动态特性参数。为了克服负荷变化对控制质量的影响，应认真研究控制阀的特性。

2.4.2　控制阀的结构形式及选择

1. 控制阀的结构形式

根据不同的使用要求，控制阀的结构形式很多。

（1）直通单座控制阀。直通单座控制阀（简称单座阀）的阀体内只有一个阀芯和阀座，如图 2.18 所示。其特点是结构简单，泄漏量小，易于保证关闭甚至完全切断。但是在压差较大的时候，流体对阀芯上下作用的推力不平衡，这种不平衡推力会影响阀芯的移动。因此直通单座控制阀一般应用在小口径、低压差的场合。

（2）直通双座控制阀。直通双座控制阀的阀体内有两个阀芯和阀座，如图 2.19 所示。这是最常用的一种类型，与同口径的单座阀相比，其流量系数增大 20%左右。由于流体流过的时候，作用在上、下两个阀芯上的推力方向相反而大小近于相等，可以相互抵消，所以不平衡力小。但是由于加工的限制，上、下两个阀芯和阀座不易保证同时密闭，因此泄漏量较大。直通双座控制阀适用于阀两端压差较大、对泄漏量要求不高的场合，但由于流路复杂而不适用于高黏度和带有固体颗粒的液体。

（3）角型控制阀。角型控制阀的两个接管呈直角形，其他结构与单座阀相类似，如图 2.20 所示。角型阀的流向一般为底进侧出，此时其稳定性较好；在高压差场合，为了延长阀芯使用寿命而改用侧进底出的流向，但容易发生振荡。角型控制阀流路简单，阻力较小，不易堵塞，适用于高压差、高黏度、含有悬浮物和颗粒物质流体的控制。

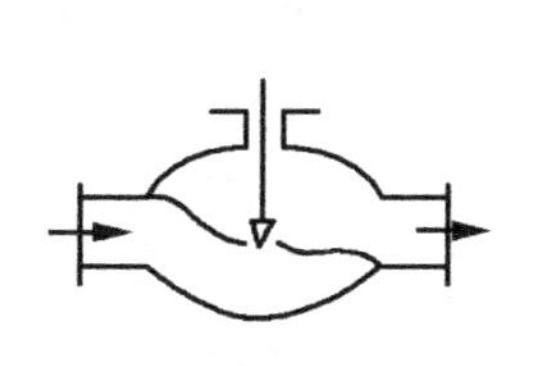
图 2.18　直通单座控制阀

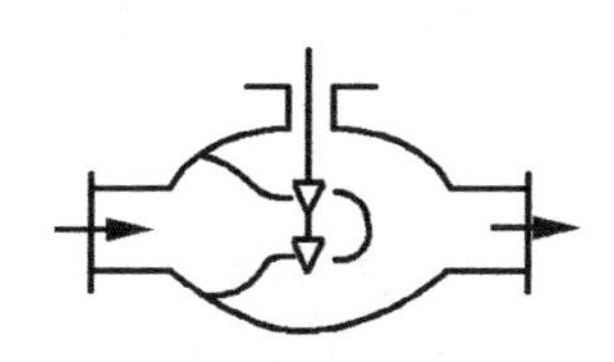
图 2.19　直通双座控制阀

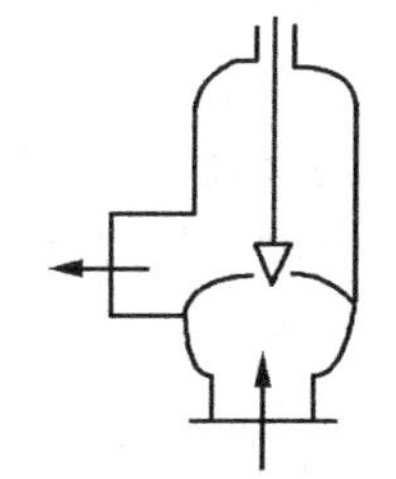
图 2.20　角型控制阀

（4）隔膜控制阀。隔膜控制阀采用耐腐蚀衬里的阀体和耐腐蚀隔膜代替阀芯阀座组件，由隔膜位移起控制作用，如图 2.21 所示。隔膜控制阀结构简单，流路阻力小，流量系数较同

口径的其他阀大。由于介质用隔膜与外界隔离，故无填料，介质也不会泄漏，所以隔膜控制阀无泄漏量。隔膜控制阀耐腐蚀性强，适用于强酸、强碱、强腐蚀性介质的控制，也适用于高黏度及悬浮颗粒状介质的控制。但由于受隔膜和衬里材料性质的限制，这种阀耐压、耐温较低，一般只能在压力低于 1MPa、温度低于 150℃的情况下使用。

（5）三通控制阀。三通控制阀共有三个出入口与工艺管道相连接。其流通方式有合流型和分流型两种，前者是将两种介质混合成一路，后者是将一种介质分为两路，分别如图 2.22（a）、（b）所示。三通控制阀可以用来代替两个直通阀，适用于配比控制与旁路控制。与直通阀相比，组成同样的系统时，三通控制阀可节省一个二通阀和一个三通接管。

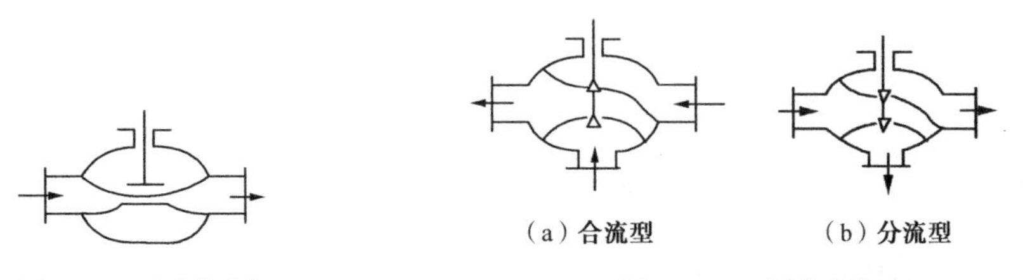

图 2.21　隔膜控制阀　　图 2.22　三通控制阀

三通控制阀最常用于换热器的旁路控制、工艺要求载热体的总量不能改变的情况，如图 2.23 所示。一般用分流型或合流型都可以，只是安装位置不同而已，分流型在进口，合流型在出口。此外，在采用合流型时，如果两路流体的温度相差过大，会造成较大的热应力，因此温差通常不能超过 150℃。

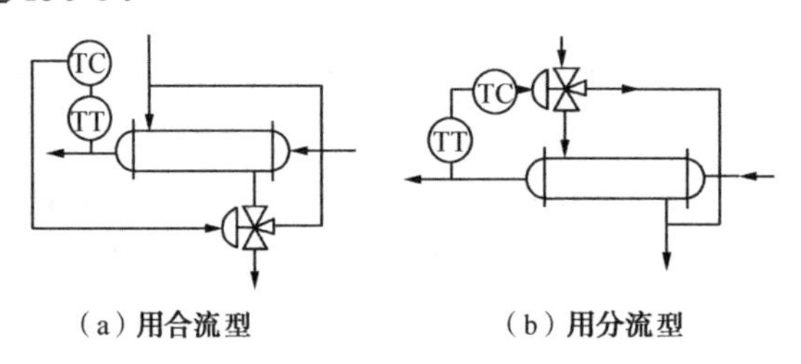

图 2.23　三通控制阀的应用

（6）蝶阀。蝶阀又名翻板阀，如图 2.24 所示。蝶阀具有结构简单、重量轻、价格便宜、流阻极小的优点，但泄漏量大，适用于大口径、大流量、低压差的场合，也可以用于含少量纤维或悬浮颗粒状介质的控制。

（7）球阀。球阀的阀芯与阀体都呈球形体，转动阀芯使之处于不同的相对位置时，就具有不同的流通面积，以达到流量控制的目的，如图 2.25 所示。

球阀阀芯有“V”形和“O”形两种开口形式，分别如图 2.26（a）、（b）所示。O 形球阀的节流元件是带圆孔的球形体，转动球形体可起控制和切断的作用，常用于双位式控制。V 形球阀的节流元件是带 V 形缺口的球形体，转动球形体使 V 形缺口起节流和剪切的作用，适用于高黏度和脏污介质的控制。

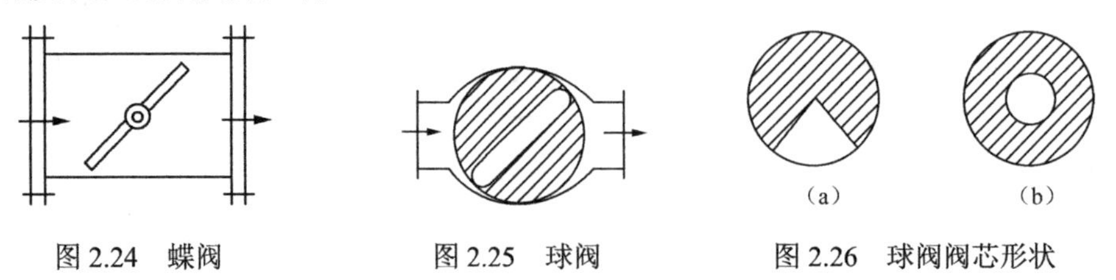

图 2.24　蝶阀　　图 2.25　球阀　　图 2.26　球阀阀芯形状

（8）套筒型控制阀。套筒型控制阀又名笼式阀，其阀体与一般的直通单座阀相似，如图 2.27 所示。它的结构特点是在单座阀体内装有一个圆柱形套筒（笼子）。套筒壁上有一个或几个不同形状的孔（窗口），利用套筒导向，阀芯在套筒内上下移动，由于这种移动改变了套筒开孔的流通面积，就形成了各种特性并实现流量控制。套筒阀的主要特点是：阀塞上有均压平衡孔，不平衡推力小，稳定性很高且噪音小。因此特别适用于高压差、低噪音等场合，但不宜用于高温、高黏度、含颗粒和结晶的介质控制。

（9）偏心旋转阀。偏心旋转阀又名凸轮挠曲阀，其阀芯呈扇形球面状，与挠曲臂及轴套一起铸成，固定在转动轴上，如图 2.28 所示。偏心旋转阀的挠曲臂在压力作用下能产生挠曲变形，使阀芯球面与阀座密封圈紧密接触，密封性好。同时，偏心旋转阀的重量轻、体积小、安装方便，适用于高黏度或带有悬浮物介质的流量控制。

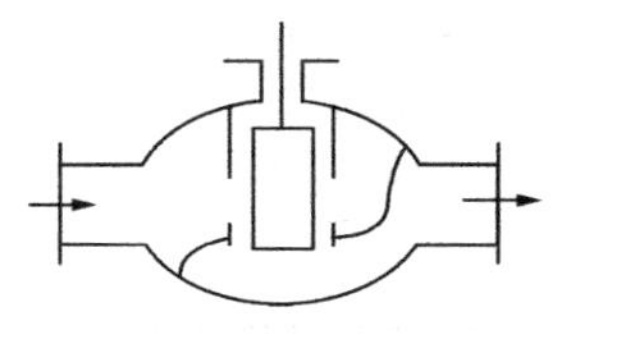

图 2.27　套筒型控制阀

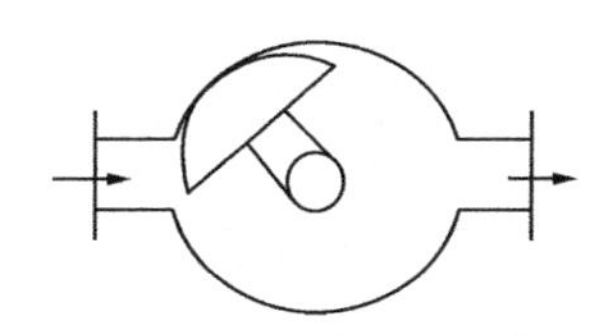

图 2.28　偏心旋转阀

除以上所介绍的控制阀以外，还有一些特殊的控制阀。例如，小流量阀适用于小流量的精密控制，超高压阀适用于高静压、高压差的场合等，在此不再一一叙述。

2. 控制阀的选择

气动薄膜控制阀选用的正确与否是很重要的。选用控制阀的结构类型时，要根据操纵介质的工艺条件（如温度、压力、流量等）、介质的物理和化学性质（如黏度、腐蚀性、毒性、介质状态形式等）、控制系统的不同要求及安装地点等因素来选取。例如，强腐蚀性介质可采用隔膜阀；在控制阀前后压差较小、要求泄漏量也较小的场合应选用直通单座阀；在控制阀前后压差较大，并且允许有较大泄漏量的场合应选用直通双座阀；当介质为高黏度、含有悬浮颗粒物时，为避免黏结堵塞现象，便于清洗应选用角型控制阀。

不同结构形式的控制阀的特点及其适用场合见表 2.1，以供参考。

表 2.1　不同结构形式控制阀的特点及适用场合

结构形式	特点及使用场合	应用注意事项
直通单座阀	泄漏量小	阀前后压差小
直通双座阀	流量系数及允许压差比同口径的单座阀大，适用于允许有较大泄漏量的场合	耐压较低
角型阀	适用于高压差、高黏度、含悬浮物或颗粒状物质的场合	输入与输出管道成直角形安装
隔膜阀	适用于强腐蚀性、高黏度或含悬浮颗粒及纤维的流体。在允许压差范围内可作切断阀用	耐压、耐温较低，适用于对流量特性要求不严的场合（近似快开）
三通阀	在两管道压差和温差不大的情况下能很好地代替两个二通阀，并可作简单配比控制	两流体的温差小于 150℃
蝶阀	适用于大口径、大流量、浓稠浆液及悬浮颗粒且允许有较大泄漏量的场合	流体对阀体的不平衡力矩大，一般蝶阀允许压差小
小流量阀	适用于小流量和要求泄漏量小的场合	
多级高压阀	基本上可以解决以往控制阀在控制高压介质时寿命短的问题	必须选配定位器
高压阀（角形）	结构较多级高压阀简单，适用于高静压、大压差、有气蚀、空化的场合	流体对阀体的不平衡力较大，必须选配定位器

续表

结构形式	特点及使用场合	应用注意事项
超高压阀	公称压力为 350MPa	价格贵
套筒阀	适用阀前后压差大和液体出现闪蒸或空化的场合，稳定性好，噪音低，可取代大部分直通单、双座阀	不适用于含颗粒介质的场合
阀体分离阀	阀体可拆为上、下两部分，便于清洗。阀芯、阀体可采用耐腐蚀衬压件	加工、装配要求较高
偏心旋转阀	流路阻力小，流量系数大，可调比大，适用于大压差、严密封的场合和黏度大及有颗粒介质的场合。很多场合可取代直通单、双座阀	由于阀体是无法兰的，一般只能用于耐压小于 6.4MPa 的场合
球阀（O 形、V 形）	流路阻力小，流量系数大，密封好，可调范围大，适用于高黏度，含纤维、固体颗粒和污秽流体的场合	价格较贵，O 形球阀一般做二位控制用。V 形球阀做连续控制用
低噪音阀	可比一般阀降低噪音 10～30dB，适用于液体产生闪蒸、空化和气体在缩流面处流速超过音速且预估噪声超过 95dB 的场合	流量系数为一般阀的 $\frac{1}{2}\sim\frac{1}{3}$，较昂贵
低 S 值阀	在低 S 值时有良好的控制性能	可调比 $R\approx10$
二位式二（三）通切断阀	几乎无泄漏	仅做位式控制用
卫生阀	流路简单，无缝隙，无死角积存物料，适用于啤酒、番茄酱及制药、日化工业	耐压低

此外，还应根据操纵介质的工艺条件和特性选择合适的材质。

2.4.3 控制阀气开、气关形式的选择

1. 控制阀的气开、气关形式

执行器（如气动薄膜控制阀）的执行机构和调节机构组合起来可以实现气开和气关两种作用方式。由于执行机构有正、反两种作用方式，调节机构（控制阀体）也有正装、反装两种结构类型，因此就有四种组合方式组成气开或气关形式，如图 2.29 所示。

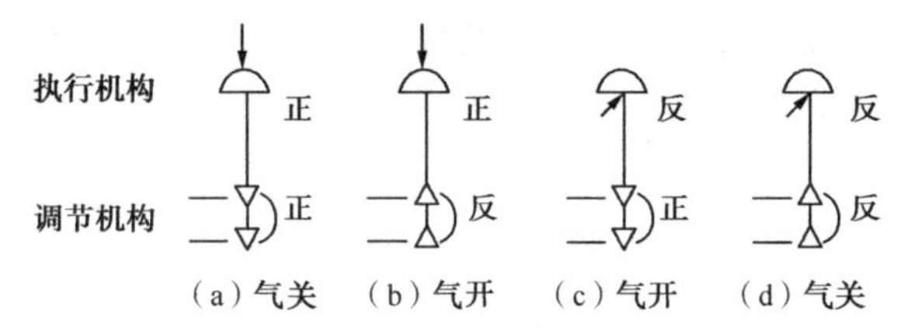

图 2.29　气动控制阀气开、气关组合方式图

气开控制阀和气关控制阀中的“气”是指输入到执行机构的信号，而不是用于驱动控制阀的压缩空气源。气开控制阀是指当输入到执行机构的信号增加时，流过控制阀的流量增加（开度增大）。在无压力信号（失气）时气开控制阀处于全关状态。气关控制阀则是指当输入到执行机构的信号增加时，流过控制阀的流量减小（开度减小）。在无压力信号（失气）时气关控制阀则处于全开状态。

对于双座阀和公称通径 DN25 以上的单座阀，推荐使用图 2.29（a）、（b）两种形式。对于单导向阀芯的高压阀、角型控制阀、DN25 以下的直通单座阀、隔膜阀等，由于阀体限制阀芯只能正装，可采用图 2.29（a）、（c）两种组合形式。

2. 控制阀气开、气关形式的选择

在控制阀气开与气关形式的选择上，应根据具体生产工艺的要求，主要考虑当失气（气

源供气中断）或控制阀出现故障时，控制阀的阀位（全开或全关）应使生产处于安全状态。通常，选择控制阀气开、气关形式的原则是不使物料进入或流出设备（或装置）。一般来说要根据以下几条原则进行选择。

（1）首先要从生产安全出发。当出现气源供气中断，或因控制器故障而无输出，或因控制阀膜片破裂而漏气等故障时，控制阀无法正常工作以致阀芯回复到无能源的初始状态（气开阀回复到全关，气关阀回复到全开），应能确保生产工艺设备的安全，不致发生事故。例如，中小型锅炉的汽包液位控制系统中的给水控制阀应选用气关式。这样，一旦气源中断，也不会使锅炉内的水蒸干。而安装在燃料管线上的控制阀则大多选用气开式。一旦气源中断，则切断燃料，避免因燃料过多而出现事故。

（2）从保证产品质量出发。当因发生故障而使控制阀处于失气状态时，不应降低产品的质量。例如，精馏塔的回流控制阀应在出现故障时打开，使生产处于全回流状态，防止不合格产品的蒸出，从而保证塔顶产品的质量，因此，选择气关阀。

（3）从降低原料、成品和动力的损耗来考虑。如控制精馏塔进料的控制阀就常采用气开式，一旦控制阀失去能源则处于全关状态，就不再给塔进料，以免造成浪费。

（4）从介质的特点考虑。精馏塔塔釜加热蒸汽控制阀一般选择气开式，以保证在控制阀失气时能处于全关状态，从而避免蒸汽的浪费和影响塔的操作。但是如果釜液是易凝、易结晶、易聚合的物料，控制阀则应选择气关式，以防控制阀失气时阀门关闭、停止蒸汽进入而导致再沸器和塔内液体的结晶和凝聚。

2.4.4 控制阀流量特性的选择

控制阀的流量特性是指流过控制阀的被控介质的相对流量与阀杆的相对行程（即阀门的相对开度）之间的关系。其数学表达式为

$$\frac{q}{q_{max}}=f\left(\frac{l}{L}\right) \tag{2.24}$$

式中，q/q_{max}是控制阀某一开度时的流量q与全开时流量q_{max}之比，称为相对流量；l/L表示控制阀某一开度下的阀杆行程与全开时阀杆全行程之比，称为相对开度。

一般说来，改变控制阀阀芯与阀座间的流通截面积，便可控制流量。但实际上还有多种因素的影响。例如，在节流面积改变的同时还发生控制阀前后压差的变化，而这又将引起流量的变化等。为了便于分析，先假定控制阀前后的压差固定不变，然后再引申到实际工作情况进行分析，于是就有理想流量特性与工作流量特性之分。

① 理想特性，即在控制阀两端压差固定的条件下，流量与阀杆位移之间的关系。它完全取决于阀的结构参数。

② 工作特性，是指在工作条件下，阀门两端压差变化时，流量与阀杆位移之间的关系。阀门是整个管路系统中的一部分。在不同流量下，管路系统的阻力不一样，因此分配给阀门的压降也不同。工作特性不仅取决于阀本身的结构参数，也与配管情况有关。

1．理想流量特性

理想流量特性是在控制阀两端压差固定的条件下，其相对流量与相对行程之间的关系。它完全取决于阀的结构参数，因此又称固有流量特性。阀门制造厂所提供的流量特性即指理想流量特性。

理想流量特性可分为多种类型，国内常用的理想流量特性主要有线性、等百分比（对数）、快开等几种。这些特性完全取决于阀芯的形状，不同的阀芯曲面可得到不同的理想流量特性，如图 2.30 和图 2.31 所示。制造厂通过设计不同形状的控制阀阀芯来获得不同的流量特性。

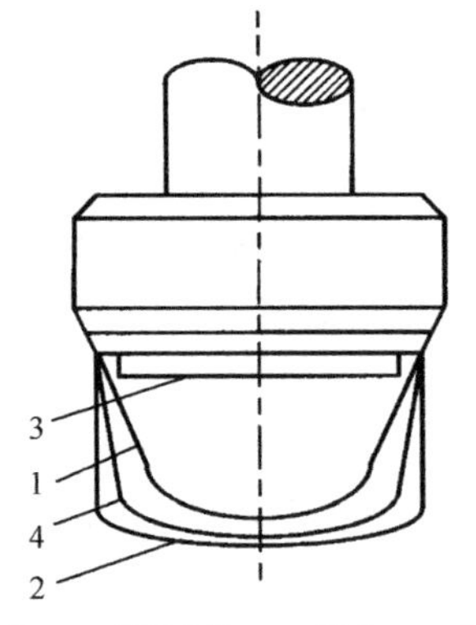

1—线性；2—等百分比；3—快开；4—抛物线

图 2.30　不同流量特性的阀芯曲面形状

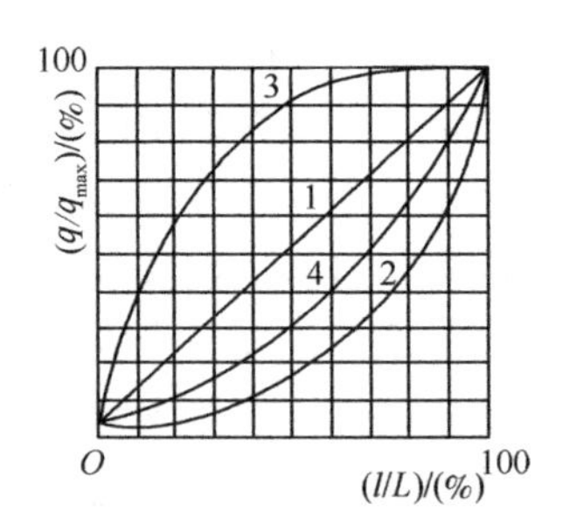

1—线性；2—等百分比；3—快开；4—抛物线

图 2.31　控制阀的理想流量特性（R=30）

（1）线性流量特性。线性流量特性是指控制阀的相对流量与相对开度成直线关系，即阀杆单位行程变化所引起的流量变化是常数。其数学表达式为

$$\frac{\mathrm{d}\left(\frac{q}{q_{max}}\right)}{\mathrm{d}\left(\frac{l}{L}\right)}=K \tag{2.25}$$

将式（2.25）积分得

$$\frac{q}{q_{max}}=K\frac{l}{L}+C \tag{2.26}$$

式中，C 为积分常数。

根据已知边界条件（l=0 时，$q=q_{min}$；$l=L$ 时，$q=q_{max}$）可解得 $C=q_{min}/q_{max}$，$K=1-C=1-(1/R)$。其中 R 为控制阀所能控制的最大流量 q_{max} 与最小流量 q_{min} 之比，称为控制阀的可调范围或可调比，它反映了控制阀调节能力的大小。国产控制阀的可调比 R=30。将 K 和 C 值代入式（2.26）可得

$$\frac{q}{q_{max}}=\left(1-\frac{1}{R}\right)\frac{l}{L}+\frac{1}{R} \tag{2.27}$$

式（2.27）表明流过阀门的相对流量与阀杆的相对行程是直线关系。当 l/L=100%时，q/q_{max}=100%；当 l/L=0 时，流量 q/q_{max}=3.3%，它反映出控制阀的最小流量 q_{min} 是其所能控制的最小流量，而不是控制阀全关时的泄漏量。线性控制阀的流量特性见图 2.31 中直线 1。

从式（2.27）还可看出：当开度 l/L 变化 10%时，所引起的相对流量的增量总是 9.67%，但相对流量的变化量却不同，我们以 10%、50%、80%三点为例分析。

① 10%开度时，流量的相对变化值为

$$\frac{22.7-13}{13}\times 100\%=75\%$$

② 50%开度时，流量的相对变化值为

$$\frac{61.3-51.7}{51.7}\times 100\%=19\%$$

③ 80%开度时，流量的相对变化值为

$$\frac{90.3-80.6}{80.6}\times100\%=11\%$$

由此可见，由于线性控制阀的放大系数 K_V 是一个常数，所以不论阀杆原来在什么位置，只要阀杆做相同的变化，流量的数值也做相同的变化。可见线性控制阀在开度较小时其流量相对变化值大，这时灵敏度过高，控制作用过强，容易产生振荡，对控制不利；在开度较大时其流量相对变化值小，这时灵敏度又太小，控制缓慢，削弱了控制作用。因此当线性控制阀工作在小开度或大开度的情况下时，控制性能都较差，不宜在负荷变化大的场合使用。

（2）等百分比流量特性（对数流量特性）。因阀杆位移每增加 1%，流量均在原来的基础上约增加 3.4%，所以称为等百分比流量特性。等百分比流量特性是指单位相对行程变化所引起的相对流量变化量与该点的相对流量成正比关系，即控制阀的放大系数 K_V 是变化的，它随相对流量的增加而增加，其数学表达式为

$$\frac{\mathrm{d}\left(\frac{q}{q_{max}}\right)}{\mathrm{d}\left(\frac{l}{L}\right)}=K\frac{q}{q_{max}} \tag{2.28}$$

将式（2.28）积分得

$$\ln\left(\frac{q}{q_{max}}\right)=K\left(\frac{l}{L}\right)+C \tag{2.29}$$

将前述边界条件代入式（2.29），可得

$$C=\ln(1/R)=-\ln R，K=\ln R=\ln 30=3.4$$

最后得

$$\frac{q}{q_{max}}=R^{\left(\frac{l}{L}-1\right)} \tag{2.30}$$

式（2.30）表明相对行程与相对流量成对数关系，在直角坐标上得到的对数曲线见图 2.31 中曲线 2，故等百分比流量特性又称为对数流量特性。

由于等百分比阀的放大系数 K_V 随相对开度的增大而增大，因此，等百分比阀有利于自动控制系统。在小开度时等百分比阀的放大系数小，控制平稳缓和；在大开度时放大系数大，控制灵敏有效。

（3）快开流量特性。快开流量特性的数学表达式为

$$\frac{\mathrm{d}\left(\frac{q}{q_{max}}\right)}{\mathrm{d}\left(\frac{l}{L}\right)}=K\left(\frac{q}{q_{max}}\right)^{-1} \tag{2.31}$$

将式（2.31）积分并代入边界条件，同样可求得其流量特性方程式为

$$\frac{q}{q_{max}}=\frac{1}{R}\left[1+(R^2-1)\frac{l}{l_{max}}\right]^{\frac{1}{2}} \tag{2.32}$$

快开流量特性在开度较小时就有较大的流量，随着开度的增大，流量很快就达到最大，随后再增加开度时流量的变化甚小，故称为快开特性，其特性曲线见图 2.31 中的曲线 3。设阀座直径为 D，则其行程一般在 $D/4$ 以内，若行程再增大时，阀的流通面积不再增大而失去

控制作用。因此，快开特性控制阀主要适用于迅速启闭的切断阀或双位控制系统。

（4）抛物线流量特性。$\frac{q}{q_{max}}$与$\frac{l}{L}$之间成抛物线关系，在直角坐标上为一条抛物线，见图 2.31 中的曲线 4。其数学表达式为

$$\frac{q}{q_{max}}=\frac{1}{R}\left[1+(\sqrt{R}-1)\frac{l}{L}\right]^2 \tag{2.33}$$

抛物线流量特性介于线性流量特性与等百分比流量特性之间，主要用于三通控制阀及其他特殊场合。

2. 工作流量特性

理想流量特性是在假定控制阀两端压差不变的情况下得到的，而在实际生产中，控制阀两端的压差总是变化的。这是因为控制阀总是与工艺设备、阀门、管道等阻力元件串联或并联安装，控制阀流量的变化将会引起管路系统阻力的变化，从而使得阀上的压降也发生变化。在这种情况下，控制阀的相对开度与相对流量之间的关系称为工作流量特性。

根据控制阀在实际工作中的配管情况，可以分为串联和并联两种情况讨论工作流量特性。

（1）串联管道中的工作流量特性。串联管道中的工作流量特性以图 2.32 所示的串联管路系统为例。

当控制阀串联安装于工艺管道时，除控制阀外，还有管道、装置、设备等存在着阻力。该阻力损失随着通过管道的流量成平方关系变化。设串联管路系统的总压差为Δp，控制阀上的压差为Δp_v，管路系统的压差为Δp_f，则串联管路系统的总压差Δp 等于管路系统的压差Δp_f与控制阀的压差Δp_v之和，即$\Delta p=\Delta p_v+\Delta p_f$。因此，当管路系统的总压差$\Delta p$ 一定时，随着通过管道的流量的增大，串联管道的阻力损失Δp_f也增大，且Δp_f与流速的平方成正比，从而使控制阀上的压差Δp_v 减小，阀上压差的减小又会引起通过控制阀的流量减小，使得控制阀的流量特性将偏离其理想流量特性，即发生畸变，从而使控制阀的理想流量特性畸变为工作流量特性，如图 2.33 所示。

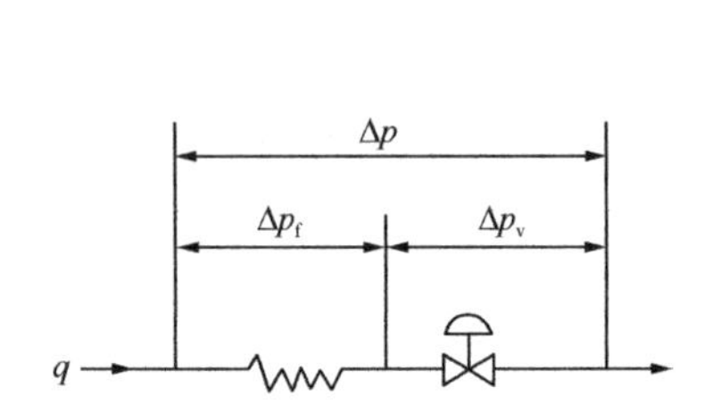

图 2.32　控制阀与管道串联工作示意图

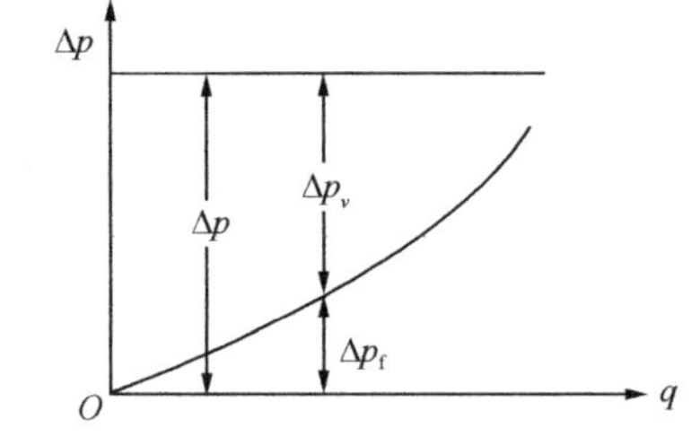

图 2.33　串联管道控制阀压差的变化

畸变的严重程度与Δp_v 占整个系统恒定总压差的比值有关。为了表明工艺配管对控制阀流量特性的影响，习惯上用压降比 S 来表示串联管路系统中控制阀流量特性的畸变程度。S的定义为，控制阀全开时，阀两端的压降Δp_{vmin}占系统总压降Δp 的比值，即

$$S=\frac{\Delta p_{v\min}}{\Delta p} \tag{2.34}$$

图 2.34（a）、（b）分别表示了线性阀和等百分比阀在不同 S 值下的工作流量特性。

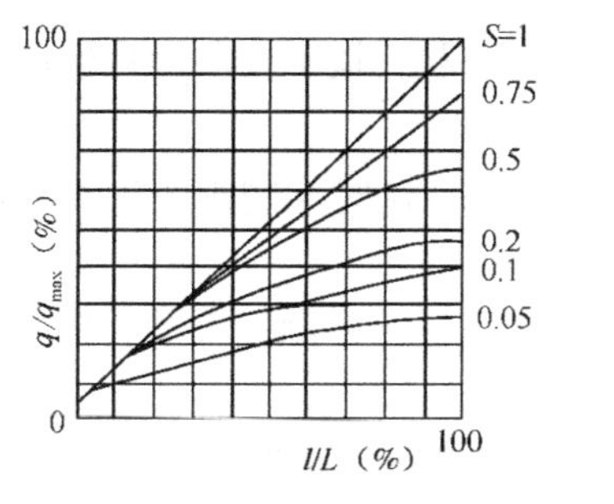

（a）理想特性为线型

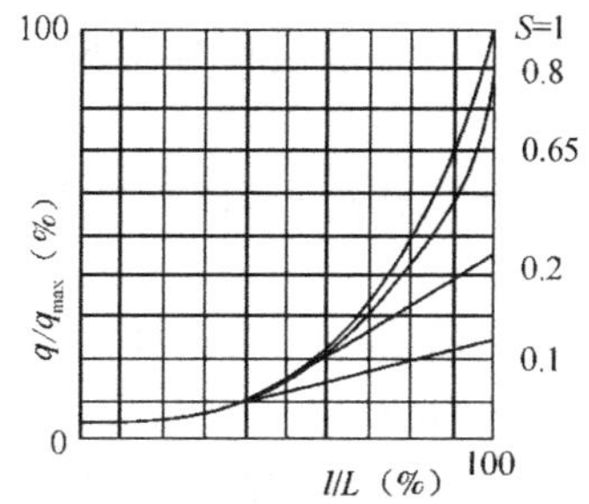

（b）理想特性为等百分比型

图 2.34　串联管道时控制阀的工作流量特性

可见，在一般运行情况下，压降比 $S \leqslant 1$。串联管道中控制阀特性曲线的畸变规律如下所述。

① 当系统压降全部损失在控制阀上时（管道阻力损失为零），$S=1$，这时工作流量特性与理想流量特性相同。

② 随着 S 的减小，管道总阻力增大，控制阀全开时的最大流量相应减小，使实际可调比 R_f 下降。实际可调比 R_f 与 S 之间的关系为

$$R_f \approx R\sqrt{S} \tag{2.35}$$

③ 随着 S 的减小，控制阀的流量特性发生畸变，特性曲线上凸，线性理想流量特性渐渐接近快开特性；等百分比理想流量特性趋向于线性特性。为了减小控制阀流量特性的畸变，应增大压降比 S。当希望通过降低控制阀压降来节能而效果不明显时，可提高压降比来减小特性曲线的畸变，改善控制系统的性能。

故在实际使用中，S 值选得过大或过小都有不妥之处。S 选得过大，在流量相同的情况下，管路阻力损耗不变，但是阀上的压降很大，消耗能量过多；S 选得过小，则控制阀流量特性畸变严重，对控制不利。因此，一般希望 S 值最小不低于 0.3。设计中的 S 通常为 0.3～0.5。

（2）并联管道中的工作流量特性。控制阀一般都装有旁路，以便手动操作和维护。设置旁路的目的有两个：一是当控制系统失灵或控制阀出现故障时，可用它进行手动控制，以保证生产的继续进行；其次，当生产量提高或控制阀选小时，可将旁路阀打开一些，此时控制阀的理想流量特性就畸变成为工作特性。

并联管道时的情况如图 2.35 所示。显然，这时管路的总流量 q 是通过控制阀的流量 q_1 与旁路流量 q_2 之和，即 $q=q_1+q_2$。

若以 X 代表并联管道中控制阀全开时的流量 q_{1max} 与总管最大流量 q_{max} 之比，即

$$X=\frac{q_{1max}}{q_{max}} \tag{2.36}$$

就可以得到在压差 Δp 一定时，不同 X 值下的工作流量特性，如图 2.36 所示。

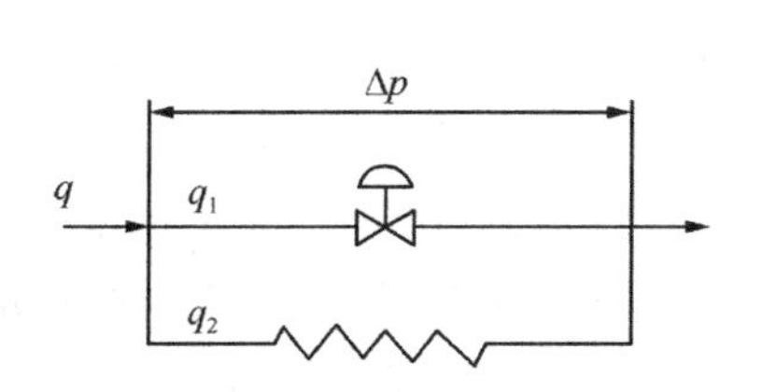

图 2.35　控制阀与管道并联工作示意图

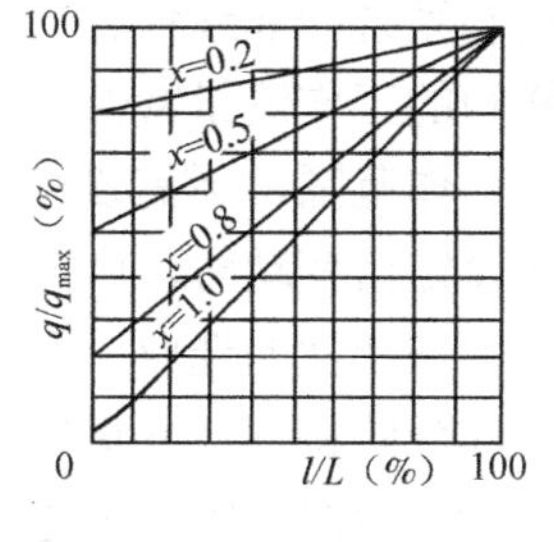

（a）理想特性为线性型

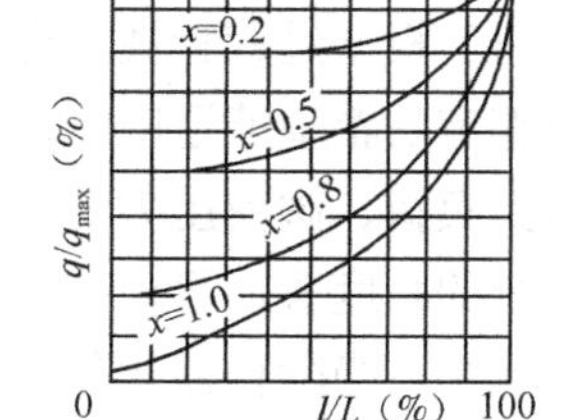

（b）理想特性为等百分比型

图 2.36　并联管道时控制阀的工作流量特性

从图中可以看出，在一般运行情况下，$X \leqslant 1$，并联管道中控制阀特性曲线的畸变规律如下所述。

① 当旁路阀完全关闭时（旁路流量为零），$X=1$，这时控制阀的工作流量特性与理想流量特性一致。

② 随着 X 值的逐渐减小，即旁路阀逐渐打开，虽然控制阀本身的流量特性变化不大，但实际可调比 R_f 却大大降低了。

同时，在实际使用中，总存在着串联管道阻力的影响，如图 2.37 所示。因此并联管道的工作流量特性还将叠加有串联管道的影响，控制阀上的压差还会随着流量的增加而降低，使实际可调比下降得更多些，控制阀在工作过程中所能控制的流量变化范围更小，严重时甚至几乎不起控制作用。所以，采用打开旁路阀的控制方案是不好的。根据实践经验，一般认为旁路流量最多只能是总流量的百分之十几，即要求 X 值最小不低于 0.8。

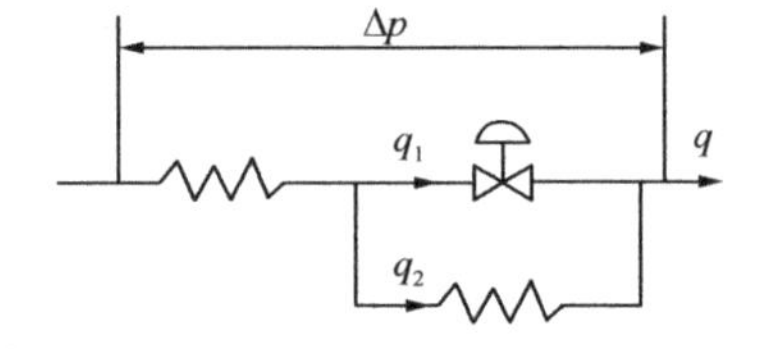

图 2.37　控制阀与管道实际工作示意图

综合串、并联管道的情况，可得出如下结论。

① 串、并联管道都会使阀的理想流量特性发生畸变，串联管道的影响尤为严重；

② 串、并联管道都会使控制阀的实际可调比降低，并联管道尤为严重；

③ 串联管道使系统总流量减少，并联管道使系统总流量增加；

④ 串、并联管道都会使控制阀的放大系数减小，即输入信号变化所引起的流量变化值减小；串联管道时控制阀若处于大开度，则 S 值降低，对放大系数的影响更为严重；并联管道时控制阀若处于小开度，则 X 值降低，对放大系数的影响更为严重。

3．流量特性的选择

控制阀的流量特性直接影响系统的控制质量和稳定性，所以需要正确选择。

控制阀的流量特性分为理想流量特性和工作流量特性。制造厂所提供的流量特性是理想流量特性，而实际应用需要的则是工作流量特性。由于压降比 S 小于 1，工作流量特性上凸，因此，在选择控制阀流量特性时，应先考虑选择工作流量特性，然后，根据实际应用选择理想流量特性。在生产中常用的理想流量特性是线性、等百分比和快开特性。而快开特性主要用于双位控制及程序控制，因此控制阀流量特性的选择通常是指如何合理选择线性和等百分比理想流量特性。

在实际使用时，控制阀总是安装在工艺管路系统中，控制阀前后的压差是随着管路系统的阻力而变化的。因此，选择控制阀的流量特性时，不但要依据过程特性，还应结合系统的配管情况来考虑。

流量特性选择的本质是控制系统的非线性补偿问题。正确的选择步骤如下所述。

（1）根据过程特性，选择阀的工作流量特性。常规控制器的控制规律是线性的，控制器参数整定后希望能适应一定的工作范围，不需要经常调整。这就要求广义对象是线性的，即在遇到负荷、阀前压力变化或设定值变动时，广义对象的特性基本保持不变。因此从自动控制系统的角度看，要求控制阀工作特性的选取原则是使整个广义对象具有线性特性，即在广义对象中，当除控制阀外其余部分的特性（变送器特性、过程特性）为线性时，应选用线性工作流量特性的控制阀（即 K_V 为常数）；如果变送器特性为线性，而过程特性的放大系数 K_0 是随操纵变量的增加而减小，则控制阀应选用等百分比工作流量特性。总之，当广义对象中

（除控制阀外）具有非线性特性时，控制阀应该能够克服它的非线性影响而使广义对象接近线性特性，如图 2.38 所示。

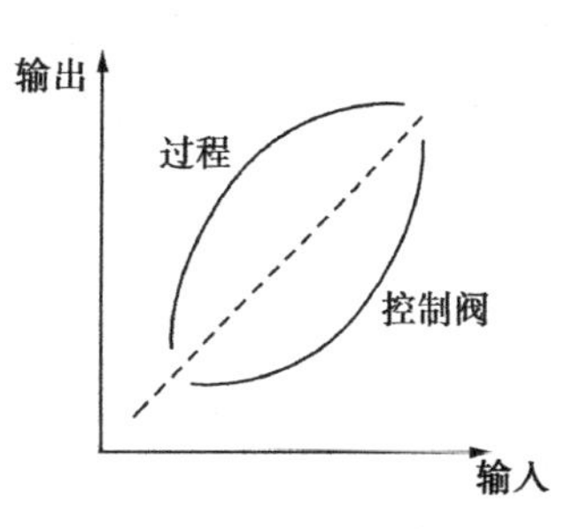

图 2.38　控制阀特性补偿示意图

（2）根据配管情况，从所需的工作流量特性出发，推断出理想流量特性。在生产现场，控制阀总是与管道等设备连在一起使用的，所以必然存在着配管阻力，使控制阀的工作流量特性与理想流量特性存在一定差异。因此，在选择控制阀特性时，还应结合系统的工艺配管情况来考虑。

依据工艺配管情况确定压降比 S 值后，可以从所选的工作流量特性出发，确定理想流量特性。

① 当 S=1～0.6 时，理想流量特性与工作流量特性几乎相同，即所选的理想流量特性与工作流量特性相一致；

② 当 S=0.6～0.3 时，无论是线性还是等百分比工作流量特性，都应选择等百分比理想流量特性；

③ 当 S<0.3 时，一般不适宜控制，但也可以根据低 S 阀来选择其理想流量特性。

如果工艺配管不能精确确定，一般可选等百分比特性，因为等百分比阀适应性较强，目前使用较多。流量特性的选择可见表 2.2。

表 2.2　流量特性选择表

配管状态	$S>0.6$		$0.3<S<0.6$			$S<0.3$
所需工作流量特性	线性	等百分比	线性	等百分比	快开	宜选用低 S 控制阀
应选理想流量特性	线性	等百分比	等百分比		线性	

在总结经验的基础上，人们已归纳出一些结论，可以直接根据被控变量和有关工艺情况选择控制阀的理想特性，见表 2.3。

表 2.3　控制阀理想流量特性选择的经验方法

被控变量	对象特性		选用的控制阀理想流量特性
液位	Δp_v 恒定 或 $0.2\Delta p_v/q_{min}<\Delta p_v/q_{max}<2\Delta p_v/q_{min}$		线性
	$\Delta p_v/q_{max}<0.2\Delta p_v/q_{min}$		等百分比
	$\Delta p_v/q_{max}>2\Delta p_v/q_{min}$		快开
压力	快过程		等百分比
	慢过程	Δp_v 恒定	线性
		$\Delta p_v/q_{max}<0.2\Delta p_v/q_{min}$	等百分比
流量 （变送器输出与流量成线性关系）	设定值变化		线性
	负荷变化		等百分比
流量 （变送器输出与流量平方成线性关系）	串接	设定值变化	线性
		负荷变化	等百分比
	旁路连接		等百分比
温度			等百分比

2.4.5　控制阀口径的选择

控制阀的口径是以公称直径 D_N 来表示的。确定控制阀的口径是选择控制阀的重要内容之一。口径选择得合适与否，直接关系到工艺操作能否正常进行、系统控制质量的优劣和生产的经济性。为保证控制系统正常运行时的控制质量，控制阀的口径不能直接套用工艺管道的机械尺寸。

在正常工况下，要求控制阀开度处于15%～85%，因此，不宜将控制阀口径选得过小或过大。若口径选择得过小，会使流经控制阀的介质达不到所需要的最大流量，尤其是当经受较大扰动时，可能会使控制阀运行在全开时的非线性饱和工作状态，导致系统失控，使控制效果变差。此时若企图通过开大旁路阀来弥补介质流量的不足，则会使阀的流量特性产生畸变。若口径选择得过大，不仅会浪费设备投资，而且会使控制阀经常处于小开度的工作状态。这时，流体对阀芯、阀座的冲蚀严重，并且在小开度时，阀芯由于受不平衡力的作用，容易产生振荡现象，这就更加重了阀芯和阀座的损坏，甚至造成控制阀失灵。

控制阀口径的选择是通过流通能力 C 值的正确计算来确定的。选择控制阀的口径需根据工艺生产过程所提供的常用流量或者最大流量、正常流量下控制阀两端的压差或者最大流量下的最小压差、介质特性等计算出控制阀全开时的流量系数 C_{Vmax}，经过圆整后，从控制阀产品手册中查取流通能力 C，进而得到控制阀的公称直径 D_N。

1．控制阀流量系数 C_{Vmax} 的计算

流通能力 C 的大小直接反映了流体通过控制阀的最大能力，它是控制阀的一个重要参数。流通能力 C 的定义是：在控制阀全开时，当阀两端压差为100kPa、流体密度为 $1g/cm^3$ 时，每小时流经控制阀的流体流量（以 m^3/h 表示）。例如，某控制阀 C=40，表示当此阀两端的压差为100kPa时，每小时能通过 $40m^3$ 的水量。

对不可压缩流体，且阀两端的压差 p_1-p_2 不太大（即流体为非阻塞流）时，其体积流量可由式（2.37）求得：

$$q=\frac{1}{10}C_V\sqrt{\frac{p_1-p_2}{\rho}}=\frac{1}{10}C_V\sqrt{\frac{\Delta p}{\rho}} \tag{2.37}$$

由此可得控制阀流量系数 C_V 的计算公式为

$$C_V=10q\sqrt{\frac{\rho}{p_1-p_2}}=10q\sqrt{\frac{\rho}{\Delta p}} \tag{2.38}$$

式中，ρ——流体密度（g/cm^3）；

p_1-p_2——阀两端的压差（kPa）；

q——流经控制阀的体积流量（m^3/h）。

从式（2.38）可以看出，如果控制阀两端的压差 p_1-p_2 保持为100kPa，则在全开时流经控制阀的水（1 g/cm^3）的流量 q 即为该阀的流通能力 C 值。

控制阀的口径可根据其在最大工况流量时的流量系数 C_{Vmax} 值、通过查阅产品手册求得。由式（2.38）即可求得 C_{Vmax} 值。流量系数 C_{Vmax} 的计算与介质的特性、流动的状态等因素有关。并且由于流过控制阀的介质不同，可能为液体、气体、蒸汽、闪蒸水等，计算的公式都不一样。其具体计算公式，读者可参考有关设计资料或应用相应的计算机软件来得到。

2．控制阀口径的确定

控制阀口径的确定需经过以下步骤。

（1）根据生产能力、设备负荷确定最大流量 q_{max}；

（2）根据所选的流量特性及系统特点选定 S 值（$S=\Delta p_{Vmin}/\Delta p$），然后求出计算压差 Δp_{Vmin}（即阀门全开时的压差）；

（3）根据流通能力的计算公式，求得最大流量时的流量系数 C_{Vmax}；

（4）按已求得的流量系数 C_{Vmax} 值的大小，在控制阀产品的标准系列中，根据所选控制阀的结构类型选取大于流量系数 C_{Vmax} 并与之最接近的流通能力 C 值，从而选取阀门口径；

（5）验证控制阀开度和可调比，一般要求最大流量时阀开度不超过 90%，最小流量时阀开度不小于 10%。

验证合格后，根据 C_{Vmax} 值即可确定控制阀的公称通径和阀座直径。

2.4.6 阀门定位器的正确使用

阀门定位器的正确使用，对改善系统的品质是十分重要的。阀门定位器是气动控制阀的主要附件，它与气动控制阀配套使用。阀门定位器接收控制器的输出信号，然后将控制器的输出信号成比例地输出到执行机构，当阀杆移动以后，其位移量又通过机械装置负反馈作用于阀门定位器，因此它与执行机构组成一个闭环系统。采用阀门定位器，能够增加执行机构的输出功率，改善控制阀的性能。

根据所使用的输入信号，阀门定位器分为气动阀门定位器和电-气阀门定位器两大类。由于目前使用电动控制器或采用计算机控制居多，因此，仅以电-气阀门定位器为例，说明阀门定位器的动作原理。

1. 电-气阀门定位器

电-气阀门定位器具有电-气转换和气动阀门定位器的双重作用。一方面可用电动控制器输出的 0～10mA DC 或 4～20mA DC 信号去操纵气动执行机构；另一方面还可以使阀门位置按控制器送来的信号准确定位（即输入信号与阀门位置呈一一对应关系）。同时，改变图 2.39（图 2.39 所示为配气动薄膜执行机构的电-气阀门定位器的动作原理）中反馈凸轮的形状或安装位置，还可以改变控制阀的流量特性和实现正、反作用。

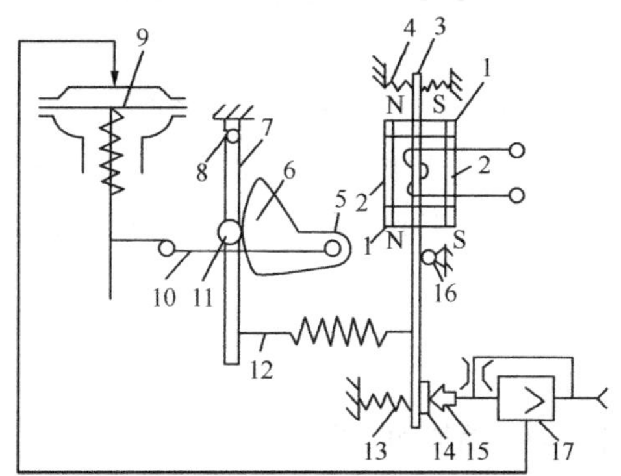

1—永久磁钢；2—导磁体；3—主杠杆（衔铁）；4—平衡弹簧；5—反馈凸轮支点；
6—反馈凸轮；7—副杠杆；8—副杠杆支点；9—薄膜执行机构；10—反馈杆；11—滚轮；
12—反馈弹簧；13—调零弹簧；14—挡板；15—喷嘴；16—主杠杆支点；17—放大器

图 2.39 电-气阀门定位器动作原理

没有使用阀门定位器时，输入信号 P 直接进入膜头，在推力作用下，阀杆带动阀芯向下移动，改变控制阀的阀芯与阀座之间的流通面积，从而使流量发生变化。由于气动控制阀的阀杆是移动部件，它与填料之间总有一定的摩擦，使阀杆受到摩擦力的作用，因此，在一定输入信号的作用下，阀杆可能不移动，导致控制阀执行机构的输入/输出特性曲线呈现如图 2.40 所示的滞环，即当阀杆在上移和下移两种情况下，对应同一阀杆位置其输入气压信号 P 是不一样的，形成了“回差”。这是不利于控制的。阀门定位器的设置首先就是为解决这一问题的。

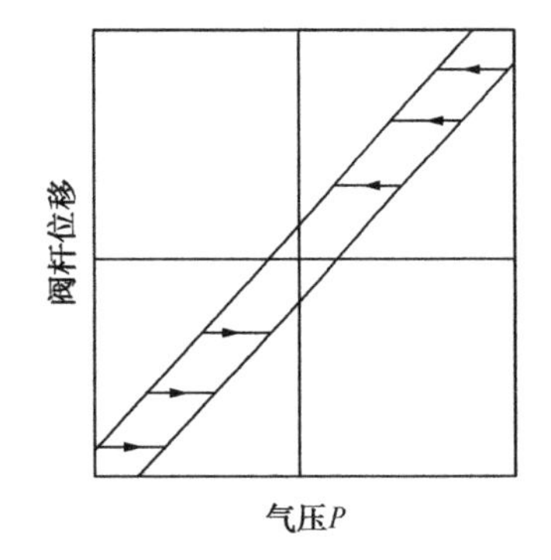

图 2.40　控制阀执行机构的滞环特性

电-气阀门定位器是按力矩平衡原理工作的。输入的信号电流通入力矩马达的线圈，它与永久磁钢 1 作用后，对主杠杆 3 产生一个电磁力矩，主杠杆 3 绕支点 16 做逆时针转动，于是挡板 14 靠近喷嘴 15，使喷嘴背压升高，经放大器 17 放大后，送入控制阀的薄膜气室（执行机构）9，推动阀杆向下移动，并带动反馈杆 10 绕支点 5 转动，连在同一轴上的反馈凸轮 6 也跟着做逆时针转动，通过滚轮 11 使副杠杆 7 绕其支点 8 沿顺时针偏转，并将反馈弹簧 12 拉伸，对主杠杆 3 产生反馈力矩。当反馈力矩与电磁力矩相平衡时，阀杆就稳定在某一位置，从而使阀杆位移与输入电流成比例关系。

由此可见，装有阀门定位器后，在控制器输出信号 u 和控制阀阀杆行程 l 之间，存在一个反馈回路，如图 2.41 所示。由反馈理论知道，当反馈回路的前向通道增益足够大时，闭环系统的输入/输出关系仅与反馈通道的环节特性有关，而与前向通道的特性无关。在图 2.41 所示的前向通道中，由于有气动放大器的存在，其增益是很大的，所以执行机构中的滞环特性，就不会再明显地反映到 $u \sim l$ 的关系中。另外，由于闭环特性主要取决于反馈机构的特性，所以改变反馈凸轮的形状即能有效地改变 $u \sim l$ 之间的函数关系。

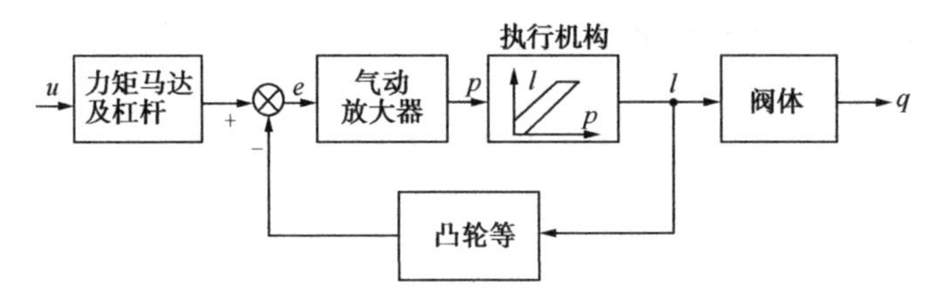

图 2.41　阀门定位器控制阀框图

调零弹簧 13 用于调整零位。在分程控制时，可通过零位调整和反馈弹簧反馈力的调整，使定位器在输入信号范围内（如 4～12mA DC 或 12～20mA DC 电流等），输出均为 20～100kPa。

2. 阀门定位器的功能

概括起来，阀门定位器的主要功能如下所述。

（1）定位功能。用了阀门定位器后，只要控制器的输出信号稍有变化，经过喷嘴-挡板系统及放大器的作用，就可使通往控制阀膜头的气压大有变动，以克服阀杆的摩擦和消除控制阀不平衡力的影响，从而保证阀门位置按控制器发出的信号正确定位。添加阀门定位器后，能使控制阀适用于下列情况。

① 要求阀位做精确调整的场合；

② 在大口径、高压差等不平衡力较大的场合，可减少不平衡力对阀杆位移的影响；

③ 为防止泄漏而需要将填料压得很紧，致使干摩擦较大的场合（如高压、高温或低温等）；

④ 输送黏性流体及悬浮物的场合（用来正确定位）。

（2）改善阀的动态特性。定位器改变了阀的一阶滞后特性，减小时间常数，使之成为比例特性。一般说来，当气压传送管线超过 60m 时，应采用阀门定位器。

（3）改变阀的流量特性。通过改变定位器反馈凸轮的形状（有些生产阀门定位器的厂家，可提供三种曲线的凸轮片），可以改变控制阀的原有流量特性。

（4）改变气压作用范围，满足分程控制要求。分程控制是用一个控制器控制两个以上的控制阀，使它们分别在信号的某一个区段内完成全行程移动。通过阀门定位器上有关部件的调整，可使阀门满行程变化的信号由一般的 20～100kPa，调整到这区间的任意范围。例如，使两个控制阀分别在（4～12mA DC）及（12～20mA DC）的信号范围内完成全行程移动。

（5）用于阀门的反向动作。阀门定位器有正、反作用之分，改变挡板和喷嘴的位置即可实现正、反作用的改变。正作用时，输入信号增大，输出气压也增大；反作用时，输入信号增大，输出气压减小。采用反作用式定位器可使气开阀变为气关阀，气关阀变为气开阀。

由此可见，控制阀上安装的阀门定位器，加大了输出功率，提高了反应速度，并且由于它与控制阀之间构成了一个随动系统，能根据控制器输出的信号准确定位，大大改善了控制阀的动、静态特性。因此，当单座阀前后压差较大的时候；当工作压力高、填料压得紧，因而摩擦力较大的时候；当现场与控制室相距较远，控制信号输送管线拉得较长，因而传送滞后较大的时候；以及当控制阀膜头较大，滞后比较显著的时候，都可以给控制阀配上阀门定位器，以克服上述不利因素的影响，从而提高控制阀的动、静态特性。

综上所述，对气动控制阀的选择一般要从以下几个方面进行考虑。

① 根据工艺条件，选择合适的控制阀结构类型及材质；

② 根据生产安全和产品质量等要求，选择控制阀的气开、气关作用方式；

③ 根据工艺对象特点，选择合适的流量特性；

④ 根据工艺参数，计算流量系数，选择阀的口径；

⑤ 根据工艺要求，选择与控制阀配用的辅助装置（一般指阀门定位器）。

【工程经验】

1. 工业生产过程多在易燃易爆操作环境下运行，因此气动控制阀较为多用。在大流量、大口径、气体介质的控制中，当要求控制阀的执行机构具有较大推力时，可考虑采用电动控制阀；在小流量（如软化水的药剂流量）的控制中，也可选用电动控制阀。

2. 气开、气关（或电开、电关）形式的选择是自控人员的必备技能，是本专业各类技能考核、考证中必考的知识点。

3. 在国产控制阀常用的四种理想流量特性中，线性、等百分比特性用于连续控制系统，快开特性主要用于快速切断或双位控制系统。

4. 有关控制阀口径的计算方法可查阅本科教材或相关技术手册。

2.5　测量变送环节的选取及其对控制质量的影响

测量变送环节的作用是将工业生产过程的参数（流量、压力、温度、物位、成分等）经检测、变送单元转换为标准信号。在模拟仪表中，标准信号通常采用 4～20mA DC、1～5V DC、

0～10mA DC 的电流（电压）信号，或 20～100kPa 的气压信号；在现场总线仪表中，标准信号是数字信号。图 2.42 所示为测量变送环节的原理框图。

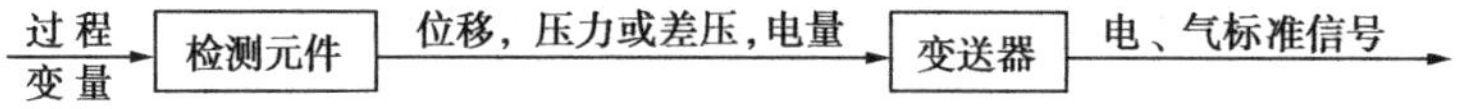

过程变量 → 检测元件 → 位移，压力或差压，电量 → 变送器 → 电、气标准信号

图 2.42　检测元件及变送器的原理框图

过程控制中经常遇到的被控变量有压力、流量、温度、液位及物性和成分变量等，而且有各式各样的测量范围和使用环境，因此检测元件和变送器的类型极为纷繁。现场总线仪表的出现使检测变送器呈现模拟和数字并存的状态。但对其进行线性化处理后，从它们的输入/输出关系来看，都可近似表示为具有纯滞后的一阶环节特性，即

$$G_{m}(s)=\frac{K_{m}}{T_{m}s+1}e^{-\tau_{m}s} \tag{2.39}$$

式中，K_m、T_m、τ_m 分别是检测变送器环节的放大系数、时间常数和纯滞后。

2.5.1　对测量变送环节的基本要求

对检测元件及变送器的基本要求是准确、迅速和可靠。准确，指检测元件和变送器能正确反映被控（或被测）变量，误差应小；迅速，指应能及时反映被控（或被测）变量的变化；可靠，是对检测元件和变送器的基本要求，指它应能在环境工况下长期稳定地运行。为此需要考虑如下三个主要问题。

（1）在所处环境条件下能否正常长期工作。由于检测元件直接与被测介质接触，因此，在选择检测元件时应首先考虑该元件能否适应工业生产过程中的高（低）温、高压、腐蚀性、粉尘和爆炸性环境；能否长期稳定运行。

（2）误差是否不超过规定的界限。仪表的精确度影响测量变送环节的准确性，所以应以满足工艺检测和控制要求为原则，合理选择仪表的精确度。测量变送仪表的量程应满足读数误差的精确度要求，同时应尽量选用线性特性。

（3）动态响应是否比较迅速。由于测量变送环节是广义对象的一部分，因此，减小 τ_m 和 T_m 对提高控制系统的品质总是有益的。

为解决第一个问题，人们已经有了不少有效办法和措施。在过程控制中，会遇到高温、低温、高压、腐蚀性介质等各种环境条件，需要在元件材质和防护措施上设法保证长期安全的使用。例如，高温条件下测温常用的铂铑-铂热电偶，当介质中有氢气（还原性介质）存在时，氢分子会渗透穿过保护套管而使热电偶的偶丝变脆断裂，须设法解决，所以有些地方采用吹气热电偶，保证保护套管内维持正压，阻止氢的渗入。又如，对于腐蚀性介质的液位与流量的测量，有的采用非接触测量方法，有的采用耐腐蚀的材质元件和隔离性介质。再如，在易燃易爆的环境中，必须采用防爆型仪表。

为解决第二个问题，即减小测量误差问题，必须先对误差的性质和根源进行分析，然后有针对性地采取措施。下面对测量误差进行具体分析。

2.5.2　测量误差分析

测量误差大致由下列三个部分组成。

（1）仪表本身的误差。仪表的精确度会影响测量变送环节的准确性，因此，应以满足工艺检测和控制要求为原则，合理选择仪表的精确度。检测变送仪表的量程应满足系统稳定性

和读数误差的要求，同时应尽量选用线性特性。

出厂时的仪表精度等级，反映了仪表在校验条件下存在的最大引用误差的上限，如 0.5 级就表示最大引用误差不超过 0.5%。随着时间的推移，测量变送仪表的精度等级可能会逐渐变化，因此必须定期校验。对仪表的精度等级应进行恰当的选择，由于其他误差的存在，仪表本身的精确度不必要求过高，否则也没有意义。工业上一般取 0.5～1.0 级，物性及成分仪表可再放宽些。

与此相关的一个问题是量程选择。因为精确度是按全量程的最大百分误差来定义的，所以量程越宽，绝对误差就越大。例如，同样是一个 0.5 级的测温仪表，当测量范围为 0～1100℃时，可能出现的最大误差是±5.5℃；如果改为 500～600℃，最大误差将不超过±0.5℃。因此，从减小测量误差的角度来考虑，在选择仪表量程时应尽量选窄一些。这当然也有限度，一方面是仪表本身的限制，另一方面是不能给使用带来不便。

要注意到，缩小检测变送器的量程，就是使该环节的放大系数 K_m 增大。但从控制理论的可控性角度出发，由于 K_m 在反馈通道，因此，在满足系统稳定性和读数误差的条件下，K_m 较小，有利于增大控制器的比例增益 K_C，使前向通道的增益增大，即有利于克服扰动的影响。所以，当因缩小检测变送器的量程而使 K_m 增大后，为维持系统原有的稳定性，必须相应地减小 K_C。从总体上看，在讨论控制原理时，总是以准确测量为前提的，因而可以认为 K_m 的取值是不影响控制系统质量的。

（2）安装不当引入误差。测量变送的一次元件安装在工艺设备上，安装必须符合规范，否则会引入很大的误差。例如，在流量测量中，孔板反向安装、直管段不足、差压计液体引压管线存在气泡等都会造成较大的测量误差。

（3）测量中的动态误差。当被控变量 $y(t)$随时间而变化时，如果仪表的动态响应比较迟缓，则测量信号 $z(t)$不能及时跟上，两者间的差别就表现为动态误差。在正确解决了前两个问题以后，该项误差对控制质量的影响尤为重要，本节随后将着重讨论。

2.5.3 减小动态误差的方法

测量变送环节的动态特性参数（包括时间常数 T_m 和纯滞后 τ_m）都会引起动态误差。由于测量变送环节是广义对象的一部分，因此，在选择测量变送仪表和选取检测点位置时，应尽量减小 T_m 和 τ_m。

1. 减小测量元件时间常数 T_m 的方法

测量元件，特别是测温元件，由于存在热容和热阻，它本身就具有一定的时间常数 T_m，因而造成测量滞后。

测量变送装置输出测量信号的阶跃响应曲线如图 2.43 所示。从图中可以看出，由于测量元件存在惯性滞后，其任何时刻所提供的被控变量的测量值都落后于被控变量的真实值。所以控制器接收到的是一个失真信号，它不能发挥正确的校正作用，控制质量无法达到要求。因此，控制系统中的测量元件时间常数不能太大，最好选用小惯性的快速测量元件，如用快速热电偶代替工业用普通热电偶或温包。

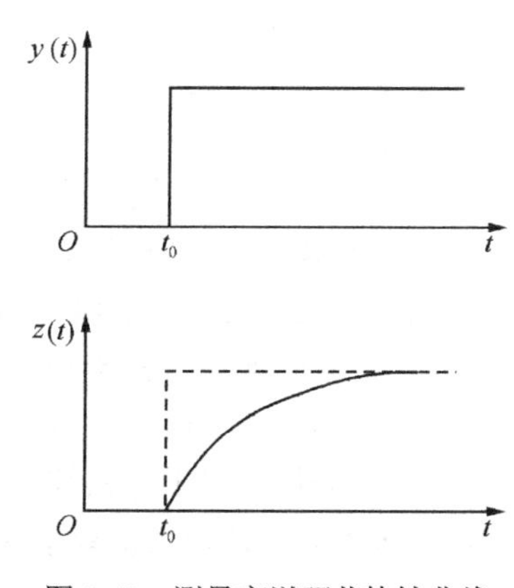

图 2.43　测量变送环节特性曲线

相对于过程的时间常数，大多数测量变送环节的时间常数是较小的。但成分检测变送环节的时间常数和时滞会很大，温度检测元件的时间常数也较大；气动仪表的时间常数较电动仪表要大；采用带有保护套管的温度计检测温度要比直接与被测介质接触来检测温度有更大的时间常数。此外，应考虑时间常数随过程运行而变化的影响。例如，由于保护套管结垢而造成时间常数增大，或由于保护套管磨损而造成时间常数减小等。对测量变送环节时间常数的考虑，主要应根据检测变送、被控对象和执行器三者时间常数的匹配，即增大最大时间常数与次大时间常数之间的比值。

通常主要采取以下措施来减小测量变送环节的时间常数。

① 合理选择检测点的位置。

② 选用小惯性的检测元件。

③ 缩短气动管线长度，减小管径，以减小气动传输管线的气容和气阻。

④ 正确使用微分单元。当测量元件的时间常数较大时，在控制器中加入微分作用，使控制器在偏差产生的初期，根据偏差的变化趋势发出相应的控制信号。采用这种预先控制作用来克服测量滞后，就相当于控制器有一个预测性能，如果应用适当，会大大改善控制质量。

⑤ 选用继动器等放大元件。

当测量元件的时间常数 T_m 小于过程时间常数的 1/10 时，对系统的控制质量影响不大。这时就没有必要盲目追求小时间常数的测量元件。

2．减小测量元件纯滞后 τ_m 的方法

当测量变送环节存在纯滞后时，也和过程控制通道存在纯滞后一样，会严重影响控制质量。

测量变送环节中纯滞后产生的原因是检测点与检测变送仪表之间有一定的传输距离 l，而传输速度 v 也有制约，致使被控变量变化的信号传递到检测点需要花费一定的时间，因而就产生了纯滞后：

$$\tau_m=l/v \tag{2.40}$$

可见，传输距离越长或传输速度越慢，纯滞后时间 τ_m 则越长。必须指出，传输速度 v 并非被测介质的流体流速。例如，在选用孔板检测流量时，流体流速是流体在管道中的流动速度，而检测元件（孔板）检测的信号是孔板两端的差压。因此，该测量变送环节的传输速度是差压信号的传输速度，对于不可压缩流体，该信号的传输速度是极快的。但对于成分的检测变送，由于检测点与检测变送仪表之间有距离 l，被检测介质经采样管线送达仪表有流速 v，因此，存在纯滞后 τ_m。

测量变送环节的纯滞后主要是由测量元件的安装位置引起的。因此应从以下两方面采取措施来减小纯滞后。

① 选择合适的检测点位置，减小传输距离 l；

② 选用增压泵、抽气泵等装置，提高传输速度 v。

具体应用时必须注意以下两点。

① 在考虑纯滞后的影响时，应考虑纯滞后与时间常数之比，而不应只考虑纯滞后的大小，应尽量减小纯滞后与时间常数的比值；

② 微分作用对于克服纯滞后是无能为力的。因为在纯滞后时间里，参数的变化速度等于零，因而微分器输出也等于零，微分器起不到超前作用。

相对于流量、压力、物位等过程变量的检测变送，过程成分等物性参数的检测变送有

较大的纯滞后；有时，温度检测变送的纯滞后相对于时间常数也会较大，应充分考虑它们的影响。

3. 减小信号的传送滞后

（1）信号传送滞后。信号传送滞后通常包括测量信号传送滞后和控制信号传送滞后两部分。

在大型的石油、化工企业中，生产现场与控制室之间往往相隔一段很长的距离。现场变送器的输出信号要通过信号传输管线送往控制室内的控制器，而控制器的输出信号又需通过信号传输管线送往现场的控制阀。测量与控制信号的这种往返传送都需要通过控制室与现场之间的这一段距离空间，于是产生了信号传送滞后。

测量信号传送滞后是指由现场测量变送装置的信号传送到控制室的控制器所引起的滞后；而控制信号传送滞后是指由控制室内控制器输出的控制信号传送到现场的控制阀所引起的滞后。对于气动薄膜控制阀来说，由于膜头空间具有较大的容量，所以从控制器的输出变化到引起控制阀的开度变化，往往具有较大的容量滞后，这样就会使得控制不及时，控制效果变差。

信号的传送滞后对控制系统的影响基本上与过程控制通道的滞后相同，应尽量减小。

（2）克服传送滞后的方法。由于电信号的传送非常迅速，所产生的传送滞后可以忽略不计；然而对于气动信号来说，由于气动信号管线具有一定的容量，就会存在一定的传送滞后，这时，传送滞后就不能不加以考虑。因此，为了减小传送滞后，现场与控制室之间的信号应尽量采用电信号进行传送。也就是说，应尽可能缩短气动信号管线的长度。

通常的做法是：尽量将电-气转换器安置在气动仪表附近，以减小气动信号管线的长度。例如，通常将电-气阀门定位器安装在气动控制阀的支架上，以使气动控制信号管线的长度为最短。

【工程经验】

1. 检测仪表种类繁多，而各类检测仪表的检测原理、结构组成、性能特点、适用场合、安装调试方法等均各有不同，这是仪表选型、工程安装、故障检修的难点。建议读者在掌握并结合过程检测技术及仪表相关知识的前提下进行学习。

2. 对于输出非标准信号的检测仪表，如需获得统一的标准测量信号，现多考虑选用与之匹配的电动变送器。随之须解决变送器的安装、防护、供电、防爆与否等工程问题。

2.6 控制器的选择

控制器是控制系统的核心部件，它将安装在生产现场的测量变送装置送来的测量信号与设定值进行比较产生偏差，并按预先设置好的控制规律对该偏差进行运算，产生输出信号去操纵执行器，从而实现对被控变量的控制。因此，控制器的选择是控制系统设计的一项重要内容。

在控制系统中，仪表选型确定以后，对象的特性是固定的；测量元件及变送器的特性比较简单，一般也是不可以改变的；执行器加上阀门定位器后可有一定程度的调整，但灵活性不大；主要可以改变参数的就是控制器。也就是说，当构成一个控制系统的被控对象、测量变送环节和控制阀都确定之后，控制器参数是决定控制系统控制质量的唯一因素。系统设置控制器的目的，也是通过它来改变整个控制系统的动态特性，以达到控制的目的。

控制器的选择主要包括控制规律的选择和正、反作用方式的选择。控制器的控制规律对系统的控制质量影响很大，在系统设计中应根据广义对象的特性和工艺控制要求选择相应的控制规律，以获得较高的控制质量；确定控制器的正、反作用方式，是为了使整个控制系统构成闭环负反馈，以满足控制系统的稳定性要求。

2.6.1 控制器控制规律的选择

在工业控制中应用的控制器有位式控制器和连续控制器两大类。

常见的位式控制器有双位控制器和三位控制器两种，以双位控制器最为常用。双位控制器实质上即是具有很大增益的比例控制器。随着偏差信号改变符号，控制阀全开或全关。因为双位控制器会产生冲击性的流量影响工艺过程，还易损坏控制阀，所以不常使用。它只能用在控制质量要求不高、允许被控变量在一定范围内波动且所产生的冲击流量对工艺影响不大的场合。因位式控制系统在生产控制中所占的比例较小，且位式控制器的选择相对简单，故在此不做重点介绍。

1. 常用控制规律及特点

目前工业上常用的连续控制器主要有三种控制规律：比例控制规律、比例积分控制规律和比例积分微分控制规律，分别简写为 P、PI 和 PID。

（1）比例控制（P）。比例控制是最基本的控制规律。其特点是控制作用简单，调整方便，且当负荷变化时，克服扰动能力强，控制作用及时，过渡过程时间短，但在过程终了时存在余差，且负荷变化越大余差也越大。比例控制适用于控制通道滞后及时间常数均较小（低阶过程）、扰动幅度较小、负荷变化不大、控制质量要求不高、允许有余差的场合。如中间储槽的液位、精馏塔塔釜液位及不太重要的蒸汽压力控制系统等。

（2）比例积分控制（PI）。由于在比例控制作用的基础上引入积分作用能消除余差，故比例积分控制是使用最多、应用最广的控制规律，在反馈控制系统中，约有 75%是采用 PI 作用的。对于控制通道滞后较小、负荷变化不太大、工艺参数不允许有余差的场合（如流量或压力的控制），采用比例积分控制规律可获得较好的控制质量。例如，流量、快速压力控制和要求严格的液位控制系统常采用比例积分控制规律。

（3）比例积分微分控制（PID）。虽然微分作用对于克服容量滞后有显著效果，但对克服纯滞后是无能为力的。在比例作用的基础上加上微分作用能提高系统的稳定性，再加入积分作用可以消除余差。所以适当调整δ, T_I, T_D三个参数，可以使控制系统获得较高的控制质量，适用于过程容量滞后较大、负荷变化大、控制质量要求较高的场合。由于温度控制和成分控制属于缓慢和多容过程，所以常使用 PID 控制规律（如反应器、聚合釜的温度控制）。而对于滞后很小或噪声严重的场合，应避免使用微分作用，否则会由于被控变量的快速变化引起控制作用的大幅度变化，严重时会导致控制系统不稳定。

2. 控制规律的选择

过程工业中常见的被控参数有温度、压力、液位、流量和成分等。这些参数有些是重要的生产参数，有些是不太重要的参数，控制要求也是各不相同，因此在系统设计中应根据过程的特性和对控制质量的要求，选择相应的控制规律，以获得较高的控制质量。

关于控制器控制规律的选择可归纳为以下几点。

（1）在一般的连续控制系统中，比例控制是必不可少的。如果广义过程控制通道的滞后较小，负荷变化不大，而工艺要求又不高，且允许被控变量在一定范围内变化，可选用单纯的比例控制规律，甚至采用开关控制，如中间储槽（罐）的液位、塔釜液位、热量回收预热系统等。

（2）对于比较重要、控制精度要求较高的参数，当广义过程控制通道的时间常数较小，系统负荷变化也较小时，为了消除余差，可以采用比例积分控制规律，如流量、压力和要求较严格的液位控制系统。

（3）对于比较重要、控制精度要求比较高的参数，希望动态偏差较小，当广义过程控制通道具有较大的惯性或容量滞后时，采用微分作用有良好的效果，采用积分作用可以消除余差，因此，就要选用比例积分微分控制规律，如温度、物性（成分、pH 等）控制系统。

当被控过程控制通道的惯性很大，而负荷变化也很大时，若采用简单控制系统无法满足工艺要求，可以设计复杂的控制系统来提高控制质量。

2.6.2 控制器正、反作用方式的选择

设置控制器正、反作用的目的是保证控制系统构成负反馈。控制器的正、反作用是关系到控制系统能否正常运行与安全操作的重要问题。

控制器正、反作用方式的选择是在控制阀的气开、气关形式确定之后进行的，其确定的原则是使整个单回路构成具有被控变量负反馈的闭环系统。

简单控制系统方框图如图 2.44 所示。从控制原理知道，对于一个反馈控制系统来说，只有在负反馈的情况下，系统才是稳定的，当系统受到扰动时，其过渡过程将会是一个衰减过程；反之，如果系统是正反馈，那么系统是不稳定的，一旦遇到扰动作用，过渡过程将会发散，在工业过程控制中，这种情况是不允许发生的。因此，一个控制系统要实现正常运行，必须是一个负反馈系统，而控制器的正、反作用方式决定着系统的反馈形式，所以必须正确选择。

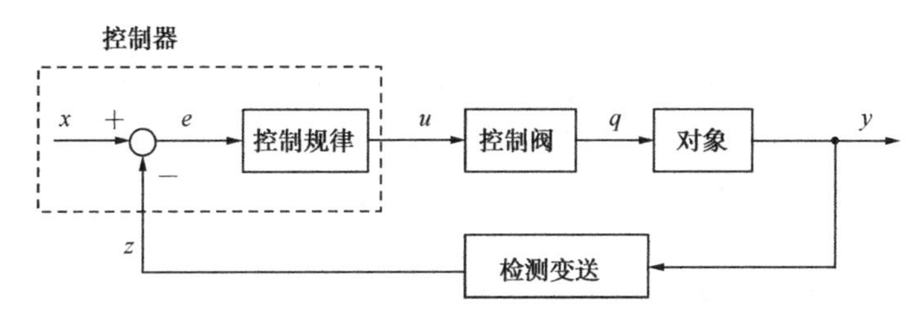

图 2.44　简单控制系统方框图

为了保证能构成负反馈，系统的开环放大倍数必须为负值，而系统的开环放大倍数是系统中各个环节放大倍数的乘积。这样，只要事先知道了过程、控制阀和测量变送装置放大倍数的正负，再根据系统开环放大倍数必须为负的要求，就可以很容易地确定出控制器的正、反作用。

1．系统中各环节正、反作用方向的规定

在控制系统方框图中，每一个环节（方框）的作用方向都可用该环节放大系数的正、负

来表示。如作用方向为正，可在方框上标“+”；如作用方向为负，可在方框上标“-”。

控制系统中各环节的作用方向（增益符号）是这样规定的：当该环节的输入信号增加时，若输出信号也随之增加，则该环节为正作用方向；反之，当输入增加时，若输出减小，即输出与输入变化方向相反，则为负作用方向。

（1）被控对象环节。被控对象的作用方向，则随具体对象的不同而各不相同。当过程的输入（操纵变量）增加时，若其输出（被控变量）也增加，则属于正作用，取“+”；反之则为负作用，取“-”号。

（2）执行器环节。对于控制阀，其作用方向取决于是气开阀还是气关阀。当控制器输出信号（即控制阀的输入信号）增加时，气开阀的开度增加，因而流过控制阀的流体流量也增加，故气开阀是正方向的，取“+”号；反之，当气关阀接收的信号增加时，流过控制阀的流量反而减少，所以是反方向的，取“-”号。控制阀的气开、气关作用形式应按其选择原则事先确定。

（3）测量变送环节。对于测量元件及变送器，其作用方向一般都是“正”的。因为当其输入量（被控变量）增加时，输出量（测量值）一般也是增加的，所以在考虑整个控制系统的作用方向时，可以不考虑测量元件及变送器的作用方向，只需要考虑控制器、执行器和被控对象三个环节的作用方向，使它们组合后能起到负反馈的作用。因此该环节在判别式中并没有出现。

（4）控制器环节。由于控制器的输出取决于被控变量的测量值与设定值之差，所以当被控变量的测量值与设定值变化时，对输出的作用方向是相反的。对于控制器的作用方向是这样规定的：当设定值不变、被控变量的测量值增加时，控制器的输出也增加，称为“正作用”，或者当测量值不变、设定值减小时，控制器的输出增加的称为“正作用”，取“+”号；反之，如果测量值增加（或设定值减小）时，控制器的输出减小，则称为“反作用”，取“-”号。这一规定与控制器生产厂的正、反作用规定完全一致。

2. 控制器正、反作用方式的确定方法

由前述可知，为保证使整个控制系统构成负反馈的闭环系统，系统的开环放大倍数必须为负，即

$$（控制器±）\times（执行器±）\times（被控对象±）=“-”$$

确定控制器正、反作用方式的步骤如下。

（1）按照控制阀的选择原则，确定其气开和气关形式，气开阀的作用方向为正，气关阀的作用方向为负；

（2）根据被控对象的输入和输出关系，确定其正、负作用方向；

（3）根据测量变送环节的输入/输出关系，确定测量变送环节的作用方向（通常可省略）；

（4）根据负反馈准则，确定控制器的正、反作用方式。

例如，在锅炉汽包水位控制系统中，为了防止系统故障或气源中断时锅炉供水中断而烧干爆炸，控制阀应选气关式，符号为“-”；当锅炉进水量（操纵变量）增加时，液位（被控变量）上升，被控对象符号为“+”；根据选择判别式，控制器应选择正作用方式。如图 2.45 所示。

又如，换热器出口温度控制系统，为避免换热器因温度过高或温差过大而损坏，当操纵变量为载热体流量时，控制阀选择气开式，符号为“+”；在被加热物料流量稳定的情况下，

当载热体流量增加时，物料的出口温度升高，被控对象符号为“+”。则控制器应选择反作用方式。如图 2.46 所示。

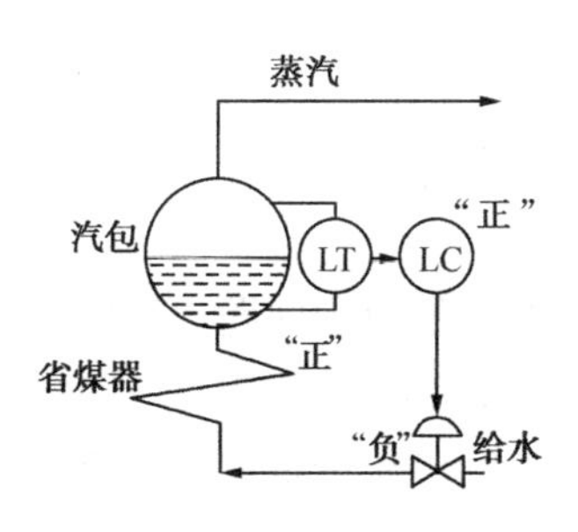

图 2.45　锅炉水位控制系统

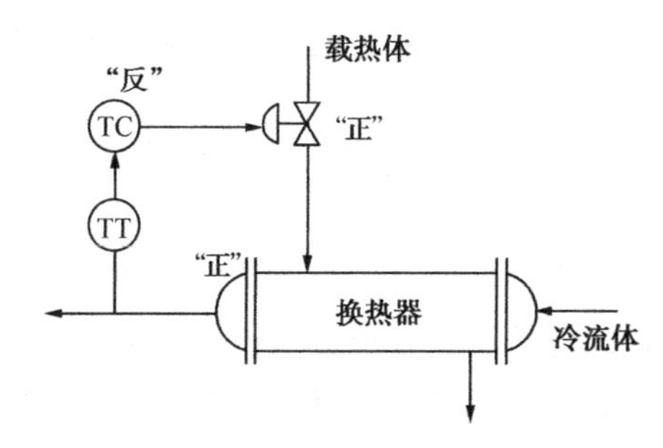

图 2.46　换热器出口温度控制系统

再如，对于精馏塔塔顶温度控制系统，为保证在控制系统出现故障时塔顶馏出物的产品质量，当以塔顶馏出物冷凝液的回流量作为操纵变量时，其回流量控制阀应选择气关式，符号为“-”；当回流量增大时，塔顶温度将会降低，被控过程符号为“-”。因此，控制器应选择反作用方式。如图 2.47 所示。

而对于以进料量为操纵变量的储槽液位控制系统，从安全角度考虑，选择气开阀，符号为“+”；进料阀开度增加，液位升高，因此被控对象为正作用，符号为“+”。所以为保证负反馈，控制器应选择为反作用方式，如图 2.48 所示。如果操纵变量是出料量，同样选择气开阀，即符号为“+”；但因出料阀开度增加，液位下降，因此，被控对象为负作用，符号为“-”，则应选正作用控制器。

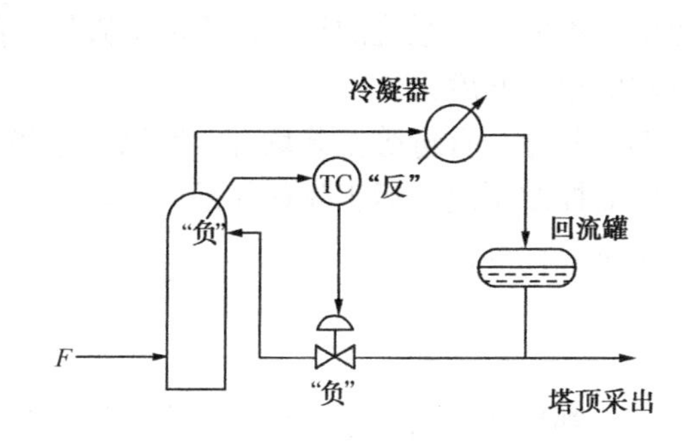

图 2.47　精馏塔塔顶温度控制系统

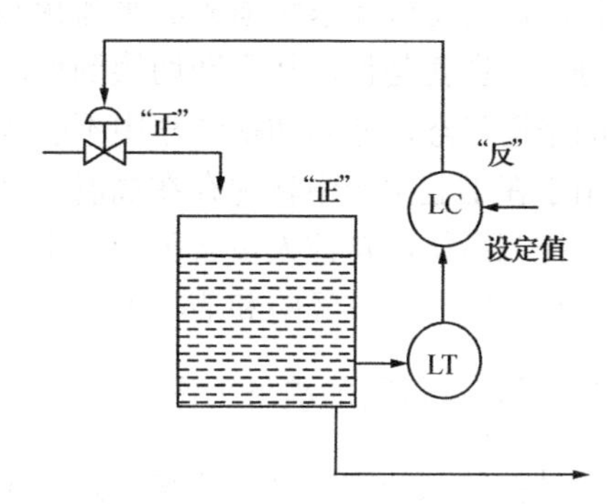

图 2.48　储槽液位控制系统

控制器正、反作用方式的确定方法也同样适用于串级控制系统副回路中控制器正、反作用方式的选择。

【工程经验】

1. 必须按照“使过程控制系统构成闭环负反馈”的原则来选择控制器的正、反作用方式，这是仪表和自控系统的施工、维护、维修人员的必备技能，是本专业各类技能考核、考证中必考的知识点。控制器正、反作用方式的选择，须在正确判定被控过程的正、负作用方向，以及确定控制阀的气开、气关形式之后进行。

2. 工业上常用的有 P、PI、PID 三种控制规律。控制器的控制规律，宜本着“趋简、够用”的基调选用。PID 规律多在温度、成分类控制系统中使用，意在利用微分的“超前”控制作用来克服该类过程较大的容量滞后；大多数的液位控制系统、某些不太重要的压力控制系统选用 P 规律即可满足要求；流量、压力和要求严格的液位控制系统须采用 PI 规律，引入积分作用的目的主要是为了消除余差、以提高控制的准确性。对于同向扰动较大的过程，也可引入较弱的积分作用来避免同向扰动产生较大的动态偏差。

2.7 简单控制系统的投运和整定

至此，本章已经讨论了简单控制系统方案设计中几乎所有的原则问题。简单控制系统设计完成后，即可按设计要求进行正确安装。控制系统按设计要求安装完毕，线路经过检查正确无误，所有仪表经过检查符合精度要求，并已运行正常，即可着手进行控制系统的投运和控制器参数的整定工作。

2.7.1 控制系统的投运

经过控制系统设计、仪表调校、安装后，接下来的工作是控制系统的投运。所谓控制系统的投运，就是将系统由手动工作状态切换到自动工作状态。这一过程是通过将控制器上的手动-自动切换开关从手动位置切换到自动位置来完成的。

控制器在手动位置时，控制阀接收的是控制器的手动输出信号；当控制器从手动位置切换到自动位置时，将以自动输出信号代替手动输出信号操纵控制阀，此时控制阀接受的是控制器根据偏差信号的大小和方向按一定控制规律运算所得的输出信号（称之为自动输出）。如果控制器在切换之前，自动输出与手动输出信号不相等，那么，在切换过程中必然会给系统引入扰动，这将破坏系统原先的平衡状态，是不允许的。因此，要求切换过程必须保证无扰动地进行。也就是说，从手动切换到自动的过程中，不应造成系统的扰动，不应该破坏系统原有的平衡状态，亦即切换过程中不能改变控制阀的原有开度。

由于在工业生产中普遍存在高温、高压、易燃、易爆、有毒等工艺场合，所以在这些地方投运控制系统，自控人员会承担一定的风险。因而控制系统投运工作往往是鉴别自控人员是否具有足够的实践经验和清晰的控制理论的一个重要标准。

1. 投入运行前的准备工作

自动控制系统安装完毕或是经过停车检修之后，都要（重新）投入运行。在投运每个控制系统前必须要进行全面细致的检查和准备工作。

投运前，首先应熟悉工艺过程，了解主要工艺流程和对控制指标的要求，以及各种工艺参数之间的关系，熟悉控制方案，对测量元件、调节阀的位置、管线走向等都要做到心中有数。投运前的主要检查工作如下。

① 对组成控制系统的各组成部件，包括检测元件、变送器、控制器、显示仪表、控制阀等，进行校验检查并记录，保证其精确度要求，确保仪表能正常的使用。

② 对各连接管线、接线进行检查，保证连接正确。例如，孔板上下游导压管与变送器高低压端的正确连接；导压管和气动管线必须畅通，不得中间堵塞；热电偶正负极与补偿导线极性、变送器、显示仪表的正确连接；三线制或四线制热电阻的正确接线等。

③ 如果采用隔离措施，应在清洗导压管后，灌注流量、液位和压力测量系统中的隔离液。

④ 应设置好控制器的正反作用、内外设定开关等；并根据经验或估算，预置δ、T_I和T_D参数值，或者先将控制器设置为纯比例作用，比例度δ置于较大的位置。

⑤ 检查控制阀气开、气关形式的选择是否正确，关闭控制阀的旁路阀，打开上下游的截止阀，并使控制阀能灵活开闭，安装阀门定位器的控制阀应检查阀门定位器能否正确动作。

⑥ 进行联动试验，用模拟信号代替检测变送信号，检查控制阀能否正确动作，显示仪表是否正确显示等；改变比例度、积分和微分时间，观察控制器输出的变化是否正确。采用计算机控制时，情况与采用常规控制器时相似。

2．控制系统的投运

合理、正确地掌握控制系统的投运，使系统迅速且无扰动地进入闭环，是工艺过程平稳运行的必要条件。对控制系统投运的唯一要求是，系统平稳地从手动操作转入自动控制，即按无扰动切换的要求将控制器切入自动控制。

控制系统的投运应与工艺过程的开车密切配合，在进行静态试车和动态试车的调试过程中，对控制系统和检测系统进行检查和调试。控制系统各组成部分的投运次序一般如下所述。

（1）检测系统投运。温度、压力等检测系统的投运比较简单，可逐个开启仪表和检测变送器，检查仪表显示值的正确性。流量、液位检测系统应根据检测变送器的开车要求，从检测元件的根部开始，逐个缓慢地打开有关根部阀、截止阀等（要防止变送器受到压力冲击），直到显示正常。

现以图 2.49 所示的差压式流量计为例讨论仪表的启动步骤和运行。

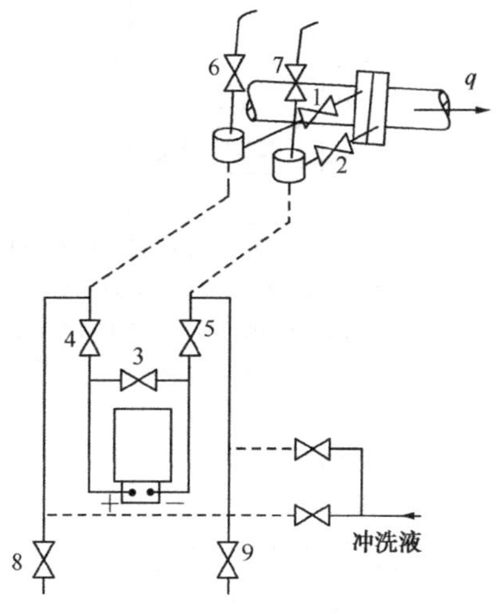

图 2.49　差压式流量计

启动前，各阀都是关闭的，预先已充满了水或甘油等隔离液。启动时，注意不要使差压变送器的弹性元件受到突然的冲力，不要处于单向受压状态。

信号引出端的根部阀 1、2 和差压变送器侧的平衡阀组 3、4、5，应按如下顺序开启。

① 打开节流装置出口阀（根部阀）1 和 2，使介质的差压传递到隔离液；

② 打开平衡阀组中的平衡阀 3，再慢慢开启高压侧引压阀 4，使差压变送器的正、负测量室都承受相同的压力，然后再关闭平衡阀 3，最后慢慢开启低压侧引压阀 5，这时差压变送器的二次仪表应该指示出相应的流量变化。

这样做可以保证变送器不会受到突然的压力冲击，膜片不会单向受压，又保证灌入引压管的隔离液不被冲走。

如果启动以后，变送器各个部分一切都正常，就可以将它投入运行。在运行中如发生事故、需要紧急停车时，停运的操作顺序应和上述的启动步骤相反。

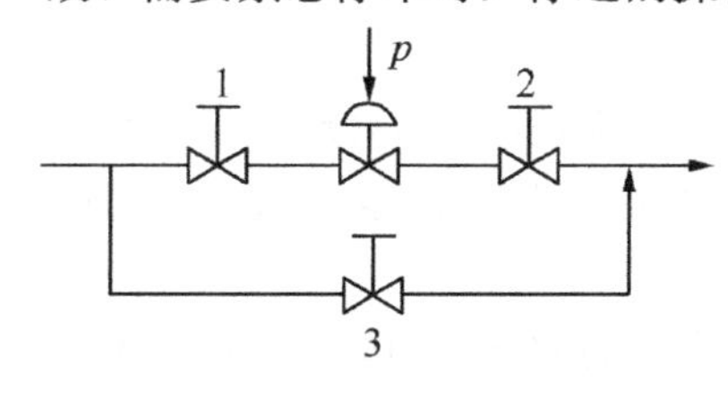

图 2.50　控制阀安装示意图

（2）控制系统投运。应从手动遥控开始，逐个将控制回路过渡到自动操作，应保证无扰动切换。

① 手动遥控（调节阀的投运）。手动遥控阀门实际上是在控制室中的人工操作，即操作人员在控制室中，根据显示仪表所示被控变量的情况，直接开关控制阀。

在开车时，先进行现场手动操作，即先将图 2.50 中控制阀前后的切断阀 1 和 2 关闭，打开旁路阀 3，观察测量仪表能否正常工作。待工况稳定后，被控变量稳定在设定值附近时，然后进行旁路阀-控制器手动遥控切换，转入控制室内手动遥控控制阀。其操作顺序如下。

- 用手动定值器、手操器或控制器的手动操作方式调整作用于控制阀上的信号 P 至一个适当数值；
- 打开上游阀门 1，再逐步打开下游阀门 2，在逐渐关闭旁路阀 3 的同时，相应地逐渐启动调节阀以保持流量尽量不变化；
- 观察仪表的指示值，改变手操输出，使被控变量接近设定值，此时，表示阀的开度合适，可以向自动切换了。

手动遥控阀门和控制器的手/自动切换操作都是在控制器面板上进行的。如图 2.51 所示，手/自动切换开关置于软手动 M 位置（或者硬手动 H 位置），用手动增加键（或减少键）改变手动输出电流，并由输出指示表显示输出信号（阀位示值）百分值的大小。为了防止误操作，软手操设有慢速和快速两挡。慢速挡全行程时间为 100s；若继续往里按，为快速挡，全行程时间为 6s，输出变化很快。用控制器的手动输出电流控制控制阀的开度，改变操纵变量，并尽量使被控变量接近工艺设定值，当生产过程比较稳定且扰动较小时，即可投入自动。

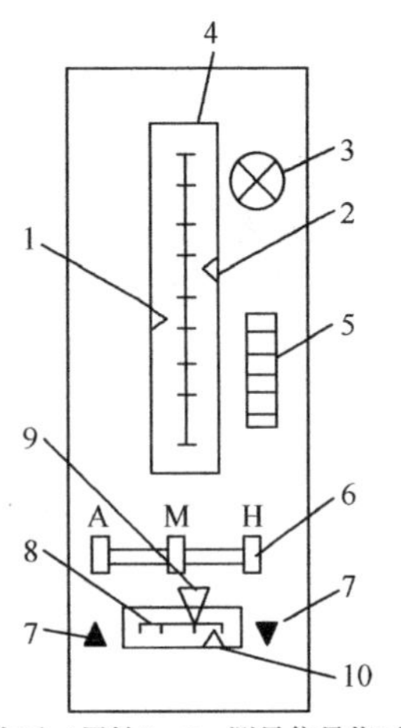

1—内设定指示（黑针）；2—测量信号指示（红针）；3—外设定指示灯；4—测量指示、设定指示标尺；5—内设定拨盘；6—硬手动 H、软手动 M、自动 A 切换开关；7—软手动增加、减少键；8—输出指示标尺；9—硬手动拨针；10—输出指示

图 2.51　DTZ-2100S 全刻度指示型控制器面板示意图

② 投入自动（控制器的手动和自动切换）。控制器的手动操作平稳后，被控变量接近或等于设定值。将内/外设定选择开关扳向内给定位置，然后拨动内给定旋钮使偏差为零；设置 PID 参数后即可将控制器由手动状态切换到自动状态。至此，初步投运过程结束。但此时控制系统的过渡过程不一定满足要求，这时需要进一步调整δ、T_I和 T_D三个参数。有关控制系统的参数整定方法随后将进行详细介绍。

与控制系统的投运相反，当工艺生产过程受到较大扰动、被控变量控制不稳定时，需要将控制系统退出自动运行，改为手动遥控，即自动切向手动，这一过程也需要达到无扰动切换。

3．控制系统的维护

控制系统和检测系统投运后，为保持系统长期稳定地运行，应做好系统维护工作。

① 定期和经常性的仪表维护。主要包括各仪表的定期检查和校验，要做好记录和归档工作；要做好连接管线的维护工作，对隔离液等应定期灌注。

② 发生故障时的维护。一旦发生故障，应及时、迅速、正确地分析和处理；应减小故障造成的影响；事后要进行分析；应找到第一事故原因并提出改进和整改方案；要落实整改措施并做好归档工作。

控制系统的维护是一个系统工程，应从系统的观点分析出现的故障。例如，测量值不准确的原因可能是检测变送器出现故障，也可能是连接的导压管线有问题，或者显示仪表的故障，甚至可能是控制阀阀芯的脱落所造成的。因此，具体问题应具体分析，要不断积累经验，提高维护技能，缩短维护时间。

2.7.2 控制系统的整定

控制回路投运后，应根据工艺过程的特点，进行控制器参数的整定，直到满足工艺控制要求和控制品质的要求。

1. 系统整定的目的

一个控制系统的过渡过程或者控制质量，与被控对象特性、扰动的形式与大小、控制方案的确定及控制器参数的整定有着密切的关系。在控制方案、广义对象的特性、扰动位置、控制规律都已确定的情况下，系统的控制质量主要取决于控制系统的参数整定。所谓控制系统的整定，就是对于一个已经设计并安装就绪的控制系统，通过控制器参数（δ、T_I、T_D）的调整，使得系统的过渡过程达到最为满意的质量指标要求。具体来说，就是确定控制器最合适的比例度δ、积分时间 T_I和微分时间 T_D，因此控制系统的整定又称为控制器参数整定。当然，这里所谓最好的控制质量不是绝对的，是根据工艺生产的要求而提出的所期望的控制质量。例如，对于简单控制系统，一般希望过渡过程呈 4∶1（或 10∶1）的衰减振荡过程。

但是，决不能因此而认为控制器参数整定是“万能的”。对于一个控制系统来说，如果对象特性不好，控制方案选择得不合理，或者仪表选择和安装不当，那么无论怎样整定控制器参数，也是达不到质量指标要求的。因此，只能说在一定范围内（方案设计合理、仪表选型安装合适等），控制器参数整定的合适与否，对控制质量具有重要的影响。

有一点必须加以说明，那就是对于不同的系统，整定的目的、要求可能是不一样的。例如，对于定值控制系统，一般要求过渡过程呈 4∶1 的衰减变化；而对于比值控制系统，则要求整定成振荡与不振荡的边界状态；对于均匀控制系统，则要求整定成幅值在一定范围内变化的缓慢的振荡过程。这些都将在以后分别予以介绍。

对于简单控制系统，控制器参数整定的要求，就是通过选择合适的控制器参数（δ、T_I、T_D），使过渡过程呈现 4∶1（或 10∶1）的衰减过程。

2. 控制器参数整定的方法

控制器参数整定的方法很多，归结起来可分为两大类：理论计算法和工程整定法。

理论计算法，是根据已知的广义对象特性及控制质量的要求，通过理论计算求出控制器的最佳参数。由于这种方法比较繁琐、工作量大，计算结果有时与实际情况不甚符合，故在工程实践中长期没有得到推广和应用。

工程整定法，是在已经投运的实际控制系统中，通过试验或探索来确定控制器的最佳参数。与理论计算方法不同，工程整定法一般不要求知道对象特性这一前提，它是直接在闭合的控制回路中对控制器参数进行整定的，具有简捷、方便和易于掌握的特点，因此，工程整定法在工程实践中得到了广泛的应用。

下面介绍几种常用的工程整定法。

（1）经验凑试法。经验凑试法是按被控变量的类型（即按液位、流量、温度、压力等分类）提出控制器参数的合适范围。它是在长期的生产实践中总结出来的一种工程整定方法。

可根据表 2.4 列出的被控对象的特点确定控制器参数的范围。经验凑试法可根据经验先将控制器的参数设置在某一数值上，然后直接在闭环控制系统中，通过改变设定值施加扰动试验信号，在记录仪上观察被控变量的过渡过程曲线形状。若曲线不够理想，则以控制器参数δ、T_I、T_D对系统过渡过程的影响为理论依据，按照规定的顺序对比例度δ、积分时间T_I和微分时间T_D逐个进行反复凑试，直到获得满意的控制质量。

表 2.4　控制器参数的经验数据表

被控变量	被控对象特点	比例度 δ/%	积分时间 T_I/min	微分时间 T_D/ min
液位	一般液位质量要求不高，不用微分	20～80	—	—
压力	对象时间常数一般较小，不用微分	30～70	0.4～3.0	—
流量	对象时间常数小，参数有波动，并有噪声。比例度δ应较大，积分T_I较小，不使用微分	40～100	0.1～1	—
温度	多容过程，对象容量滞后较大，δ应小，T_I要长，应加微分	20～60	3～10	0.5～3.0

表 2.4 给出的数据只是一个大体范围，实际中有时变动较大。例如，流量控制系统的δ值有时需在 200%以上；有的温度控制系统，由于容量滞后大，T_I往往要在 15min 以上。另外，选取δ值时应注意测量部分的量程和控制阀的尺寸，如果量程小（相当于测量变送器的放大系数K_m大）或控制阀的尺寸选大了（相当于控制阀的放大系数K_V大），δ应适当选大一些，即K_C小一些，这样可以适当补偿K_m大或K_V大带来的影响，使整个回路的放大系数保持在一定范围内。

控制器参数凑试的顺序有两种方法。一种认为比例作用是基本的控制作用，因此首先用纯比例作用进行凑试，把比例度凑试好，待过渡过程已基本稳定并符合要求后，再加积分作用以消除余差，最后加入微分作用以进一步提高控制质量。其具体步骤如下所述。

① 置控制器积分时间$T_I=\infty$，微分时间$T_D=0$，选定一个合适的δ值作为起始值，将系统投入自动运行状态，整定比例度δ。适当地改变设定值，观察被控变量记录曲线的形状。若曲线振荡频繁，则加大比例度δ；若曲线超调量大且趋于非周期过程，则减小δ，求得满意的 4∶1 过渡过程曲线。

② δ值调整好后，如要求消除余差，则要引入积分作用。一般积分时间可先取为衰减周期的一半值（或按表 2.4 给出的经验数据范围选取一个较大的T_I初始值，将T_I由大到小进行整定）。并在积分作用引入的同时，将比例度增加 10%～20%，看记录曲线的衰减比和消除余差的情况，如不符合要求，再适当改变δ和T_I值，直到记录曲线满足要求为止。

③ 如果是三作用控制器，则在已调整好δ和T_I的基础上再引入微分作用。引入微分作用后，允许把δ和T_I值缩小一点。微分时间T_D也要在表 2.4 给出的范围内凑试，并由小到大加入。若曲线超调量大而衰减慢，则需增大T_D；若曲线振荡厉害，则应减小T_D。反复调试直到求得满意的过渡过程曲线（过渡过程时间短，超调量小，控制质量满足生产要求）为止。

另一种整定顺序的出发点是：比例度δ与积分时间T_I在一定范围内相匹配，可以得到相同衰减比的过渡过程。这样，比例度δ的减小可以用增大积分时间T_I来补偿，反之亦然。若需引入微分作用，可按以上所述进行调整，将控制器参数逐个进行反复凑试。

总之，在用经验法整定控制器参数的过程中，要以δ、T_I、T_D对控制质量的影响为依据，看曲线调参数，不难使过渡过程达到两个周期即基本稳定，使控制质量满足工艺要求。成功使用经验法整定控制器参数的关键是“看曲线，调参数”。因此，必须依据曲线正确判断，正确调整。一般来说，这样凑试可较快地找到合适的参数值。

经验法的特点是方法简单，适用于各种控制系统，因此应用非常广泛。特别是外界扰动作用频繁，记录曲线不规则的控制系统，采用此法最为合适。但此法主要是靠经验，经验不足者会花费很长的时间。另外，对于同一系统，出现不同组参数的可能性增大。

（2）临界比例度法。临界比例度法又称稳定边界法，是目前应用较广的一种控制器参数整定方法。临界比例度法是在闭环情况下进行的，首先让控制器在纯比例作用下，通过现场试验找到等幅振荡过程（即临界振荡过程），得到此时的临界比例度δ_k和临界振荡周期T_k，再通过简单的计算求出衰减振荡时控制器的参数。其具体步骤如下所述。

① 使$T_I=\infty$，$T_D=0$，根据广义过程特性选择一个较大的δ值，并在工况稳定的前提下将控制系统投入自动运行状态。

② 将设定值作一个小幅度的阶跃变化，观察记录曲线，此时应是一个衰减过程曲线。从大到小地逐步改变比例度δ，再做设定值阶跃扰动试验，直至系统产生等幅振荡（即临界振荡）为止，如图 2.52 所示。这时的比例度称为临界比例度δ_k，周期则称为临界振荡周期T_k。

③ 根据δ_k和T_k这两个试验数据，按表 2.5 所列的经验公式，计算出使过渡过程呈 4∶1 衰减振荡时控制器的各参数整定数值。

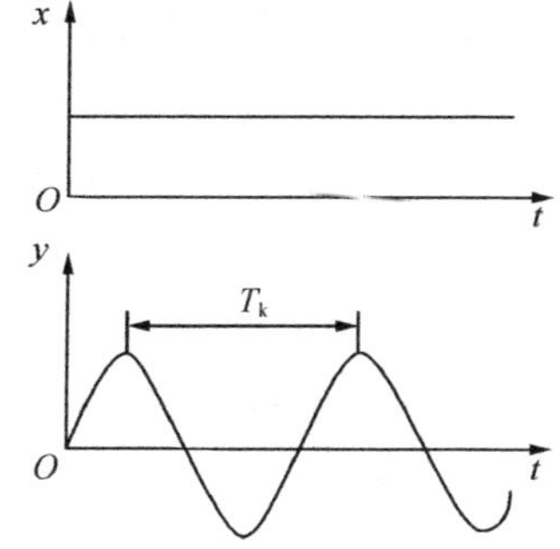

图 2.52　临界比例度法实验曲线

表 2.5　临界比例度法整定控制器参数经验公式表

控制规律	控制器参数		
	δ/%	T_I/min	T_D/min
P	$2\delta_k$	—	—
PI	$2.2\delta_k$	$0.85T_k$	—
PID	$1.7\delta_k$	$0.5T_k$	$0.13T_k$

④ 先将δ放在比计算值稍大一些（一般大 20%）的数值上，再依次按已选定的控制规律放上积分时间和微分时间，最后，再将δ减小到计算数值上。如果这时加入设定值阶跃扰动，过渡过程曲线不够理想，还可适当微调控制器参数值，直到达到满意的 4∶1 衰减振荡过程为止。

临界比例度法简单方便，容易掌握和判断，适用于一般的控制系统。但使用时要注意以下几个问题。

① 对于工艺上不允许被控变量有等幅振荡的，不能采用此法。此外，这种方法只适用于二阶以上的高阶过程或是一阶加纯滞后的过程；否则，在纯比例控制的情况下，系统将不会出现等幅振荡，因此，这种方法也就无法应用了。

② 此法的关键是准确地测定临界比例度δ_k和临界振荡周期T_k，因此控制器的刻度和记录仪均应调校准确。

③ 当控制通道的时间常数很大时，由于控制系统的临界比例度δ_k很小，则控制器输出的变化一定很大，被控变量容易超出允许范围，影响生产的正常进行。因此，对于临界比例度δ_k很小的控制系统，不宜采用此法进行控制器的参数整定。

在一些不允许或不能得到等幅振荡的场合，可考虑采用衰减曲线法。两者的唯一差异，仅在于后者以在纯比例作用下获取 4∶1 或 10∶1 振荡曲线为参数整定的依据。

（3）衰减曲线法。衰减曲线法是针对经验法和临界比例度法的不足，并在它们的基础上经过反复实验而得出的，它是一种通过使系统产生 4∶1 或 10∶1 的衰减振荡来整定控制器参数值的整定方法。

如果要求过渡过程达到 4∶1 的递减比，其整定步骤如下所述。

① 在闭环控制系统中，先将控制器设置为纯比例作用（$T_I=\infty$，$T_D=0$），并将比例度δ预置在较大的数值（一般为 100%）上。在系统稳定后，用改变设定值的办法加入阶跃扰动，观察被控变量记录曲线的衰减比，然后逐步减小比例度，直至出现如图 2.53 所示的 4∶1 衰减振荡过程为止。记下此时的比例度δ_s及衰减振荡周期 T_s。

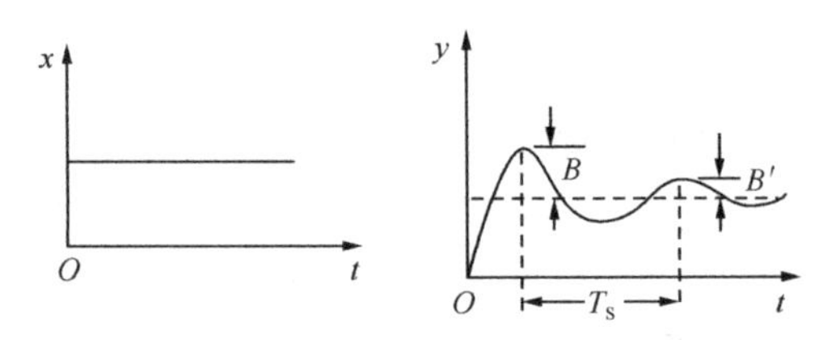

图 2.53　4∶1 衰减过程曲线

② 根据δ_s、T_s值，按表 2.6 所列的经验公式计算出采用相应控制规律的控制器的整定参数值δ、T_I、T_D。

表 2.6　4∶1 衰减曲线法整定控制器参数经验公式

控制规律	控制器参数		
	δ/%	T_I/min	T_D/min
P	δ_s	—	—
PI	$1.2\delta_s$	$0.5T_s$	—
PID	$0.8\delta_s$	$0.3\ T_s$	$0.1\ T_s$

③ 先将比例度放到比计算值稍大一些的数值上，然后把积分时间放到求得的数值上，慢慢放上微分时间，最后把比例度减小到计算值上，观察过渡过程曲线，如不太理想，可进行适当调整。如果衰减比大于 4∶1，δ应继续减小；而当衰减比小于 4∶1 时，δ则应增大，直至过渡过程呈现 4∶1 衰减为止。

对于反应较快的小容量过程，如管道压力、流量及小容量的液位控制系统等，在记录曲线上读出 4∶1 衰减比与求 T_s 均比较困难，此时可根据指针的摆动情况来判断。如果指针来回摆动两次就达到稳定状态，即可认为已达到 4∶1 的过渡过程，来回摆动一次的时间即为 T_s。根据此时的 T_s 和控制器的δ_s值，按表 2.6 可计算控制器参数。

对于多数过程控制系统，可认为 4∶1 衰减过程即为最佳过渡过程。但是，有些实际生产过程（如热电厂的锅炉燃烧等控制系统），对控制系统的稳定性要求较高，认为 4∶1 衰减太慢，振荡仍显过强，此时宜采用衰减比为 10∶1 的衰减过程。如图 2.54 所示。

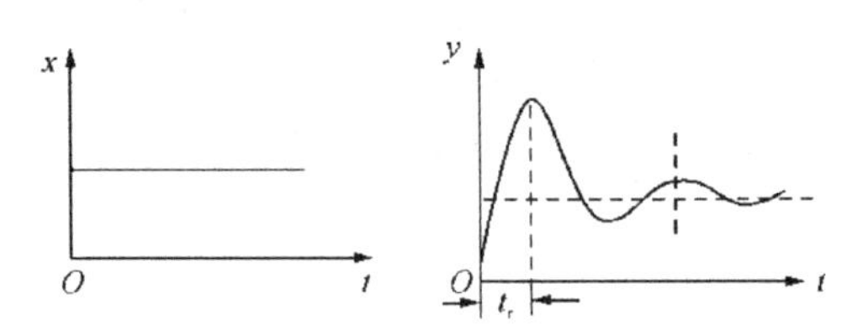

图 2.54　10∶1 衰减过程曲线

10∶1 衰减曲线法整定控制器参数的步骤与 4∶1 衰减曲线法的完全相同，仅仅是采用的计算公式有些不同。此时需要求取 10∶1 衰减时的比例度 δ_s' 和从 10∶1 衰减曲线上求取过渡过程达到第一个波峰时的上升时间 t_r（因为曲线衰减很快，振荡周期不容易测准，故改为测上升时间 t_r 代之）。有了 δ_s' 及 t_r 两个实验数据，查表 2.7 即可求得控制器应该采用的参数值。

表 2.7　10∶1 衰减曲线法整定控制器参数经验公式

控制规律	控制器参数		
	δ/%	T_I/min	T_D/min
P	δ_s'	—	—
PI	1.2 δ_s'	$2t_r$	—
PID	0.8 δ_s'	$1.2t_r$	$0.4t_r$

衰减曲线法测试时的衰减振荡过程时间较短，对工艺影响也较小，因此易被工艺人员接受。而且这种整定方法不受过程特性阶次的限制，一般工艺过程都可以应用，因此这种整定方法的应用较为广泛，几乎可以适用于各种应用场合。

采用衰减曲线法整定控制器参数时，必须注意以下几点。

① 加扰动前，控制系统必须处于稳定状态，且应校准控制器的刻度和记录仪，否则不能测得准确的δ_s、T_s或δ_s'及t_r值。

② 所加扰动的幅值不能太大，要根据生产操作的要求来定，一般为设定值的5%左右，而且必须与工艺人员共同商定。

③ 对于反应快的系统，如流量、管道压力和小容量的液位控制等，要在记录曲线上得到准确的 4∶1 衰减曲线比较困难。一般，被控变量来回波动两次达到稳定，就可以近似地认为达到 4∶1 衰减过程了。

④ 如果过渡过程波动频繁，难于记录下准确的比例度、衰减周期或上升时间，则应改用其他方法。

3. 看曲线调参数

一般情况下，按照上述规律即可调整控制器的参数。但有时仅从作用方向还难以判断应调整哪一个参数，这时，需要根据曲线形状进一步判断。

如过渡过程曲线过度振荡，可能的原因有比例度过小、积分时间过小或微分时间过大等。这时，优先调整哪一个参数就是一个问题。图 2.55 所示为这三种原因引起的振荡的区别：由积分时间过小引起的振荡，周期较大，如图中曲线 a 所示；由比例度过小引起的振荡，周期较短，如图中曲线 b 所示；由微分时间过大引起的振荡，周期最短，如图中曲线 c 所示。判明原因后，进行相应的调整即可。

再如，比例度过大或积分时间过大，都可使过渡过程的变化较缓慢，这时也需正确判断后再进行调整。图 2.56 所示为这两种原因引起的波动曲线。通常，积分时间过大时，曲线呈非周期性变化，缓慢地回到设定值，如图中曲线 a 所示；如为比例度过大，曲线虽不很规则，但波浪的周期性较为明显，如图中曲线 b 所示。

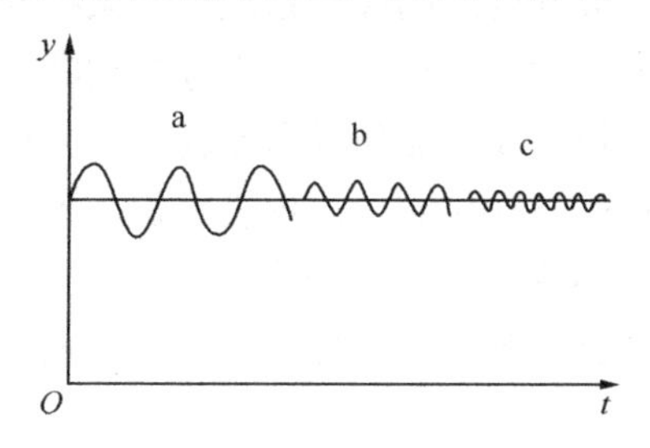

图 2.55　三种振荡曲线的比较

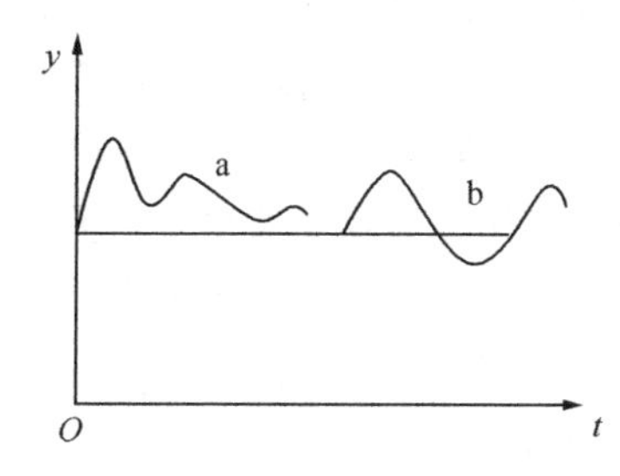

图 2.56　比例度过大、积分时间过大时的曲线

4．三种控制器参数整定方法的比较

上述三种工程整定方法各有优缺点。经验法简单可靠，能够应用于各种控制系统，特别适合扰动频繁、记录曲线不太规则的控制系统；缺点是需反复凑试，花费时间长。同时，由于经验法是靠经验来整定的，是一种“看曲线，调参数”的整定方法，所以对于不同经验水平的人，对同一过渡过程曲线可能有不同的认识，从而得出不同的结论，整定质量不一定高。因此，对于现场经验较丰富、技术水平较高的人，此法较为合适。

临界比例度法简便而易于判断，整定质量较好，适用于一般的温度、压力、流量和液位控制系统；但对于临界比例度很小，或者工艺生产约束条件严格、对过渡过程不允许出现等幅振荡的控制系统不适用。

衰减曲线法的优点是较为准确可靠，而且安全，整定质量较高，但对于外界扰动作用强烈而频繁的系统，或由于仪表、控制阀工艺上的某种原因而使记录曲线不规则，或难以从曲线上判断衰减比和衰减周期的控制系统不适用。

因此在实际应用中，一定要根据过程的情况与各种整定方法的特点，合理选择使用。

5．负荷变化对整定结果的影响

需要特别指出的是，在生产过程中，工艺条件的变动，特别是负荷变化会影响过程的特性，从而影响控制器参数的整定结果。因此，当负荷变化较大时，此时在原生产负荷下整定好的控制器参数已不能使系统达到规定的稳定性要求，此时，必须重新整定控制器的参数值，以求得新负荷下合适的控制器参数。

【工程经验】

1. 控制系统的投运应严格按照相关的自控工程施工规范来进行。一般可概括为以下三个阶段：旁路阀控制→控制器手动方式遥控控制阀→控制器从手动控制切换到自动控制。必须强调的是，每一步的切换都必须在平衡状态（即被控变量稳定在设定值附近）下进行，以保证无扰动切换。

2. 控制系统的整定，最能体现自控人员的理论水平和实践技能。建议优先选用衰减曲线法或经验凑试法，“看曲线，调参数”。现阶段工程上多采用计算机控制，PID 参数的可调范围更宽、参数调整更为方便。

2.8 简单控制系统的故障与处理

过程控制系统是工业生产正常运行的保障。一个设计合理的控制系统，如果在安装和使用维护中稍有闪失，便会造成因仪表故障停车带来的重大经济损失。正确分析判断、及时处理系统和仪表故障，不但关系到生产的安全和稳定，还涉及产品质量和能耗，而且也反映出自控人员的工作能力及业务水平。因此，在生产过程的自动控制中，仪表维护、维修人员除需掌握基本的控制原理和控制工程基础理论外，更需熟练地掌握控制系统维护的操作技能，并在工作中逐步积累一定的现场实际经验，这样才能具有判断和处理现场中出现的千变万化的故障的能力。

2.8.1 故障产生的原因

过程控制系统在线运行时，如果不能满足质量指标的要求，或者指示记录仪表上的示值偏离质量指标的要求，说明方案设计合理的控制系统存在故障，需要及时处理，排除故障。

一般来说，开工初期或停车阶段，由于工艺生产过程不正常、不稳定，各类故障较多。当然，这种故障不一定都出自控制系统和仪表本身，也可能来自工艺部分。自动控制系统的故障是一个较为复杂的问题，涉及面也较广，自控人员要按照故障现象、分析和判断故障产生的原因，并采取相应的措施进行故障处理。多年来，自控人员在配合生产工艺处理仪表故障的实践中，积累了许多成功而宝贵的经验，如下所述。

（1）工艺过程设计不合理或者工艺本身不稳定，从而在客观上造成控制系统扰动频繁、扰动幅度变化很大，自控系统在调整过程中不断受到新的扰动，使控制系统的工作复杂化，从而反映在记录曲线上的控制质量不够理想。这时需要对工艺和仪表进行全面分析，才能排除故障。可以在对控制系统中各仪表进行认真检查并确认可靠的基础上，将自动控制切换为手动控制，在开环情况下运行。若工艺操作频繁，参数不易稳定，调整困难，则一般可以判断是由于工艺过程设计不合理或者工艺本身的不稳定引起的。

（2）自动控制系统的故障也可能是控制系统中个别仪表造成的。多数仪表故障的原因出现在与被测介质相接触的传感器和控制阀上，这类故障约占60%以上。尤其是安装在现场的控制阀，由于腐蚀、磨损、填料的干涩而造成阀杆摩擦力增加，使控制阀的性能变坏。

（3）用于连接生产装置和仪表的各类取样取压管线、阀门、电缆电线、插接板件等仪表附件所引起的故障也很常见，这与其周边恶劣的环境密切相关。此外，因仪表电源引起的故障也会发生，并呈现上升趋势。

（4）过程控制系统的故障与控制器参数的整定是否合适有关。众所周知，控制器参数的不同，会使系统的动、静态特性发生变化，控制质量也会发生改变。控制器参数整定不当而造成控制系统的质量不高属于软故障一类。需要强调的是，控制器参数的确定不是静止不变的，当负荷发生变化时，被控过程的动、静态特性随之变化，控制器的参数也要重新整定。

（5）控制系统的故障也有人为因素。因安装、检修或误操作造成的仪表故障，多数是因为缺乏经验造成的。

在实践中出现的问题是没有确定的约束条件的，而且比理论问题更为复杂。在生产实践中，一旦摸清了仪表故障的规律性，就能配合工艺快速、准确地判明故障原因，排除故障，防患于未然。

2.8.2 故障判断和处理的一般方法

仪表故障分析是一线维护人员经常遇到的工作。分析故障前要做到“两个了解”：应比较透彻地了解控制系统的设计意图、结构特点、施工、安装、仪表精度、控制器参数要求等；应了解有关工艺生产过程的情况及其特殊条件。这对分析系统故障是极有帮助的。

在分析和检查故障前，应首先向当班操作工了解情况，包括处理量、操作条件、原料等是否改变，再结合记录曲线进行分析，以确定故障产生的原因，尽快排除故障。

（1）如果记录曲线产生突变，记录指针偏向最大或最小位置，故障多半出现在仪表部分。因为工艺参数的变化一般都比较缓慢，并且有一定的规律性。如热电偶或热电阻断路。

（2）记录曲线不变化而呈直线状，或记录曲线原来一直有波动，突然变成了一条直线。

在这种情况下，故障极有可能出现在仪表部分。因记录仪表的灵敏度一般都较高，工艺参数或多或少的变化都应该在记录仪表上反映出来。必要时可以人为地改变一下工艺条件，如果记录仪表仍无反应，则是检测系统仪表出了故障。如差压变送器引压管堵塞。

（3）记录曲线一直较正常，有波动，但以后的记录曲线逐渐变得无规则，使系统自控很困难，甚至切入手动控制后也没有办法使之稳定。此类故障有可能出于工艺部分。如工艺负荷突变。

2.8.3 故障分析举例

对于控制系统发生的故障，常用的分析方法是“层层排除法”。简单控制系统由四部分组成，无论故障发生在哪个部分，首先检查最容易出故障的部分，然后再根据故障现象，逐一检查各部分、各环节的工作状况。在层层排查的过程中，终究会发现故障出现在哪个部分、哪个位置，即找出了故障的原因。处理系统故障时，最困难的工作是查找故障原因，一旦故障原因找到了，处理故障的办法就迎刃而解了。

为了进一步说明这种分析查找控制系统故障的“层层排除法”，以下用生产中的具体实例加以阐述。

【例 1】 某流量控制系统，检测仪表采用差压式流量计。在运行中出现了控制系统不稳定、输入信号波动大的故障现象，如何判别故障在哪一部分？

分析与解答： 在处理这类故障时，仪表工应很清楚该流量控制系统的组成情况。要了解工艺情况，诸如工艺介质，简单工艺流程，被控流量是加料流量还是出料流量或是精馏塔的回流量，是液体、气体还是蒸汽等。故障的判断步骤如图 2.57 所示。

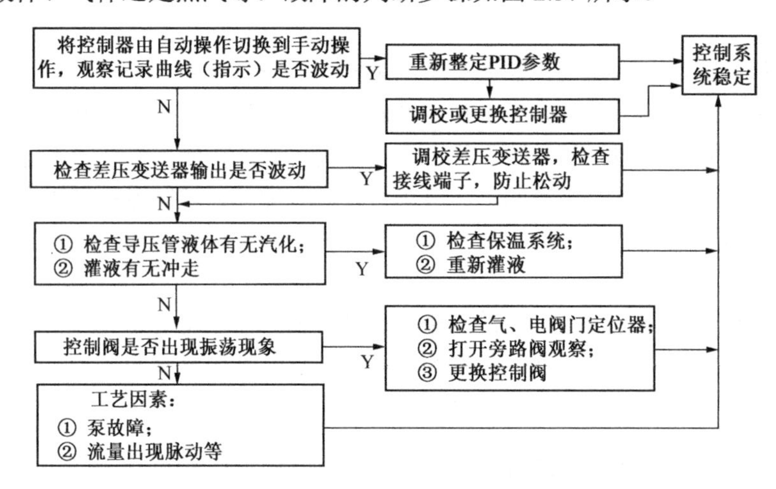

图 2.57　自动控制系统的故障判断

【例 2】 某自动控制系统的记录曲线如图 2.58 所示，试判断系统不正常的原因。

① 记录曲线呈现周期长、周期短和周期性的振荡，如图 2.58（a）、（b）、（c）所示；

② 记录曲线偏离设定值后上下波动，如图 2.58（d）、（e）所示；

③ 记录曲线有呆滞或有规律地振荡，如图 2.58（f）、（g）、（h）所示；

④ 记录曲线有狭窄的锯齿状临界振荡状况，如图 2.58（i）、（j）所示。

分析与解答： ①图（a）、（b）、（c）是由于控制器参数整定不当而造成被控变量发生振荡的，振荡曲线的周期不同。积分时间 T_I 太小，则振荡周期较长；比例度太小，即比例作用过强，其振荡周期次之；微分作用过强，也就是微分时间太大，造成振荡周期过小，则振荡幅值也较小。

② 图（d）、（e）是记录曲线发生漂移的情况；图（d）是比例度过大，控制作用较弱所致；图（e）为积分时间太大，记录曲线回复到平稳位置很慢。

③ 图（f）、（g）、（h）是记录曲线为有规则的振荡。当控制阀阀杆由于摩擦或存在死区时，控制阀的动作不是连续的，其记录曲线如图（f）所示；当记录笔被卡住或者记录笔挂住时，如图（g）所示；当阀门定位器产生自持振荡时，记录曲线产生三角形的振荡，如图（h）所示，它和图（i）的区别是振荡频率较低。

④ 图（i）的振荡频率较高，是由于阀门尺寸太大或者阀芯特性不好，所引起的振荡曲线呈狭窄的锯齿状。图（j）的曲线也是振荡，主要原因是比例度很大，控制作用极其微弱，由工艺参数本身引起振荡，其振荡曲线呈现临界状态。

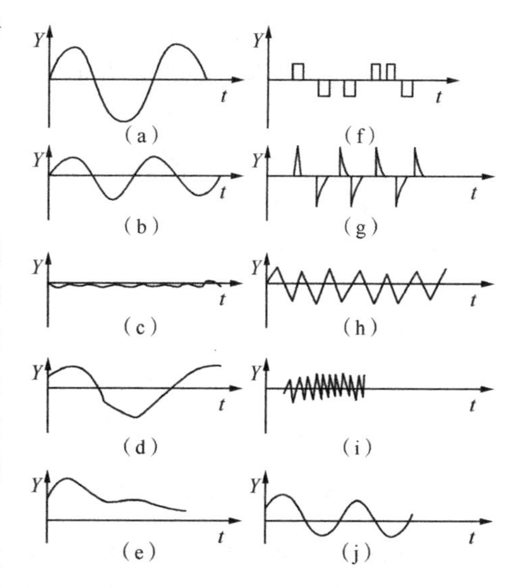

图 2.58　控制系统故障记录曲线

【工程经验】

排查控制系统故障，是对仪表维护人员专业技能最高规格的考验。要求对所负责工序的工况特点、控制方案、自控系统中每台仪表的安装和连接，以及供电、供气、安全防护等环节有充分的了解。由面到点，逐层排除，找出故障原因，并采取有效的修护措施，尽快减小对工艺的影响程度。

本 章 小 结

简单控制系统是由一台控制器、一套测量变送装置、一个执行器（控制阀）和被控过程所组成的控制系统。简单控制系统设计的基本内容主要包括控制方案的确定、仪表及装置的选型，以及相关工程内容的设计。其中，控制方案的设计是否合理是影响系统控制质量的决定性环节。简单控制系统方案设计的主要内容如下。

1. 确定被控变量

被控变量的选择原则如下。

（1）被控变量应能代表一定的工艺操作指标或能反映工艺操作状态，一般都是工艺过程中比较重要的变量；

（2）应尽量选择那些能直接反映生产过程的产品产量和质量，以及安全运行的直接参数作为被控变量。当无法获得直接参数信号，或其测量信号微弱或滞后很大时，可选择一个与直接参数有单值对应关系，且对直接参数的变化有足够灵敏度的间接参数作为被控变量；

（3）选择被控变量时，必须考虑工艺合理性和国内外仪表产品的现状。

2. 确定操纵变量

操纵变量一般选生产过程中可以调整的物料量或能量参数。在石油、化工生产过程中，遇到最多的操纵变量则是流量参数。操纵变量的选取应遵循下列原则。

（1）所选的操纵变量必须是可控的，即工艺上允许调节的变量，而且在控制过程中该变量变化的极限范围也是生产允许的；

（2）操纵变量应该是系统中被控过程的所有输入变量中对被控变量影响最大的一个，控制通道的放大系数 K_0 要适当大一些，时间常数 T_0 要适当小些，纯滞后时间 τ_0 应尽量小；所选的操纵变量应尽量使扰动作用点远离被控变量而靠近控制阀。为使其他扰动对被控变量的影响减小，应使扰动通道的放大系数尽可能小，时间常数尽可能大；

（3）在选择操纵变量时，除了从自动化角度考虑外，还需考虑到工艺的合理性与生产的经济性。一般来说，不宜选择生产负荷作为操纵变量，以免产量受到波动；另外，从经济性考虑，应尽可能地降低物料与能量的消耗。

3．选择合适的测量变送仪表

选择检测元件和变送器的基本原则是要求其测量信号能够可靠、准确和迅速地反映被控变量的变化情况。克服检测元件和变送器的测量、传送滞后，有利于加快控制系统的动态响应，提高控制质量。

4．控制阀的选择

工业生产中实际使用的多为气动控制阀。对气动控制阀的选择一般要从以下几方面进行考虑。

（1）根据工艺条件，选择合适的控制阀结构类型和材质；

（2）根据生产安全和产品质量等要求，选择控制阀的气开、气关作用方式。选择原则如下。

① 首先要从生产安全出发，当气源供气中断或控制系统出现故障时，控制阀所处的状态应能确保生产工艺设备的安全，不致发生事故；

② 从保证产品质量出发，当气源供气中断或控制系统出现故障时，控制阀所处的状态不应降低产品的质量；

③ 当气源供气中断或控制系统出现故障时，控制阀所处的状态应尽可能降低原料、成品和动力的损耗；

④ 选择控制阀的气开、气关作用方式时应充分考虑工艺介质的特点。

（3）根据被控过程的特性，选择控制阀的流量特性。选择步骤如下。

① 根据过程特性，按照使广义过程具有线性特性的原则，选择阀的工作流量特性；

② 根据工艺上的配管情况，从所需的工作流量特性出发，推断出控制阀的理想流量特性。

（4）根据工艺参数，计算控制阀的流通能力，选择阀的口径；

（5）根据工艺要求，选择与控制阀配用的阀门定位器。

5．控制器的选择

控制器的选择主要包括控制规律的选择和正、反作用方式的选择两方面内容。

（1）控制器控制规律的选择原则可归纳为以下几点。

① 当广义过程控制通道的滞后较小，负荷变化不大，而工艺要求又不高，允许被控变量在一定范围内变化时，可选用纯比例控制规律。

② 对于比较重要、控制精度要求较高的参数，当广义过程控制通道的时间常数较小，系统负荷变化也较小时，应选择比例积分控制规律。

③ 对于比较重要的、控制精度要求比较高，希望动态偏差较小，当广义过程控制通道具有较大的惯性或容量滞后时，宜选用比例积分微分控制规律。

（2）控制器正、反作用方式的选择。控制器正、反作用方式的选择原则是：所选控制器的作用方式，应使控制系统构成闭环负反馈。

为保证构成负反馈的闭环控制系统，必须满足：控制器、执行器、被控过程三者的作用符号相乘为负。则控制器正、反作用方式的选择判别式为

（控制器±）×（执行器±）×（被控过程±）=“−”

控制系统投运，就是将系统由手动工作状态切换到自动工作状态。在系统投运之前必须要进行全面细致的检查和准备工作。

熟悉控制系统的投运次序和步骤，掌握控制系统故障原因的分析方法，并能采取切实有效的方法排除系统或仪表故障，是仪表维护、维修人员的基本功。

思考与练习

1. 简单控制系统的定义是什么？请画出简单控制系统的典型方框图。

2. 在控制系统的设计中，被控变量的选择应遵循哪些原则？

3. 在控制系统的设计中，操纵变量的选择应遵循哪些原则？

4. 什么是可控因素？什么是不可控因素？系统中如有很多可控因素，应如何选择操纵变量才比较合理？

5. 在选择操纵变量时，为什么过程控制通道的静态放大系数 K_0 应适当大一些，而时间常数 T_0 应适当小一些？

6. 什么是控制阀的理想流量特性和工作流量特性？两者有什么关系？系统设计时应如何选择控制阀的流量特性？

7. 简述控制阀气开、气关形式的选择原则，并举例加以说明。

8. 在控制系统中阀门定位器起什么作用？

9. 比例控制、比例积分控制、比例积分微分控制规律的特点各是什么？分别适用于什么场合？

10. 控制器的正、反作用方式选择的依据是什么？

11. 在设计过程控制系统时，如何减小或克服测量变送环节的传送滞后和测量滞后？

12. 在设计简单控制系统时，测量变送环节常遇到哪些主要问题？怎样克服这些问题？

13. 图 2.59 所示为蒸汽加热器，利用蒸汽将物料加热到所需温度后排出。试问：

① 影响物料出口温度的主要因素有哪些？

② 要设计一个温度控制系统，应选什么物理量为被控变量和操纵变量？为什么？

③ 如果物料温度过高时会分解，试确定控制阀的气开、气关

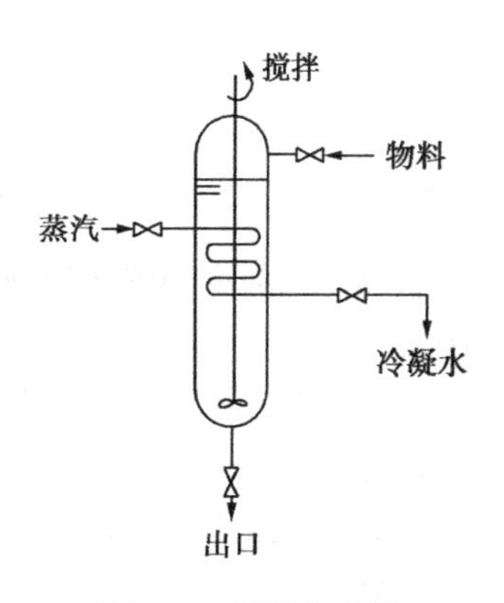

图 2.59 蒸汽加热器

形式和控制器的正、反作用方式；

④ 如果物料在温度过低时会凝结，则控制阀的气开、气关形式和控制器的正、反作用方式又该如何选择？

14. 图 2.60 所示为锅炉汽包液位控制系统的示意图，要求锅炉不能烧干。试画出该系统的方框图，确定控制阀的气开、气关形式和控制器的正、反作用方式，并简述当炉膛温度升高导致蒸汽蒸发量增加时，该控制系统是如何克服扰动的？

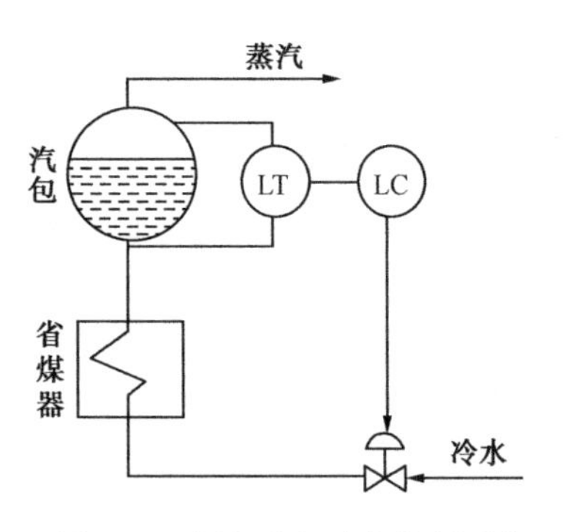

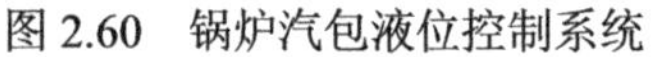
图 2.60　锅炉汽包液位控制系统

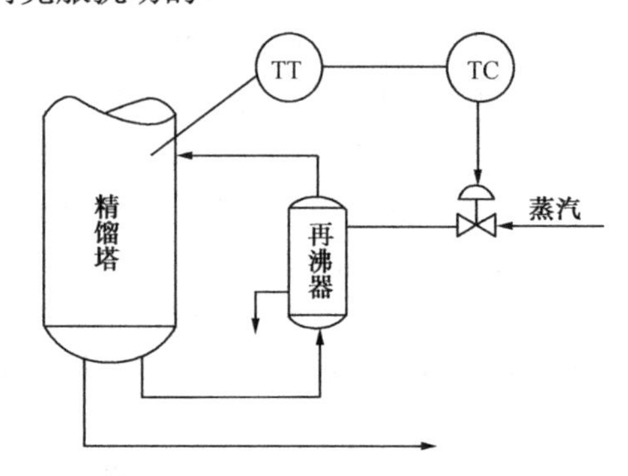

图 2.61　精馏塔塔釜温度控制系统

15. 图 2.61 所示为精馏塔塔釜温度控制系统示意图，它通过控制进入再沸器的蒸汽量实现被控变量的稳定。试画出该控制系统的方框图，确定控制阀的气开、气关形式和控制器的正、反作用方式，并简述由于外界扰动使精馏塔塔釜温度升高时，该系统的控制过程（此处假定精馏塔的温度不能太高）。

16. 图 2.62 所示为精馏塔塔釜液位控制系统示意图。如工艺上不允许塔釜液体被抽空，试确定控制阀的气开、气关形式和控制器的正、反作用方式。

17. 图 2.63 所示为反应器温度控制系统示意图。反应器内需维持一定的温度，以利于反应进行，但温度不允许过高，否则会有爆炸的危险。试确定控制阀的气开、气关形式和控制器的正、反作用方式。

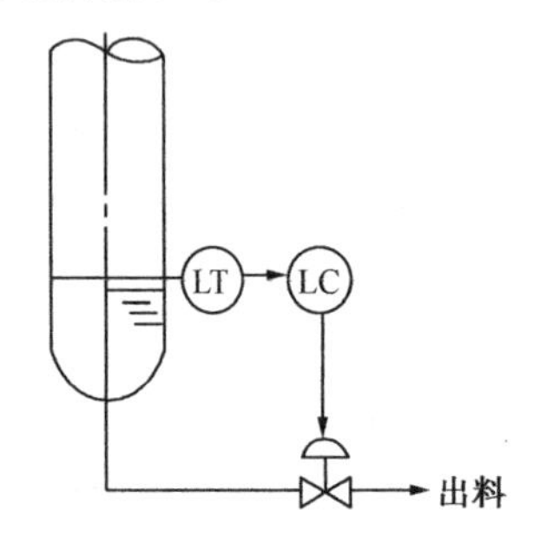

图 2.62　精馏塔塔釜液位控制系统

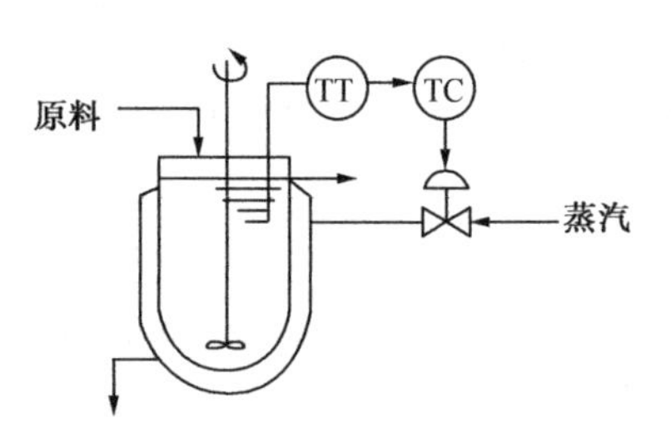

图 2.63　反应器温度控制系统

18. 试确定如图 2.64 所示的两个控制系统中控制阀的气开、气关形式及控制器的正、反作用。

① 图 2.64（a）所示为加热器出口物料温度控制系统，要求物料温度不能过高，否则容易分解。

② 图 2.64（b）所示为冷却器出口物料温度控制系统，要求物料温度不能太低，否则容易结晶。

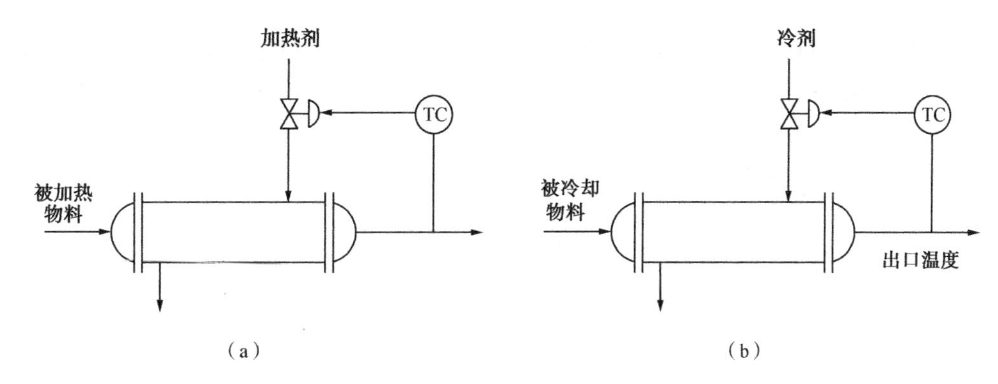

图 2.64　控制系统

19．图 2.65 所示为储槽液位控制系统，为安全起见，储槽内的液体严格禁止溢出，试在下述两种情况下，分别确定执行器的气开、气关形式及控制器的正、反作用。

① 选择流入量 Q_1 为操纵变量；

② 选择流出量 Q_0 为操纵变量。

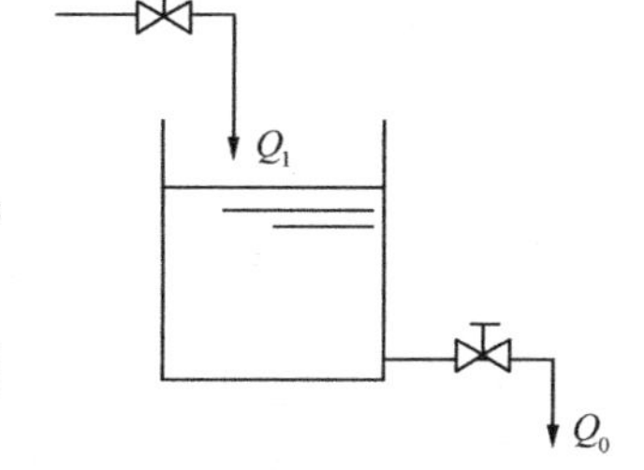

图 2.65　储槽液位控制系统

20．试简述简单控制系统的投运步骤。

21．控制器参数整定的任务是什么？工程上常用的控制器参数整定方法有哪几种？它们各有什么特点？

22．临界比例度的意义是什么？为什么工程上控制器所采用的比例度要大于临界比例度？

23．某控制系统用临界比例度法整定控制器参数。已测得 δ_k=25%，T_k=5 min。请分别确定 PI、PID 作用时的控制器参数。

24．某控制系统采用临界比例度法整定控制器参数。已测得δ_k=30%，T_k=3 min 。试确定 PI 和 PID 作用时的控制器参数。

25．某控制系统用 4∶1 衰减曲线法整定控制器的参数。已测得δ_s=40%，T_s=6 min 。试分别确定 P、PI、PID 作用时的控制器参数。

26．某控制系统用 4∶1 衰减曲线法整定控制器的参数。已测得δ_s=50%，T_s=5 min 。试确定 PI 作用和 PID 作用时的控制器参数。

27．某控制系统用 10∶1 衰减曲线法整定控制器的参数。已测得 δ_s'=50%，t_r=2 min 。试分别确定 PI、PID 作用时的控制器参数。

28．试简述用衰减曲线法整定控制器参数的步骤及注意事项。

29. 采用经验凑试法整定某控制系统中的 PI 控制器参数，如果发现在扰动情况下的被控变量记录曲线最大偏差过大，变化很慢且长时间偏离设定值，试问在这种情况下应怎样改变比例度与积分时间？

30．经验凑试法整定控制器参数的关键是什么？

31．如何区分由比例度过小、积分时间过小或微分时间过大所引起的振荡过程？

32．图 2.66 所示为列管换热器，工艺要求物料出口温度保持在（200±2）℃，试设计一个简单控制系统。要求：

① 确定被控变量和操纵变量；

② 画出控制系统流程图和方框图；

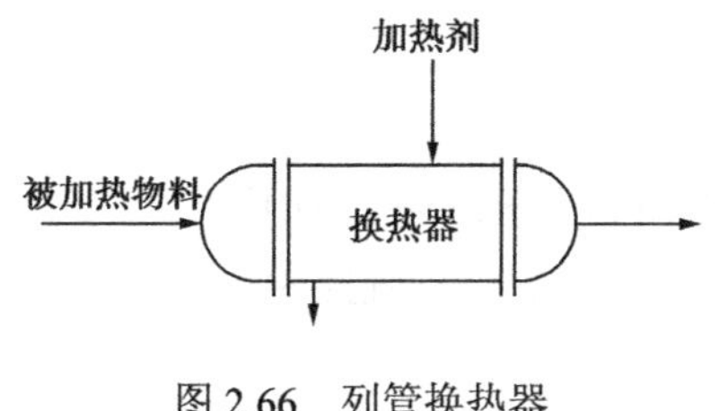

图 2.66　列管换热器

③ 选择合适的测温元件（名称、分度号）和温度变送器（名称、型号、测量范围）；

④ 若工艺要求换热器内的温度不能过高，试确定控制阀的气开、气关形式和控制器的正、反作用方式；

⑤ 系统的控制器参数可用哪些常用的工程方法整定？

实验三　简单控制系统的投运和整定

1. 实验目的

（1）通过实验进一步熟悉过程控制系统的结构组成；

（2）掌握简单控制系统的投运和参数整定方法；

（3）定性地分析 P、PI、PID 控制规律对系统性能的影响，得出结论。

2. 实验设备

过程控制实验装置一套。

3. 实验原理

水箱液位定值控制系统的结构示意图（见图 1.59）。

简单控制系统是一个闭环负反馈控制系统。简单控制系统设计安装就绪之后，控制质量的好坏就取决于控制器参数取值的合适与否。合适的控制参数，可以获得满意的控制效果。反之，控制器参数选择得不合适，则会使控制质量变坏，达不到预期效果。因此，一个控制系统设计安装就绪后，系统的投运和参数整定是十分重要的工作。

在对一个已选定控制规律的控制器进行参数整定时，一般以实现 4∶1 衰减比为整定目标，根据比例度δ、积分时间 T_I、微分时间 T_D 对系统控制过程的影响，逐步调整其参数值，直至获得满意的过渡过程。控制器参数的工程整定方法主要有经验凑试法、临界比例度法、衰减曲线法等，读者可根据过程特性及操作要求自行选择。

4. 注意事项

（1）实验系统组态完毕（或线路连好）之后，需经指导老师检查认可后方可接通电源；

（2）水泵启动前，出水阀应当关闭，待水泵启动后，再逐渐打开出水阀，直至完全打开或开至某一预定开度。且在实验过程中，不得任意改变出水阀的开度；

（3）每一次整定过程开始时，均需等到系统处于稳定状态后再施加扰动。施加扰动应分别按正、反方向进行。

5. 思考题

（1）进行控制系统投运和整定之前，应做好哪些准备工作？

（2）为什么要强调无扰动切换？对于 DDZ-III型仪表如何才能做到无扰动切换？

（3）控制器参数（比例度δ、积分时间 T_I、微分时间 T_D）的改变对系统控制过程各有什么影响？

（4）如何减小或消除余差？纯比例控制能否消除余差？

第3章

串级控制系统

内容提要

本章讲述以提高系统控制质量为目的的串级控制系统。主要介绍了串级控制系统的组成原理与结构、系统特点、应用范围，以及串级控制方案的设计原则，最后介绍了串级控制系统的投运步骤和参数整定方法。

特别提示：

串级控制系统是本课程中最难掌握的一个系统类型，难点在于副回路的构成须视过程特性及工况特点而定；在以提高系统控制质量为目标的现有复杂控制系统中，其应用也最为广泛。

与其他章节相比较，本章中各小节所讲授的内容，在知识点上极具连贯性：由结构而特点，因特点及应用，为应用则设计。沿此知识链，学习的效果会事半功倍。

简单控制系统由于结构简单而得到广泛的应用，其数量占所有控制系统总数的80%以上，在大多数场合下已能满足生产要求。但随着科技的发展，新工艺、新设备的出现，生产过程趋向于大型化、精细化和复杂化，这必然导致对操作条件的要求更加严格，变量之间的关系更加复杂。同时，现代化生产往往对产品的质量提出更高的要求（例如，造纸过程中纸页定量偏差±1%以下，甲醇精馏塔的温度偏离不允许超过 1℃，石油裂解气的深冷分离中，乙烯纯度要求达到99.99%等），此外，生产过程中的某些特殊要求（如物料配比问题、前后生产工序协调问题、为了安全而采取的软保护问题、管理与控制一体化问题等）的解决都是简单控制系统所不能胜任的，因此，相应地就出现了复杂控制系统。

在简单反馈回路中增加了计算环节、控制环节或其他环节的控制系统统称为复杂控制系统。复杂控制系统的种类较多，按其所满足的控制要求可分为两大类：

（1）以提高系统控制质量为目的的复杂控制系统，主要有串级和前馈控制系统；

（2）满足某些特定要求的控制系统，主要有比值、均匀、分程、选择性等。

本章将重点介绍串级控制系统，对串级控制系统的组成、特点、应用范围、设计和投运等问题进行讨论。串级控制系统是所有复杂控制系统中应用最多的一种，它对改善控制品质有独到之处。当过程的容量滞后较大，负荷或扰动变化比较剧烈、比较频繁，或者工艺对生产质量提出的要求很高，采用简单控制系统不能满足要求时，可考虑采用串级控制系统。

3.1 基本原理和结构

3.1.1 串级控制系统的组成原理

为了认识串级控制系统，这里先举一个实际例子。

管式加热炉是工业生产中常用的设备之一。工艺要求被加热物料（原油）的温度为某一定值，将该温度控制好，一方面可延长炉子的寿命，防止炉管烧坏；另一方面可保证后面精馏分离的质量。为了控制原油的出口温度，我们会很自然地依据简单控制系统的方案设计原则，考虑选取加热炉的出口温度为被控变量，加热燃料量为操纵变量，构成如图 3.1（a）所示的简单控制系统，根据原油出口温度的变化来控制燃料控制阀的开度，即通过改变燃料量来维持原油出口温度，使其保持在工艺所规定的数值上。

初看起来，上述控制方案的构成是可行的、合理的，它将所有对温度的扰动因素都包括在控制回路之中，只要扰动导致温度发生了变化，控制器就可通过改变控制阀的开度来改变燃料油的流量，把变化了的温度重新调回到设定值。但在实际生产过程中，特别是当加热炉的燃料压力或燃料本身的热值有较大波动时，上述简单控制系统的控制质量往往很差，原料油的出口温度波动较大，难以满足生产上的要求。

控制失败的原因在于，当燃料压力或燃料本身的热值变化后，先影响炉膛温度，然后通过传热过程才能逐渐影响原料油的出口温度，这个通道的容量滞后很大，时间常数约 15min 左右，反应缓慢，而温度控制器 T_1C 是根据原料油的出口温度与设定值的偏差工作的。所以当扰动作用于过程后，并不能较快地产生控制作用以克服扰动对被控变量的影响。由于控制不及时，所以控制质量很差。当工艺上要求原料油的出口温度非常严格时，上述简单控制系统是难以满足要求的。为了解决容量滞后问题，还需对加热炉的工艺进行进一步分析。

管式加热炉内是一根很长的受热管道，它的热负荷很大。燃料在炉膛燃烧后，是以炉膛温度与原料油的温差为推动力将热量传递给原料油的。燃料量的变化或燃料热值的变化，首先使炉膛温度发生变化，而后才影响原料油出口温度。因此，为减小控制通道的时间常数，选择炉膛温度为被控变量，燃料量为操纵变量，设计如图 3.1（b）所示的简单控制系统，以维持炉出口温度的稳定要求。该系统的特点是，对于包含在控制回路中的燃料油压力及热值的波动 $f_2(t)$、烟囱抽力的波动 $f_3(t)$等均能及时有效地克服。但是，因来自于原料油方面的进口温度及流量波动等扰动 $f_1(t)$未包括在该系统内，故系统不能克服扰动 $f_1(t)$对炉出口温度的影响。实际运行表明，该系统仍然不能达到生产工艺要求。

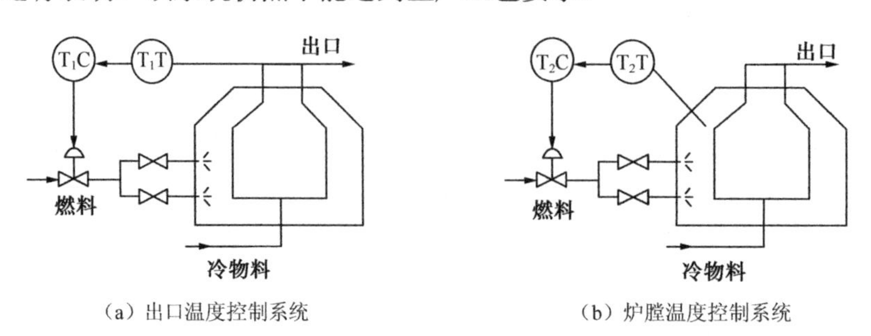

（a）出口温度控制系统　　（b）炉膛温度控制系统

图 3.1　加热炉温度简单控制系统

综上分析，为了解决管式加热炉的原料油出口温度的控制问题，人们在生产实践中，往往根据炉膛温度的变化，先改变燃料量，然后再根据原料油出口温度与其设定值之差，进一步改变燃料量，以保持原料油出口温度的恒定。模仿这样的人工操作程序就构成了以原料油出口温度为主要被控变量的炉出口温度与炉膛温度的串级控制系统，如图 3.2 所示。该串级控制系统的方框图如图 3.3 所示。

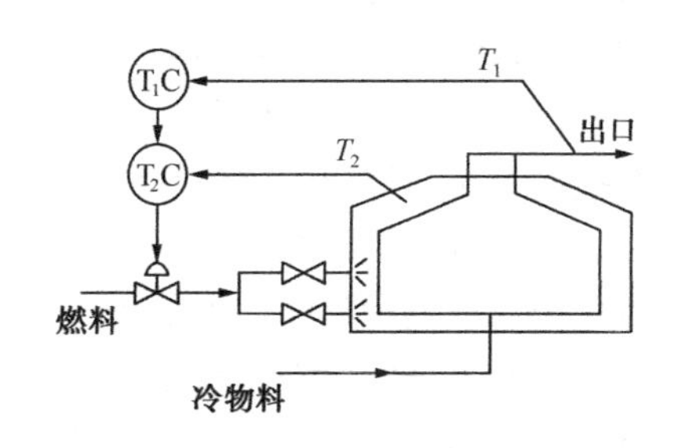

图 3.2　加热炉出口温度与炉膛温度串级控制系统

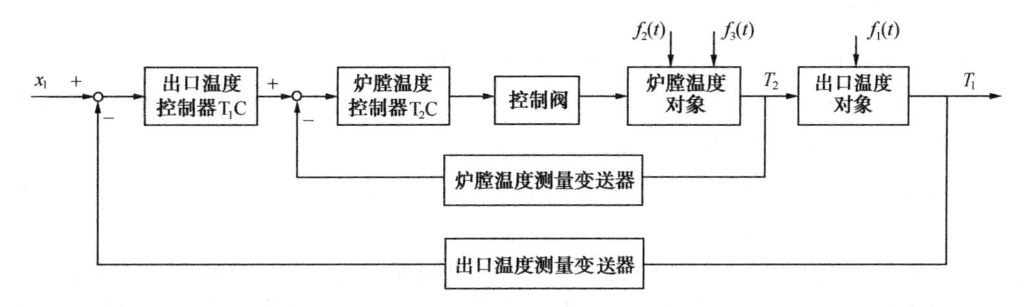

图 3.3　加热炉温度串级控制系统方框图

由图 3.2 或图 3.3 可以看出，在这个控制系统中，有两个控制器 T_1C 和 T_2C，它们分别接收来自对象不同部位的测量信号，其中一个控制器 T_1C 的输出作为另一个控制器 T_2C 的设定值，后者的输出去控制控制阀以改变操纵变量。从系统的结构来看，这两个控制器是串接工作的。

3.1.2　串级控制系统的结构

1. 方框图

串级控制系统是一种常用的复杂控制系统，它是根据系统结构命名的。串级控制系统由两个控制器串联连接组成，其中一个控制器的输出作为另一个控制器的设定值。

图 3.4 所示为串级控制系统的通用原理方框图。由该图可以看出，串级控制系统在结构上具有以下特征。

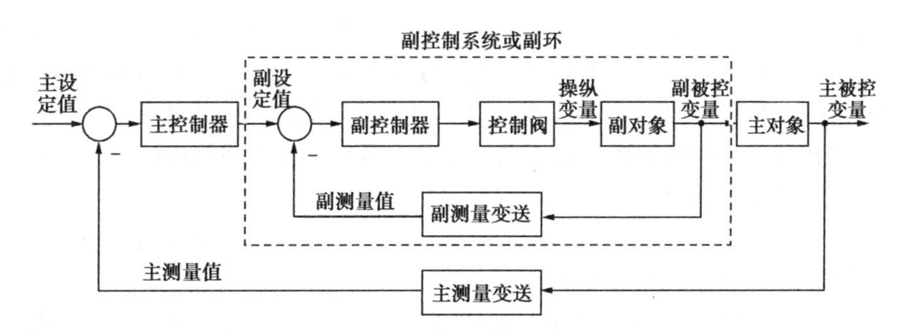

图 3.4　串级控制系统的通用原理方框图

（1）将原被控对象分解为两个串联的被控对象；

（2）以连接分解后的两个被控对象的中间变量为副被控变量，构成一个简单控制系统，称为副控制系统、副回路或副环；

（3）以原对象的输出信号（即分解后的第二个被控对象的输出信号）为主被控变量，构成一个控制系统，称为主控制系统、主回路或主环；

（4）主控制系统中控制器的输出信号作为副控制系统控制器的设定值，副控制系统的输出信号作为主被控对象的输入信号；

（5）主回路是定值控制系统。对主控制器的输出而言，副回路是随动控制系统；对进入副回路的扰动而言，副回路是定值控制系统。

2．串级控制系统的名词术语

为了便于分析问题，下面介绍串级控制系统常用的名词术语。

（1）主被控变量。主被控变量是生产过程中的工艺控制指标，在串级控制系统中起主导作用，简称主变量。如上例中的原料油出口温度 T_1。

（2）副被控变量。串级控制系统中为了稳定主被控变量而引入的中间辅助变量，简称副变量。如上例中的炉膛温度 T_2。

（3）主对象（主过程）。主对象是生产过程中所要控制的、为主变量表征其特性的生产设备。其输入量为副变量，输出量为主变量，它表示主变量与副变量之间的通道特性。如上例中原料油的炉内受热管道。

（4）副对象（副过程）。副对象是为副变量表征其特性的生产设备。其输入量为操纵量，输出量为副变量，它表示副变量与操纵变量之间的通道特性。在上例中主要指燃料油燃烧装置及炉膛部分。

（5）主控制器。主控制器按主变量的测量值与设定值的偏差而工作，其输出作为副变量设定值。如上例中的出口温度控制器 T_1C。

（6）副控制器。副控制器的设定值来自主控制器的输出，并按副变量的测量值与设定值的偏差进行工作，其输出直接去操纵控制阀。如上例中的炉膛温度控制器 T_2C。

（7）主设定值。主设定值是主变量的期望值，由主控制器内部设定。

（8）副设定值。副设定值是指由主控制器的输出信号提供的、副控制器的设定值。

（9）主测量值。主测量值是由主测量变送器测得的主变量的值。

（10）副测量值。副测量值是由副测量变送器测得的副变量的值。

（11）副回路。处于串级控制系统内部的，由副控制器、控制阀、副对象和副测量变送器组成的闭合回路称为副回路，又称内回路，简称副环或内环（见图 3.4 中虚线框内部分所示）。

（12）主回路。由主控制器、副回路、主对象和主测量变送器组成的闭合回路称为主回路。主回路为包括副回路的整个控制系统，又称外回路，简称主环或外环。

（13）一次扰动。一次扰动指作用在主对象上、不包含在副回路内的扰动。如上例中被加热物料的流量和初温变化 $f_1(t)$。

（14）二次扰动。二次扰动指作用在副对象上，即包含在副回路内的扰动。如上例中燃料方面的扰动 $f_2(t)$和烟囱抽力的变化 $f_3(t)$。

一般来说，主控制器的设定值是由工艺规定的，它是一个定值，因此，主环是一个定值控制系统。而副控制器的设定值是由主控制器的输出提供的，它随主控制器输出的变化而变化，因此，副回路是一个随动控制系统。

3.1.3 串级控制系统的控制过程

仍以管式加热炉为例，来说明串级控制系统是如何有效地克服被控对象的容量滞后而提高控制质量的。对于图 3.2 所示的加热炉出口温度与炉膛温度串级控制系统，为了便于分析，先假定已根据工艺的实际情况选定控制阀为气开式，气源中断时关闭控制阀，以防止炉管烧坏而酿成事故。温度控制器 T_1C 和 T_2C 都采用反作用方式（控制阀气开、气关形式的选择原则与简单控制系统时相同，主、副控制器的正、反作用方式的选择原则留待本章第 3.4 节介绍），并且假定系统在扰动作用之前处于稳定的“平衡”状态，即此时被加热物料的流量和温度不变，燃料的流量与热值不变，烟囱抽力也不变，炉出口温度和炉膛温度均处在相对平衡状态，燃料控制阀也相应地保持在一定的开度上，此时炉出口温度稳定在设定值上。

当某一时刻系统中突然引进了某个扰动时，系统的稳定状态遭到破坏，串级控制系统便开始了其控制过程。下面针对不同的扰动情况来分析该系统的工作过程。

1. 当只有二次扰动作用时

进入副回路的二次扰动有来自燃料热值的变化、压力的波动 $f_2(t)$和烟囱抽力的变化 $f_3(t)$。

扰动 $f_2(t)$和 $f_3(t)$先影响炉膛温度，使副控制器产生偏差，于是副控制器的输出立即开始变化，去调整控制阀的开度以改变燃料流量，克服上述扰动对炉膛温度的影响。在扰动不太大的情况下，由于副回路的控制速度比较快，及时校正了扰动对炉膛温度的影响，可使该类扰动对加热炉出口温度几乎无影响；当扰动的幅值较大时，经过副回路的及时校正也可使其对加热炉出口温度的影响比无副回路时大大减弱，再经主回路进一步控制，使炉出口温度及时调回到设定值上来。可见，由于副回路的作用，控制作用变得更快、更强。

读者可自行分析当燃料压力升高时串级控制系统的控制过程。

2. 当只有一次扰动作用时

一次扰动主要有来自被加热物料的流量波动和初温变化 $f_1(t)$。

一次扰动直接作用于主过程，首先使炉出口温度发生变化，副回路无法对其实施及时的校正，但主控制器立即开始动作，通过主控制器输出的变化去改变副回路的设定值，再通过副回路的控制作用去及时改变燃料量以克服扰动 $f_1(t)$对炉出口温度的影响。在这种情况下，副回路的存在仍可加快主回路的控制速度，使一次扰动对炉出口温度的影响比简单控制（无副回路）时要小。这表明，当扰动作用于主对象时，串级控制系统也能有效地予以克服。

读者可自行分析当被加热物料流量增大时串级控制系统的控制过程。

3. 当一次扰动和二次扰动同时作用时

当作用在主、副对象上的一、二次扰动同时出现时，两者对主、副变量的影响又可分为同向和异向两种情况。

（1）一、二次扰动同向作用时。在系统各环节设置正确的情况下，如果一、二次扰动的作用是同向的，也就是均使主、副变量同时增大或同时减小，则主、副控制器对控制阀的控制方向是一致的，即大幅度关小或开大阀门，加强控制作用，使炉出口温度很快地调回到设定值上。

例如，当炉出口温度因原料油流量的减小或初温的上升而升高，同时炉膛温度也因燃料压力的增大而升高时，炉出口温度升高，主控制器感受的偏差为正，因此它的输出减小，也就是说，副控制器的设定值减小。与此同时，炉膛温度升高，使副测量值增大。这样一来，副控制器感受的偏差是两方面作用之和，是一个比较大的正偏差。于是它的输出要大幅度地减小，控制阀则根据这一输出信号，大幅度地关小阀门，燃料流量则大幅度地减小下来，使炉出口温度很快地回复到设定值。

（2）一、二次扰动反向作用时。如果一、二次扰动的作用使主、副变量反向变化，即一个增大而另一个减小，此时主、副控制器调整控制阀的方向是相反的，对控制阀的开度只需进行较小的调整即可满足控制要求。

例如，当炉出口温度因原料油流量的减小或初温的上升而升高，而炉膛温度却因燃料压力的减小而降低时，炉出口温度升高，使主控制器的输出减小，即副控制器的设定值也减小。与此同时，炉膛温度降低，副控制器的测量值减小。这两方面作用的结果，使副控制器感受的偏差就比较小，其输出的变化量也比较小，对燃料油流量只需进行很小的调整就可以了。事实上，主、副变量反向变化，它们本身之间就有互补作用。

从上述分析中可以看出，在串级控制系统中，由于引入了一个副回路，因而既能及早克服从副回路进入的二次扰动对主变量的影响，又能保证主变量在其他扰动（一次扰动）作用下能及时加以控制，因此能大大提高系统的控制质量，以满足生产的要求。

【工程经验】

1. 在由常规仪表所构成的串级控制系统中，其主、副控制器之间设有手操器，可以视工况状态和需要，灵活地实现“串级控制”、“副回路单独控制”、“遥控”、甚至“主回路单独控制”等多种控制方式及切换。

2. 由计算机实现的串级控制系统，其主、副控制器的控制功能及其信号联系，系统各种控制方式的运行等功能均由控制程序完成，但在硬件上需配置与各检测、执行环节相匹配的输入、输出模块。

3.2 串级控制系统的特点

从总体来看，串级控制系统仍然是一个定值控制系统，因此主变量在扰动作用下的过渡过程和简单定值控制系统的过渡过程具有相同的品质指标和类似的形式。但是和简单控制系统相比，串级控制系统在结构上增加了一个与之相连的副回路，因此具有很多特点，如下所述。

1. 由于副回路的存在，改善了对象的动态特性，提高了系统的工作频率

串级控制系统在结构上区别于简单控制系统的主要标志是，用一个闭合的副回路代替了原来的一部分被控对象。所以，也可以把整个副回路看成是主回路的一个环节，或把副回路称为等效副对象 $G'_{p2}(s)$，如图 3.5（b）、（c）所示。

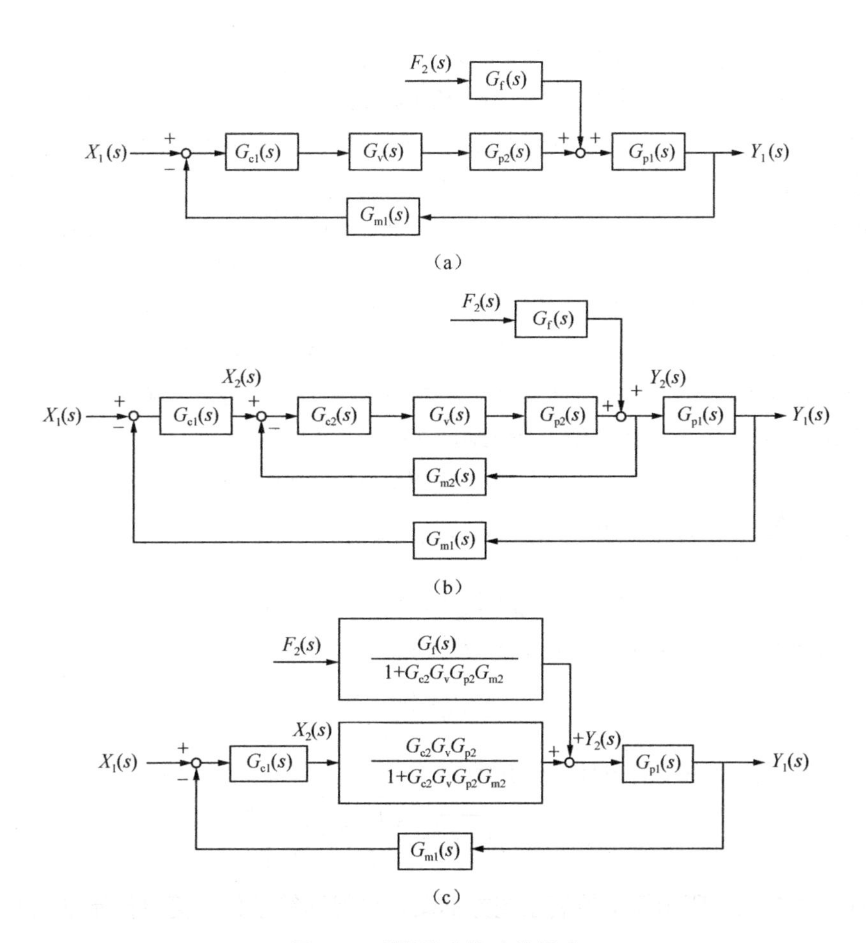

图 3.5 副回路内扰动的影响

由图 3.5（b）所示串级控制系统的方框图，可知其传递函数为

$$G'_{p2}(s)=\frac{Y_2(s)}{X_2(s)}=\frac{G_{c2}(s)G_v(s)G_{p2}(s)}{1+G_{c2}(s)G_v(s)G_{p2}(s)G_{m2}(s)} \tag{3.1}$$

设 $G_{c2}(s)=K_{c2}$， $G_v(s)=K_v$， $G_{p2}(s)=\frac{K_{02}}{T_{02}s+1}$， $G_{m2}(s)=K_{m2}$，并代入式（3.1），简化成一阶形式，可得

$$G'_{p2}(s)=\frac{K_{c2}K_vK_{02}}{T_{02}s+1+K_{c2}K_vK_{02}K_{m2}}=\frac{\frac{K_{c2}K_vK_{02}}{1+K_{c2}K_vK_{02}K_{m2}}}{\frac{T_{02}}{1+K_{c2}K_vK_{02}K_{m2}}s+1}=\frac{K'_{02}}{T'_{02}s+1} \tag{3.2}$$

式中

$$K'_{02}=\frac{K_{c2}K_vK_{02}}{1+K_{c2}K_cK_{02}K_{m2}} \tag{3.3}$$

$$T'_{02}=\frac{T_{02}}{1+K_{c2}K_vK_{02}K_{m2}} \tag{3.4}$$

因为在任何条件下 $1+K_{c2}K_vK_{02}K_{m2}>1$，因此可得

$$T'_{02}<T_{02}$$

由于副过程在一般情况下可以用一阶滞后环节来表示，所以如果副控制器采用纯比

例作用，那么串级控制系统由于副回路的存在，改善了过程的动态特性，使等效副对象的时间常数 T'_{02} 减小为副对象原值的 $1/(1+K_{c2}K_{v}K_{02}K_{m2})$ 倍。等效副对象时间常数的减小，意味着对象的容量滞后减小，这会使系统的反应速度加快，控制更为及时，并且这种效果随着副控制器放大倍数 K_{c2} 的增加而更加显著。如果匹配得当，在主控制器投入运行时，副回路能很好地随动，近似于一个 1∶1 的比例环节。主控制器的等效对象将只是原来被控对象中剩下的部分，因此对象容量滞后的减小，相当于增加了微分作用的超前环节，使控制过程加快，所以串级控制系统对于克服容量滞后大的对象是有效的。

综上所述，等效副对象时间常数的减小，可提高系统的控制质量。

从另一方面分析，由于等效副对象时间常数的减小，系统的工作频率因此可获得提高。

根据图 3.5（b），可得串级控制系统的闭环特征方程为

$$1+G_{c1}(s)G'_{p2}(s)G_{p1}(s)G_{m1}(s)=0 \tag{3.5}$$

设 $G_{p1}(s)=\dfrac{K_{01}}{T_{01}s+1}$， $G_{c1}(s)=K_{c1}$， $G_{m1}(s)=K_{m1}$，则有

$$T_{01}T'_{02}s^2+\left(T_{01}+T'_{02}\right)\ s+\left(1+K_{c1}K'_{02}K_{01}K_{m1}\right)=0 \tag{3.6}$$

与二阶标准形式 $s^2+2\zeta\omega_0 s+\omega_0{}^2=0$ 相比较，可得

$$2\zeta\omega_0=\frac{T_{01}+T'_{02}}{T_{01}T'_{02}}$$

于是可得串级控制系统的主环工作频率为

$$\omega_{串}=\omega_0\sqrt{1-\zeta^2}=\frac{\sqrt{1-\zeta^2}}{2\zeta}\frac{T_{01}+T'_{02}}{T_{01}T'_{02}} \tag{3.7}$$

而根据图 3.5（a）所示简单控制系统方框图，可得同等条件下简单控制系统的特征方程为

$$1+G'_{c1}(s)G_{v}(s)G_{p2}(s)G_{p1}(s)G_{m1}(s)=0 \tag{3.8}$$

$$1+K'_{c1}K_{v}\frac{K_{02}}{T_{02}s+1}\frac{K_{01}}{T_{01}s+1}K_{m1}=0$$

$$T_{01}T_{02}s^2+\left(T_{01}+T_{02}\right)s+(1+K'_{c1}K_{v}K_{02}K_{01}K_{m1})=0 \tag{3.9}$$

与二阶标准形式 $s^2+2\zeta'\omega'_0 s+\omega_0'^2=0$ 相比较，可得

$$2\zeta'\omega'_0=\frac{T_{01}+T_{02}}{T_{01}T_{02}}$$

于是可得简单控制系统的工作频率为

$$\omega_{单}=\omega'_0\sqrt{1-\zeta'^2}=\frac{\sqrt{1-\zeta'^2}}{2\zeta'}\frac{T_{01}+T_{02}}{T_{01}T_{02}} \tag{3.10}$$

若使串级控制系统和简单控制系统具有相同的衰减比，则衰减系数$\zeta=\zeta'$ ，于是可得

$$\frac{\omega_{串}}{\omega_{单}}=\frac{(T_{01}+T'_{02})/T_{01}T'_{02}}{\left(T_{01}+T_{02}\right)/T_{01}T_{02}}=\frac{1+T_{01}/T'_{02}}{1+T_{01}/T_{02}} \tag{3.11}$$

因为 $\dfrac{T_{01}}{T'_{02}}>\dfrac{T_{01}}{T_{02}}$

所以

$$\omega_{串}>\omega_{单} \tag{3.12}$$

由此可见，当主、副对象都是一阶惯性环节，主、副控制器均采用纯比例作用时，与简

单控制系统相比，在相同衰减比的条件下，串级控制系统的工作频率要高于简单控制系统。而且当主、副对象特性一定时，副控制器的放大系数 K_{c2} 整定得越大，串级控制系统的工作频率提高得越明显。当副控制器的放大系数 K_{c2} 不变时，随着 T_{01}/T_{02} 比值的增加，串级控制系统的工作频率也越高。即使扰动作用于主对象，系统的工作频率仍然可以提高，衰减振荡周期就可以缩短，过渡过程的时间相应地也将减小，因而控制质量获得了改善。

综上所述，由于副回路的存在，串级控制系统改善了被控对象的动态特性，使控制过程加快，从而有效地克服了容量滞后，使整个系统的工作频率比简单控制系统的工作频率有所提高，进一步提高了控制质量。

2．能迅速克服进入副回路扰动的影响，提高了系统的抗扰动能力

与同等条件下的简单控制系统相比较，串级控制系统由于副回路的存在，能迅速克服进入副回路扰动的影响，从而大大提高抗二次扰动的能力（抗一次扰动的能力也有所提高）。这是因为当扰动进入副回路后，在它还未影响到主变量之前，首先由副变量检测到扰动的影响，并通过副回路的定值控制作用，及时调节操纵变量，使副变量回复到设定值，从而使扰动对主变量的影响减小，即副回路对扰动进行粗调，主回路对扰动进行细调。由于对进入副回路的扰动有两级控制措施，即使扰动作用会影响主回路，也比单回路的控制及时。因此，串级控制系统能迅速克服进入副回路扰动的影响。

对于串级控制系统的这个特点，仍以加热炉出口温度与炉膛温度串级控制系统为例来加以说明。当燃料油输送管道的压力增大时，在控制阀开度不变的情况下燃料油流量增大，如果没有副回路的作用，将通过滞后较大的温度过程，直到它使出口温度升高时，控制器才动作。而在串级控制系统中，由于副回路的存在，当燃料油压力的波动影响到炉膛温度时，副控制器即能及时控制。这样，即使出口温度有所升高，也肯定比没有副回路时小得多，并且又兼有主控制器进一步控制来克服这个扰动，因此，总的控制效果比简单控制时好。

假使采用方框图来分析，则可进一步揭示问题的本质。将图 3.5（b）所示串级控制系统的方框图进行变换，其等效方框图如图 3.5（c）所示。如与图 3.5（a）所示简单控制系统相比较，扰动作用的影响将减少为原来的 $1/\left[1+G_{c2}(s)G_{v}(s)G_{p2}(s)G_{m2}(s)\right]$。由此可见，串级控制系统由于副回路的存在，扰动作用的影响将大为减小，因而对于进入副回路的二次扰动具有较强的克服能力。

根据生产实践的统计数据，与简单控制系统的控制质量相比，当扰动作用于副回路时，串级控制系统的质量提高 10～100 倍；当扰动作用于主回路时，串级控制系统的质量也将提高 2～5 倍。所以串级控制系统改善了控制系统的性能指标。

3．对负荷变化有一定的自适应能力

在简单控制系统中，控制器的参数是在一定的负荷（即一定的工作点）、一定的操作条件下，根据该负荷下的对象特性，按一定的质量指标整定得到的。因此，一组控制器参数只能适应于一定的生产负荷和操作条件。如果被控对象具有非线性，那么，随着负荷和操作条件的改变，对象特性就会发生改变。这样，在原负荷下整定所得的控制器参数就不再适用，需要重新整定。如果仍用原先的参数，控制质量就会下降。这一问题在简单控制系统中是难以解决的。

但是，在串级控制系统中，主回路虽然是一个定值控制系统，而副回路对主控制器来说

却是一个随动控制系统，其设定值是随主控制器的输出而变化的。这样，当负荷或操作条件发生变化时，主控制器就可以按照负荷或操作条件的变化情况，及时调整副控制器的设定值，使系统运行在新的工作点上，从而保证在新的负荷和操作条件下，控制系统仍然具有较好的控制质量。从这一意义上来讲，串级控制系统具有一定的自适应能力。

根据以上分析可知，如果过程存在非线性，那么在系统设计时可以通过选择适当的副变量而将过程的非线性部分纳入副回路中，当操作条件或负荷发生变化时，虽然副回路的衰减比会发生一些变化，稳定裕度会降低一些，但是它对主回路稳定性的影响却很小，分析如下。

等效副对象的放大系数为

$$K'_{02}=\frac{K_{c2}K_{v}K_{02}}{1+K_{c2}K_{v}K_{02}K_{m2}}$$

当副控制器的放大倍数（比例增益）K_{c2} 整定得足够大时，副回路前向通道的放大倍数将远大于 1，即 $K_{c2}K_{v}K_{02}K_{m2}\gg 1$，则

$$K'_{02}=\frac{K_{c2}K_{v}K_{02}}{1+K_{c2}K_{v}K_{02}K_{m2}}\approx\frac{K_{c2}K_{v}K_{02}}{K_{c2}K_{v}K_{02}K_{m2}}=\frac{1}{K_{m2}} \tag{3.13}$$

这就是说，当副控制器的放大倍数 K_{C2} 整定得足够大时，等效副回路的放大倍数只取决于测量变送环节的放大系数 K_{m2}，而与副对象的放大系数 K_{02} 无关。

由以上分析可以看出，由于副回路的存在，串级控制系统具有一定的自适应能力，适应负荷和操作条件的变化。

综上所述，串级控制系统由于副回路的存在，对于进入其中的扰动具有较强的克服能力；由于副回路的存在改善了过程的动态特性，提高了系统的工作频率，所以控制质量比较高；此外副回路的快速随动特性使串级控制系统对负荷的变化具有一定的自适应能力。因此对于控制质量要求较高、扰动大、滞后时间长的过程，当采用简单控制方案达不到质量要求时，采用串级控制方案往往可以获得较为满意的效果。不过串级控制系统比简单（单回路）控制系统所需的仪表多，系统的投运和参数的整定相应地也要复杂一些。因此，如果单回路控制系统能够解决问题，就尽量不要采用串级控制方案。

【工程经验】

串级控制系统的特点是串级控制系统设计及运行维护的灵魂。落实到一个具体的串级控制方案，往往是针对工艺过程的特殊性，旨在重点发挥系统某一方面特点，以取得显著的控制效果。

3.3 串级控制系统的应用范围

与简单控制系统相比，串级控制系统具有许多特点，但串级控制有时效果显著，有时效果并不一定理想，只有在下列情况下使用，它的特点才能充分发挥。

3.3.1 用于具有较大纯滞后的过程

一般工业过程均具有纯滞后，而且有些比较大。当工业过程纯滞后时间较长，用简单控制系统不能满足工艺控制要求时，可考虑采用串级控制系统。其设计思路是，在离控制阀较近、纯滞后较小的地方选择一个副变量，构成一个控制通道短且纯滞后较小的副回路，把主要扰动纳入副回路中。这样就可以在主要扰动影响主变量之前，由副回路对其实施及时的控

制，从而大大减小主变量的波动，提高控制质量。

应该指出，利用副回路的超前控制作用来克服过程的纯滞后仅仅是对二次扰动而言的。当扰动从主回路进入时，这一优越性就不存在了。因为一次扰动不直接影响副变量，只有当主变量改变以后，控制作用通过较大的纯滞后才能对主变量产生影响，所以对改善控制品质作用不大。

下面举例说明。

【例 1】 锅炉过热蒸汽温度串级控制系统。

锅炉是石油、化工、发电等工业过程中必不可少的重要动力设备。它所产生的高压蒸汽既可作为驱动透平（涡轮）的动力源，又可作为精馏、干燥、反应、加热等过程的热源。对锅炉设备的控制任务是，根据生产负荷的需要，供应一定压力或温度的蒸汽，同时要使锅炉在安全、经济的条件下运行。

锅炉的蒸汽过热系统包括一级过热器、减温器、二级过热器。工艺要求选取过热蒸汽温度为被控变量，减温水流量作为操纵变量，使二级过热器出口温度 T_1 维持在允许范围内，并保护过热器使管壁温度不超过允许的工作温度。

影响过热蒸汽温度的扰动因素很多，如蒸汽流量、燃烧工况、减温水量、流经过热器的烟气温度和流速等。在各种扰动下，控制过程的动态特性都有较大的惯性和纯滞后，这给控制带来了一定的困难，所以要选择合理的控制方案，以满足工艺要求。

根据工艺要求，如果以二级过热器出口温度 T_1 作为被控变量，选取减温水流量作为操纵变量组成简单控制系统，由于控制通道的时间常数及纯滞后均较大，则往往不能满足生产的要求。因此，常采用如图 3.6 所示的串级控制系统，以减温器出口温度 T_2 作为副变量，将减温水压力波动等主要扰动纳入纯滞后极小的副回路，利用副回路具有较强的抗二次扰动能力这一特点将其克服，从而提高对过热蒸汽温度的控制质量。

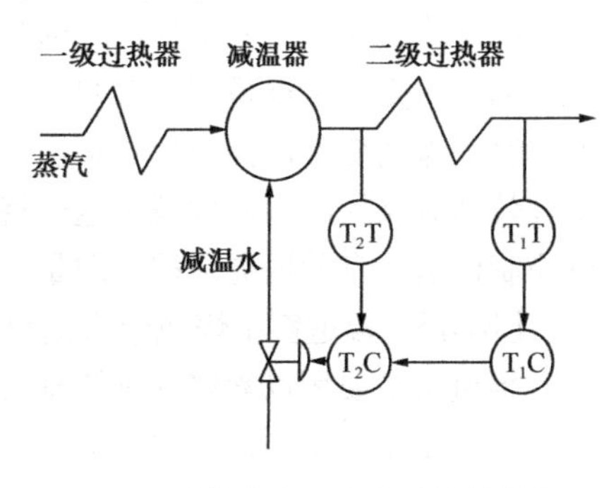

图 3.6 过热蒸汽温度串级控制系统

【例 2】 造纸厂网前箱温度串级控制系统。

某造纸厂网前箱的温度控制系统，如图 3.7 所示。纸浆用泵从储槽送至混合器，在混合器内用蒸汽加热至 72℃左右，经过立筛、圆筛除去杂质后送到网前箱，再去铜网脱水。为了保证纸张质量，工艺要求网前箱温度保持在 61℃左右，最大偏差不得超过 1℃。

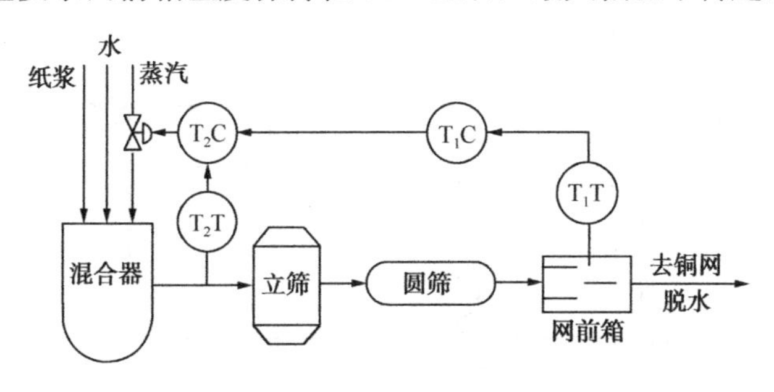

图 3.7 网前箱温度串级控制系统

若采用简单控制系统，从混合器到网前箱的纯滞后达 90s，当纸浆流量波动 35kg/min 时，温度最大偏差达 8.5℃，过渡过程时间长达 450s。控制质量较差，不能满足工艺要求。

为了克服 90s 的纯滞后，在控制阀较近处选择混合器出口温度为副变量，网前箱出口温度为主变量，构成串级控制系统，把纸浆流量达 35kg/min 的波动及蒸汽压力波动等主要扰动包括在了纯滞后极小的副回路中。当上述扰动出现时，由于副回路的快速控制，网前箱温度的最大偏差在 1℃以内，过渡过程时间为 200s，完全满足工艺要求。

3.3.2 用于具有较大容量滞后的过程

在工业生产中，有许多以温度或质量参数作为被控变量的控制过程，其容量滞后往往比较大，而生产上对这些参数的控制要求又比较高。如果采用简单控制系统，则因容量滞后 τ_C 较大，对控制作用反应迟钝而使超调量增大，过渡过程时间长，其控制质量往往不能满足生产要求。如果采用串级控制系统，可以选择一个滞后较小的副变量组成副回路，使等效副过程的时间常数减小，以提高系统的工作频率，加快响应速度，增强抗各种扰动的能力，从而取得较好的控制质量。但是，在设计和应用串级控制系统时要注意：副回路时间常数不宜过小，以防止包括的扰动太少；但也不宜过大，以防止产生共振。副变量要灵敏可靠，确有代表性；否则串级控制系统的特点得不到充分发挥，控制质量仍然不能满足要求。

【例 3】 炼油厂加热炉出口温度与炉膛温度串级控制系统。

仍以前面图 3.2 所示的炼油厂加热炉出口温度与炉膛温度串级控制系统为例。

加热炉的时间常数长达 15min 左右，扰动因素较多。除使简单控制系统不能满足要求的主要扰动除燃料压力波动外，燃料热值的变化、被加热物料流量的波动、烟囱挡板位置的变化、抽力的变化等也是不可忽视的因素，为了提高控制质量，可选择时间常数和滞后较小的炉膛温度为副变量，构成加热炉出口温度对炉膛温度的串级控制系统。利用串级控制系统能使等效副对象的时间常数减小这一特点，可改善被控过程的动态特性，充分发挥副回路的快速控制作用，有效地提高控制质量，满足生产工艺要求。

【例 4】 辊道窑中烧成带窑道温度与火道温度的串级控制系统。

辊道窑主要用以素烧或釉烧地砖、外墙砖、釉面砖等产品。由于辊道窑烧成时间短，要求烧成温度在较小的范围内波动，所以必须对烧成带和其他各区的温度实现自动控制。其中烧成带窑温控制可确保其窑温稳定，以保证烧成质量。由于辊道窑有马弗板（窑炉的热面衬体，或窑炉各温度区分隔及挡火材料），窑温过程的时间常数很大，放大系数较小；随着窑龄的增长，马弗板老化与堆积物的增多，使其传热系数减小，火道向窑道的传热效率降低，时间常数增大。因此，需设计如图 3.8 所示的窑道温度与火道温度的串级控制系统。

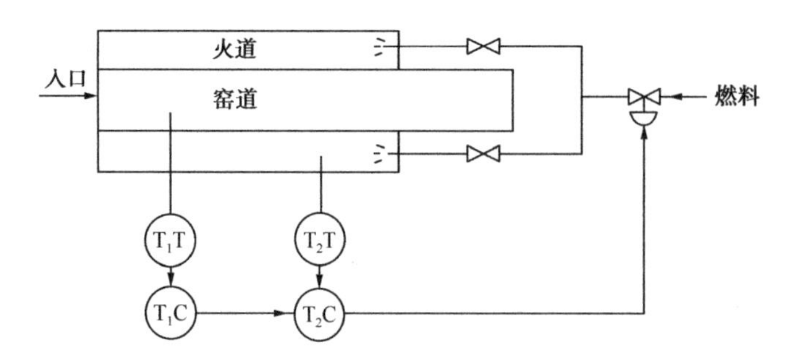

图 3.8 窑道温度与火道温度的串级控制系统

如图所示，选取火道温度为副变量构成串级控制系统的副回路，它对燃料油的压力和黏度、助燃风量的变化等扰动所引起的火道温度变化都能快速进行控制。当产品移动速度变化、窑内冷风温度变化等扰动引起窑道温度变化时，由于主回路的控制作用能使窑道温度稳定在预先设定的数值上，所以采用串级控制，提高了产品质量，满足了生产要求。

3.3.3 用于存在变化剧烈和较大幅值扰动的过程

在分析串级控制系统的特点时已指出，串级控制系统对于进入副回路的扰动具有较强的抑制能力。所以，在工业应用中只要将变化剧烈而且幅值大的扰动包含在串级系统的副回路之中，就可以大大减小其对主变量的影响。

【例 5】 加热炉出口温度与燃料油压力串级控制系统。

在前面图 3.2 所示的炼油厂加热炉出口温度与炉膛温度串级控制系统中，将炉膛温度作为副变量，就能在燃料油压力比较稳定的情况下较好地克服燃料热值等扰动的影响，这样的回路设计是合理的。但如果燃料油压力是主要扰动，则应将燃料油压力作为副变量，可以更及时地克服扰动，如图 3.9 所示。这时副对象仅仅是一段管道，时间常数很小，控制作用很及时。

【例 6】 某厂精馏塔提馏段塔釜温度的串级控制。

精馏塔是石油、化工等众多生产过程中广泛应用的主要工艺设备。精馏操作的机理是：利用混合液中各组分挥发度的不同，将各组分进行分离并分别达到规定的纯度要求。

某精馏塔，为了保证塔底产品符合质量要求，以塔釜温度作为控制指标，生产工艺要求塔釜温度控制在±1.5℃范围内。在实际生产过程中，蒸汽压力变化剧烈，而且幅度大（有时从0.5MPa 突然降到 0.3MPa，压力变化了 40%）。对于如此大的扰动作用，若采用简单控制系统，在达到最好的整定效果时，塔釜温度的最大偏差仍达 10℃左右，无法满足生产工艺要求。

若采用如图 3.10 所示的以蒸汽流量为副变量、塔釜温度为主变量的串级控制系统，把蒸汽压力变化这个主要扰动包括在副回路中，充分运用串级控制系统对于进入副回路的扰动具有较强抑制能力的特点，并把副控制器的比例度调到 20%，则实际运行表明，塔釜温度的最大偏差不超过 1.5℃，完全满足了生产工艺要求。

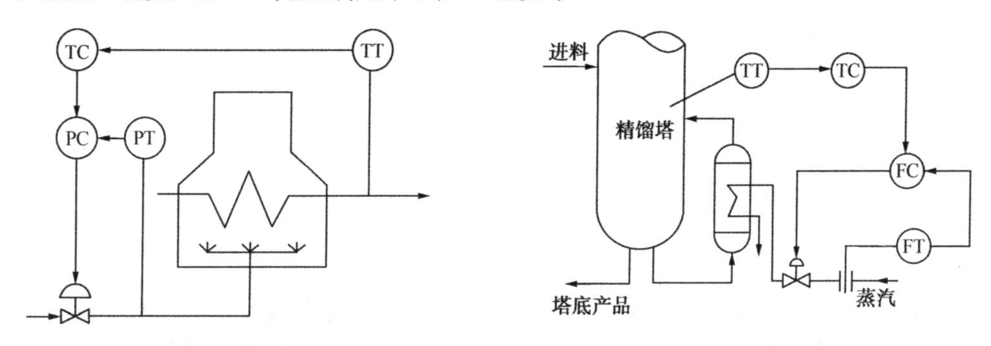

图 3.9 加热炉出口温度与燃料油　　图 3.10 精馏塔塔釜温度与蒸汽压力串级控制系统流量串级控制系统

3.3.4 用于具有非线性特性的过程

一般工业过程的静态特性都有一定的非线性，负荷的变化会引起工作点的移动，导致过程的静态放大系数发生变化。当负荷比较稳定时，这种变化不大，因此可以不考虑非线性的影响，可使用简单控制系统。但当负荷变化较大且频繁时，就要考虑它所造成的影响了。因负荷变化频繁，显然用重新整定控制器参数来保证系统的稳定性是行不通的。虽然可通过选择控制阀的特性来补偿，使整个广义过程具有线性特性，但常常受到控制阀种类等各种条件的限制，所以这种补偿也是很不完全的，此时简单控制方案往往不能满足生产工艺要求。有效的办法是利用串级控制系统对操作条件和负荷变化具有一定自适应能力的特点，将被控对象中具有较大非线性的部分包括在副回路中，当负荷变化而引起工作点移动时，由主控制器的输出自动地重新调整副控制器的设定值，继而由副控制器的控制作用来改变控制阀的开度，使系统运行在新的工作点上。虽然这样会使副回路的衰减比有所改变，但它的变化对整个控制系统的稳定性影响较小。

【例 7】 醋酸乙炔合成反应器中部温度与换热器出口温度串级控制系统。

如图 3.11 所示的醋酸乙炔合成反应器，其中部温度是保证合成气质量的重要参数，工艺要求对其进行严格控制。由于在中部温度的控制通道中包括了两个换热器和一个合成反应器，所以当醋酸和乙炔混合气的流量发生变化时，换热器的出口温度随着负荷的减小而显著地升高，并呈明显的非线性变化，因此整个控制通道的静态特性随着负荷的变化而变化。

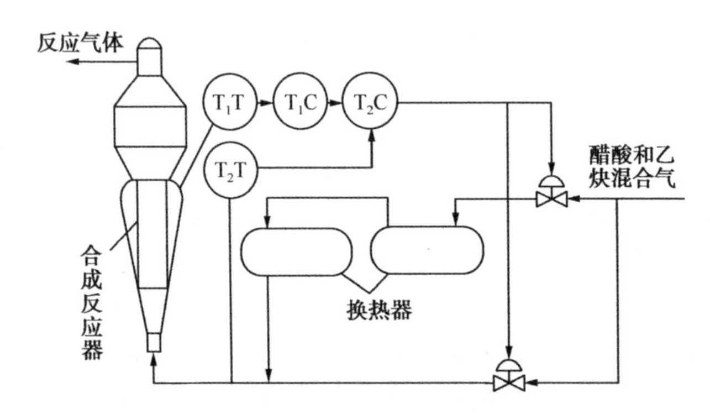

图 3.11　合成反应器中部温度与换热器出口温度串级控制系统

如果选取反应器中部温度为主变量，换热器出口温度为副变量构成串级控制系统，将具有非线性特性的换热器包括在副回路中，则由于串级控制系统对于负荷的变化具有一定的自适应能力，从而提高了控制质量，达到了工艺要求。

综上所述，串级控制系统的适用范围比较广泛，尤其是当被控过程滞后较大或具有明显的非线性特性、负荷和扰动变化比较剧烈的情况下，对于简单控制系统不能胜任的工作，串级控制系统则显示出了它的优越性。但是，在具体设计系统时应结合生产要求及具体情况，抓住要点，合理地运用串级控制系统的优点。否则，如果不加分析地到处套用，不仅会造成设备的浪费，而且也得不到预期的效果，甚至会引起控制系统的失调。

【工程经验】

1. 本节的论述中，被控对象的特性多样性、存在滞后、具有非线性等特点无一遗漏。这些特点也恰是过程控制的难点。这就要求自控人员不仅要具备扎实的专业理论及实践技能素养，还必须对生产工艺原理及流程有充分的了解。

2. 对串级控制系统的掌握可以概括为：复杂的对象特性，唯一的系统结构，不同的控制要素，严格的控制质量。

3.4　串级控制系统的设计

根据工艺控制要求合理地设计串级控制系统，才能使串级控制的优越性得到充分的发择。串级控制系统的设计工作主要包括主、副被控变量的选择和主、副控制器控制规律的选择，以及正、反作用方式的确定。

3.4.1 主、副被控变量的选择

主被控变量的选择与简单控制系统中被控变量的选择原则相同。当主变量确定以后，副被控变量的选择是串级控制系统设计的关键问题。副变量选择得合理与否，决定了串级控制系统的特点能否得到充分的发挥，以及串级控制系统的控制质量能否比简单控制时有明显的提高。因此，副变量的选择原则是要充分发挥串级控制系统的优点。

主、副变量的选择原则如下。

（1）根据工艺过程的控制要求选择主变量。主变量应反映工艺指标，并且主变量的选择应使主对象有较大的增益和足够的灵敏度。

（2）副变量的选择应使副回路包含主要扰动，并应包含尽可能多的扰动。

由于串级控制系统的副回路具有控制速度快、抗二次扰动能力强的特点，所以如果在设计中把对主变量影响最严重、变化最剧烈、最频繁的扰动包含在副回路内，就可以充分利用副回路快速抗扰动的性能，将扰动的影响抑制在最低限度，这样，扰动对主变量的影响就会大大减小。而在某些情况下，系统的扰动较多而难于分出主次，这时应考虑使副回路能尽量多地包含一些扰动，这样可以充分发挥副回路的快速抗扰动功能，以提高串级控制系统的控制质量。

必须指出，副回路应尽可能多地包含一些扰动，但并非越多越好。因为事物总是一分为二的。副变量越靠近主变量，它包含的扰动量越多，但同时通道变长，滞后增加；副变量越靠近操纵变量，它包含的扰动量越少，通道越短。因此，要选择一个适当的位置，使副过程在包含主要扰动的同时，能包含适当多的扰动，从而使副回路的控制作用得以更好地发挥。下面举例说明。

【例 8】 对于加热炉出口温度的控制问题，由于产品质量主要取决于出口温度，而且工艺上对它的要求也比较严格，为此需要采用串级控制方案。现有三种方案可供选择，如下所述。

① 控制方案一是以出口温度为主变量、燃料油流量为副变量的串级控制系统，如图 3.12 所示。该控制系统的副回路由燃料油流量控制回路组成。因此，当燃料油上游侧的压力波动时，因扰动进入副回路，所以，能迅速克服该扰动的影响。但该控制方案因燃料油的黏度较大、导压管易堵而不常被采用。

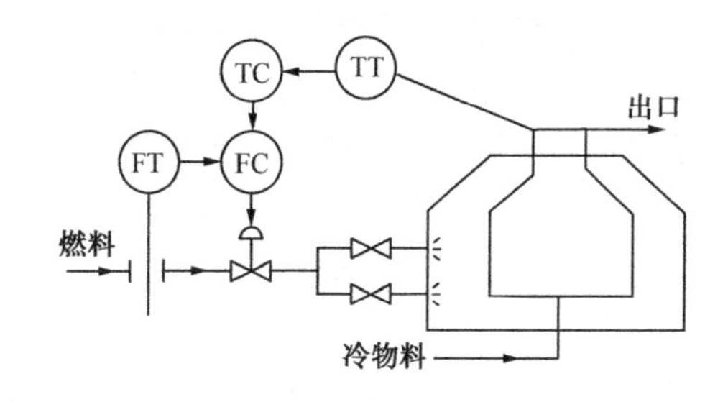

图 3.12 加热炉出口温度与燃料油流量串级控制系统

② 控制方案二以出口温度为主变量、燃料油压力为副变量，组成如图 3.9 所示的加热炉出口温度与燃料油压力串级控制系统。该控制系统的副回路由燃料油压力控制回路组成。因阀后压力与燃料油流量之间有一一对应关系，因此用阀后压力作为燃料油流量的间接变量，组成串级控制系统。同样，该控制方案因燃料油的黏度大、喷嘴易堵，故常用于使用自力式压力控制装置进行调节的场合，并需要设置燃料油压力的报警联锁系统。这种方案的副对象仅仅是一段管道，时间常数很小，可以更及时地克服燃料油压力的波动。

③ 控制方案三是以出口温度为主变量、炉膛温度为副变量的串级控制系统。该控制系统的

副回路由炉膛温度控制回路组成，用于克服燃料油热值或成分的变化造成的影响，这是控制方案一和方案二所不及的。但炉膛温度检测点的位置应合适，要能够及时反映炉膛温度的变化。

（3）主、副回路的时间常数不应太接近，即工作频率须错开，以防“共振”现象的发生。

在串级控制系统中，主、副对象的时间常数不能太接近。这一方面是为了保证副回路具有快速的抗扰动性能，另一方面是由于串级控制系统中主、副回路之间是密切相关的，副变量的变化会影响到主变量，而主变量的变化通过反馈回路又会影响到副变量。如果主、副对象的时间常数比较接近，那么主、副回路的工作频率也就比较接近，这样一旦系统受到扰动，就有可能产生“共振”。系统的“共振”，轻则会使系统的控制质量下降，严重时还会导致系统发散而无法工作，因此，必须设法避免串级控制系统“共振”的发生。防止“共振”现象发生的措施是，在设计阶段选择副变量时，应使主、副对象的时间常数错开，即有一个很好的匹配。

通常希望副变量有较高的灵敏度，当扰动进入后能及时调节，但不要苛求副对象时间常数的减小，若副对象的时间常数过小，广义对象动态特性的改善不多，且副回路包含的扰动就少，系统的抗扰动能力反而减弱了；反之，若副对象的时间常数过大，虽然副回路包含了更多的扰动，但其调节迟缓，对扰动不能及时克服。这样，当扰动影响副回路时也直接影响主回路，副回路的超前调节作用不明显。因此，必须保证 $T_{01}>3T_{02}$。原则上，主、副对象的时间常数之比应在 3～10 范围内，以减少主、副回路的动态联系，避免“共振”。

特别需要指出的是，在以克服过程容量滞后为主要目的的串级控制系统的设计中，必须注意主、副对象时间常数的匹配问题，以防“共振”的发生。这是保证串级控制系统正常运行和安全生产的前提。

（4）主、副变量之间应有一定的内在联系。

在串级控制系统中，副变量的引入往往是为了提高主变量的控制质量。因此，在主变量确定以后，选择的副变量应与主变量有一定的内在联系。换句话说，在串级控制系统中，副变量的变化应在很大程度上能影响主变量的变化。

选择串级控制系统的副变量一般有两类情况，如下所述。

① 一类情况是选择与主变量有一定关系的某一中间变量作为副变量，例如，在前面多次举例的管式加热炉出口温度与炉膛温度串级控制系统中，选择的副变量是燃料进入量至原料油出口温度通道中间的一个变量，即炉膛温度。由于它的滞后小、反应快，可以提前预报主变量的变化。因此控制炉膛温度对平稳原料油出口温度的波动有着显著的作用。

② 另一类情况是选择的副变量就是操纵变量本身，这样能及时克服它的波动，减少对主变量的影响。例如，管式加热炉出口温度与燃料油流量串级控制系统中，燃料油流量既是操纵变量，又是副变量。这样，当扰动来自于操纵变量方面，即燃料油的流量或上游侧的压力波动时，副回路能及时加以克服。下面举例来说明这种情况。

【例 9】 仍以精馏塔塔釜温度的控制方案为例。精馏塔塔釜温度是保证塔底产品分离纯度的重要间接控制指标，一般要求它保持在一定的数值。通常采用改变进入再沸器的加热蒸汽量来克服扰动（如精馏塔的进料流量、温度及组分的变化等）对塔釜温度的影响，从而保持塔釜温度的恒定。但是，由于温度对象的滞后比较大，当蒸汽压力波动比较厉害时，会造成控制不及时，使控制质量不够理想。所以，为解决这个问题，可以构成如图 3.10 所示的塔釜温度与加热蒸汽流量的串级控制系统。温度控制器 TC 的输出作为蒸汽流量控制器 FC 的设定值，亦即由温度控制的需要来决定流量控制器设定值的“变”与“不变”，或变化的“大”

与“小”。通过这套串级控制系统，能够在塔釜温度稳定不变时，使蒸汽流量保持恒定值；而当塔釜温度在外来扰动作用下偏离设定值时，又要求蒸汽流量能进行相应的调整，以使能量的需要与供给得到平衡，从而使塔釜温度保持在工艺要求的数值上。

在这个例子中，选择的副变量就是操纵变量（加热蒸汽量）本身。这样，当主要扰动来自蒸汽压力或流量的波动时，副回路能及时加以克服，以大大减小这种扰动对主变量的影响，使塔釜温度的控制质量得以提高。

（5）当被控过程具有非线性环节时，副变量的选择一定要使过程的主要非线性环节纳入副回路中。

前已分析，串级控制系统具有一定的自适应能力。当操作条件或负荷变化时，主控制器可以适当地修改副控制器的设定值，使副回路在一个新的工作点上运行，以适应变化了的情况。非线性环节被包含在副回路之中，它的非线性对主变量的影响就很小了。【例 7】中图 3.11 所示的醋酸乙炔合成反应器中部温度与换热器出口温度串级控制系统就是一例。

必须指出，在将非线性环节纳入副回路时，仍需注意主、副过程时间常数的匹配。

（6）所选的副变量应使副回路尽量少包含或不包含纯滞后。

对于具有较大纯滞后的对象，往往由于控制不及时而使控制质量很差，这时可采用串级控制系统，并通过合理选择副变量尽量将被控过程的纯滞后部分放到主对象中去，以提高副回路的快速抗扰动性能，及时对扰动采取控制措施，将扰动的影响抑制在最小限度内，从而提高主变量的控制质量。

【例 10】 某化纤厂纺丝胶液压力的工艺流程如图 3.13 所示。

图中，纺丝胶液由计量泵（作为执行器）输送至板式换热器中进行冷却，随后送往过滤器滤去杂质，然后送往喷丝头喷丝。工艺上要求过滤前的胶液压力稳定在 0.25 MPa，因为压力波动将直接影响到过滤效果和后面工序的喷丝质量。由于胶液黏度大，且被控对象控制通道的纯滞后比较大，单回路压力控制方案效果不好，所以为了提高控制质量，可在计量泵与冷却器之间，靠近计量泵（执行器）的某个适当位置选择一个压力测量点，并以它为副变量组成一个压力与压力的串级控制系统，如图 3.13 所示。当纺丝胶液的黏度发生变化或因计量泵前的混合器有污染而引起压力变化时，副变量可及时得到反映，并通过副回路进行克服，从而稳定了过滤器前的胶液压力。

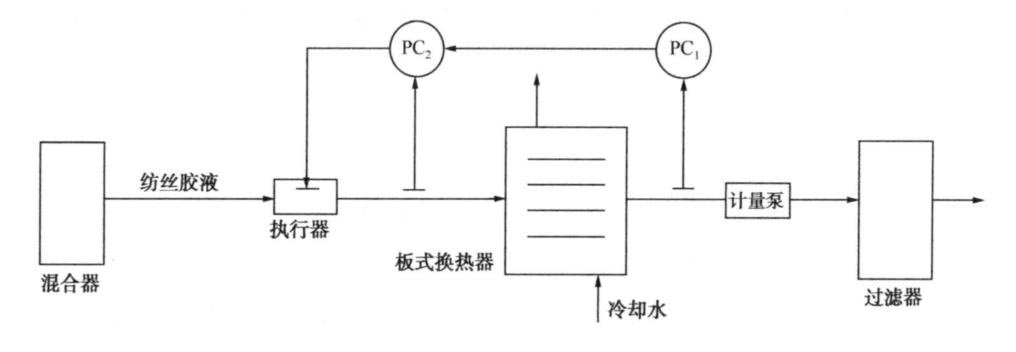

图 3.13　压力与压力串级控制系统

应当指出，利用串级控制系统克服纯滞后的方法有很大的局限性，即只有当纯滞后环节能够大部分乃至全部都可以被划入到主对象中去时，这种方法才能有效地提高系统的控制质量，否则将不会获得很好的效果。

（7）选择副变量时需考虑到工艺上的合理性和方案的经济性。

在选择副变量时，除了必须遵守上述几条原则以外，还必须考虑到控制方案在工艺上的合理性。一方面，主、副变量之间应有一定的内在联系；另一方面，因为过程控制系统是为生产服务的，因此在设计系统时，首先要考虑到生产工艺的要求，考虑所设置的系统是否会影响到工艺系统的正常运行，然后再考虑其他方面的要求，否则将会导致所设计的串级控制系统从控制角度上看是可行的、合理的，但却不符合工艺操作上的要求。基于以上两方面的原因，在选择副变量时，必须考虑副变量的设定值变动在工艺上是否合理。

在选择副变量时，常会出现不止一个可供选择的方案，在这种情况下，可以根据对主变量控制品质的要求及经济性等原则来决定取舍。关于方案的合理性可通过下面的例子予以说明。

【例 11】 串级控制系统副变量的选择示例。

对于【例 8】中的加热炉出口温度控制系统，当燃料油流量或压力是主要扰动时，应选择燃料油流量或压力作为副变量，组成图 3.12 或图 3.9 所示的串级控制系统；当生产过程中经常需要更换原料类型、原料的处理量，或燃料油热值波动较大时，应选择炉膛温度作为副变量，组成如图 3.2 所示的出口温度与炉膛温度串级控制系统，这种串级控制系统能够包含原料的扰动和燃料的扰动，可充分发挥串级控制系统的功能。

关于控制方案的经济性，举例如下。

【例 12】 丙烯冷却器出口温度的两种不同串级控制方案。

丙烯冷却器是以液丙烯气化需吸收大量热量而使热物料冷却的工艺设备。如图 3.14（a）、（b）所示，分别为丙烯冷却器的两种不同的串级控制方案。两者均以被冷却气体的出口温度为主变量，但副变量的选择却各不相同，方案（a）是以冷却器液位为副变量，而方案（b）是以蒸发后的气丙烯压力为副变量。从控制的角度看，以蒸发压力作为副变量的方案（b）要比以冷却器液位作为副变量的方案（a）灵敏、快速，但是，假如冷冻机入口压力（气体丙烯返回冷冻压缩机冷凝后重复使用）在两种情况下都相等，那么方案（b）中的丙烯蒸发压力必须比方案（a）中的气相压力要高一些，才能有一定的控制范围，这样冷却温差就要减小，会使冷却剂利用不够充分。而且方案（b）还需要另外设置一套液位控制系统，以维持一定的蒸发空间，防止气丙烯带液进入冷冻机而危及后者的安全，这样方案（b）的仪表投资费用相应地也要有所增加。相比之下，方案（a）虽然较为迟钝一些（因为它是借助于传热面积的改变以达到控制温度的目的的，因此反应比较慢），不如方案（b）灵敏，但是却较为经济，所以，在对出口温度的控制要求不是很高的情况下，完全可以采用方案（a）。当然，决定取舍时还应考虑其他各方面的条件及要求。

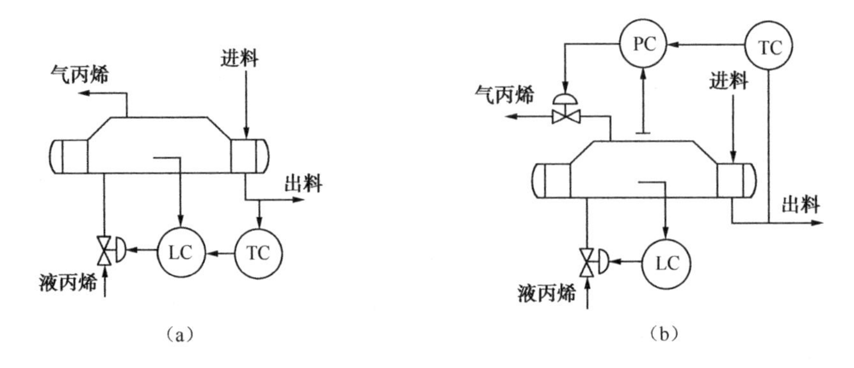

图 3.14　丙烯冷却器两种不同的串级控制方案

以上虽然给出了主、副变量选择的基本原则，但是，在一个实际的被控过程中，可供选择的副变量并非都能满足控制要求，必须根据实际情况综合考虑。

3.4.2 主、副控制器控制规律的选择

串级控制系统有主、副两个控制器，它们在系统中所起的作用是不同的。主控制器起定值控制作用，副控制器起随动控制作用，这是选择控制规律的基本出发点。

从串级控制系统的结构上看，主回路是一个定值控制系统，因此主控制器控制规律的选择与简单控制系统类似。但采用串级控制方案的主变量往往是工艺操作的主要指标，工艺要求较严格，允许波动的范围很小，一般不允许有余差。因此，通常都采用比例积分（PI）控制规律或比例积分微分（PID）控制规律。这是因为在最基本的比例控制作用基础上，为了消除余差，主控制器必须具有积分作用，有时，过程控制通道的容量滞后比较大（像温度过程和成分过程等），为了克服容量滞后，可以引入微分作用来加速过渡过程。

副回路既是随动控制系统又是定值控制系统。而副变量则是为了稳定主变量而引入的辅助被控变量，一般无严格的指标要求。为了提高副回路的快速性，副控制器最好不带积分作用，在一般情况下，副控制器只采用纯比例（P）控制规律就可以了。但是在选择流量参数作为副变量的串级控制系统中，由于流量过程的时间常数和时滞都很小，为了保持系统稳定，比例度必须选得较大，这样，比例控制作用偏弱，为了防止同向扰动的积累也适当引入较弱的积分作用，这时副控制器采用比例积分（PI）控制规律。此时引入积分作用的目的不是为了消除余差，而是增强控制作用。一般副回路的容量滞后相对较小，所以副控制器无需引入微分控制作用。这是因为副回路本身就起着快速随动作用，如果引入微分规律，当其设定值突变时易产生过调而使控制阀动作幅度过大，对系统控制不利。

综上所述，主、副控制器控制规律的选择应根据控制系统的要求确定。

（1）主控制器控制规律的选择。根据主回路是定值控制系统的特点，为了消除余差，应采用积分控制规律；通常串级控制系统用于慢对象，为此，也可采用微分控制规律。据此，主控制器的控制规律通常为 PID 或 PI。

（2）副控制器控制规律的选择。副回路对主回路而言是随动控制系统，对副变量而言是定值控制系统。因此，从控制要求看，通常无消除余差的要求，即可不用积分作用；但当副变量是流量并有精确控制该流量的要求时，可引入较弱的积分作用。因此，副控制器的控制规律通常为 P 或 PI。

例如，在加热炉出口温度与炉膛温度控制系统中，主（出口温度）控制器应选 PID 控制规律，而副控制器只需选择纯比例（P）控制规律就可以了。而在加热炉出口温度与燃料流量控制系统中，副控制器则应选择比例积分（PI）控制规律，并且应将比例度选得较大。

3.4.3 主、副控制器正、反作用的选择

与简单控制系统一样，一个串级控制系统要实现正常运行，其主、副回路都必须构成负反馈，因而必须正确选择主、副控制器的正、反作用方式。

根据各种不同情况，主、副控制器的正、反作用方式的选择方法如下所述。

（1）串级控制系统中副控制器作用方式的选择，是根据工艺安全等要求，在选定控制阀的气开、气关形式后，按照使副回路构成副反馈系统的原则来确定的。因此，副控制器的作

用方式与副对象特性及控制阀的气开、气关形式有关，其选择方法与简单控制系统中控制器正、反作用的选择方法相同。这时可不考虑主控制器的作用方式，只是将主控制器的输出作为副控制器的设定值就行了。

为了保证副回路为负反馈，必须满足：副控制器、执行器、副对象三者的作用符号相乘为负，即

（副控制器±）×（控制阀±）×（副对象±）＝“−”

满足该式的各环节作用符号的确定与简单控制时完全一样，这里不再重述。

（2）串级控制系统中主控制器作用方式的选择完全由工艺情况确定，而与控制阀的气开、气关形式及副控制器的作用方式完全无关，即只需根据主对象的特性，选择与其作用方向相反的主控制器的正、反作用。

选择时，把整个副回路简化为一个方框，该方框的输入信号是主控制器的输出信号（即副变量的设定值），而输出信号就是副变量，且副回路（即副环）方框的输入信号与输出信号之间总是正作用，即输入增加，输出亦增加。这样，就可将串级控制系统简化成为如图 3.15 所示的形式。

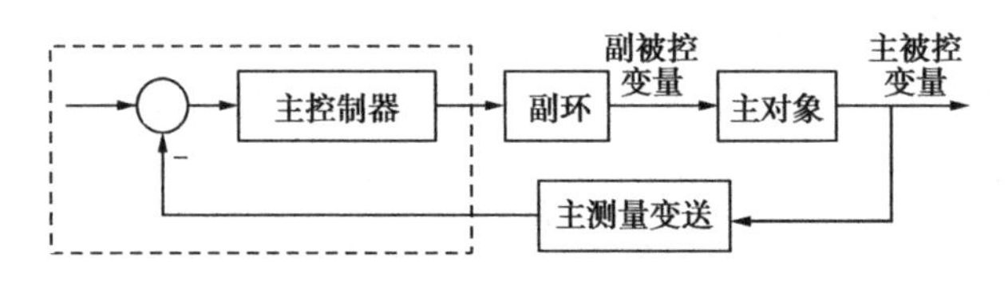

图 3.15　简化的串级控制系统方框图

由于副回路是一个随动控制系统，因此，整个副回路可视为一个特性（放大系数）为“正”的环节看待。这样，主控制器的正、反作用实际上只取决于主对象的放大系数符号。主控制器作用方式的选择亦与简单控制系统的一样，为使主回路构成负反馈控制系统，主控制器的正、反作用方式应满足：

（主控制器±）×（主对象±）＝“−”

即主控制器的正、反作用方式应与主对象的特性相反。

下面举例说明。

【例 13】 试确定图 3.2 所示加热炉出口温度与炉膛温度串级控制系统中主、副控制器的正、反作用方式。

对于图 3.2 所示的加热炉出口温度与炉膛温度串级控制系统，其主、副控制器正、反作用的选择步骤如下。

（1）分析主、副变量及操纵变量。

① 主变量：加热炉出口温度；

② 副变量：炉膛温度；

③ 操纵变量：燃料油流量。

（2）确定副控制器的正、反作用。

① 控制阀：从安全角度考虑，选择气开阀，符号为“＋”；

② 副对象：控制阀打开，燃料油流量增加，炉膛温度升高，因此，该环节为“＋”；

③ 副控制器：为保证副回路构成负反馈，应选反作用。

（3）确定主控制器的正、反作用。

① 主对象：当炉膛温度升高时，出口温度也随之升高，因此，该环节为“＋”；

② 主控制器：为保证主回路构成负反馈，应选反作用。

（4）主控制器方式更换。

由于副控制器是反作用控制器，因此，当控制系统从串级切换到主控时，主控制器的作用方式不更换，保持原来的反作用方式。

【例 14】 试确定图 3.10 所示精馏塔提馏段塔釜温度与加热蒸汽流量串级控制系统中主、副控制器的正、反作用方式。已知控制阀为气关式。

对于图 3.10 所示的精馏塔提馏段塔釜温度与加热蒸汽流量串级控制系统，其主、副控制器正、反作用的选择步骤如下所述。

（1）分析主、副变量及操纵变量。

① 主变量：塔釜温度；

② 副变量：加热蒸汽流量。

③ 操纵变量：加热蒸汽流量。

（2）确定副控制器的正、反作用。

① 控制阀：气关阀，符号为“－”；

② 副对象：因加热蒸汽流量既是操纵变量又是副变量，故该环节为“＋”；

③ 副控制器：为保证副回路构成负反馈，应选正作用。

（3）确定主控制器的正、反作用。

① 主对象：当加热蒸汽流量增加时，塔釜温度随之升高，因此，该环节为“＋”；

② 主控制器：为保证主回路构成负反馈，应选反作用。

（4）主控制器方式更换。

由于副控制器是正作用，当控制系统从串级切换到主控时，应将主控制器的作用方式从原来的反作用切换到正作用。

3.4.4 串级控制系统的实施

在主、副变量和主、副控制器的选型确定之后，就可以考虑串级控制系统的构成方案了。由于仪表种类繁多，生产上对系统功能的要求也各不相同，因此对于一个具体的串级控制系统就有着不同的实施方案。究竟采用哪种方案，要根据具体的情况和条件而定。

一般来说，在选择具体的实施方案时，应考虑以下几个问题。

（1）所选择的方案应能满足指定的操作要求。主要是考虑在串级运行之外，是否需要副回路或主回路单独进行自动控制，然后才能选择相应的方案。

（2）实施方案应力求实用，简单可靠。在满足要求的前提下，所需仪表装置应尽可能投资少，这样既可使操作方便，又保证经济性。采用仪表越多，出现故障的可能性也就越大。

（3）所选用的仪表信号必须互相匹配。在选用不同类型的仪表组成串级控制系统时，必须配备相应的信号转换器，以达到信号匹配的目的。

（4）所选用的副控制器必须具有外给定输入接口，否则无法接收主控制器输出的外给定信号。

（5）实施方案应便于操作，并能保证投运时实现无扰动切换。串级控制系统有时要进行副回路单独控制，有时要进行遥控，甚至有时要进行“主控”（即主控制器的输出直接控制控制阀。当有“主控”要求时，需增加一个切换开关，作“串级”与“主控”的切换之用），所有这些操作之间的切换工作要能方便地实现，并且要求切换时应保证无扰动。

为了说明上述原则的应用，下面就常见的用 DDZ-Ⅲ型（或Ⅱ型）单元组合仪表组成的串级控制系统为例进行说明。

【例 15】 一般的串级控制方案。如图 3.16 所示。

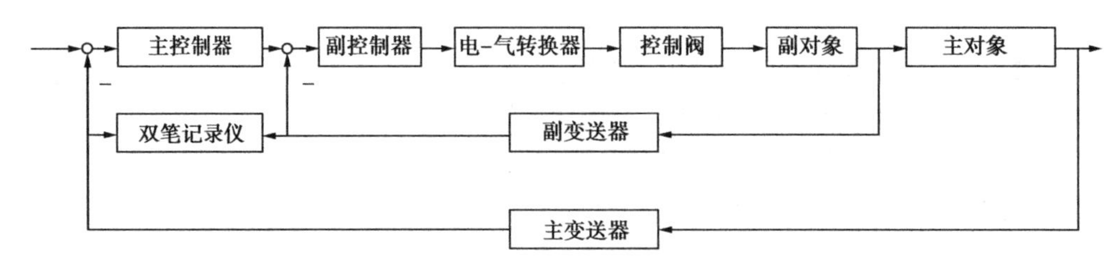

图 3.16 用 DDZ-Ⅲ型、Ⅱ型仪表组成串级控制系统方框图

该方案中采用了两台控制器，主、副变量通过一台双笔记录仪进行记录。由于副控制器的输出信号是 4～20mA DC，而气动控制阀只能接收 20～100kPa 的气压信号，因此，在副控制器与气动控制阀之间设置了一个电-气转换器，由它将 4～20mA DC 的电流信号转换成 20～100kPa 的气压信号送往控制阀（也可直接在控制阀上设置一台电-气阀门定位器来完成电-气信号的转换工作）。此外，如果副变量是流量参数，而采用孔板作为流量测量元件时，应在副变送器之后增加一台开方器（如果主变量是流量，也需进行如此处理）。

本方案可实现串级控制、副回路单独控制和遥控三种操作，比较简单、方便、实用，是使用较为普遍的一种串级控制方案。

【例 16】 能实现主控-串级切换的串级控制方案。如图 3.17 所示。

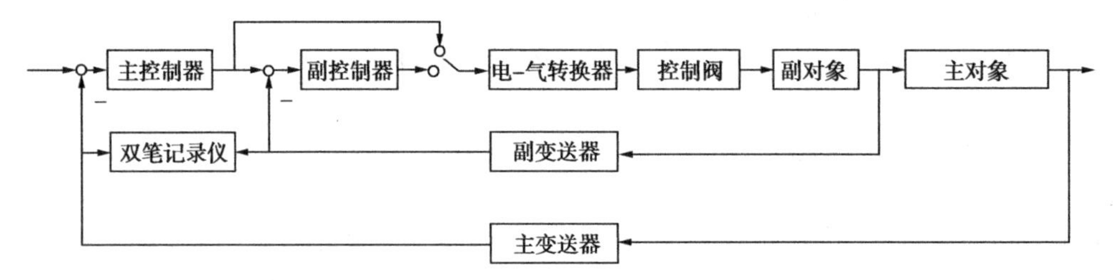

图 3.17 用电动Ⅲ型、Ⅱ型仪表组成主控-串级控制方块图

本方案的特点是在副控制器的输出端上增加了一个主控-串级切换开关，并且与主控制器的输出相连接。因此，该方案除能进行手动遥控、副回路自控和串级控制外，还能实现主回路直接自控。但是，对这种主回路的直接自控方式应当限制使用，特别是当副控制器为正作用时，只有主控制器改变原作用方式后，方可进行这种主回路的直接自控。当切换回串级控制时，主控制器又要进行换向，否则将会造成严重的生产事故，这一点必须引起重视。因此，在不是特别需要的情况下，建议不要采用这种方案。

【工程经验】

串级控制结构虽然复杂，但却是建立在单回路控制系统的基础上的。其大部分环节的设计与单回路控制系统相同；不同之处主要是“副被控变量的选择”、“副控制器控制规律的选择”这两个环节。在单回路控制方案的基础上，正确选择好副变量，串级系统的设计就成功在望。

3.5 串级控制系统的投运和整定

为了保证串级控制系统顺利地投入运行，并且能达到预期的控制效果，必须做好投运前的准备工作，具体准备工作与简单控制系统相同，这里不再重述。

3.5.1 串级控制系统的投运

选用不同类型的仪表组成的串级控制系统，投运方法也有所不同，但是所遵循的原则基本上都是相同的。

① 其一是投运顺序，串级控制系统有两种投运方式：一种是先投副环后投主环；另一种是先投主环后投副环。目前一般都采用“先投副环，后投主环”的投运顺序；

② 其二是和简单控制系统的投运要求一样，在投运过程中必须保证无扰动切换。

这里以 DDZ-Ⅲ型仪表组成的串级控制系统的投运方法为例，介绍其投运顺序。具体投运步骤如下所述。

（1）将主、副控制器的切换开关都置于手动位置，主控制器设置为“内给（定)”，并设置好主设定值，副控制器设置为“外给（定)”，再将主、副控制器的正、反作用开关置于正确的位置；

（2）在副控制器处于软手动状态下进行遥控操作，使生产处于要求的工况，即使主变量逐步在主设定值附近稳定下来；

（3）调整副控制器手动输出至偏差为零时，将副控制器切换到“自动”位置；

（4）调整主控制器的手动输出至偏差为零时，将主控制器切入“自动”。这样就完成了串级控制系统的整个投运工作，而且投运过程是无扰动的。

3.5.2 串级控制系统的整定

串级控制系统在结构上有主、副两个控制器相互关联，因其控制器参数的整定要比简单控制系统复杂，所以在整定串级控制系统的控制器参数时，首先必须明确主、副回路的作用，以及对主、副变量的控制要求，然后通过控制器参数整定，使系统运行在最佳状态。

从整体上看，串级控制系统的主回路是一个定值控制系统，要求主变量有较高的控制精度，其控制品质的要求与简单定值控制系统控制品质的要求相同；但就一般情况而言，串级控制系统的副回路是为提高主回路的控制品质而引入的一个随动控制系统，因此，对副回路没有严格的控制品质的要求，只要求副变量能够快速、准确地跟踪主控制器的输出变化，即作为随动控制系统考虑。这样对副控制器的整定要求不高，从而可以使整定简化。

串级控制系统的整定方法比较多，有逐步逼近法、两步整定法和一步整定法等。整定的顺序都是先副环后主环，这是它们的共同点。在此仅介绍目前在工程上常用的两步整定法和一步整定法。

1. 两步整定法

所谓两步整定法就是分两步进行整定，先整定副环，再整定主环。具体步骤如下所述。

（1）在工况稳定，主、副回路闭合，主、副控制器都在纯比例作用的条件下，将主控制器的比例度先置于 100%的刻度上，用简单控制系统的整定方法按某一衰减比（如 4∶1）整定副环，求取副控制器的比例度δ_{2s}和振荡周期T_{2s}。

（2）将副控制器的比例度置于所求的数值δ_{2s}上，把副回路作为主回路中的一个环节，用同样的方法整定主回路以达到相同的衰减比，求得主控制器的比例度δ_{1s}和振荡周期T_{1s}。

（3）根据所得到的δ_{1s}、T_{1s}、δ_{2s}、T_{2s}的数值，结合主、副控制器的选型，按前面简单控制系统整定时所给出的衰减曲线法经验公式，计算出主、副控制器的比例度δ、积分时间T_I和微分时间T_D。

（4）按“先副环后主环”、“先比例次积分最后微分”的整定顺序，将上述计算所得的控制器参数分别加到主、副控制器上。

（5）观察主变量的过渡过程曲线，如不满意，可对整定参数进行适当调整，直到获得满意的过渡过程为止。

2. 一步整定法

两步整定法虽能满足主、副变量的要求，但要分两步进行，需寻求两个4∶1的衰减振荡过程，比较繁琐，且较为费时。为了简化步骤，串级控制系统中主、副控制器的参数整定可以采用一步整定法。

所谓一步整定法，就是根据经验先将副控制器的参数一次放好，不再变动，然后按照一般简单控制系统的整定方法，直接整定主控制器的参数。

一步整定法的依据是：在串级控制系统中，一般来说，主变量是工艺的主要操作指标，直接关系到产品的质量或生产过程的正常运行，因此，对它的要求比较严格；而副变量的设置主要是为了提高主变量的控制质量，对副变量本身没有很高的要求，允许它在一定范围内变化。因此，在整定时不必将过多的精力放在副环上，只要根据经验把副控制器的参数置于一定数值后，一般不再进行调整，而集中精力整定主环，使主变量达到规定的质量指标要求即可。虽然按照经验一次设置的副控制器参数不一定合适，但是没有关系，因为对于一个具体的串级控制系统来说，在一定范围内，主、副控制器的放大系数是可以互相匹配的。如果副控制器的放大系数（比例度）不合适，可以通过调整主控制器的放大系数（比例度）来进行补偿，结果仍然可使主变量呈现4∶1的衰减振荡过程。经验证明，这种整定方法对于对主变量的精度要求较高，而对副变量没有什么要求或要求不严，允许它在一定范围内变化的串级控制系统，是很有效的。

根据长期实践和大量的经验积累，人们总结得出副控制器在不同副变量情况下的经验比例度取值范围，见表3.1。

表3.1 副控制器比例度经验值

副变量类型	温度	压力	流量	液位
比例度/%	20～60	30～70	40～80	20～80

一步整定法的整定步骤如下所述。

（1）在生产正常、系统为纯比例运行的条件下，按照表3.1所列的经验数据，将副控制器的比例度调到某一适当的数值。

（2）将串级控制系统投运后，按简单控制系统的衰减曲线法或经验凑试法直接整定主控制器参数。

（3）观察主变量的过渡过程，适当调整主控制器参数，使主变量的品质指标达到规定的质量要求。

（4）如果系统出现“共振”现象，可加大主控制器或减小副控制器的比例度值，以消除“共振”。如果“共振”剧烈，可先转入手动，待生产稳定后，再在比产生“共振”时略大的控制器比例度下重新投运和整定，直至达到满意时为止。

【工程经验】

本节内容的讲授，建议采用“理实一体化”的教学方式，或在单列实践科目中完成。讲、演、练结合，以强化教学效果。

本 章 小 结

串级控制系统是以提高控制质量为目的的一种常用的复杂控制系统，它根据系统结构命名。串级控制系统由两个控制器串联连接组成，主控制器的输出作为副控制器的设定值。

由于在结构上比简单控制系统增加了一个副回路，因此串级控制系统具有独到的特点：由于副回路的存在，对于进入其中的扰动具有较强的快速克服能力；由于副回路的存在，改善了过程的动态特性，提高了系统的工作频率，所以控制质量比较高。此外，副回路的快速随动特性使串级控制系统对生产负荷的变化具有一定的自适应能力。

串级控制系统的适用范围比较广泛，尤其是当被控过程滞后较大或具有明显的非线性特性，以及负荷和扰动变化比较剧烈的情况下，对于单回路控制系统不能胜任的工作，串级控制系统显示出了它的优越性。但是，在具体设计系统时应结合生产要求及具体情况，抓住要点，合理地运用串级控制系统的优点。

串级控制系统的设计应根据工艺控制要求进行，以使其优越性得到充分的发挥。串级控制系统的设计工作主要包括主、副被控变量的选择和主、副控制器控制规律的选择及正、反作用方式的选择。

1．主、副被控变量的选择原则

主、副被控变量的选择原则如下。

（1）根据工艺过程的控制要求选择主变量。主变量应反映工艺指标，并且主变量的选择应使主对象有较大的增益和足够的灵敏度。

（2）副变量的选择应使副回路包含主要扰动，并应包含尽可能多的扰动。

（3）主、副回路的时间常数不应太接近，即工作频率错开，以防“共振”现象的发生。原则上，主、副对象的时间常数之比应在3～10范围内，以减少主、副回路的动态联系，避免“共振”。

（4）主、副变量之间应有一定的内在联系。

（5）当被控过程具有非线性环节时，副变量的选择一定要使过程的主要非线性环节纳入副回路中。

（6）所选副变量应使副回路尽量少包含或不包含纯滞后。

（7）选择副变量时需考虑到工艺上的合理性和方案的经济性。

2．主、副控制器控制规律的选择

主、副控制器控制规律的选择应根据控制系统的要求确定。选择原则如下。

（1）主控制器控制规律的选择。根据主回路是定值控制系统的特点，主控制器的控制规律通常为 PID 或 PI。

（2）副控制器控制规律的选择。副回路既是随动控制系统又是定值控制系统，它对主回路而言是随动控制系统，对副变量而言是定值控制系统。为使副回路具有快速随动功能，副控制器的控制规律通常为 P。但当副变量是流量并有精确控制该流量的要求时，可引入较弱的积分作用。

3．主、副控制器正、反作用方式的选择

主、副控制器的正、反作用方式选择方法如下。

（1）副控制器作用方式的选择，是根据工艺安全等要求，在选定控制阀的气开、气关形式后，按照使副回路构成负反馈系统的原则来确定的。副控制器的正反作用应满足

（副控制器±）×（控制阀±）×（副对象±）＝“-”

（2）主控制器作用方式的选择完全由工艺情况确定，即只需根据主对象的特性，选择主控制器的正、反作用。主控制器的正反作用应满足

（主控制器±）×（主对象±）＝“-”

即主控制器的正、反作用方式应与主对象的特性相反。

串级控制系统一般都采用“先副环，后主环”的投运顺序，在投运过程中必须保证无扰动切换。

串级控制系统的整定方法比较多，目前在工程上常用的有两步整定法和一步整定法。

思考与练习

1．何为串级控制？画出一般串级控制系统的典型方框图，并指出它在结构上与简单控制系统有什么不同？

2．试简述串级控制系统的工作原理。

3．与简单控制系统相比，串级控制系统有哪些主要特点？什么情况下可考虑设计串级控制？

4．为什么说串级控制系统的主回路是定值控制系统，而副回路是随动控制系统？

5．某加热炉出口温度控制系统，经运行后发现扰动主要来自燃料流量波动，试设计控制系统克服之。如果发现扰动主要来自原料流量波动，应如何设计控制系统以控制该扰动？画出带控制点的工艺流程图和控制系统方框图。

6．为什么说串级控制系统由于副回路的存在提高了系统的控制质量？

7．串级控制系统中的主、副变量应如何选择？

8．如何选择串级控制系统的副变量，以防止共振现象的产生？若系统已经产生了共振现象，应如何消除？

9．在串级控制系统中，如何选择主、副控制器的控制规律？其参数又如何整定？

10．如何选择串级控制系统中主、副控制器的的正、反作用？它们与控制阀的开、关形式有无关系？

11．为什么说串级控制系统主控制器的正、反作用只取决于主对象放大系数的符号？而与其他环节无关？

12．图 3.18 所示为一个蒸汽加热器，物料出口温度需要控制且要求较严格，该系统中加热蒸汽的压力波动较大。试设计该控制系统的控制流程图及方框图。

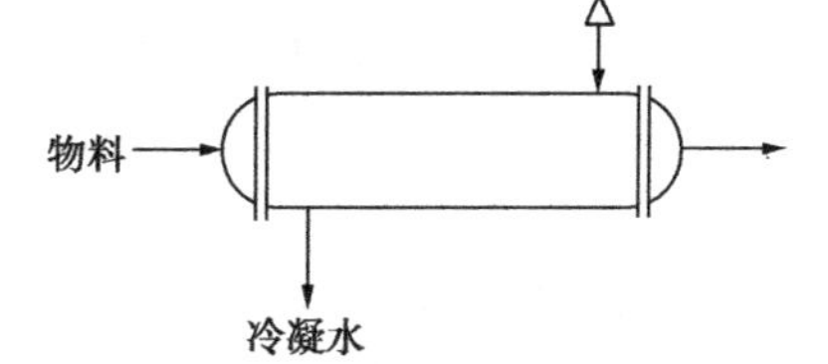

图 3.18　蒸汽加热器

13．如图 3.19 所示，为精馏塔塔釜温度与加热蒸汽流量串级控制系统，工艺要求塔釜温度稳定在 $T\pm1$℃；一旦发生重大事故应立即关闭蒸汽供应。

① 画出该控制系统的原理方框图；

② 试选择控制阀的气开、气关形式；

③ 选择主、副控制器的控制规律，并确定其正、反作用方式。

14．如图 3.20 所示，反应釜内进行的是放热化学反应，釜内温度过高会发生事故，因此采用反应釜夹套中的冷却水来进行冷却，以带走反应过程中所产生的热量。由于工艺对该反应过程温度控制精度要求很高，简单控制满足不了要求，需采用串级控制。试问：

① 当冷却水压力波动是主要扰动时，应怎样组成串级控制系统？画出控制流程图和系统方框图；

② 当冷却水入口温度波动是主要扰动时，应怎样组成串级控制系统？画出控制流程图和系统方框图；

③ 对上述两种不同的控制方案，试分别选择控制阀的开、闭形式及控制器的正、反作用。

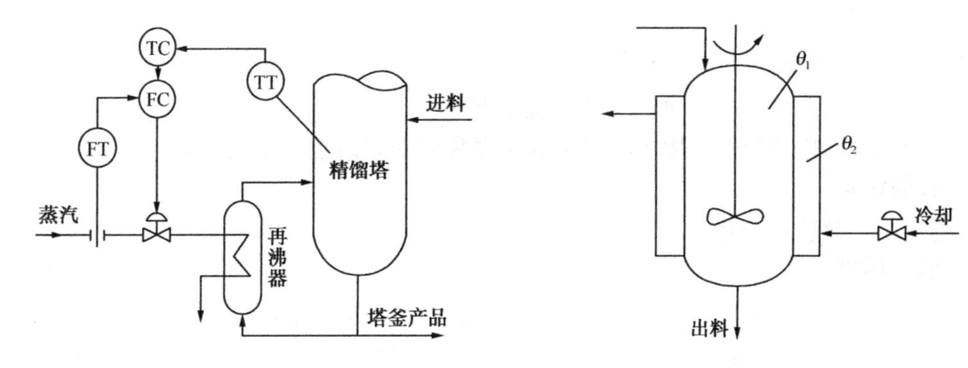

图 3.19　精馏塔温度-流量串级控制系统

图 3.20　反应釜

15．对于如图 3.21 所示的加热器串级控制系统，要求：

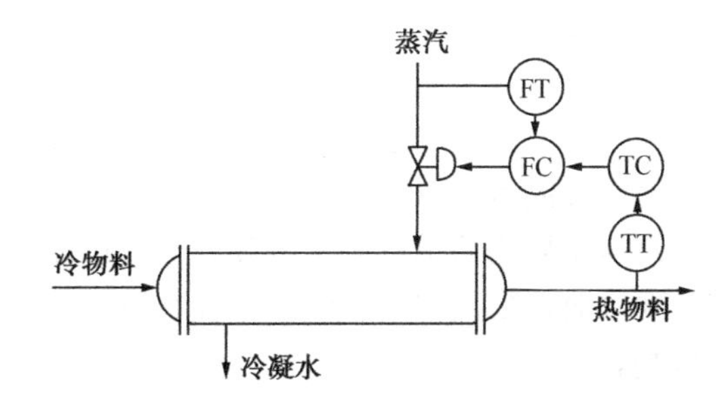

图 3.21　加热器串级控制系统

① 画出该系统的方框图，并说明主变量、副变量分别是什么参数，主、副控制器分别是哪个控制器？

② 若工艺要求加热器温度不能过高，否则易发生事故，试确定控制阀的气开、气关形式；

③ 确定主、副控制器的正、反作用；

④ 当蒸汽压力突然增大时，简述该控制系统的控制过程；

⑤ 当冷物料流量突然加大时，简述该控制系统的控制过程。

16．为什么在一般情况下，串级控制系统中的主控制器应选择 PI 或 PID 作用，而副控制器却选择 P 作用？

17．试简述串级控制系统的投运步骤。

18．串级控制系统中，主、副控制器的参数整定有哪两种主要方法？试分别说明之。

19．在设计某加热炉出口温度与炉膛温度的串级控制方案中，主控制器采用 PID 控制规律，副控制器采用 P 控制规律。为了使串级控制系统运行在最佳状态，采用两步整定法整定主、副控制器参数，按 4∶1 衰减曲线法测得δ_{2s}=42%，T_{2s}=25s，δ_{1s}=75%，T_{1s}=11min。试求主、副控制器的整定参数值。

20．某串级控制系统采用两步整定法进行整定，测得 4∶1 衰减过程的参数为δ_{1s}=80%，T_{1s}=120s，δ_{2s}=42%，T_{2s}=8s。若该串级控制系统中主控制器采用 PID 控制规律，副控制器采用 P 控制规律，试求主、副控制器的整定参数值应是多少？

实验四　串级控制系统的投运和整定

1．实验目的

（1）熟悉串级控制系统的结构与控制特点；

（2）掌握串级控制系统的投运与参数整定方法；

（3）研究阶跃扰动分别作用于副对象和主对象时对系统主变量的影响。

2．实验设备

过程控制实验装置一套。

3．实验原理

（1）串级控制系统具有主、副两台控制器，因此投运和整定要比简单控制系统复杂一些。投运过程必须保证无扰动；整定通常按照先副后主的步骤循序进行，整定方法主要有一步整定法和两步整定法等。

（2）由于增加了副回路，串级控制系统对于进入副回路的扰动具有很强的抑制作用，因此，同样大小的扰动作用于副回路时对主变量的影响就比较小。

（3）由于副回路的存在，串级控制系统改善了对象的特性，使等效副对象的时间常数减小，系统的工作频率提高，改善了系统的动态性能，使系统响应加快，控制及时。同时，由于串级控制系统具有主、副两个控制器，总放大倍数增大，系统的抗扰动能力增强，因此，一般来说串级控制系统的控制质量要比简单控制系统高。当对产品质量或控制精度要求较高而简单控制方案又不能满足要求时，采用串级控制方案往往可以获得比较满意的控制效果，控制质量可以获得很大的提高。

4．注意事项

（1）实验系统组态完毕（或线路连好）之后，需经指导老师检查认可，方可合上总电源开关。

（2）水泵启动前，需先关闭出水阀，待水泵启动后，再逐渐打开出水阀，直至完全打开或开至某一预定开度，最后再打开所用仪表的电源开关。

（3）正确设置主、副控制器的正、反作用方式和设定值的内、外给定开关位置。

（4）每次整定时，需待系统稳定后，方可对系统施加扰动信号，扰动信号的形式及大小与简单控制系统整定时相同。

5. 思考题

（1）串级控制系统投运前需要做好哪些准备工作？主、副控制器的内、外给定开关应如何放置？正、反作用应如何设置？

（2）如何才能保证无扰动切换？为什么要强调无扰动切换？

（3）一步整定法的依据是什么？

（4）串级控制系统为什么对进入副回路的扰动具有很强的抗扰动能力？如果副对象的时间常数不是远小于主对象的时间常数时，这时副回路抗扰动的优越性还具有吗？为什么？

（5）改变副控制器比例度的大小，对串级控制系统的抗扰动能力有什么影响？试从理论上予以说明。

（6）试分析串级控制系统比简单控制系统控制质量高的原因。

第4章

前馈控制系统

内容提要

前馈控制系统是根据扰动的大小来进行控制的系统，和反馈控制系统相比，它具有快速、及时的优点，但是不容易做到完全补偿。本章主要介绍前馈控制系统的基本原理、主要结构和简单应用。

特别提示：

前馈控制的原理、控制的依据、系统结构、检测的信号、控制作用的发生时间等均与反馈控制有着本质的区别，这些区别既成就了前馈控制系统的优点，也决定了它的局限性。因其局限性，前馈控制不能单独使用，工程上通常采用将前馈控制与反馈控制相结合的复合控制方案。

4.1 前馈控制原理

前面所讨论的控制系统中，控制器都是按照被控变量与设定值的偏差来进行控制的，这就是所谓的反馈控制，是闭环的控制系统。反馈控制的特点在于，总是在被控变量出现偏差后，控制器才开始动作，以补偿扰动对被控变量的影响。如果扰动虽已发生，但被控变量还未变化，控制器则不会有任何控制作用，因此，反馈控制作用总是落后于扰动作用，控制很难达到及时。即便是采用微分控制，虽可用来克服对象及环节的惯性滞后和容量滞后，但是此方法不能克服纯滞后τ_0。

考虑到产生偏差的直接原因是扰动，因此，如果直接按扰动实施控制，而不是按偏差进行控制，从理论上讲，就可以把偏差完全消除，即在这样的一种控制系统中，一旦出现扰动，控制器将直接根据所测得的扰动大小和方向，按一定的规律实施控制作用，以补偿扰动对被控变量的影响。由于扰动发生后，在被控变量还未出现变化时，控制器就已经进行控制，所以称此种控制为“前馈控制”（或称为扰动补偿控制）。这种前馈控制作用如能恰到好处，可以使被控变量不再因扰动作用而产生偏差，因此它比反馈控制及时。

图 4.1 所示是换热器的前馈控制系统及其方框图。图中，加热蒸汽流过换热器，把换热器套管内的冷物料加热。热物料的出口温度用蒸汽管路上的控制阀来调节。引起出口温度变化的扰动有冷物料的流量与初温、蒸汽压力等，其中最主要的扰动是冷物料的流量Q。

设 $G_f(s)$为扰动通道的传递函数，$G_o(s)$为控制通道的传递函数，$G_{ff}(s)$为前馈补偿控制单元的传递函数，如果把扰动值（进料流量）测量出来，并通过前馈补偿控制单元进行控制，则

$$Y(s)=G_f(s)F(s)+G_{ff}(s)G_o(s)F(s)=\left[G_f(s)+G_{ff}(s)G_o(s)\right]F(s) \tag{4.1}$$

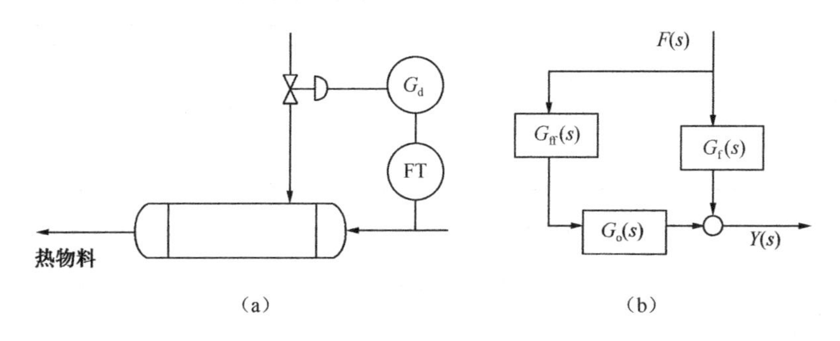

图 4.1　换热器的前馈控制系统及其方框图

为了使扰动对系统输出的影响为零，应满足

$$G_f(s)+G_{ff}(s)G_o(s)=0 \tag{4.2}$$

即

$$G_{ff}(s)=-\frac{G_f(s)}{G_o(s)} \tag{4.3}$$

式（4.3）即为完全补偿时的前馈控制器模型。由此可见，前馈控制的好坏与扰动特征和对象模型密切相关。对于精确的对象与扰动数学模型，前馈控制系统可以做到无偏差控制。然而，这只是理论上的愿望。在实际过程中，由于过程模型的时变性、非线性，以及扰动的不可完全预见性等影响，前馈控制只能在一定程度上补偿扰动对被控变量的影响。

【工程经验】

在常规仪表控制阶段，前馈控制系统较少使用。将计算机引入过程控制后，因由程序实施的前馈补偿算法容易实现和修正，使得前馈控制效果有了较大提高，前馈控制方案得到了广泛应用。

4.2　前馈控制的特点及局限性

4.2.1　前馈控制的特点

（1）前馈控制是一种开环控制。图 4.1 所示系统中，当测量到冷物料流量变化的信号后，通过前馈控制器，其输出信号直接控制控制阀的开度，从而改变加热蒸汽的流量。但加热器出口温度并不反馈回来，它是否被控制在原来的数值上是得不到检验的。所以，前馈控制是一种开环控制，从某种意义上来说这是前馈控制的不足之处。因此前馈控制对被控对象特性的掌握必须比反馈控制清楚，才能得到一个较合适的前馈控制作用。

（2）前馈控制是一种按扰动大小进行补偿的控制。扰动一旦出现，前馈控制器就检测到其变化情况，及时有效地抑制扰动对被控变量的影响，而不是像反馈控制那样，要待被控变量产生偏差后再进行控制。在理论上，前馈控制可以把偏差彻底消除。如果控制作用恰到好处，前馈控制一般比反馈控制要及时。这是前馈控制的一个主要特点。基于这个特点，可对前馈控制与反馈控制进行如下比较，见表 4.1。

表 4.1　前馈控制与反馈控制的比较

控 制 类 型	控制的依据	检测的信号	控制作用的发生时间
反馈控制	被控变量的偏差	被控变量	偏差出现后
前馈控制	扰动量的大小	扰动量	偏差出现前

（3）前馈控制使用的是视对象特性而定的“专用”控制器。一般的反馈控制系统均采用通用类型的PID控制器，而前馈控制器的控制规律为对象的扰动通道与控制通道的特性之比，如式（4.3）所示。

（4）一种前馈控制作用只能克服一种扰动。由于前馈控制作用是按扰动进行工作的，而且整个系统是开环的，因此根据一种扰动而设置的前馈控制只能克服这一扰动，而对于其他扰动，前馈控制器无法检测到，也就无能为力了；而反馈控制就可克服多个扰动。所以这也是前馈控制系统的一个弱点。

（5）前馈控制只能抑制可测、不可控的扰动对被控变量的影响。如果扰动是不可测的，那就无法实施前馈控制；如果扰动是可测可控的，则只要设计一个定值控制系统就行了，而无须采用前馈控制。

4.2.2　前馈控制的局限性

前馈控制虽然是减少被控变量动态偏差的一种有效的方法，但实际上，它却做不到对扰动的完全补偿，主要原因如下所述。

（1）在实际工业生产过程中，影响被控变量的扰动因素很多，不可能对每个扰动都设计一套独立的前馈控制器。

（2）对不可测的扰动无法实现前馈控制。

（3）前馈控制器的控制规律取决于控制通道传递函数 $G_o(s)$和扰动通道传递函数 $G_f(s)$，而 $G_o(s)$和 $G_f(s)$的精确值很难得到，即便得到有时也很难实现。

所以为了获得满意的控制效果，合理的控制方案是把前馈控制和反馈控制结合起来，组成前馈-反馈复合控制系统。这样，一方面可以利用前馈控制有效地减少主要扰动对被控变量的影响；另一方面，则利用反馈控制使被控变量稳定在设定值上，从而保证系统具有较高的控制质量。

【工程经验】

过程控制的特点和前馈控制的局限性，注定了前馈控制方案不能单独使用。工程上采用将前馈控制与反馈控制相结合的复合控制方案，前馈量和被控量均需配置相应的检测仪表。

4.3　前馈控制系统的几种主要结构形式

4.3.1　单纯的前馈控制系统

单纯的前馈控制系统分为静态前馈控制系统及动态前馈控制系统。

1. 静态前馈控制系统

所谓静态前馈控制，就是指前馈控制器的控制规律为比例特性，即 $G_{ff}(s)=-G_f(s)/G_o(s)=-K_d$，其大小是根据过程扰动通道的静态放大系数和过程控制通道的静态放大系数决定的。静态前馈控制的控制目标是在稳态下实现对扰动的补偿，即使被控变量最终的静态偏差接近或等于零，而不考虑由于两通道时间常数的不同而引起的动态偏差。

静态前馈控制非常简单，不需要专门的控制器，仪表中的比例控制器或比值器都能满足使用要求。在实际生产过程中，当过程扰动通道与控制通道的时间常数相差不大时，采用静态前馈控制，可获得较高的控制精度，所以在生产上应用较广。

例如，在图 4.1 所示的换热器前馈控制中，当冷物料流量为主要扰动时，要实现静态前馈控制，可按稳态时的能量平衡关系写出其平衡方程（设蒸汽为等温相变过程），即

$$Q_o H_o = Q_f C_p (T_2 - T_1) \tag{4.4}$$

式中，Q_o 为加热蒸汽量；H_o 为蒸汽汽化潜热；Q_f 为冷物料流量；C_p 为冷物料的比热容；T_1、T_2 分别为冷、热物料的温度。

由式（4.4）可得

$$T_2 = T_1 + \frac{Q_o H_o}{Q_f C_p} \tag{4.5}$$

如果冷物料温度 T_1 不变，由式（4.5）可求得控制通道的静态放大系数为

$$K_o = \frac{dT_2}{dQ_o} = \frac{H_o}{Q_f C_p}$$

而扰动通道的静态放大系数为

$$K_f = \frac{dT_2}{dQ_f} = -\frac{Q_o H_o}{C_p} Q_f^{-2} = -\frac{T_2 - T_1}{Q_f}$$

所以有

$$K_d = -\frac{K_f}{K_o} = \frac{C_p (T_2 - T_1)}{H_o} \tag{4.6}$$

式（4.6）就是换热器静态前馈控制方案中前馈控制器的静态特性。可见，用比例控制器即可实现这一控制功能。

2. 动态前馈控制系统

如前所述，静态前馈控制是为了保证被控变量的静态偏差接近或等于零，而不能保证被控变量的动态偏差接近或等于零。当需要严格控制动态偏差时，则要采用动态前馈控制，即式（4.3）所示：$G_{ff}(s)=-G_f(s)/G_o(s)$。它与时间因子 t 有关，必须采用专门的控制器，所以实现起来比较困难。

4.3.2 前馈–反馈控制系统

单纯的前馈控制往往不能很好地补偿扰动，存在不少局限性。主要表现在：不存在被控变量的反馈，无法检验被控变量的实际值是否为希望值；其次，不能克服其他扰动引起的误差。为了解决这一局限性，可以将前馈与反馈结合起来使用，构成前馈–反馈控制系统，以达到既能发挥前馈控制校正及时的特点，又保持了反馈控制能克服多种扰动并能始终对被控

变量予以检验的优点。

图 4.2（a）所示为换热器前馈-反馈复合控制系统示意图，其原理方框图见图 4.2（b）。

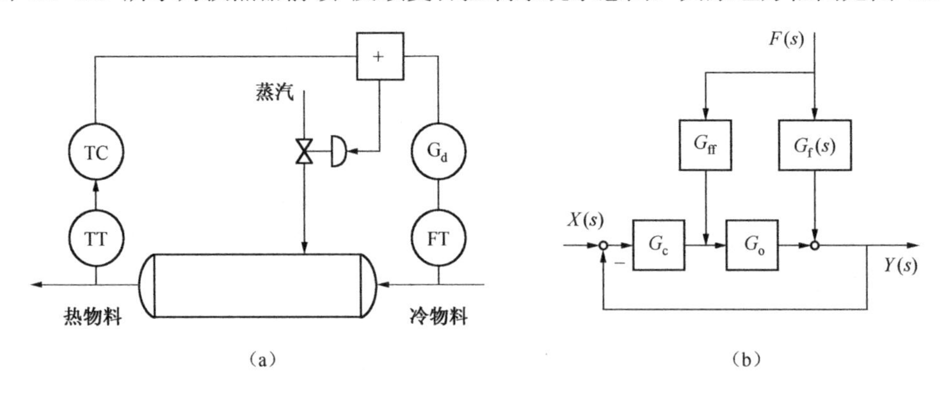

图 4.2 换热器前馈-反馈控制系统

由图可知，当冷物料（生产负荷）流量发生变化时，前馈控制器及时发出控制命令，补偿冷物料流量变化对换热器出口温度的影响；同时，对于未引入前馈控制的冷物料的温度、蒸汽压力等扰动，其对出口温度的影响则由 PID 反馈控制器来克服。前馈作用加反馈作用，使得换热器的出口温度稳定在设定值上，能获得较理想的控制效果。

在前馈-反馈复合控制系统中，控制输入 $X(s)$、扰动输入 $F(s)$对输出的共同影响为

$$Y(s)=\frac{G_c(s)G_o(s)}{1+G_c(s)G_o(s)}X(s)+\frac{G_f(s)+G_{ff}(s)G_o(s)}{1+G_c(s)G_o(s)}F(s) \tag{4.7}$$

如果要实现对扰动 $F(s)$的完全补偿，则上式的第二项应为零，即

$$G_f(s)+G_{ff}(s)G_o(s)=0 \text{ 或 } \quad G_{ff}(s)=-\frac{G_f(s)}{G_o(s)}$$

可见，前馈-反馈复合控制系统对扰动 $F(s)$实现完全补偿的条件与开环前馈控制相同，所不同的是，扰动 $F(s)$对输出的影响要比开环前馈控制的情况下小$[1+G_c(s)G_o(s)]$倍，这是由于反馈控制起作用的结果。这就表明，经过开环补偿以后，输出的变化已经不太大了，再经过反馈控制又进一步减小了$[1+G_c(s)G_o(s)]$倍，从而充分体现了前馈-反馈复合控制的优越性。

此外，由式（4.7）可知，复合控制系统的特征方程式为

$$1+G_c(s)G_o(s)=0$$

这一特征方程式只和 $G_c(s)$、$G_o(s)$有关，而与 $G_{ff}(s)$无关，即与前馈控制器无关。这就说明，加入前馈控制器并不影响系统的稳定性，系统的稳定性完全取决于闭环控制回路。这就给设计工作带来很大的方便。在设计复合控制系统时，可以先根据闭环控制系统的设计方法进行设计，而暂不考虑前馈控制器的作用，使系统满足一定的稳定性要求和一定的过渡过程品质要求。当闭环系统确定以后，再根据不变性原理设计前馈控制器，进一步消除扰动对输出的影响。

4.3.3 前馈-串级控制系统

分析图 4.2 换热器的前馈-反馈控制系统可知，前馈控制器的输出与反馈控制器的输出叠加后直接送至控制阀，这实际上是将所要求的物料流量与加热蒸汽量的对应关系转化为物料流量与控制阀间的关系。因此，为了保证前馈补偿的精度，对控制阀提出了严格的要求，希

望它有灵敏、线性及尽可能小的滞环区。此外，还要求控制阀前后的压差恒定，否则，同样的前馈输出将对应不同的蒸汽流量，这就无法实现精确的校正。为了解决上述两个问题，工程上在原有的反馈控制回路中再增设一个蒸汽流量副回路，把前馈控制器的输出与反馈控制器的输出叠加后作为蒸汽流量控制器的设定值，构成如图 4.3 所示的前馈-串级控制系统。系统的方框图如图 4.4 所示。

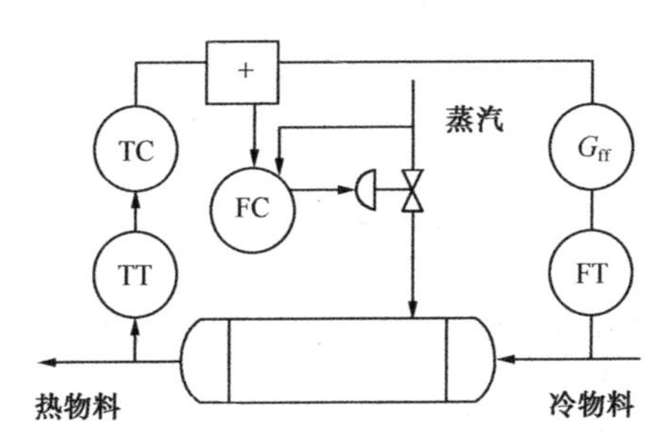

图 4.3　换热器前馈-串级控制系统

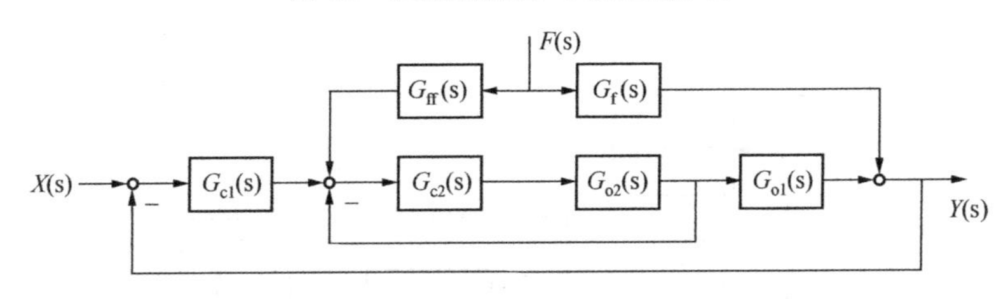

图 4.4　换热器前馈-串级控制方框图

当串级控制系统中的副回路是一个很好的随动系统，而且其工作频率高于主回路工作频率的 10 倍时，则前馈控制器传递函数可以写成

$$G_{ff}(s) \approx -\frac{G_f(s)}{G_o(s)}$$

可见，无论哪种形式的前馈控制系统，其前馈控制器的传递函数均可以表示为对象扰动通道特性与控制通道的特性之比。

【工程经验】

因控制算法的软件化，现阶段的前馈控制方案更为复杂多样。在石油、化工、冶金等领域，前馈-反馈、前馈-串级等控制方案往往与选择性控制、自动保护控制等方案结合起来，构成更为复杂的多功能控制系统。

4.4　前馈控制系统的实施及应用

4.4.1　前馈控制系统的实施

通过对前馈控制系统几种典型结构形式的分析可知，前馈控制器的控制规律取决于对象扰动通道和控制通道的特性。工业对象的特性极为复杂，这就导致了前馈控制规律的形式繁多，但从工业应用的观点看，尤其是使用常规控制仪表组成的控制系统，总是力求控制系统的模式具有一定的通用性，以利于设计、投运和维护。实践证明，相当数量的工业对象都具有非周期性与过阻尼的特性，因此经常用一个一阶或者二阶容量环节，必要时再串联一个纯滞后环节来近似它。例如：

$$G_f(s)=\frac{K_2}{T_2s+1}e^{-\tau_2 s} \tag{4.8}$$

$$G_o(s)=\frac{K_1}{T_1s+1}e^{-\tau_1 s} \tag{4.9}$$

则

$$G_{ff}(s)=-K_f\frac{T_1s+1}{T_2s+1}e^{-\tau_f s} \tag{4.10}$$

式中，K_f为静态前馈放大系数，$K_f=\frac{K_2}{K_1}$；$\tau_f=\tau_2-\tau_1$。

式（4.10）即为带有纯滞后的“超前-滞后”前馈控制规律，可按图4.5组合而成，其滞后环节按$e^{-\tau s}=\left(1-\frac{1}{2}\tau s\right)\Big/\left(1+\frac{1}{2}\tau s\right)$近似展开。

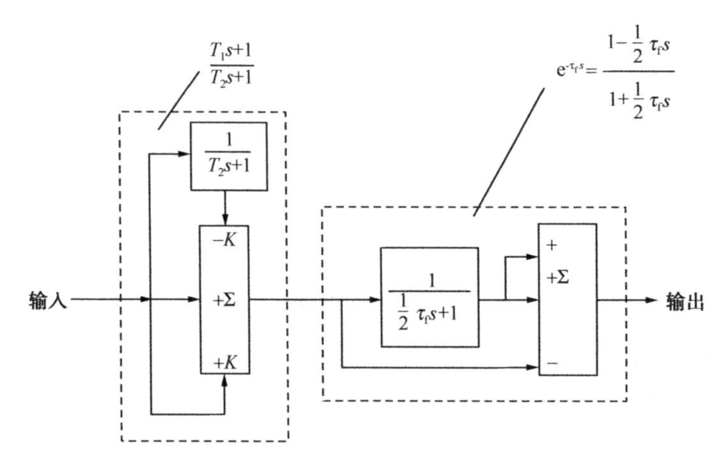

图4.5　$\frac{T_1s+1}{T_2s+1}e^{-\tau_f s}$ 实施方框图

当τ_1和τ_2相差不大时，为了简化前馈补偿装置，可采用如下简化形式：

$$G_{ff}(s)=-K_f\frac{T_1s+1}{T_2s+1} \tag{4.11}$$

此种“超前-滞后”前馈补偿模型已经成为目前广泛应用的一种动态前馈补偿模式，在定型的DDZ—Ⅲ型仪表、组合仪表及微型控制机中都有相应的硬件模块。在没有定型仪表的情况下，也可用一些常规仪表组合而成，如用比值器、加法器和一阶惯性环节来实施，如图4.6所示。这种通用型前馈控制模型在单位阶跃作用下的输出特性为

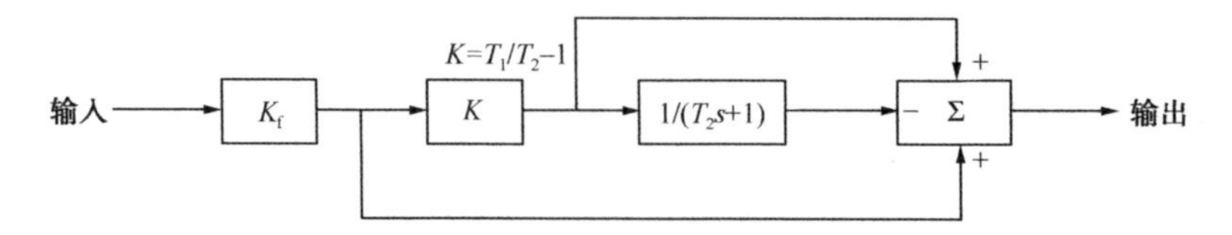

图4.6　$(T_1s+1)/(T_2s+1)$实施方框图

$$m_f(t)=K_f[1+(\alpha-1)e^{-\alpha\frac{t}{T_1}}] \tag{4.12}$$

式中，$\alpha=\dfrac{T_1}{T_2}$。

相应于$\alpha>1$与$\alpha<1$的时间特性曲线如图 4.7 所示。

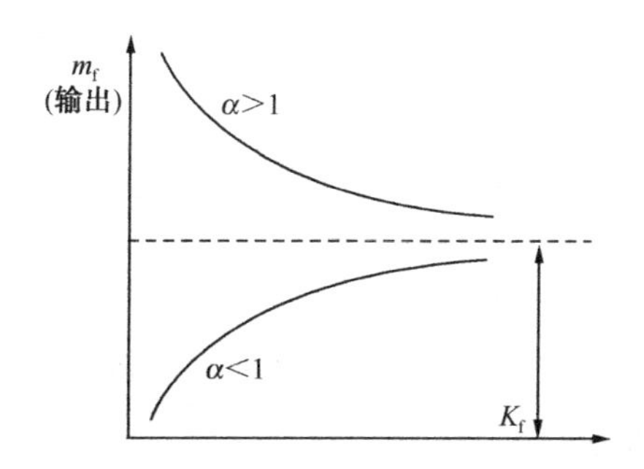

图 4.7　$(T_1s+1)/(T_2s+1)$在单位阶跃作用下输出的时间响应

由图可见，当$\alpha>1$时，即$T_1>T_2$，前馈补偿带有超前特性，适用于控制通道滞后（指容量滞后，或时间常数）大于扰动通道滞后的对象。而若$\alpha<1$时，即$T_1<T_2$，前馈补偿带有滞后性质，适用于控制通道滞后小于扰动通道滞后的对象。

4.4.2　前馈控制系统的应用

如何正确选用前馈控制系统是设计中首先碰到的问题。原则上讲，在下列情况下可考虑选用前馈控制系统。

（1）对象的滞后或纯滞后较大（控制通道）、反馈控制难以满足工艺要求时，可以采用前馈控制，把主要扰动引入前馈控制，构成前馈-反馈控制系统。

（2）系统中存在着可测、不可控、变化频繁、幅值大且对被控变量影响显著的扰动时，采用前馈控制可大大提高控制品质。所谓“可测”，是指扰动量可以采用检测变送装置在线转化为标准的电（或气）信号。因为目前的某些参数，尤其是成分量还无法实现上述转换，也就无法设计相应的前馈控制系统。所谓“不可控”，有两层含意。其一，指这些扰动难以通过设置单独的控制系统予以稳定（这类扰动在连续生产过程中是经常遇到的）；其二，在某些场合，虽然设置了专门的控制系统来稳定扰动，但由于操作上的需要，往往经常要改变其设定值，这也属于不可控的扰动。

（3）当工艺上要求实现变量间的某种特殊关系，需要通过建立数学模型来实现控制时，可选用前馈控制系统。这实质上是把扰动量代入已建立的数学模型中去，从模型中求解控制变量，从而消除扰动对被控变量的影响。

当决定选用前馈控制方案后，还需要考虑静态前馈与动态前馈的选择问题。由于动态前馈的设备投资高于静态前馈，而且整定也较麻烦，因此，当静态前馈能满足工艺要求时，不必选用动态前馈。如前所述，对象的扰动通道和控制通道时间常数相当时，用静态前馈即可获得满意的控制品质。

在实际生产过程中，有时会出现前馈-反馈控制与串级控制混淆不清的情况，这将给设计与运行带来困难。下面简要介绍两者的关系与区别，指明在实际应用中需要注意的问题。

由于前馈-反馈控制系统与串级控制系统都是测取对象的两个信息，采用两个控制装置，在结构形式上又具有一定的共性，所以容易混为一谈。我们以加热炉为例说明这个问题。如图 4.8 所示，分别为加热炉的串级控制与前馈-反馈控制的系统原理图，图（a）是加热炉出口温度与炉膛温度的串级控制系统，图（b）为以进料流量为主要扰动而设计的前馈-反馈控制系统。两者相比，系统在结构上是完全不同的。串级控制是由内、外两个反馈回路组成，而前馈-反馈控制则是由一个反馈回路和另一个开环的补偿回路叠加而成的。

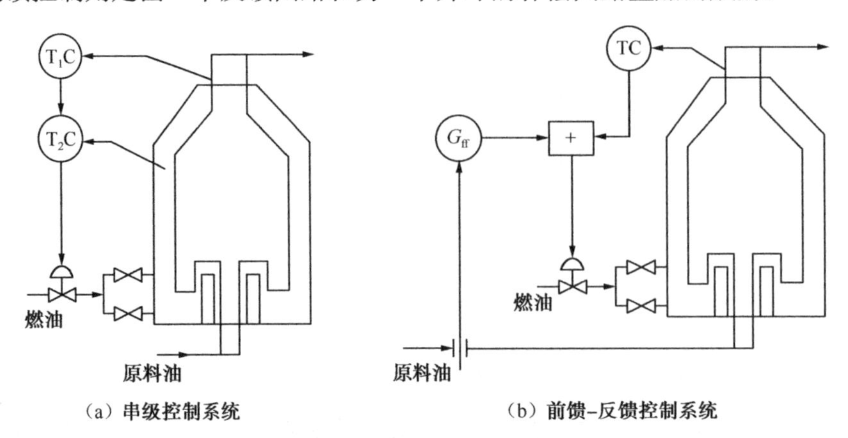

图 4.8 加热炉的两种控制系统

如果作进一步分析将会发现，串级控制中的副变量与前馈-反馈控制中的前馈输入量是两个截然不同的概念。前者是串级控制系统中反映主变量的中间变量，控制作用对它产生明显的调节效果；而后者是对主变量有显著影响的扰动量，是完全不受控制作用约束的独立变量，引入前馈控制器的目的是为了补偿物料（原料油）流量对炉出口温度的影响。此外，前馈控制器与串级控制中的副控制器担负着不同的功能。

【工程经验】

在工程上，前馈控制方案主要应用于存在着可测、不可控、变化频繁、幅值大且对被控变量影响显著的扰动的场合。谨记，采用前馈控制方案的前提是：该主要扰动“不可控”。如果是可控的扰动，则最好采用反馈控制。

本 章 小 结

前馈控制系统是按扰动信号进行的开环控制，其作用要比反馈控制及时，在理想状态下，前馈控制可以得到完全补偿，即系统在扰动作用下被控变量不会产生偏差，但实际上无法实现。因此，工程中常采用前馈-反馈控制系统，这样可以利用前馈控制来迅速克服主要扰动，再借助于反馈控制克服其他次要扰动，以便得到理想的控制效果。

前馈控制器的结构为 $G_{ff}(s)=-\dfrac{G_f(s)}{G_o(s)}$。

前馈控制系统的主要结构形式如下所述。

（1）单纯的前馈控制系统包括静态前馈和动态前馈两种。前者较为简单，容易实现；后者相对复杂，但能获得更好的前馈效果。动态前馈控制器是一个专用控制器，实施较难，绝大部分情况下实施的是近似动态前馈，不能得到完全补偿。

（2）前馈-反馈控制系统。

（3）前馈-串级控制系统。

（4）“超前-滞后”前馈补偿模型已经成为目前广泛应用的一种动态前馈补偿模式，前馈

控制器的特性为 $G_{ff}(s)=-K_f\dfrac{T_1s+1}{T_2s+1}e^{-\tau_f s}$ 。

思考与练习

1．前馈控制与反馈控制各有什么特点？

2．前馈控制系统有哪几种主要结构形式？

3．前馈-反馈控制具有哪些优点？

4．在前馈控制中，怎样才能达到完全补偿？动态前馈与静态前馈有什么区别？一般情况下，为什么不单独使用前馈控制系统？

5．已知对象扰动通道的传递函数为 $G_f(s)=\dfrac{2}{12s+1}e^{-s}$ ，控制通道的传递函数为 $G_o(s)=\dfrac{6}{10s+1}e^{-s}$，若采用前馈控制，试画出前馈控制方案，并计算前馈控制装置应具有的传递函数 $G_{ff}(s)$。

6．通过分析判断如图 4.9 所示的系统属于何种类型，画出它的方框图，并说明其工作原理。

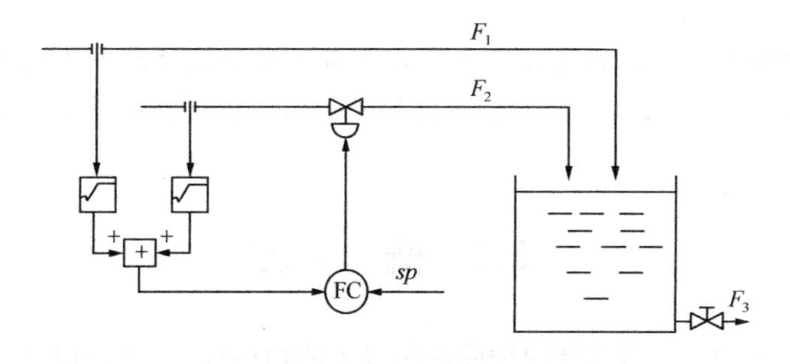

图 4.9　习题 6 图

7．如图 4.10 所示的系统是什么控制系统？原油流量是什么量？试画出该系统的方框图，并确定控制阀的开关形式及控制器的正、反作用方式。

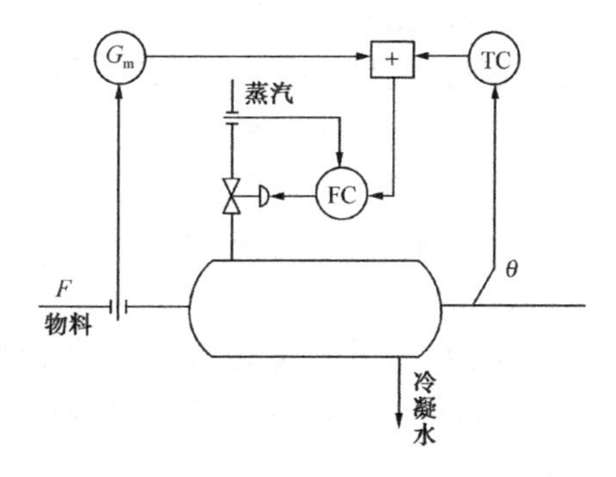

图 4.10　习题 7 图

第5章

比值控制系统

内容提要

生产过程中经常要求两种或两种以上的物料按照一定的比例混合或进行化学反应，以保证反应安全、充分并节约物料或能量，由此提出了比值控制。本章将重点讲述比值控制系统的常见结构类型、比值系数的计算、比值控制系统方案的实施、实施中的有关问题及比值控制系统的投运与整定的步骤。

 **特别提示：**

由于工业生产中大部分物料是以气态、液态或混合的流体状态在密闭管道、容器中进行能量传递或物质交换，以达到预期生产目标的，因此比值控制系统一般是指流量比值控制系统。

5.1 概　　述

在工业生产过程中，经常需要两种或两种以上的物料按一定比例混合或进行反应。一旦比例失调，就会影响生产的正常进行，影响产品质量，浪费原料，消耗动力，造成环境污染，甚至造成生产事故。最常见的是燃烧过程，燃料与空气要保持一定的比例关系，才能满足生产和环保的要求；造纸过程中，浓纸浆与水要以一定的比例混合，才能制造出合格的纸浆；许多化学反应的多个进料要保持一定的比例。因此，凡是用来实现两种或两种以上的物料量自动地保持一定比例关系以达到某种控制目的的控制系统，称为比值控制系统。

比值控制系统是控制两种物料流量比值的控制系统，一种物料需要跟随另一种物料流量的变化。在需要保持比例关系的两种物料中，必有一种物料处于主导地位，称此物料为主动量（或主物料），用 F_1 表示；而另一种物料以一定的比例随 F_1 的变化而变化，称为从动量（或从物料），用 F_2 表示。由于主、从物料均为流量参数，故又分别称为主流量和副流量。例如，在燃烧过程的比值控制系统中，当燃料量增加或减少时，空气流量也要随之增加或减少，因此，燃料量应为主动量，而空气量为从动量。比值控制系统就是要实现从动量 F_2 与主动量 F_1 的对应比值关系，即满足关系式

$$\frac{F_2}{F_1}=K \tag{5.1}$$

式中，K 为从动量与主动量的比值。

由此可见，在比值控制系统中，从动量是跟随主动量变化的物料流量，因此，比值控制系统实际上是一种随动控制系统。

【工程经验】

主、从动量的确定，通常是视物料在生产中的重要性或由工艺的特点而定。一般情况下，总是把生产中的主要物料定为主动量，但在有些场合，为保证生产安全，以不可控物料为主动量，通过改变可控物料即从动量来保持它们之间的比值关系。

5.2 比值控制系统的类型

按照系统结构，可将比值控制系统分为单闭环、双闭环和变比值控制系统三种结构类型。

从控制原理看，比值控制系统属于前馈控制系统。开环比值控制系统是最简单的比值控制系统，其实现方法就是根据一种物料的流量来调节另一种物料的流量，它的系统组成如图 5.1 所示。在这个系统中，当主动量增大时，应相应地开大从动量控制阀的开度，使从动量 F_2 跟随主动量 F_1 变化，以满足 $F_2=KF_1$ 的要求。因此，当 F_2 因管线两端的压力波动而发生变化时，系统不起控制作用，此时难以保证 F_2 与 F_1 间的比值关系。也就是说，开环比值控制系统对来自于从动量所在管线的扰动并无抗干扰能力，只能适用于从动量较平稳且对比值要求不高的场合。而实际生产过程中，对 F_2 的扰动常常是不可避免的，因此生产上很少采用开环比值控制系统。

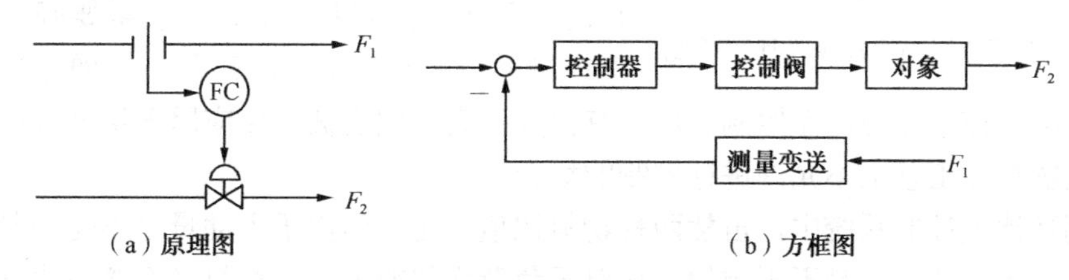

图 5.1　开环比值控制系统

通常，工业生产过程中采用闭环比值控制系统。为了调节从动量，从动量应组成闭环，因此，根据主动量是否组成闭环，可分为单闭环比值控制系统和双闭环比值控制系统。如果比值 K 来自于另一个控制器，即主、副物料的流量比不是一个固定值，则该比值控制系统就是变比值控制系统。

5.2.1 单闭环比值控制系统

单闭环比值控制系统是为了克服开环比值控制方案的不足，在开环比值控制系统的基础上，增加一个从动量的闭环控制系统，如图 5.2 所示。

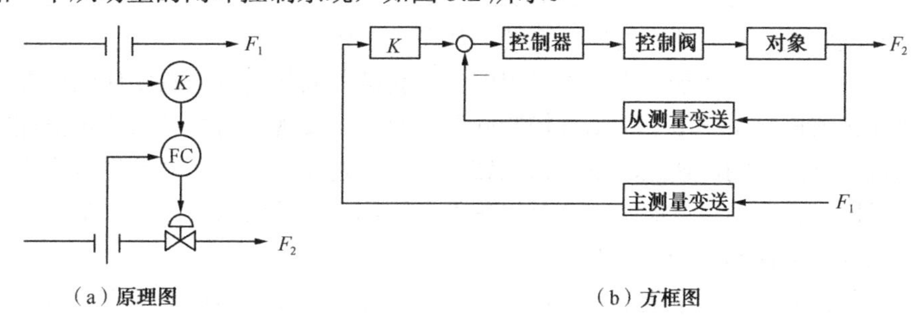

图 5.2　单闭环比值控制系统

从图 5.2（a）可以看出，单闭环比值控制系统与串级控制系统具有相类似的结构形式，但两者是不同的。单闭环比值控制系统的主动量相当于串级控制系统的主变量，但其主动量并没有构成闭环系统，F_2 的变化并不影响到 F_1，这就是两者的根本区别。

在稳定状态下，主、副流量满足工艺要求的比值，$F_2/F_1=K$。当主流量变化时，其主流量信号 F_1 经变送器送到比值计算装置（通常为乘法器或比值器），比值计算装置则按预先设置好的比值使输出成比例地变化，也就是成比例地改变副流量控制器的设定值，此时副流量闭环系统为一个随动控制系统，从而使 F_2 跟随 F_1 变化，使得在新的工况下，流量比值 K 保持不变。当主流量没有变化而副流量由于自身扰动发生变化时，副流量闭环系统相当于一个定值控制系统，通过自行控制克服扰动，使工艺要求的流量比值仍保持不变。

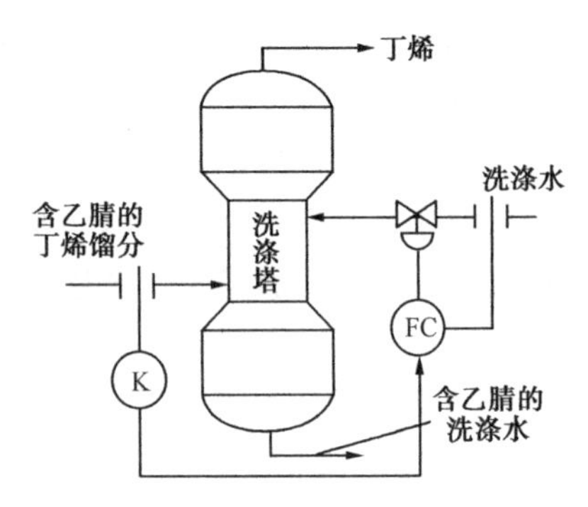

图 5.3　丁烯洗涤塔进料与洗涤水之比值控制

如图 5.3 所示，为单闭环比值控制系统实例。丁烯洗涤塔的任务是用水除去丁烯馏分中所夹带的微量乙腈。为了保证洗涤质量，要求根据进料流量配以一定比例的洗涤水量。

总之，单闭环比值控制系统不仅能使从动量的流量跟随主动量的变化而变化，实现主、从动量的精确流量比值，还能克服进入从动量控制回路的扰动影响。因此，其主、从动量的比值较为精确，而且比开环比值控制系统的控制质量要好。单闭环比值控制系统的结构形式较简单，所增加的仪表投资较少，实施起来亦较方便，而控制品质却有很大提高，因而被大量应用于生产过程控制，尤其适用于主物料在工艺上不允许进行控制的场合。

在单闭环比值控制系统中，虽然两种物料比值一定，但由于主动量是不受控制的，所以总物料量（即生产负荷）是不固定的，这对于负荷变化幅度大、物料又直接去化学反应器的场合是不适合的。因负荷的波动有可能造成反应不完全，或反应放出的热量不能及时被带走等，从而给反应带来一定的影响，甚至造成事故。此外，这种方案也不适用于严格要求动态比值的场合。因为这种方案的主动量是不定值的，当主动量出现大幅度波动时，从动量相对于控制器的设定值会出现较大的偏差，也就是说，在这段时间里，主、从动量的比值会较大地偏离工艺要求的流量比，即不能保证动态比值。

5.2.2　双闭环比值控制系统

双闭环比值控制系统是为了克服单闭环比值控制系统主动量不受控、生产负荷在较大范围内波动的不足而设计的。在主动量也需要控制的情况下，增加一个主动量控制回路，单闭环比值控制系统就成为双闭环比值控制系统，如图 5.4 所示。

如图 5.5 所示，为某溶剂厂生产中采用的二氧化碳与氧气流量的双闭环比值控制系统的实例。双闭环比值控制系统由于主动量控制回路的存在，实现了对主动量的定值控制，大大克服了主动量干扰的影响，使主动量变得比较平稳，通过比值控制从动量也将比较平稳。这样不仅实现了比较精确的流量比值，而且也确保了两物料的总流量（即生产负荷）能保持稳定，这是双闭环比值控制的一个主要优点。

双闭环比值控制的另一个优点是升降负荷比较方便，只要缓慢地改变主动量控制器的设定值，就可以升降主动量，同时从动量也就自动跟踪升降，并保持两者的比值不变。双闭环比值控制方案主要应用于主动量扰动频繁且工艺上不允许负荷有较大波动，或工艺上经常需要升降负荷的场合。但该方案使用仪表较多，投资高，而且投运也较麻烦，因此，如果没有以上控制要求，采用两个单独的单回路定值控制系统来分别稳定主、从动量，也能使两种物料保持一定的比例关系（仅仅在动态过程中，比例关系不能保证）。这样在投资上可节省一台比值装置，而且在操作上也较方便。

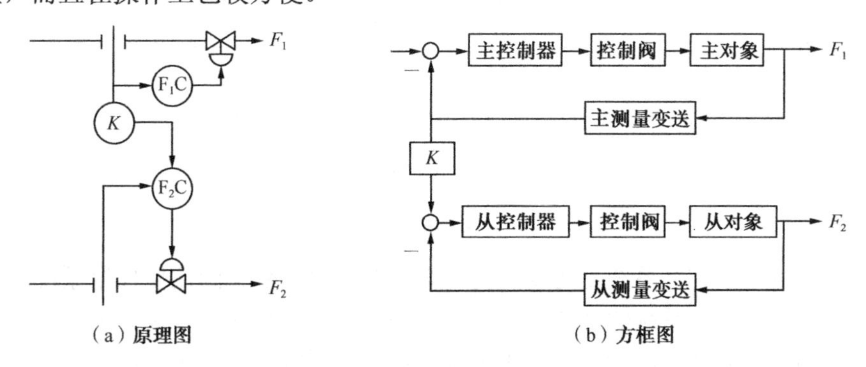

图 5.4　双闭环比值控制系统

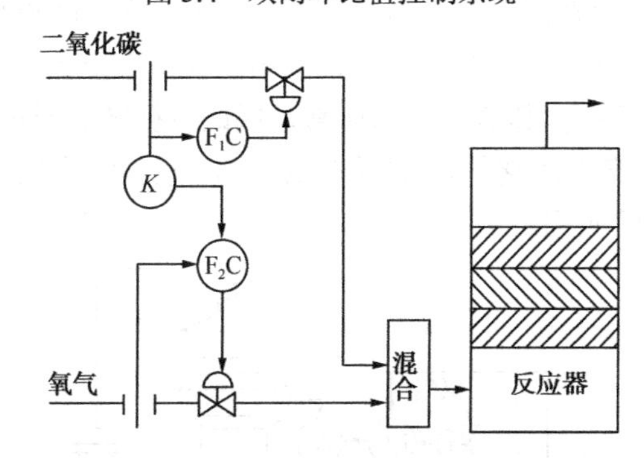

图 5.5　二氧化碳与氧气流量双闭环比值控制系统

在采用双闭环比值控制方案时，还需防止共振的产生。因主、从动量控制回路通过比值器是相互关联的，当主动量进行定值控制后，它变化的幅值会大大减小，但变化的频率往往会加快，使从动量控制器的设定值经常处于变化之中，当主动量回路的频率和从动量回路的工作频率接近时，就有可能引起共振，使从动量回路失控，以致系统无法正常投入运行。因此，对主动量控制器进行参数整定时，应尽量保证其输出为非周期变化，以防止产生共振。

5.2.3　变比值控制系统

前面介绍的两种控制系统都属于定比值控制系统，控制的目的是要保持主、从物料的比值关系为定值。但有些化学反应过程，要求两种物料的比值能灵活地随第三变量的需要而加以调整，这样就出现了变比值控制系统。

在生产上维持流量比恒定往往不是控制的最终目的，而仅仅是保证产品质量的一种手段。定比值控制方案只能克服来自流量方面的扰动对比值的影响，当系统中存在着除流量扰动外的其他扰动（如温度、压力、成分及反应器中触媒活性变化等扰动）时，为了保证产品质量，必须适当修正两物料的比值，即重新设置比值系数。由于这些扰动往往是随机的，扰动的幅值也各不相同，显然无法用人工方法经常去修正比值系数，定比值控制系统也就无能为力了。因此，出现了按照一定工艺指标自行修正比值系数的变比值控制系统。如图 5.6 所示，为一个用除法器组成的变比值控制系统。

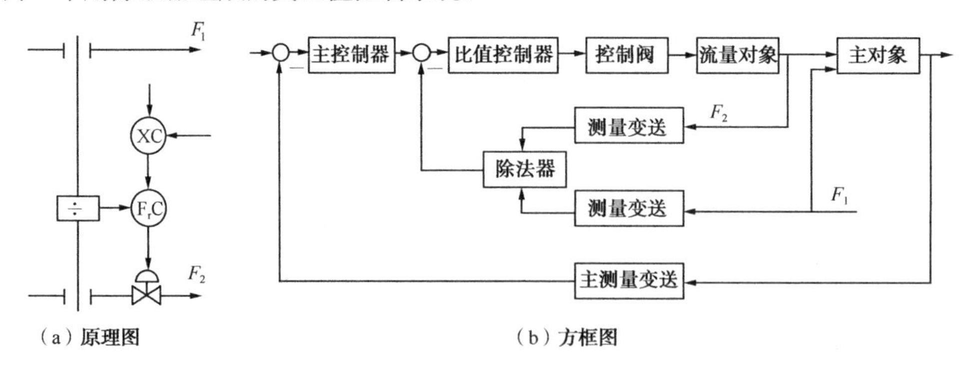

图 5.6　变比值控制系统

由图可见，变比值控制系统是比值随另一个控制器输出变化的比值控制系统。其结构是串级控制系统与比值控制系统的结合。它实质上是一个以某种质量指标为主变量、两物料比值为副变量的串级控制系统，所以也称为串级比值控制系统。根据串级控制系统具有一定自适应能力的特点，当系统中存在温度、压力、成分、触媒活性等随机扰动时，这种变比值系统也具有能自动调整比值、保证质量指标在规定范围内的自适应能力。因此，在变比值控制系统中，流量比值只是一种控制手段，其最终目的通常是保证表征产品质量指标的主被控变量恒定。

以图 5.7 所示硝酸生产中氧化炉的炉温与氨气/空气比值所组成的串级比值控制方案为例，说明变比值控制系统的应用。

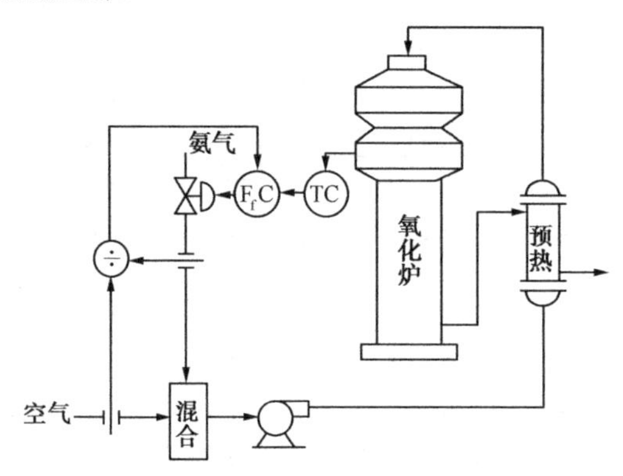

图 5.7　氧化炉温度与氨气/空气串级比值控制系统

氧化炉是硝酸生产中的关键设备，原料氨气和空气在混合器内混合后经预热进入氧化炉，氨氧化生成一氧化氮（NO）气体，同时放出大量的热量。稳定氧化炉操作的关键条件是反应温度，因此氧化炉的温度可以间接表征氧化生产的质量指标。若设计一套定比值控制系统来保证进入混合器的氨气和空气的比值一定，就可基本上控制反应放出的热量，即基本上控制了氧化炉的温度。但影响氧化炉温度变化的其他扰动很多，经计算得知，当氨气在混合器中的含量每增加 1%时，氧化炉的温度将上升 64.9 ℃，所以成分变化是在比值不变的情况下改变混合器内氨含量的直接扰动。其他扰动（如进入氧化炉的氨气、空气的初始温度等）的变化，意味着物料带入的能量变化，直接影响炉内温度；负荷的变化关系到单位时间内参加化学反应的物料量，由改变释放反应热的多少而影响炉内温度。因此，仅仅保持氨气和空气的流量比值，尚不能最终保证氧化炉温度不变，还需根据氧化炉温度的变化来适当修正氨气和空气的比例，以保证氧化炉温度的恒定。图 5.7 所示的变比值控制系统就是根据这样的意图而设计的。由图可见，当出现直接引起氨气/空气流量比值变化的扰动时，可通过比值控制系统得到及时克服而保持炉温不变。而当其他扰动引起炉温变化时，则通过温度控制器对氨气/空气比值进行修正，使氧化炉温度恒定。

在变比值控制方案中，选取的第三参数主要是衡量质量的最终指标，而流量间的比值只是参考指标和控制手段。因此在选用变比值控制时，必须考虑到作为衡量质量指标的第三参数能否进行连续的测量变送，否则系统将无法实施。由于具有第三参数自动校正比值的优点，且随着质量检测仪表的发展，变比值控制可能会越来越多地在生产上得到应用。

需要注意的是，上面提到的变比值控制方案是用除法器来实施的，实际上还可采用其他运算单元（如乘法器）来实施。同时从系统的结构看，上例是单闭环变比值控制系统，如果工艺控制需要，也可构成双闭环变比值控制系统。

【工程经验】

比值控制系统的功能貌似单一，但其在工程上的应用却是相当灵活的。双闭环比值控制系统既能保持生产总负荷的稳定，也能方便地升降负荷；对于工艺中存在多参数关联的质量指标控制问题，变比值控制系统往往是最有效的控制措施。

5.3 比值系数的计算

在此，有必要把流量比值 K 和设置于仪表的比值系数 K' 区别开来，因为工艺上规定的比值 K 是指两物料的（质量或体积）流量之比，而通常所用的单元组合仪表使用的是统一的标准信号（例如，电动仪表使用 0～10mA 或 4～20mA 直流电流信号，气动仪表使用 20～100kPa 气压信号等）。因此，必须把工艺规定的流量比值 K 折算成仪表信号的比值系数 K'，才能进行比值设定。比值系数的折算方法随流量与测量信号间是否成线性关系而不同。

5.3.1 流量与测量信号成线性关系时的折算

当使用转子流量计、涡轮流量计、椭圆齿轮流量计、电磁流量计或差压变送器经开方器运算后的流量测量信号时，被测流量均与测量信号成线性关系。

下面以图 5.8 所示的单闭环比值控制系统为例，分别讨论当采用 DDZ—Ⅲ型、DDZ—Ⅱ型和气动仪表时，比值系数的折算方法。

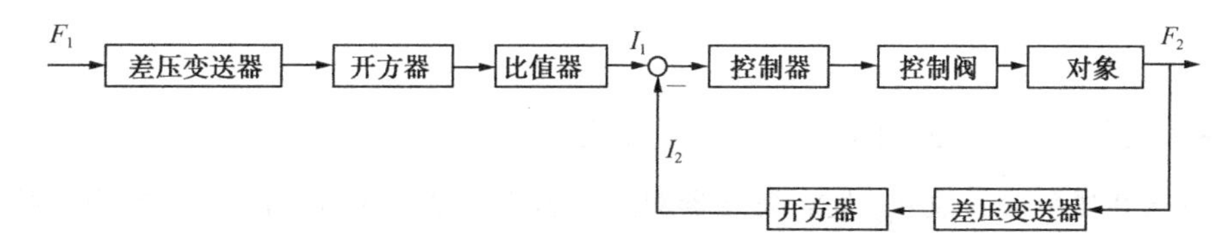

图 5.8 带开方差压变送器的比值控制系统

1. 采用信号范围为 4～20mA DC 的 DDZ—Ⅲ型仪表

当流量从 0 变至最大值 F_{max} 时，变送器对应的输出为 4～20mA DC，则流量的任一中间值 F 所对应的输出电流为

$$I=\frac{F}{F_{max}}\times16+4 \tag{5.2}$$

则有

$$F=\frac{(I-4)}{16}\times F_{max} \tag{5.3}$$

由式（5.3）可得工艺要求的流量比值，为

$$K=\frac{F_2}{F_1}=\frac{(I_2-4)F_{2max}}{(I_1-4)F_{1max}} \tag{5.4}$$

由此可折算成仪表的比值系数K'，为

$$K'=\frac{I_2-4}{I_1-4}=K\frac{F_{1max}}{F_{2max}} \tag{5.5}$$

式中，F_{1max}——主动量变送器的量程上限；

F_{2max}——从动量变送器的量程上限；

I_1——主动量的测量信号值；

I_2——从动量的测量信号值。

2．采用信号范围为 0～10mA DC 的 DDZ—Ⅱ型仪表

当流量从 0 变至最大值 F_{max} 时，变送器对应的输出为 0～10mADC，则流量的任一中间值 F 所对应的输出电流为

$$I=\frac{F}{F_{max}}\times10 \tag{5.6}$$

则有

$$F=\frac{I}{10}\times F_{max} \tag{5.7}$$

由式（5.7）可得工艺要求的流量比值，为

$$K=\frac{F_2}{F_1}=\frac{I_2}{I_1}\times\frac{F_{2max}}{F_{1max}} \tag{5.8}$$

由此可折算成仪表的比值系数K'，为

$$K'=\frac{I_2}{I_1}=K\frac{F_{1max}}{F_{2max}} \tag{5.9}$$

式中各符号意义同上。

3．采用信号范围为 20～100kPa 的气动仪表

当流量从 0 变至最大值 F_{max} 时，变送器对应的输出为 20～100kPa，变送器的转换关系为

$$p=\frac{F}{F_{max}}\times80+20 \tag{5.10}$$

仪表的比值系数为

$$K'=\frac{p_2-20}{p_1-20} \tag{5.11}$$

将式（5.10）代入（5.11），可得

$$K'=\frac{\frac{F_2}{F_{2\max}}\times 80}{\frac{F_1}{F_{1\max}}\times 80}=\frac{F_2}{F_1}\times\frac{F_{1\max}}{F_{2\max}}=K\times\frac{F_{1\max}}{F_{2\max}} \tag{5.12}$$

式中，$F_{1\max}$——主动量变送器的量程上限；

$F_{2\max}$——从动量变送器的量程上限；

p_1——主动量的测量信号值；

p_2——从动量的测量信号值。

可以看出，对于不同信号范围的仪表，比值系数的计算式是一致的，即

$$K'=K\frac{F_{1\max}}{F_{2\max}} \tag{5.13}$$

5.3.2 流量与测量信号成非线性关系时的折算

当使用差压式流量计测量流量而未经开方处理时，构成的单闭环比值控制系统如图 5.9 所示。流量与压差的非线性关系为

$$F=C\sqrt{\Delta p} \tag{5.14}$$

式中，C 为节流装置的比例系数。

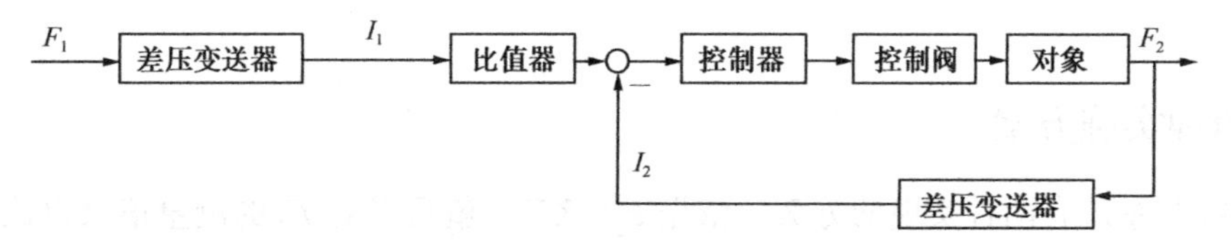

图 5.9 不带开方差压变送器的比值控制系统

此时针对不同信号范围的仪表，测量信号与流量的转换关系如下。

0～10mA DC 的 DDZ—Ⅱ型电动仪表：

$$I=\frac{\Delta p}{\Delta p_{\max}}\times 10=\frac{F^2}{F^2_{\max}}\times 10 \tag{5.15}$$

4～20mA DC 的 DDZ—Ⅲ型电动仪表：

$$I=\frac{F^2}{F^2_{\max}}\times 16+4 \tag{5.16}$$

20～100kPa 的气动仪表:

$$p=\frac{F^2}{F^2_{\max}}\times 80+20 \tag{5.17}$$

以信号范围为 4～20mA DC 的 DDZ-Ⅲ型电动仪表为例，仪表的比值系数计算如下：

$$K'=\frac{I_2-4}{I_1-4}=\frac{\frac{F_2^2}{F_{2\max}^2}\times 16}{\frac{F_1^2}{F_{1\max}^2}\times 16}=\frac{F_2^2}{F_1^2}\times\frac{F_{1\max}^2}{F_{2\max}^2}=K^2\times\left(\frac{F_{1\max}}{F_{2\max}}\right)^2 \tag{5.18}$$

当采用气动仪表或 DDZ—Ⅱ型仪表时，同样可得到式（5.18）。这说明比值系数的折算

方法与仪表的结构型号无关，只和测量的方法有关。

由此得出如下几点结论：

（1）流量比值 K 与仪表的比值系数 K' 是两个不同的概念，不能混淆；

（2）比值系数 K' 的大小与流量比值 K 有关，也与变送器的量程有关，但与负荷的大小无关；

（3）流量与测量信号之间有无非线性关系对计算式有直接影响，线性关系时 $K'_{线}=K\left(F_{1\max}/F_{2\max}\right)$，非线性关系（平方根关系）时 $K'_{非线}=K^2\left(F_{1\max}/F_{2\max}\right)^2$；但仪表的信号范围不同及起始点是否为零，均对计算式无影响；

（4）线性测量与非线性测量（平方根关系）情况下，K' 间的关系为 $K'_{非线}=\left(K'_{线}\right)^2$。

【工程经验】

正确计算比值系数的关键是依流量与测量信号间是否成线性关系而正确选择折算公式。

5.4　比值控制系统的实施

实现比值控制的关键，是采用何种方式来实现主、副流量的比值运算。分析所有的比值控制系统，发现其运算式有乘法和除法两种，也就是说具体实施分为相乘方案与相除方案两类。

5.4.1　两种实施方案

比值控制系统有两种实现的方案。依据 $F_2=KF_1$，就可以对 F_1 的测量值乘以比值 K，作为 F_2 流量控制器的设定值，称为相乘方案；而依据 $F_2/F_1=K$，就可以将 F_2 与 F_1 的测量值相除，作为比值控制器的测量值，称为相除方案。

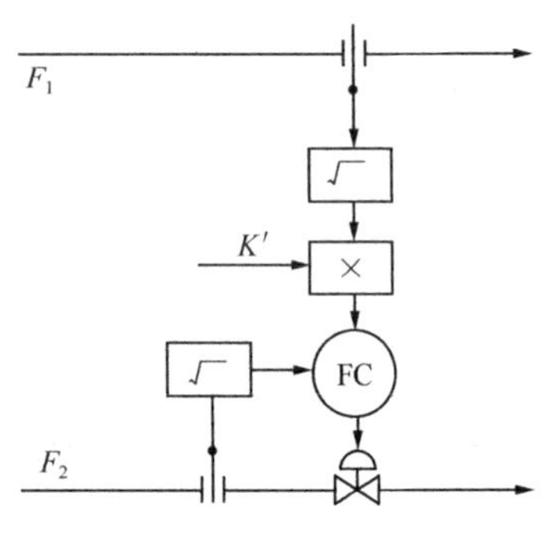

图 5.10　相乘方案

1．相乘方案

图 5.10 是采用相乘方案来实现单闭环比值控制。图中“×”（乘号）表示乘法器。比值控制系统的设计任务，是要按工艺要求的流量比值 K 来正确设置图中仪表的比值系数 K'。该图所示的相乘方案中，由于在差压变送器后设有开方器，因此流量信号与测量信号成线性关系，仪表的比值系数 K' 应按式（5.13）计算。

乘法方案的运算装置可以采用比值器、乘法器、配比器及分流器等；至于使用可编程控制器或其他计算机控制来实现的，采用乘法运算即可。如果比值 K 为常数，上述常规仪表均可应用；若 K 为变数（变比值控制）时，则必须采用乘法器，此时，只需将比值设定信号换接成第三参数就可以了。

2．相除方案

相除方案如图 5.11 所示，图中“÷”（除号）表示除法器。显然它还是一个单回路控制系统，只是控制器的测量值和设定值都是流量信号的比值，而不是流量本身。

常规比值控制系统的相除方案均采用除法器来实现。若采用可编程控制器或其他计算机控制来实现，只要对两个流量测量信号进行除法运算即可。由于除法器的输出直接代表了两流量信号的比值，所以可直接对它进行比值指示和报警。相除方案的优点是直观，可直接读出比值，且比值可直接由控制器进行设定，其可调范围宽，操作方便。若将比值设定信号改作第三参数，便可实现变比值控制。

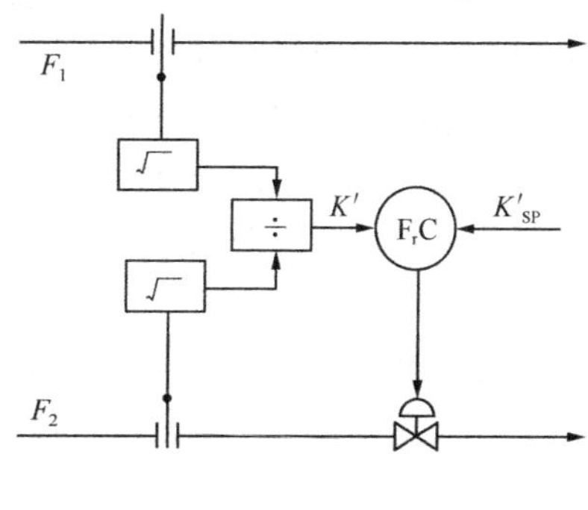

图 5.11 相除方案

但相除方案也有其弱点。在相除方案中，可将比值 K' 理解为真正的被控变量。由于比值计算包括在控制回路中，而除法器的增益是非线性的，使广义对象的特性也为非线性，所以其放大系数会随负荷变化，比值系数一经调整，系统的稳定裕度就会变动。在负荷较小时，系统不易稳定性。因此，在比值控制系统中应尽量少用除法器，一般可用相乘形式来代替它。

5.4.2 比值控制系统中的信号匹配问题

比值控制系统中有进行比值设置的运算装置，为了使需要的比值运算能在模拟仪表上实现，而各环节的输入、输出信号既能限制在规定的信号范围之内，又要尽可能在达到最大量程的情况下进行运算，以达到较高的精度，因此就要合理调整有关仪表的量程，或设置必要的系数。这项工作称为仪表的信号匹配。比值控制系统的运算并不复杂，所以信号匹配的工作比较简单。

比值系数 K' 的计算是比值控制系统信号匹配的一个主要内容。K' 的大小除了与工艺规定的流量比值 K 有关外，还与仪表的量程上限有关，因此，要使比值控制系统具有较高的灵敏度和精度，仪表量程上限的确定是极为关键的。

1. 相乘方案中的信号匹配

在采用相乘方案时，比值系数 K' 的值既不能太小，也不能太大。若 K' 值太小，则从动流量 F_2 控制器的设定值也必然很小，仪表的量程不能充分利用，影响控制精确度；若 K' 值过大，则设定值可能接近控制器的量程上限，当遇到主动量流量 F_1 值进一步上升时，将因仪表超限而无法完成比值控制的功能。因此，其比值系数 K' 不能大于 1。

比值系数 K' 在接近 1 时最为灵敏，精度最高，这就是所说的在尽可能达到最大量程情况下进行运算。这是因为当 $K'=1$ 时，则 $KF_{1max}=F_{2max}$，即在保持工艺要求的比值 K 不变的情况下，主、副流量都可在全量程变化，系统的灵敏度及精度都较高。这个结论对于使用比值器、分流器、比率设定器及乘法器等不同仪表作相乘方案实施时，都是一致的。所以在进行比值控制系统设计时，节流装置和差压变送器的选择要合适，才能确保比值控制系统有较高精度及灵敏度。

2. 相除方案中的信号匹配

采用除法器实施的比值控制系统，由于除法器的结构，必须使输入的分母信号大于分子信号。通常把主动量作为分母项，此时 K' 的范围是 $0<K'<1$，因此在选择流量测量仪表量程时，也需满足 $F_{2max}>K_{max}F_{1max}$。同时，用除法器进行比值计算时，应该注意比值系数 K'

的值不能在 1 附近。因为若比值系数等于 1，则比值设定已达最大信号，除法器输出也必将达到最大值。如果此时出现某种扰动使比值 F_2/F_1 增加，虽然比值 $K=F_2/F_1$ 增加了，但由于除法器输出已饱和，相当于系统的反馈信号不变，失去控制作用，故只好任比值 K 增加。因此，当主、从动量信号有可能出现相等或接近相等、除法器输出将达最大值时，可在从动量回路中串入一个比例系数为 0.5 的比值器，以将比值设定值调整在量程的中间值附近，保持有一定的控制余地。

近年来，随着智能化仪表的发展及计算机控制方式的普及，比值控制系统在结构上也发生了一些变化，系统中无须再设置比值器等运算类仪表，相关的运算及控制功能均实现了程序化。

【工程经验】

若选用差压法测流量，须考虑是否使用开方器。当控制精度要求不高，且负荷变化不大时，可不用开方器；但当控制精度要求高，或负荷变化大时，则需使用开方器。

5.5　比值控制系统的投运与整定

比值控制系统在设计、安装好以后，即可进行系统的投运。投运前的准备工作及投运步骤与简单控制系统相同，不再重复介绍。这里主要介绍比值控制系统的整定。

1. 投运中比值系数 K' 的设置所需注意的问题

首先根据工艺规定的流量比值 K 按实际组成的方案进行比值系数的计算。比值系数计算为系统设计、仪表量程的选择和现场比值系数的设置提供了理论依据。但由于采用差压法测量流量时，要做到精确计量有一定的困难；而且尽管对测量元件进行了精确计算，但在实际使用中尚有不少误差，想通过比值系数一次精确设置来保证流量比值是不可能的。因此，在投运前系统的比值系数不一定要精确设置，可以在投运过程中逐渐校正，直至工艺认为合格为止。

2. 比值控制系统的参数整定

比值控制系统的参数整定，关键是先要明确整定要求。双闭环比值控制系统的主流量回路为一般的定值控制系统，可按常规的简单控制系统进行整定；变比值控制系统因结构上属于串级控制系统，故主控制器可按串级控制系统进行整定。下面对于单闭环比值控制系统、双闭环的从动量回路，以及变比值回路的参数整定做一下简单介绍。

比值控制系统中的从动量回路是一个随动控制系统，工艺上希望从动量能迅速、正确地跟随主动量变化，并且不宜有过调。由此可知，比值控制系统实际上是要达到振荡与不振荡的临界过程，这与一般定值控制系统的整定要求是不一样的。

按照随动控制系统的整定要求，一般的整定步骤如下所述。

（1）根据工艺要求的两流量比值 K，进行比值系数的计算。若采用相乘形式，则需计算仪表的比值系数 K' 值；若采用相除形式，则需计算比值控制器的设定值。在现场整定时，可根据计算的比值系数 K' 值投运。在投运后，一般还需按实际情况进行适当的调整，以满足工艺要求。

（2）控制器一般需采用 PI 形式。整定时可先将积分时间设置于最大，由大到小地调整比例度，直至系统处于振荡与不振荡的临界过程为止。

（3）若有积分作用，则适当地放宽比例度（一般放大 20%左右），然后慢慢地把积分时间减小，直到系统出现振荡与不振荡的临界过程或微振荡的过程为止。

【工程经验】

单闭环、双闭环、变比值系统的从动量回路均按随动控制指标整定，双闭环比值系统的主动量回路、变比值系统的主回路则按定值控制指标整定。

本 章 小 结

比值控制系统是以实现两种或两种以上的物料量自动地保持一定比例关系为控制目标的。主要有单闭环、双闭环、变比值三种结构类型，其中单闭环比值控制系统最为常见。根据运算器在闭环中所处位置的不同，可构成两种实施方案：相乘方案和相除方案。其中相除方案由于其局限性已较少采用。

在实际使用中，依据测量方法的不同，需要将工艺上的流量比值 K 折算成仪表上的比值系数 K' 。用仪表构成比值控制系统时还应注意信号匹配问题。应充分理解和掌握比值控制系统中从动量回路的特点及整定要求。

除上述内容外，还应注意到实施中的一些其他问题。如主动量和从动量的选择，原则上把决定生产负荷的关键物料量作为主动量，如果有工艺上的特殊要求则应首先服从操作要求；再如气体流量的温度、压力校正问题。

近年来，随着智能化仪表的发展及计算机控制的普及，比值控制系统在结构上也发生了一些变化，系统中无须再设置比值器等运算类仪表，其运算及控制功能实现了程序化。

思考与练习

1．何为比值控制系统？流量比是如何定义的？

2．比值控制系统有哪些形式，它们各有何特点？

3．在生产硝酸的过程中，要求氨气量与空气量保持一定的比例关系。在正常情况下，工艺规定氨气流量为 2000m^3/h，空气流量为 20000m^3/h，氨气流量表的量程 0～3200m^3/h，空气流量表的量程为 0～25000m^3/h，求仪表的比值系数 K' 。

4．自来水因含有大量微生物，所以在供应用户之前必须进行消毒。氯气是常用的消毒剂。但如果氯气的用量少则起不到应有的效果，过多又会使自来水气味难闻并会产生强烈的腐蚀作用。为使注入到自来水中的氯气量合适，必须使氯气注入量与自来水成一定的比值关系。自来水净化工艺流程图如图 5.12 所示，试设计一个净化水量与氯气量的比值控制系统。

5．在某生产过程中，需使参与反应的甲、乙两种物料流量保持一定的比值，若已知正常操作时，甲流量 $F_1=7$m^3/h，采用孔板测量并配用差压变送器，其测量范围为 0～10m^3/h；乙流量 $F_2=250$L/h，相应的测量范围为 0～300L/h，根据要求设计保持 F_2/F_1 比值的控制系统。试求在流量与测量信号分别成线性关系和非线性关系时，仪表的比值系数 K' 。

6．某生产工艺要求 A、B 两物料流量比值维持在 0.4。已知 $F_{A\max}=3\ 200$kg/h，$F_{B\max}=800$kg/h，流量采用孔板配差压变送器进行测量，并在变送器后加了开方器。试分析可否采用乘法器组成的比值控制方案？

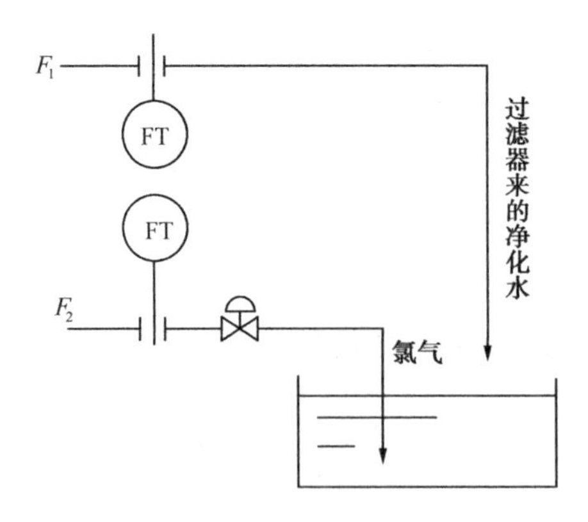

图 5.12　自来水净化工艺流程图

7．某化学反应过程要求参与反应的 A、B 两种物料保持 $F_A:F_B=4:2.5$ 的比例，两物料的最大流量 $F_{A\max}=625\text{m}^3/\text{h}$，$F_{B\max}=290\text{m}^3/\text{h}$。通过观察发现，A、B 两物料流量因管线压力波动而经常变化。根据上述情况，要求：

① 设计一个比较合适的比值控制系统。

② 计算该比值系统的比值系数 K'。

③ 若采用 DDZ—Ⅲ型仪表构成该比值系统，则比值系数 K' 应该是多少？

④ 选择该比值控制系统控制阀的开、闭形式及控制器的正、反作用。

8．比值控制系统有哪几种实施方案，各有何特点？

9．在比值控制系统实施时应如何注意信号匹配问题？

实验五　单闭环比值控制系统的投运和整定

1．实验目的

（1）认识单闭环比值控制系统的构成。

（2）掌握比值设定器中比值系数的计算。

（3）熟悉比值控制系统的整定过程。

2．实验设备

① 气动薄膜控制阀（带阀门定位器）	1 台
② DDZ—Ⅲ型比值设定器	1 台
③ 空压机	1 台
④ 信号采集模块	2 块
⑤ DDZ—Ⅲ控制器	1 台
⑥ 电磁式流量计	2 台
⑦ 离心式水泵	2 台
⑧带微机的操控台	1 套

3．实验步骤

（1）实验流程图如图 5.13 所示，按图 5.14 接线并连接好气路。

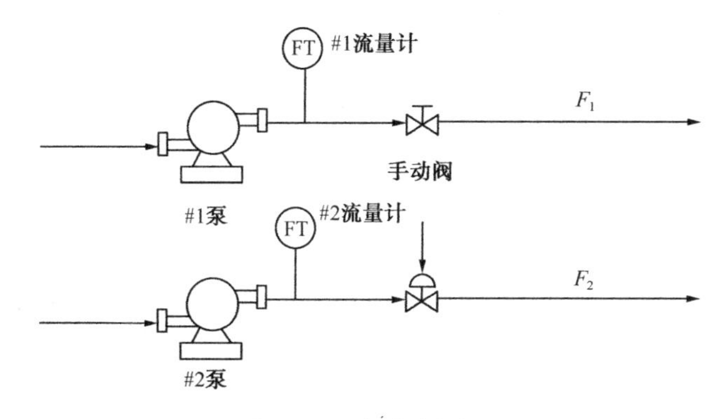

图 5.13　实验流程图

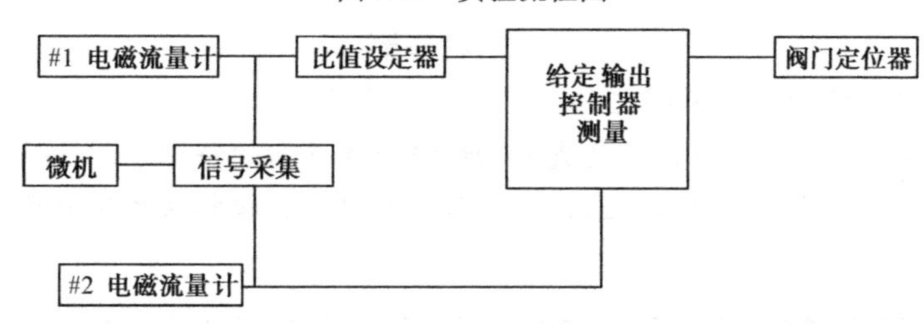

图 5.14　接线原理示意图

（2）依据所要求的比值和流量计的量程计算比值设定器的系数并设置到比值设定器上。将控制器打到手动，积分时间置于最大，比例度可放置在一较大刻度上。

（3）检查接线无误后，先打开气源，将气源压力调至 0.14MPa，再打开电源。

（4）改变主物料的手动阀位置使主动量 F_1 等于正常流量，改变控制器输出使从动量 F_2 满足与 F_1 的比值关系，待平稳后将控制器置为自动。

（5）改变主动量 F_1 的值（相当于加入扰动），在微机上观察 F_2 的曲线是否出现振荡与不振荡的临界过程，没有则重复步骤（4）和（5），直至出现临界过程。

（6）若要加入积分作用，则适当地放宽比例度（一般放大 20%左右）；投入积分作用，并逐步减小积分时间，直到系统出现振荡与不振荡的临界过程或微振荡的过程为止。

（7）记录数据并绘制曲线。

4．思考题

（1）在整定过程中是如何加入扰动的？加入扰动时应注意哪些问题？

（2）在实验过程中遇到哪些问题，你是如何解决的？

第6章

其他控制系统

内容提要

针对生产过程中遇到的带有某些约束性条件的参数控制，或者是需对两个参数同时控制，以及在连续控制过程中需依据工况更换物料种类等方面的特殊控制任务，本章主要讲述以满足此类要求为控制目标的均匀、选择、分程及自动保护控制系统的原理、结构及应用等方面的内容。

 **特别提示：**

均匀、选择、分程控制系统都是实现特殊控制要求的复杂控制系统。其控制目标、设计思路、系统结构均不相同，这是本章学习的难点。对每种控制系统的认知，建议沿“控制目标→要素特征→系统结构→方案实施”思路进行。

6.1 均匀控制系统

6.1.1 均匀控制原理

1. 均匀控制问题的提出

均匀控制系统是在连续生产过程中各种设备前后紧密联系的情况下提出来的一种特殊的液位（或气压）—流量控制系统。其目的在于使液位保持在一个允许的变化范围，而流量也保持平稳。均匀控制系统是就控制方案所起的作用而言，从结构上看，它可以是简单控制系统、串级控制系统，也可以是其他控制系统。

石油、化工等生产过程绝大部分是连续生产过程，一个设备的出料往往是后一个设备的进料。例如，为了将石油裂解气分离为甲烷、乙烷、丙烷、丁烷、乙烯、丙烯等，前后串联了若干个塔，除产品塔将产品送至贮罐外，其余各精馏塔都是将物料连续送往下一个塔进行再分离。

为了保证精馏塔生产过程的稳定进行，总希望尽可能保证塔底液位比较稳定，因此考虑设计液位控制系统；同时又希望能保持进料量比较稳定，因此又考虑设置进料流量控制系统。对于单个精馏塔的操作，这样考虑是可以的，但对于前后有物料联系的精馏塔就会出现矛盾。我们以图 6.1 所示两个串联运行的精馏塔为例加以说明。

由图 6.1 可知，前塔液位的稳定是通过控制塔釜的出料量来实现的，因此，前塔塔釜的出料量必然不稳定。而前塔塔釜的出料正好是后塔的进料，在保证前塔液位稳定时，后塔的进料量不可能稳定。反之，如果保证了后塔进料量的稳定，势必造成前塔的液位不稳定。这就是说，前塔液位稳定和后塔进料量稳定的要求发生了矛盾。解决这个矛盾的方法之一是在前、后两塔之间增设一个中间储罐。但增加一套容器设备就增加了工艺流程的复杂性，加大了投资，占地面积增加，流体输送能耗也增加。另外，有些生产过程连续性要求较高，不宜增设中间储罐。尤为严重的是，某些中间产品停留时间一长，会产生分解或自聚等，更限制了这一方法的使用。

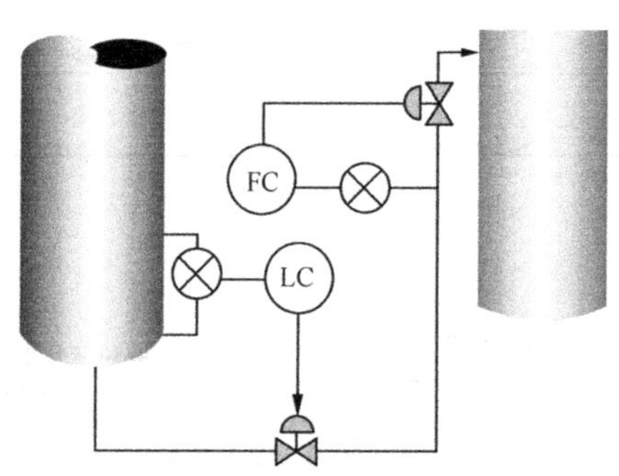

图 6.1　精馏塔间相互冲突的控制方案

在理想状态不能实现的情况下，只有冲突的双方各自降低要求，以求共存。均匀控制系统就是在这样的应用背景下提出来的。

为使前后工序的生产都能正常运行，就需要进行协调，以缓和控制矛盾。通过分析可以看到，这类控制系统的液位和流量都不是要求很高的被控变量，可以在一定范围内波动，这也是可以采用均匀控制的前提条件。据此，工艺上要对前塔液位和后塔进料量的控制精度要求适当放宽一些，允许两者都有一些缓慢变化。这对生产过程来讲虽然是一种扰动，但由于这种扰动幅值不大，变化缓慢，所以在工艺上是可以接受的。显然，控制方案的设计要着眼于物料平衡的控制，让这一矛盾的过程限制在一定范围内渐变，从而满足前、后两塔的控制要求。在上例中，可让前塔的液位在允许的范围内波动，同时进料量做平稳缓慢的变化。

均匀控制系统的名称来自系统所能完成的特殊控制任务。均匀控制系统是指两个工艺参数在规定的范围内能缓慢、均匀地变化，使前后设备在物料供求上相互均匀、协调，是统筹兼顾的控制系统。均匀控制通常是对液位和流量两个参数同时兼顾，通过均匀控制，使这两个相互矛盾的参数都能达到一定的控制要求。在具体实现时要根据生产的实际情况，哪一项指标要求高，就多照顾一些，而不是绝对平均的意思。

2. 均匀控制的特点及要求

（1）结构上无特殊性。同样一个单回路液位控制系统，由于控制作用强弱不一，它可以是一个单回路液位定值控制系统，也可以是一个简单均匀控制系统。因此，均匀控制是指控制目的而言，而不是由控制系统的结构来决定的。均匀控制系统在结构上无任何特殊性，它可以是一个单回路控制系统的结构形式，也可以是一个串级控制系统的结构形式，或者是一个双冲量控制系统的结构形式。所以，一个普通结构形式的控制系统，能否实现均匀控制的目的，主要在于系统控制器的参数整定如何。可以说，均匀控制是通过降低控制回路的灵敏度来获得的，而不是靠结构变化得到的。

（2）两个参数在控制过程中都应该是变化的，而且应是缓慢的变化。因为均匀控制是指前后设备的物料供求之间的均匀，所以表征前后供求矛盾的两个参数都不应该稳定在某一固定的数值。如图 6.2 所示，图 6.2（a）中把液位控制成比较平稳的直线，因此下一设备的进料量必然波动很大。这样的控制过程只能看做液位定值控制而不能看做均匀控制。反之，图 6.2（b）中把后一设备的进料量调成平稳的直线，那么前一设备的液位就必然波动得很厉害，所以，它只能被看做流量的定值控制。只有图 6.2（c）所示的液位和流量的控制曲线才符合均匀控制的要求，两者都有一定的波动，但波动很均匀。

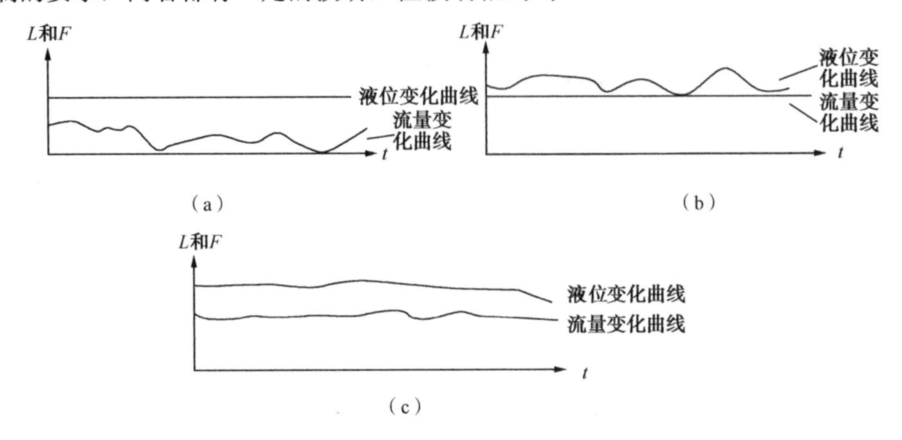

图 6.2　前一设备的液位和后一设备的进料量之间的关系

需要注意的是，在有些场合均匀控制不是简单地让两个参数平均分摊，而是视前后设备的特性及重要性等因素来确定均匀的主次。这就是说，有时应以液位参数为主，有时则以流量参数为主，在均匀方案的确定及参数整定时要考虑到这一点。

（3）前后相互联系又相互矛盾的两个参数应限定在允许范围内变化。图 6.1 中，前塔液位的升降变化不能超过规定的上下限，否则就有淹过再沸器蒸汽管或被抽干的危险。同样，后塔进料量也不能超越它所能承受的最大负荷或低于最小处理量，否则就不能保证精馏过程的正常进行。所以，均匀控制的设计必须满足这两个限制条件。当然，这里的允许波动范围比定值控制的允许偏差范围要大得多。

6.1.2　均匀控制方案

实现均匀控制的方案主要有三种结构形式，即简单均匀控制、串级均匀控制和双冲量均匀控制。

1. 简单均匀控制

简单均匀控制系统采用单回路控制系统的结构形式，如图 6.3 所示。从系统结构形式上看，它与简单的液位定值控制系统是一样的，但系统设计的目的却不相同。定值控制系统是通过改变出料量而将液位保持在设定值上，而简单均匀控制是为了协调液位与出料量之间的关系，允许它们都在各自许可的范围内进行缓慢的变化。因其设计目的不同，因此在控制器的参数整定上有所不同。

通常，简单均匀控制系统的控制器整定在较大的比例度和积分时间上，一般比例度要大于 100%，以较弱的控制作用达到均匀控制的目的。控制器一般采用纯比例作用，而且比例度整定得很大，以便当液位变化时，排出的流量只发生缓慢的改变。有时为了克服连续发生的同一方向扰动所造成的过大偏差，防止液位超出规定范围，则引入积分作用，这时比例度一般大于 100%，积分时间也要放大一些。至于微分作用，是和均匀控制的目的背道而驰的，故不采用。

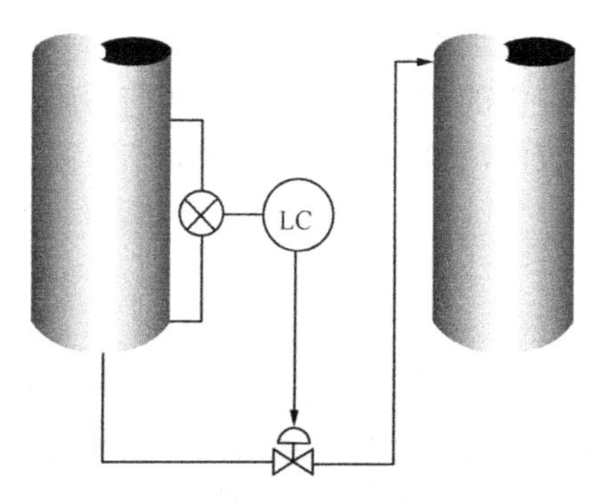

图 6.3　简单均匀控制方案

简单均匀控制系统的最大优点是结构简单，投运方便，成本低廉。但当前后设备的压力变化较大时，尽管控制阀的开度不变，输出流量也会发生变化，所以它适用于扰动不大、要求不高的场合。此外，当液位对象的自衡能力较强时，均匀控制的效果也较差。

2. 串级均匀控制

前面讲的简单均匀控制系统，虽然结构简单，但有局限性。当塔内压力或排出端压力变化较大时，即使控制阀开度不变，流量也会因阀前后压力差的变化而改变，等到流量改变影响到液位变化时，液位控制器才进行调节，显然这是不及时的。为了克服这一缺点，可在原方案的基础上增加一个流量副回路，即构成串级均匀控制，如图 6.4 所示。

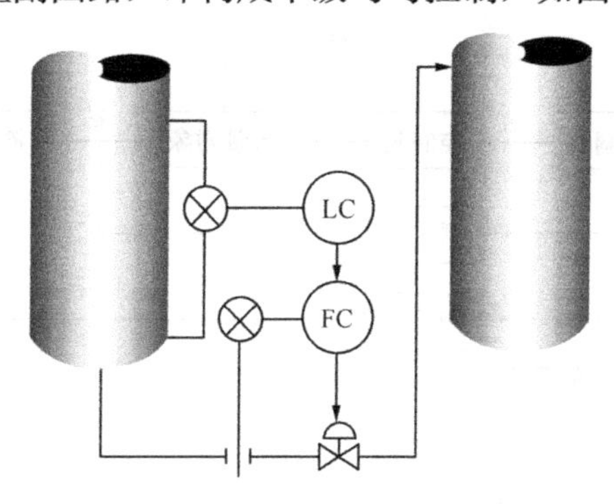

图 6.4　串级均匀控制方案

从图中可以看出，在系统结构上它与串级控制系统是相同的。液位控制器 LC 的输出，作为流量控制器 FC 的设定值，流量控制器的输出操纵控制阀。由于增加了副回路，所以可以及时克服由于塔内压力或出料端压力改变所引起的流量变化，这是串级控制系统的特点。但是，设计这一控制系统的目的是为了协调液位和流量两个参数的关系，使之在规定的范围内做缓慢的变化，所以其本质上是均匀控制。

串级均匀控制系统，之所以能够使两个参数间的关系得到协调，也是通过控制器参数的整定来实现的。这里参数整定的目的不是使参数尽快地回到设定值，而是要求参数在允许的范围内进行缓慢的变化。参数整定的方法也与一般的串级控制系统不同，一般串级控制系统的比例度和积分时间是由大到小地进行调整，串级均匀控制系统则与之相反，是由小到大进行调整。串级均匀控制系统的控制器参数数值都很大。

串级均匀控制系统的主、副控制器一般都采用纯比例作用，只有在要求较高时，为防止因偏差过大而超过允许范围，才适当引入积分作用。

串级均匀控制方案能克服较大的扰动，适用于系统前后压力波动较大的场合，但与简单均匀控制方案相比，使用仪表较多，投运较复杂，因此在方案选定时要根据系统的特点、扰动情况及控制要求来确定。

3. 双冲量均匀控制

“冲量”的原本含义是短暂作用的信号或参数，这里引申为连续的信号或参数。双冲量均匀控制系统是用一个控制器，以综合液位和流量两个信号之差（或之和）为被控变量来达到均匀控制目的的系统。图 6.5 所示为双冲量均匀控制系统的原理图及方框图。它以塔釜液位与出料流量两个信号之差为被控变量（如流量为进料，则为两信号之和），通过控制，使液位和流量两个参数匀缓地变化。

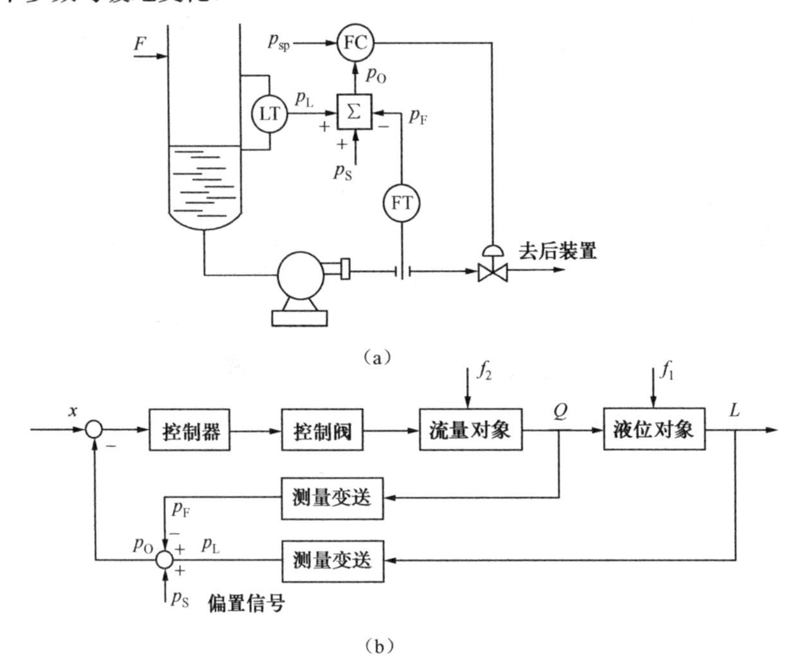

图 6.5　双冲量均匀控制系统原理图及方框图

在稳定状态下，加法器的输出为

$$p_o = p_L - p_F + p_s \tag{6.1}$$

式中，p_o、p_L、p_F、p_s 分别表示加法器的输出信号、液位测量信号、流量测量信号和偏置信号，p_{sp} 为控制器的设定值，一般将它设置为中间值。

在稳定的工况下，p_L 与 p_F 符号相反，互相抵消，通过调整 p_s 值，使加法器的输出等于控制器的设定值。当受到扰动时，若液位升高，则加法器的输出 p_o 也随之增加，控制器感受到这一偏差信号而进行控制，发出信号去开大控制阀，引起流量增加及液位从某瞬间开始下降。当两个测量信号之差逐渐接近某一数值时，加法器的输出重新恢复到控制器的设定值，系统逐渐趋于稳定，控制阀停留在新的开度上。液位和流量的平均数值都比原来有所增加，从而达到了均匀控制的目的。

双冲量均匀控制与串级控制系统相比，是用一个加法器取代了其中的主控制器。而从结构上看，它相当于以两个信号的综合值（相加或相减）为被控变量的单回路系统。参数整定可按简单均匀来考虑。因此，双冲量均匀控制既具有简单均匀控制的参数整定方便的特点，同时由于加法器综合考虑液位和流量两个信号的变化情况，故又有串级均匀控制的优点。但也有观点认为，由于一个控制器的整定不能改变两个参数的波动幅值，建议在只重视液位时才使用。

【工程经验】

均匀控制是解决工艺上串联运行的塔类（或容器）设备之间其前塔液位与后塔进料流量控制矛盾的有效控制方案。均匀控制系统的控制器参数数值都很大，通常从δε100%开始整定比例度，积分时间 T_I 也设置的较大。而且，加入积分作用后，同样需要相应地增大δ。

6.2 选择性控制系统

6.2.1 选择性控制原理

选择性控制是过程控制中属于约束性控制类的控制方案。所谓自动选择性控制系统，就是把由工艺的限制条件（出自经济、效益或安全等方面的考虑）所构成的逻辑关系，叠加到正常的自动控制系统上的一种组合逻辑方案。在正常工况下由一个正常的控制方案起作用、当生产操作趋向安全极限时，另一个用于防止不安全情况的控制方案将取代正常情况下工作的控制方案，直到生产操作重新回到允许范围以内，恢复原来的控制方案为止。这种自动选择性控制系统又被称为自动保护控制系统，或称取代（超弛）控制系统、软保护控制系统。

一般的控制系统只能在正常的情况下工作，当生产操作达到安全极限时，通常的处理方法有两种：一种是信号报警，由自动控制改为人工控制；另一种是采用连锁停车保护，待操作人员排除故障后再重新开车。这两种方案称为“硬保护”措施。在现代化生产过程中，停车造成的经济损失是重大的。所谓“软保护”措施，既能起到自动保护作用又能不停车，从而有效地防止生产事故的发生，减少开、停车次数，无疑，这对现代化生产的意义是重大的。

选择性控制系统除实现软保护外，还可以用于其他场合。例如，借助于选择器实现一定操作规律的开、停车，以减轻操作人员紧张又易误操作的劳动；对信号预定的逻辑关系加以选择，以适应不同的工况，从而提高生产的经济性。选择性控制系统把逻辑关系引入控制算法，丰富了自动化的内容和范围，使生产中的更多实际控制问题得以解决。

6.2.2 选择性控制系统的类型

简单控制系统由四个功能环节（即控制器、执行器、被控对象和测量变送装置）组成，如图 6.6 所示。若在这一基本形式的控制方案上构成选择性控制系统，则可以插入选择性环节的部位有①和②两处。因此，根据选择器所处位置的不同，选择性控制系统可分为两种基本类型。

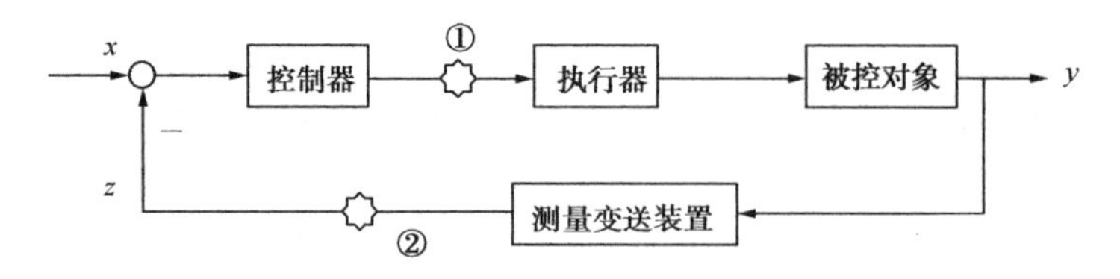

图 6.6　简单控制系统方框图

1. 选择器位于两个控制器与一个执行器之间

当生产过程中某一工况参数超过安全软限时，用另一个控制回路代替原有正常控制回路，使工艺过程能安全运行。在此类系统中，选择器位于两个控制器和一个执行器之间，图 6.7 所示为这种系统的方框图。

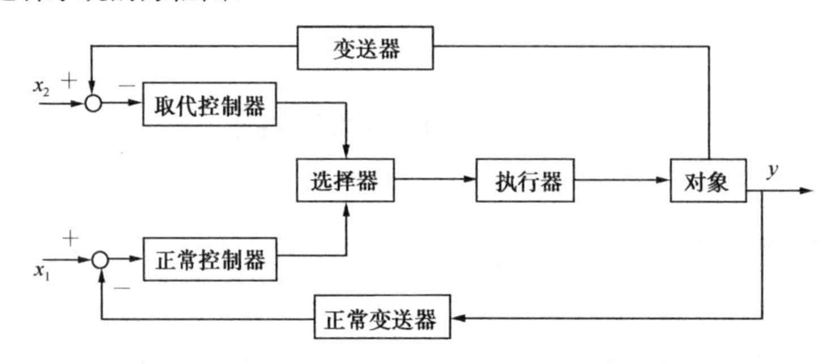

图 6.7　选择器位于两个控制器与一个执行器之间

由图可见，系统中有两个控制器，即正常控制器与取代控制器，这两个控制器的输出信号都送至选择器，选择器选出能适应生产安全状况的控制信号送至执行器（控制阀），以实现对生产过程的自动控制。这种结构是选择性控制系统的基本类型。如图 6.8（b）所示的液氨冷却器选择性控制系统就是典型的应用实例。

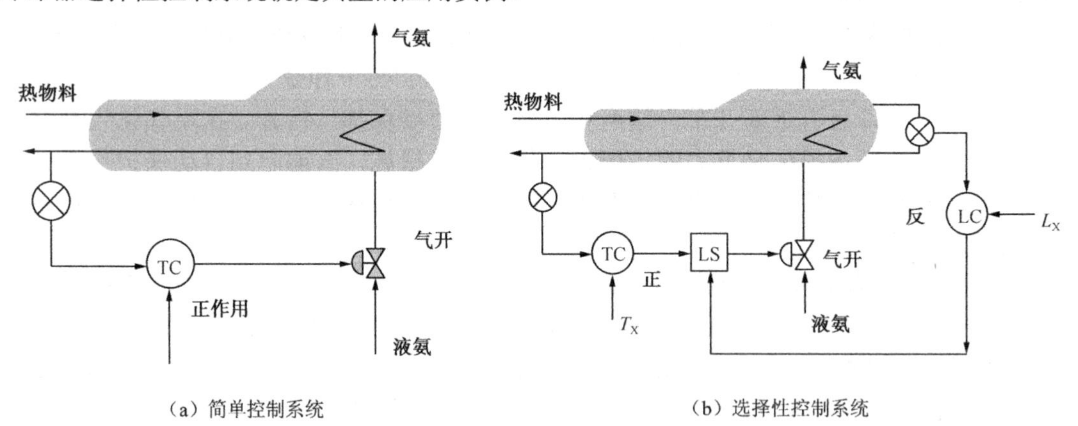

（a）简单控制系统　　（b）选择性控制系统

图 6.8　液氨冷却器冷却控制系统

液氨冷却器是工业生产中用得较多的一种换热设备，它利用液氨的气化需要吸取大量的气化热来冷却流经管内的被冷却物料。正常工况下，以被冷却物料的出口温度为被控变量、以液氨流量为操纵变量,的简单控制系统如图 6.8（a）所示。液氨管道的控制阀为气开阀（气源中断时阀自动关闭，比较安全），温度控制器 TC 为正作用，当被冷却物料的出口温度升高时，温度变送器输出增加，使控制阀开大，从而液氨流量增大，这样就有更多的液氨气化吸收热量，使被冷却物料的出口温度下降。

这一控制方案实际上是通过改变传热面积来控制传热量的办法，即改变液氨面的高度去影响换热器的浸没传热面积。因此，液氨面的高度就间接反映了传热面积的变化情况。若液氨蒸发器的容量较大，液氨在容器内停留时间较长，即对象的时间常数较大，则必然使控制作用不及时，控制质量不高。更重要的是，当液氨的液面淹没了换热器的全部列管时，若出口温度仍偏高，要求继续增大液氨量，一方面传热面积已达极限，氨的蒸发量已无从增加，使出口温度降不下来；另一方面还可能导致事故，因为气化的氨须进入氨压缩机后重复使用，当液氨面太高时，会导致气氨中夹带液氨而进入压缩机，引起压缩机事故。因此，为了使蒸发器保持足够的气化空间，就要限制液氨面不得高于某一高度值（安全软限）。这就是根据工艺操作所提出的限制条件。为此，需在原温度控制系统的基础上，增加一个液面超限的取代单回路控制系统，如图 6.8（b）所示。显然，从工艺上看，可供温度和液位控制系统选为操纵变量的仅液氨流量一个，而被控变量却有温度和液位两个，形成了对被控变量的选择性控制系统。

温度和液位控制系统的工作逻辑关系为：在正常情况下，温度控制系统投入运行，液位控制器 LC 处于待命状态；当液氨面达到高限时，温度已暂时成为次要因素，而保护压缩机不致损坏上升为主要矛盾，因此液位控制器 LC 必须立即取代温度控制器 TC 而工作，以减少液氨进入量。等到液氨面低于界限值时，温度控制器 TC 才自动切换回来恢复工作。从液位取代控制系统中可以确定液位控制器 LC 应为反作用。这里的温度控制器 TC 是正常控制器，液位控制器 LC 是取代控制器。究竟选哪个控制器的输出接至控制阀，可通过低值选择器自动选择。在正常工况下，液氨面低于界限值，液位控制器的输出高于温度控制器的输出，应通过低值选择器选择温度控制器控制控制阀动作，温度控制回路正常工作。但当液氨面超过界限值时，液位控制器的输出立即下降，同时温度控制器的输出很高，低值选择器选中液位控制器的输出来控制控制阀以减少液氨量，液位控制回路投入工作，从而防止事故的发生。

2. 选择器装在几个检测元件（或变送器）与控制器之间

这类控制系统主要实现对被控变量多点测量的选择性控制，其方框图如图 6.9 所示。

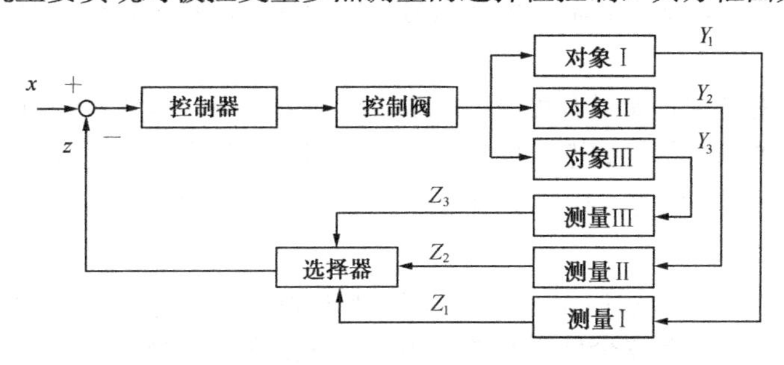

图 6.9　多点测量选择性控制系统方框图

一般来说，这种系统中的被控对象Ⅰ、Ⅱ、Ⅲ实际上是同一对象，只不过测量点不同罢了。选择器可以是高值选择、低值选择，也可以是中值选择。

图 6.10 为某化学反应器峰值温度的选择性控制系统。该反应器内装有固定触媒层，为防止反应温度过高而烧坏触媒，在触媒层的不同位置上装设了温度检测点，其测温信号一直送至高值选择器 HS，经过高值选择器选出较高的温度信号进行控制，这样，系统将一直按反应器的最高温度进行控制，从而保证触媒层的安全。

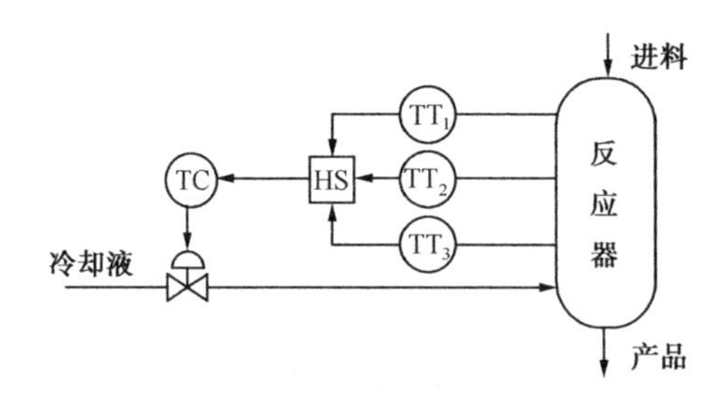

图 6.10　反应器峰值温度选择性控制系统

综上所述，可以总结出选择性控制系统有如下特点。

（1）控制系统反映了工艺逻辑规律有选择性的要求；

（2）组成控制系统的环节中，必有选择器；

（3）控制系统中被控变量与操纵变量的数目一般是不相等的。

6.2.3　选择性控制系统工程设计和实施时的几个问题

1．选择性控制系统的工程设计

选择性控制系统的工程设计，主要包括控制阀开、关形式的选择，控制器的控制规律及正、反作用的选择，以及选择器类型的选择等内容。设计时，首先根据生产安全等要求，选择控制阀的气开、气关形式；其次，根据对象特性和控制要求，选择两个控制器的控制规律及正、反作用；最后根据控制器的正、反作用和选择性控制系统的设置目的，确定选择器的类型。

控制阀开、关形式与控制器正、反作用的选择，与简单控制系统中所介绍的确定方法完全相同。正常控制器控制规律的选择也与简单控制系统完全相同，在此仅需讨论取代控制器控制规律及选择器类型的选择这两项内容。

（1）选择器类型的选择。选择器的类型可以根据生产处于不正常情况下，取代控制器输出信号的高、低来确定，如果其输出为高信号，则应选高选器；如果其输出为低信号，则应选低选器。

出于安全方面的考虑，如果有可能，一般宜选用低选器。取代控制时用能保证安全的信号作为送往控制阀的输出值，如选用低选器，那么即使在失电或其他故障情况下，输出值为零，也能保证安全需要。同时，与控制阀气开、气关的选择正好对应，当控制器输出为零时，系统能保证安全。

(2)控制器控制规律的选择。正常控制器控制规律的选择方法与简单控制系统完全一样。取代控制器则需要考虑达到安全软限问题，为了使它能在生产处于不正常情况时迅速而及时地采取措施，以防事故的发生，其控制规律应选用比例作用，而且比例度要小（即比例增益很大），必要时也可少许加点积分作用。

2．控制器的防积分饱和措施

在选择性控制系统中，如果有两个或两个以上的控制器，那么无论是在正常工况下，还是在异常工况下总是有控制器处于开环待命状态。若这台控制器具有积分作用，则会产生积分饱和。

对于选择性控制系统的防积分饱和，通常采用外反馈法，即：在控制器处于开环的情况下，不再使用它自身的信号作为积分反馈，而是采用合适的外部信号作为积分反馈信号，从而切断了积分正反馈，防止了进一步的偏差积分作用。其积分反馈信号取自选择器的输出信号，如图 6.11 所示。当控制器 XC_1 处于工作状态时，选择器的输出信号等于它自身的输出信号；而对于控制器 XC_2 来说，这信号就变成外部积分反馈信号了。反之亦然。

图 6.11　常用的防积分饱和方案

3．应用实例——锅炉蒸汽压力选择性控制系统

在锅炉运行中，蒸汽负荷随用户用量而经常波动。在正常情况下，用控制燃气量的方法来维持蒸汽压力稳定，即当蒸汽压力升高时，应减少天然气量；反之则增加天然气量。

在燃烧过程中，有两种非正常工况可能出现：一种是燃气压力过高，产生“脱火”现象，燃烧室中火焰熄灭，大量未燃烧的燃料气积存在燃烧室内，烟囱冒黑烟，且当天然气和空气达到一定的混合浓度时，遇火种极易爆炸；另一种是燃气压力过低，太低的燃料气压力有“回火”的危险，容易导致燃料气储罐燃烧和爆炸。这两种情况对安全生产都会造成威胁，需采取措施避免其发生。为此，设计了如图 6.12 所示的压力自动选择性控制系统。系统中蒸汽压力控制器为正常控制器，燃料气压力控制器为取代控制器。正常控制器与取代控制器的输出信号通过选择器，选择器自动选取一个能适应生产安全的控制信号作用于控制阀，控制燃料量的大小，以维持蒸汽压力稳定，或者防止脱火现象发生。

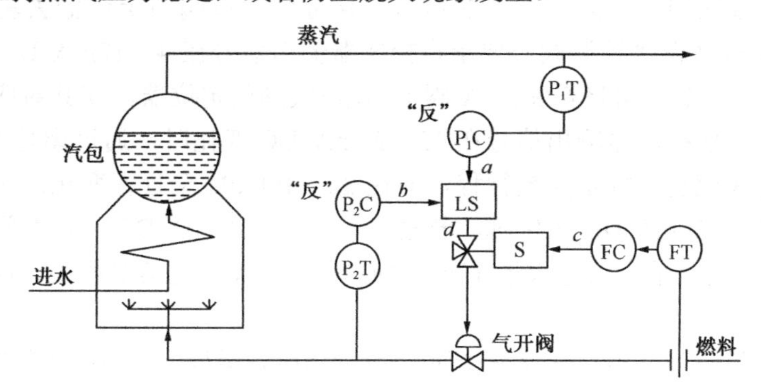

图 6.12　锅炉燃烧过程压力自动选择性控制系统

从安全角度考虑，燃气控制阀选为气开式。在正常情况下，蒸汽压力控制器 P_1C 应被选中，从而构成蒸汽压力简单控制系统，蒸汽压力控制器应选反作用；当蒸汽压力不断下降、燃气压力不断上升并接近脱火压力时，燃气压力控制器 P_2C 应被选中，取代蒸汽压力控制器来控制控制阀的开度，以减小燃料量，从而防止脱火事故发生，因此燃气压力控制器也应选作反作用。在正常情况下，燃气压力低于脱火压力，取代控制器的输出信号大于正常控制器的输出信号。而在燃气压力接近脱火压力时，取代控制器的输出信号小于正常控制器的输出信号，因此选择器应为低选器。这一选择性控制系统有效地防止了脱火事故的发生。

另一方面，当蒸汽压力上升时，由于蒸汽压力控制器的作用，使控制阀逐渐关小，燃气压力逐渐下降。当燃气流量下降到一定程度时，发出声、光报警信号，以提醒操作人员注意。如果燃气压力继续下降、达到产生回火的边缘时，燃气压力连锁系统动作，使控制阀关闭，切断天然气，防止回火事故的发生。另外，当由于燃烧器堵塞或其他原因使天然气流量降到极限时，连锁系统亦动作，使控制阀关闭而安全停车。

【工程经验】

选择性控制系统除用于软保护外，还可用于被控变量测量值的选择、系统的变结构控制等方面。

6.3 分程控制系统

在反馈控制系统中，通常是一台控制器的输出只控制一个控制阀，这是最常见也是最基本的控制形式。然而在生产过程中还存在另一种情况，即由一台控制器的输出信号，同时控制两个或两个以上的控制阀的控制方案，这就是分程控制系统。“分程”的意思就是将控制器的输出信号分割成不同的量程范围，去控制不同的控制阀。

设置分程控制的目的包含两方面的内容。一是从改善控制系统的品质角度出发，分程控制可以扩大控制阀的可调范围，使系统更为合理可靠；二是为了满足某些工艺操作的特殊要求，即出于工艺生产实际的考虑。

6.3.1 分程控制系统的组成及工作原理

一个控制器同时带动几个控制阀进行分程控制动作，需要借助于安装在控制阀上的阀门定位器来实现。阀门定位器分为气动阀门定位器和电-气阀门定位器。将控制器的输出信号分成几段信号区间，不同区间内的信号变化分别通过阀门定位器去驱动各自的控制阀。例如，有 A 和 B 两个控制阀，要求在控制器输出信号在 4～12mA DC 变化时，A 阀作全行程动作。这就要求调整安装在 A 阀上的电-气阀门定位器，使其对应的输出信号压力为 20～100kPa。而控制器输出信号在 12～20mA DC 变化时，通过调整 B 阀上的电-气阀门定位器，使 B 阀也正好走完全行程，即在 20～100kPa 全行程变化。按照以上条件，当控制器输出在 4～20mA DC 变化时，若输出信号小于 12mA DC，则 A 阀在全行程内变化，B 阀不动作；而当输出信号大于 12mA DC 时，则 A 阀已达到极限，B 阀在全行程内变化，从而实现分程控制。

就控制阀的开闭形式，分程控制系统可以划分为两种类型。一类是阀门同向动作，即随着控制器的输出信号增大或减小，阀门都逐渐开大或逐渐关小，如图 6.13 所示。另一种类型是阀门异向动作，即随着控制器的输出信号增大或减小，阀门总是按照一个逐渐开大而另一个逐渐关小的方向进行，如图 6.14 所示。

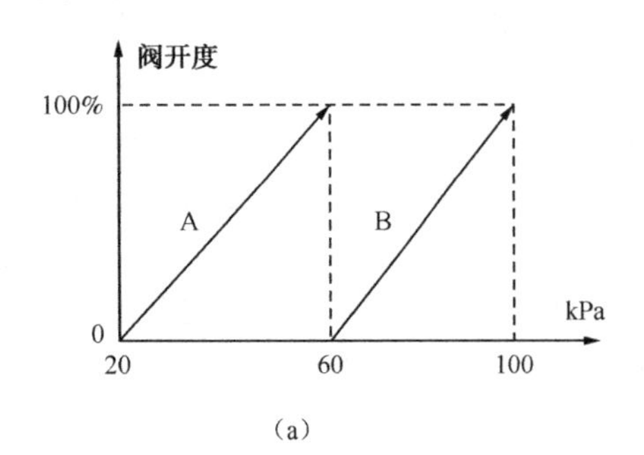

(a)

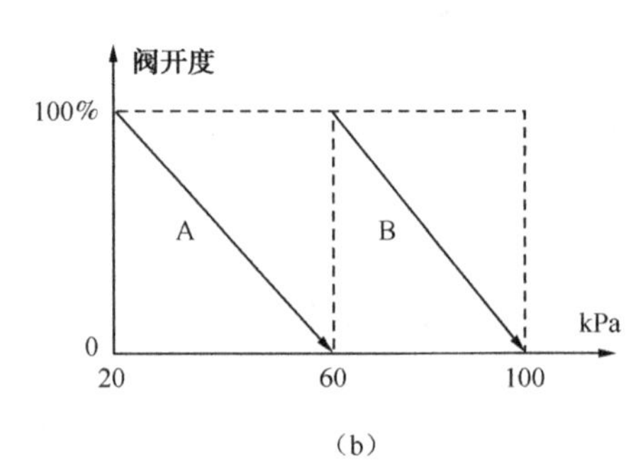

(b)

图 6.13 控制阀分程动作同向

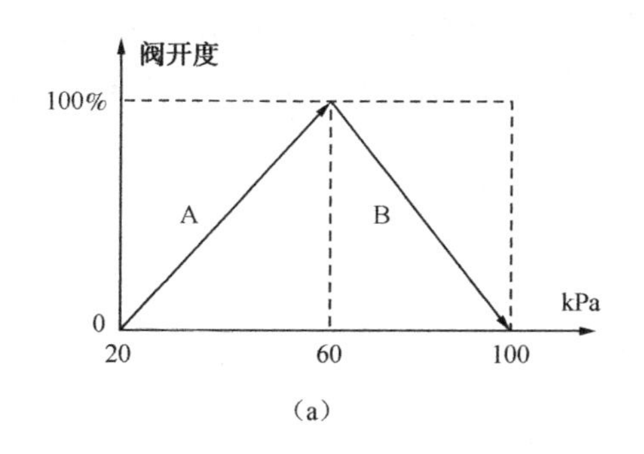

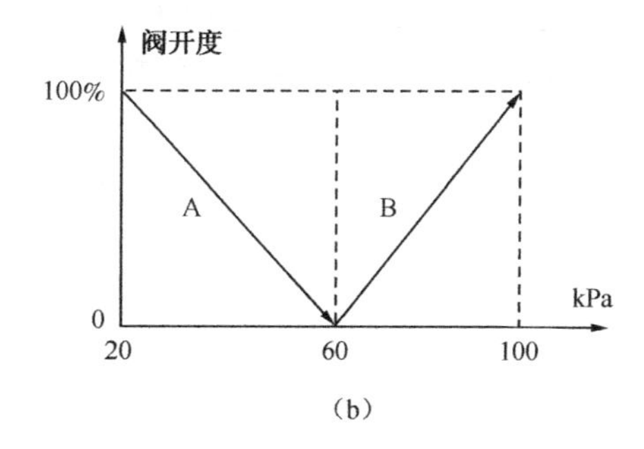

图 6.14　控制阀分程动作异向

分程阀同向或异向的选择问题，要根据生产工艺的实际需要来确定。

6.3.2　分程控制的应用场合

1. 扩大控制阀的可调范围，改善控制质量

现以某厂蒸汽压力减压系统为例。锅炉产汽压力为 10MPa，是高压蒸汽，而生产上需要的是 4MPa 平稳的中压蒸汽。为此，需要通过节流减压的方法，将 10MPa 的高压蒸汽节流减压成 4MPa 的中压蒸汽。在选择控制阀口径时，如果选用一台控制阀，为了适应大负荷下蒸汽供应量的需要，控制阀的口径要选择得很大。然而，在正常负荷下所需蒸汽量却不大，这就需要将控制阀控制在小开度下工作。因为大口径控制阀在小开度下工作时，除了阀特性会发生畸变外，还容易产生噪声和振荡，这样就会使控制效果变差，控制质量降低。所以为解决这一矛盾，可选用两只同向动作的控制阀构成分程控制方案，如图 6.15 所示。

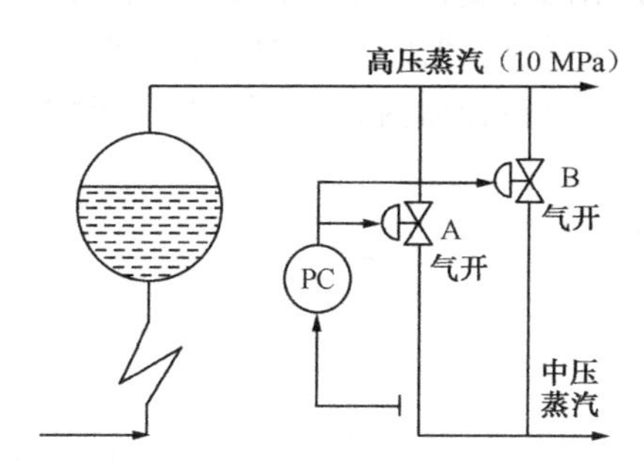

图 6.15　蒸汽减压系统分程控制方案

在该分程控制方案中采用了 A、B 两只同向动作的控制阀（根据工艺要求均选择为气开式），其中 A 阀在控制器输出信号压力为 20～60kPa 时从全闭到全开，B 阀在控制器输出信号压力为 60～100kPa 时从全闭到全开，见图 6.13（a）。这样，在正常情况下，即小负荷时，B 阀处于关闭状态，只通过 A 阀开度的变化来进行控制；当大负荷时，A 阀已经全开，但仍不能满足蒸汽量的需求，这时 B 阀也开始打开，以弥补 A 阀全开时蒸汽供应量的不足。

在某些场合，控制手段虽然只有一种，但要求操纵变量的流量有很大的可调范围，如

100 以上。而国产统一设计的控制阀的可调范围最大也只有 30，满足了大流量就不能满足小流量，反之亦然。为此，可采用大、小两个阀并联使用的方法，在小流量时用小阀，大流量时用大阀，这样就大大扩大了控制阀的可调范围。蒸汽减压分程控制系统就是这种应用。

设大、小两个控制阀的最大流通能力分别是 $C_{Amax}=100$，$C_{Bmax}=4$，可调范围为 $R_A=R_B=30$。因为

$$R=\frac{C_{max}}{C_{min}}$$

式中，R——控制阀的可调范围；

C_{max}——控制阀的最大流通能力；

C_{min}——控制阀的最小流通能力。

所以，小阀的最小流通能力为

$$C_{B\min}=C_{B\max}/R=4/30\approx 0.133$$

当大、小两个控制阀并联组合在一起时，控制阀的最小流通能力为 0.133，最大流通能力为 104，因而控制阀的可调范围为

$$R=\frac{C_{A\max}+C_{B\max}}{C_{B\min}}=\frac{104}{0.133}\approx 776$$

可见，采用分程控制时控制阀的可调范围比单个控制阀的可调范围大约扩大了 25.9 倍，大大地扩展了控制阀的可调范围，从而提高了控制质量。

2．用于控制两种不同的介质，以满足生产工艺的需要

在某些间歇式生产的化学反应过程中，当反应物投入设备后，为了使其达到反应温度，往往在反应开始前需要给它提供一定的热量。一旦达到反应温度后，就会随着化学反应的进行而不断释放出热量，这些放出的热量如不及时移走，反应就会越来越剧烈，以致会有爆炸的危险。因此，对这种间歇式化学反应器既要考虑反应前的预热问题，又需考虑反应过程中及时移走反应热的问题。为此，可设计如图 6.16 所示的分程控制系统。

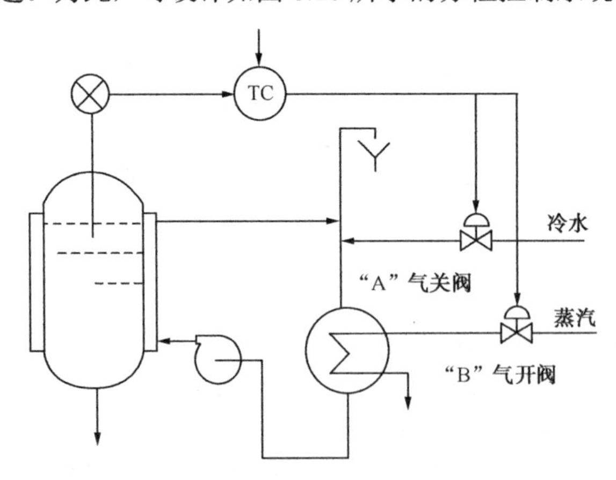

图 6.16　间歇式反应器温度分程控制系统图

从安全的角度考虑，图中冷水控制阀 A 选用气关型，蒸汽控制阀 B 选用气开型，控制器选用反作用的比例积分控制器 PI，用一个控制器带动两个控制阀进行分程控制。这一分程控

制系统，既能满足生产上的控制要求，也能满足紧急情况下的安全要求，即当出现突然供气中断时，B 阀关闭蒸汽，A 阀打开冷水，使生产处于安全状态。

A 与 B 两个控制阀的关系是异向动作的，它们的动作过程如图 6.17 所示。当控制器的输出信号在 4～12mA DC 变化时，A 阀由全开到全关。当控制器的输出信号在 12～20mA DC 变化时，则 B 阀由全关到全开。

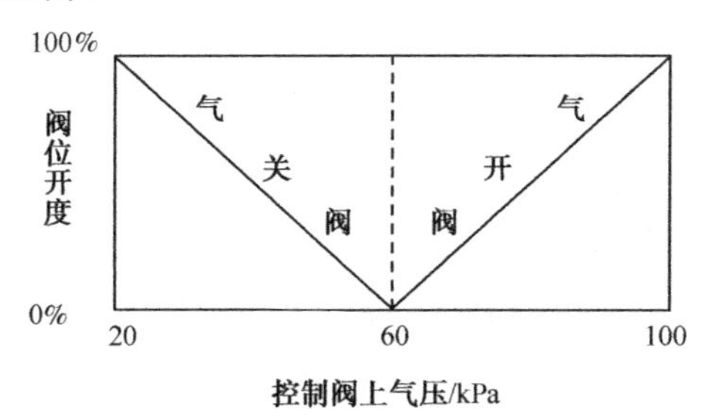

图 6.17　反应器温度控制分程阀动作图

该分程控制系统的工作情况如下。当反应器配料工作完成以后，在进行化学反应前的升温阶段，由于起始温度低于设定值，因此反作用的控制器输出信号将逐渐增大，A 阀逐渐关小至完全关闭，而 B 阀则逐渐打开，此时蒸汽通过热交换器使循环水被加热，再通过夹套对反应器进行加热、升温，以便使反应物温度逐渐升高。当温度达到反应温度时，化学反应发生，于是就有热量放出，反应物的温度将继续升高。当反应温度升高至超过给定值后，控制器的输出将减小，随着控制器输出的减小，B 阀将逐渐关闭，而 A 阀则逐渐打开。这时反应器夹套中流过的将不再是热水而是冷水，反应所产生的热量就被冷水带走，从而达到维持反应温度的目的。

3. 作为生产安全的防护措施

在各炼油或石油化工厂中，有许多存放各种油品或石油化工产品的储罐。这些油品或化工产品不宜与空气长期接触，因为空气中的氧气会使其氧化而变质，甚至会引起爆炸。为此，常采用在储罐罐顶充以惰性气体（氮气）的方法，使油品与外界空气隔离。这种方法通常称为“氮封”。

为了保证空气不进入储罐，一般要求贮罐内的氮气压力保持为微正压。当由贮罐中向外抽取物料时，氮封压力就会下降，如不及时向储罐中补充氮气，储罐将会变形，甚至会有被吸瘪的危险；而当向储罐中注料时，氮封压力又会逐渐上升，如不及时排出储罐中的部分氮气，储罐又有被鼓坏的危险。显然，这两种情况都不允许发生，于是就必须设法维持储罐中氮封的压力。为了维持储罐中氮封的压力，当贮罐内的液面上升时，应将压缩的氮气适量排出。反之，当贮罐内的液面下降时，应及时补充氮气。只有这样才能做到既隔绝空气，又保证贮罐不变形。

为了达到这种控制目的，可采用如图 6.18 所示的贮罐氮封分程控制系统。本方案中，氮气进气阀 B 采用气开式，而氮气排放阀 A 采用气关式。控制器选用反作用的比例积分（PI）控制规律。两个分程控制阀的动作特性如图 6.19 所示。

对于贮罐氮封分程控制系统，由于对压力的控制精度要求不高，不希望在两个控制阀之间频繁切换动作，所以通过调整电−气阀门定位器，使 A 阀接受控制器的 4～11.6mA DC 信号时，能做全范围变化，而 B 阀接受 12.4～20mA DC 信号时，做全范围变化。控制器在输出 11.6～12.4mA DC 信号时，A、B 两个控制阀都处于全关位置不动，因此将两个控制阀之间存在的这个间隙区称为不灵敏区。这样做对于储罐这样一个空间较大因而时间常数较大，且控制精度要求又不是很高的具体压力对象来说，是有益的。因为留有这样一个不灵敏区，将会使控制过程的变化趋于缓慢，使系统更为稳定。

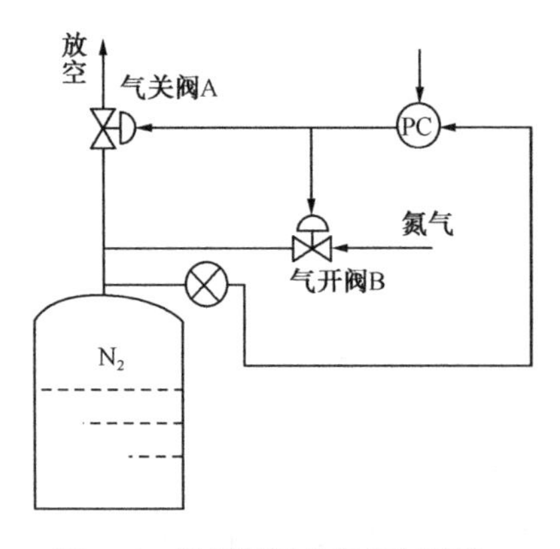

图 6.18 贮罐氮封分程控制系统

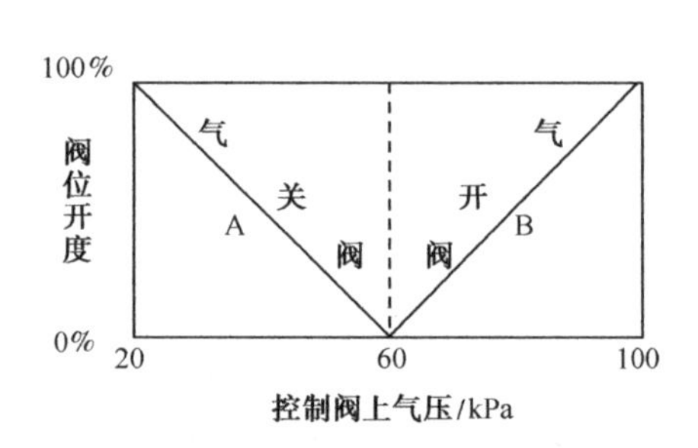

图 6.19 控制阀分程动作图

以上几种分程控制系统的典型方框图如图 6.20 所示。

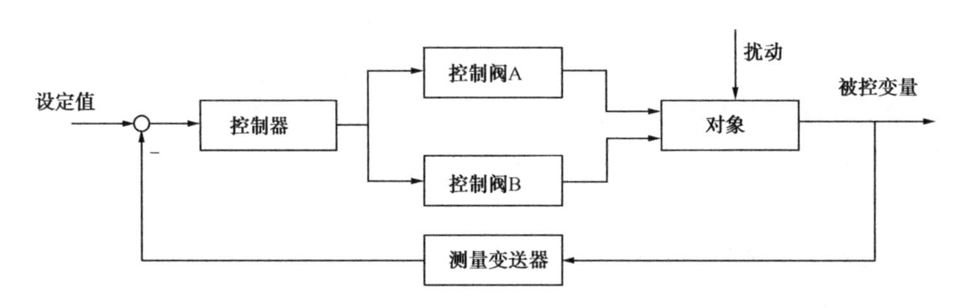

图 6.20 分程控制系统方框图

6.3.3 分程控制系统的实施

分程控制系统本质上属于单回路控制系统。因此，单回路控制系统的设计原则完全适用于分程控制系统的设计。但是，与单回路控制系统相比，分程控制系统的主要特点是分程而且控制阀多，所以，在系统设计方面也有一些不同之处。

1. 分程信号的确定

在分程控制中，控制器输出信号的分段是由生产工艺要求决定的。控制器输出信号需要分成几个区段，哪一个区段控制哪一个控制阀，完全取决于生产工艺要求。

2. 分程控制系统对控制阀的要求

（1）控制阀类型的选择。此即根据生产工艺要求选择同向或异向规律的控制阀。控制阀的气开、气关形式的选择是由生产工艺决定的，即从生产安全的角度出发，决定选用同向还是异向规律的控制阀。

（2）控制阀流量特性的选择。控制阀流量特性的选择会影响分程点的特性。因为在两个控制阀的分程点上，控制阀的流量特性会产生突变，特别是大、小阀并联时更为突出。如果两个控制阀都是线性特性，情况会更严重，如图 6.21（a）所示。这对控制系统的控制质量是十分不利的。为了减小这种突变特性，可采用两种处理方法：一种方法是采用两个对数特性的控制阀，这样从小阀向大阀过渡时，控制阀的流量特性相对平滑一些，如图 6.21（b）所示；第二种方法就是采用分程信号重叠的方法。例如，两个信号段分为 20～65kPa 和 55～100kPa，这样做的目的是在控制过程中，不等小阀全开时，大阀就已经小开了，从而改善了控制阀的流量特性。

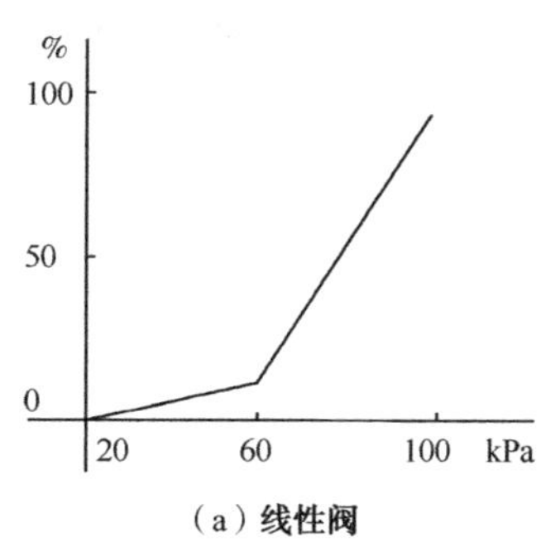

（a）线性阀

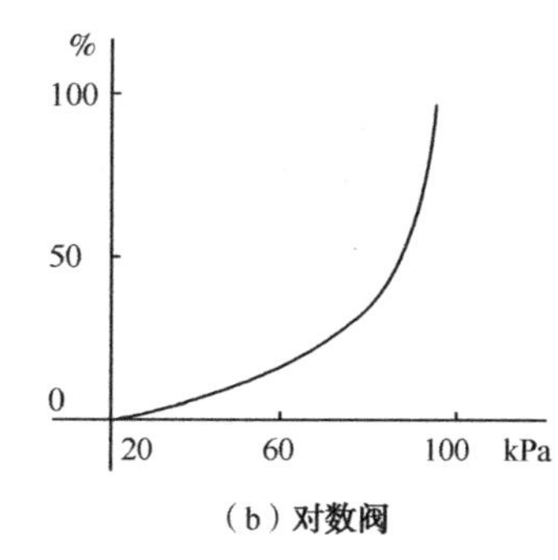

（b）对数阀

图 6.21　分程控制时的流量特性

（3）控制阀的泄漏问题。在分程控制系统中，应尽量使两个控制阀都无泄漏，特别是当大、小控制阀并联使用时，如果大阀的泄漏量过大，小阀就不能正常发挥作用，控制阀的可调范围仍然得不到增加，达不到分程控制的目的。

（4）控制器参数的整定。在分程控制系统中，当两个控制阀分别控制两个操纵变量时，这两个控制阀所对应的控制通道特性可能差异很大，即广义对象特性差异很大。这时，控制器的参数整定必须注意，需要兼顾两种情况，选取一组合适的控制器参数。当两个控制阀控制一个操纵变量时，控制器参数的整定与单回路控制系统相同。

【工程经验】

分程控制系统实施的关键，一是确定控制信号区间的分段，二是正确选择各分程控制阀的口径和气开、气关形式。识图时，与前面两种控制系统相比，分程控制系统是最容易辨识的。

本 章 小 结

均匀控制系统是解决前后设备供求矛盾的一种控制系统，通常是对液位和流量两个参数同时兼顾，使两个参数在控制过程中都是缓慢变化的，且两个参数保持在所允许的波动范围内。控制方案主要有简单均匀控制、串级均匀控制和双冲量均匀控制等。

选择性控制系统又称为取代（超弛）控制系统，主要用于安全软限控制，由两个或两个以上的控制器通过选择器操纵同一控制阀组成，还有对多个测量变量进行选择的选择性控制。

分程控制系统是由一个控制器同时控制两个或两个以上控制阀的控制方案，由安装在控制阀上的阀门定位器来实现分程操作。分程控制可以扩大控制阀的可调范围，满足工艺操作的特殊要求。

思考与练习

1. 何为均匀控制？均匀控制的目的是什么？均匀控制主要有几种结构形式？
2. 什么是选择性控制系统？它有几种结构类型？
3. 在选择性控制系统中如何防止积分饱和？
4. 设置分程控制的目的是什么？
5. 如何实现控制阀的分程控制？分程控制系统中控制阀有几种组合式？
6. 简述间歇式化学反应器温度分程控制系统的工作原理。
7. 分程控制方案中应如何改进控制阀的流量特性？

第7章

典型化工单元的控制

内容提要

在工业生产过程中，有一些常见的典型操作单元：以泵和压缩机为代表的流体输送设备、以换热器和冷却器为代表的传热设备、以锅炉为代表的大型动力设备、化学工艺中常见的精馏塔和反应器等。本章着重从工艺要求和自动控制的角度出发，讲解其基本工作情况，包括典型单元的操作流程、质量指标、参数选择、基本控制方案等。

特别提示：

复杂、规模化的生产工艺流程都是由若干个基本操作单元组成的。对整个生产过程的自动控制，都是具体落实到对这些基本单元的控制。这里介绍的只是几种典型操作单元的基本控制方案，在计算机过程控制系统中，视生产工艺、物料、工况、控制要求等方面的不同，实际使用的控制系统更为复杂、先进，功能性更强。

工业生产过程是由一系列的基本单元操作设备所组成的生产线来进行的。这些基本单元的操作有动量传递过程、传热过程、传质过程和化学反应过程。单元操作中控制方案的确定是实现生产过程自动化的重要环节，要确定出一个好的控制方案，必须深入了解生产工艺，按照单元设备的内在机理来探讨。本章从自动控制的角度出发，选择一些典型的生产过程操作单元为例，根据对象的特性和控制的要求，分析典型单元中具有代表性的设备的基本控制方案，阐明确定控制方案的共性原则和方法，以便使大家更广泛地获取一些应用过程控制技术的经验。

7.1　流体输送设备的控制

在工业生产过程中，各个生产装置之间都是以输送物料或能量的管道连接在一起的。所输送的物料流和能量流统称为流体。用于输送流体或提高流体压头（压力）的机械设备，统称为流体输送设备。输送液体、提高其压力的机械设备称为泵；输送气体、并提高其压力的机械设备称为风机和压缩机。它们在生产过程中的主要任务是：克服设备、管路阻力来输送流体；根据化工过程的要求，提高流体压力；制冷装置中的压缩。

流体输送设备安全可靠地运行是石油、化工正常生产的必要保证，不同的工艺过程就有不同的流量和压力的要求。所以，对流体输送设备的控制，主要目的是：

（1）通过流量和压力控制实现物料平衡；

（2）保证机泵本身的安全运转。

7.1.1 泵的控制

泵可分为离心泵和容积泵两大类。其中，离心泵的使用最为广泛，在此仅介绍离心泵。

1. 离心泵的特性

离心泵是一种最常用的液体输送设备，主要由叶轮和机壳组成，它靠叶轮在原动机带动下作高速旋转所产生的离心力来提高液体的压力。转速越高，离心力越大，液体出口压力就越高。

值得一提的是，离心泵启动前，泵体和进水管必须灌满水，方可启动，否则将造成泵体发热、振动、出水量减少，损坏水泵，产生“气缚”或 “气蚀”现象。

离心泵的压力 H 和流量 Q 及转速 n 之间的关系，称为泵的特性，如图 7.1 所示。图中离心泵的特性曲线 aa' 相应于最高效率的工作点轨迹，且 $n_1>n_2>n_3$。

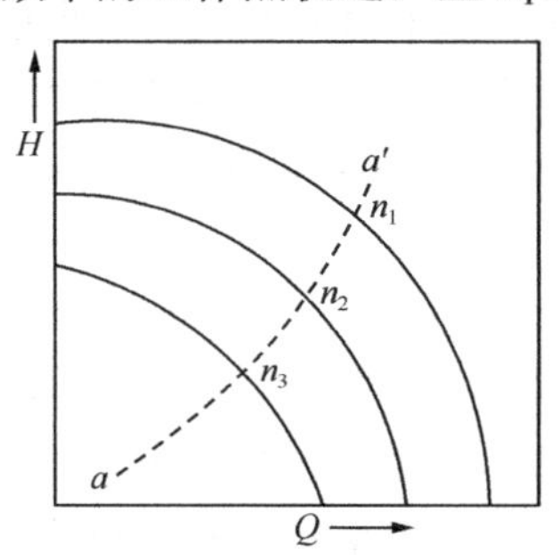

图 7.1 离心泵的特性曲线

离心泵的特性也可用下列经验公式来表示：

$$H=k_1n^2-k_2Q^2 \tag{7.1}$$

式中，k_1、k_2 为比例系数。

离心泵输送液体，当出口阀关闭时，液体会在泵体内循环，这时，压力最大，而排出流量为零。泵将机械能转换为热能向外散发，使液体发热升温。因此，在泵运转后，应及时打开出口阀。随着出口阀的逐步开启，液体排出量随之增大，出口压力将慢慢下降。

当离心泵装在管路系统中时，实际的排出量与压力是多少呢？那就需要与管路特性结合起来考虑。

2. 离心泵的管路特性

离心泵的工作点 s 除与泵自身的工作特性有关外，还与管路系统的阻力有关。管路特性就是管路系统中流体的流量和管路系统阻力的相互关系，如图 7.2（a）所示。

图中，h_L 表示将液体提升一定高度所需的压头，即升扬高度，h_L 是恒定的；h_P 表示克服管路两端静压差的压头，即为$(p_2-p_1)/\gamma$，h_P 也是比较平稳的；h_f 表示克服管路摩擦损耗的压头，与流量的平方几乎成比例；h_V 是控制阀两端的压头，在阀门的开启度一定时，也与流量的平方值成比例。同时，h_V 还取决于阀门的开启度。

设

$$H_L=h_L+h_P+h_f+h_V \tag{7.2}$$

则 H_L 和流量 Q 的关系即为管路特性，图 7.2（b）所示为一例。

当系统达到平稳状态时，泵的压力 H 必然等于 H_L，这是建立平衡的条件。从特性曲线上看，工作点 C 必然是泵的特性曲线与管路特性曲线的交点。

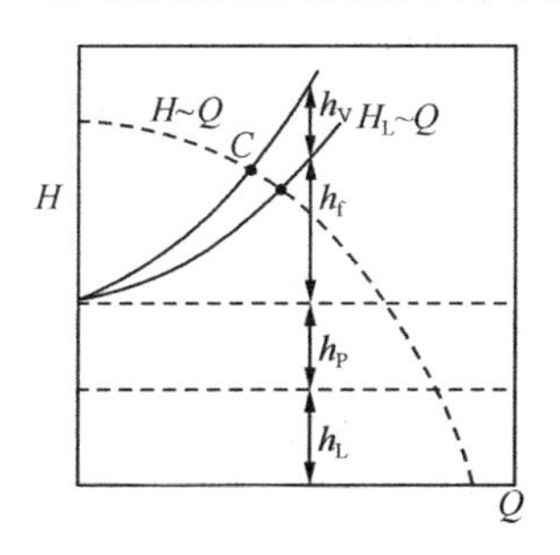

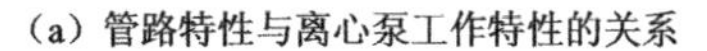
（a）管路特性与离心泵工作特性的关系

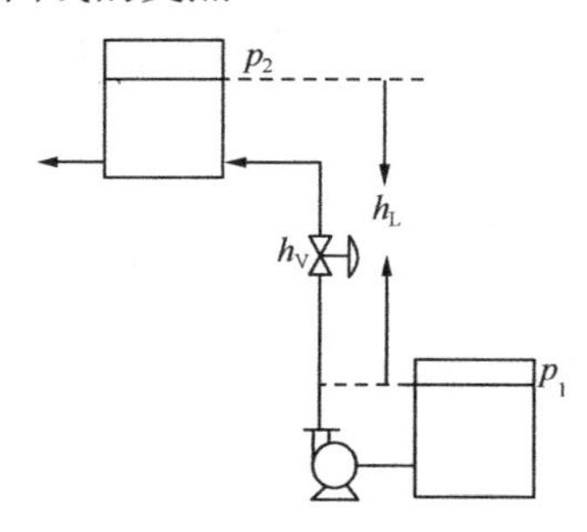

（b） 管路系统阻力分布

图 7.2　管路特性

3. 离心泵的控制方案

由于生产任务变化，管路中液体的流量有时是需要改变的，这实际上是要改变泵的工作点。离心泵的控制就是要改变其工作点 C，从而达到控制离心泵排出流量的目的。它可以通过以下方案来控制。

（1）改变离心泵出口阀的开度。直接节流改变控制阀的开启度，即改变了管路阻力特性，通过控制离心泵出口阀门的开启度来控制流量的方法如图 7.3 所示。当扰动作用使被控变量发生变化、偏离设定值时，控制器发出控制信号指挥控制阀动作，使得流量回到设定值上。改变阀门开启度时离心泵的流量特性如图 7.4 所示。

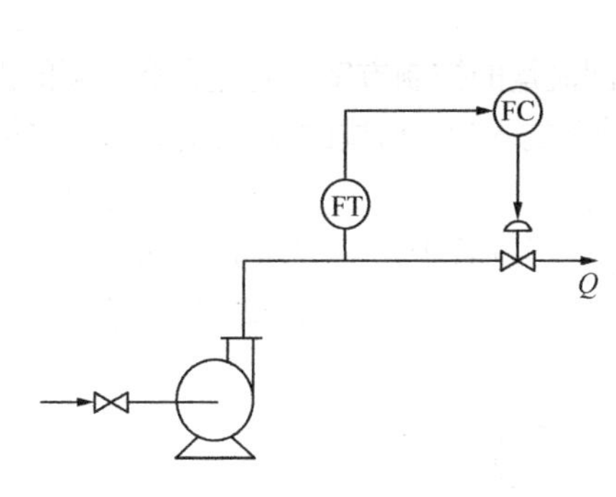

图 7.3　流量控制方案

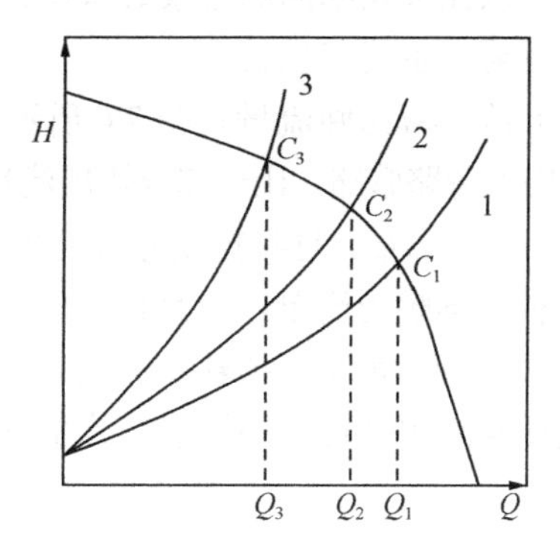

图 7.4　离心泵的流量特性

当控制阀开启度发生变化时，由于泵的转速是恒定的，所以离心泵的特性没有改变，但管路上的阻力却发生了变化，即管路特性曲线不再是曲线 1，随着控制阀的关小，可能变为曲线 2 或曲线 3 了。工作点就由 C_1 移向 C_2 或 C_3，出口流量也由 Q_1 改变为 Q_2 或 Q_3。以上就是通过控制离心泵的出口控制阀开启度来改变泵的排出流量的基本原理。

采用本方案时，要注意控制阀一般应该安装在出口管路上，否则由于控制阀的节流作用，可能会使流体出现“气缚”及“气蚀”现象。这两种现象均对泵的正常运行造成不良影响，并且影响泵的使用寿命。

控制离心泵的出口阀门开启度的控制方案，简便易行，控制灵敏，但能耗大，所以一般用于流量变化较小的场合。在排出量低于正常值 30%的场合不宜使用。

（2）改变离心泵的转速。当离心泵的转速改变时，泵的流量特性曲线会发生改变。这种控制方案以改变泵的特性曲线、移动工作点来达到控制流量的目的。其控制方案及工作点的变动情况如图 7.5 所示，泵的排出量随着转速的增加而增加。

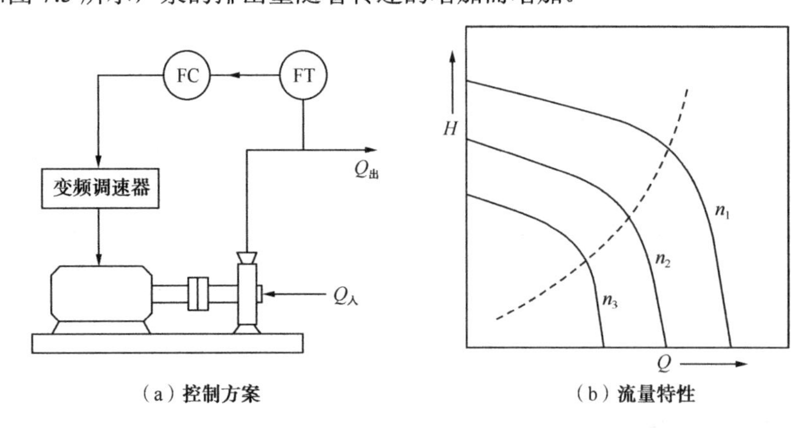

（a）控制方案　　（b）流量特性

图 7.5　改变泵转速的控制方案

改变泵的转速以控制流量的方法有四种，如下所述。

① 用电动机作原动机时，采用电动调速装置；

② 用汽轮机作原动机时，可控制导向叶片的角度或蒸汽流量；

③ 采用变频调速器；

④ 也可利用在原动机与离心泵之间的联轴变速器，设法改变转速比。

采用这种控制方案时，在液体输送管线上不需安装控制阀，因此能耗小，泵的机械效率较高。所以在大功率的离心泵装置中，其应用逐渐扩大。但在具体实现这种控制方案时比较复杂，所需设备费用也较高。

（3）改变旁路回流量。图 7.6 所示为改变旁路回流量的控制方案。它是在离心泵的出口与入口之间加旁路管路，让一部分排出流量重新回流到泵的入口，通过改变旁路阀开启度的方法，来控制实际排出量。这种控制方式的实质也是通过改变管路特性来达到控制流量目的的。

这种方案颇为简单，而且控制阀口径较小。但也不难看出，对旁路的那部分液体来说，由于泵的供给能量完全损耗在旁路管道和控制阀上，因此总的机械效率较低。通过旁路控制的方案在实际生产过程中还有一定的应用。

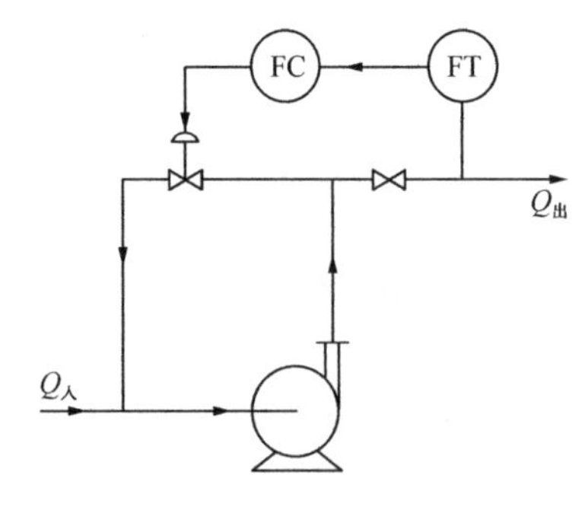

图 7.6　旁路控制流量

7.1.2　压缩机的控制

压缩机是用来输送和提高气体的压力的。气体具有可压缩性，所以在操作时要考虑压力对其密度的影响。

压缩机按其工作原理可分为离心式和往复式两大类，按其进、出口压力高低的差别可分为鼓风机、压缩机等类型。在制定压缩机的控制方案时必须要考虑到各自的特点。往复式压缩机适用于流量小、压缩比高的场合，其常用控制方案有汽缸余隙控制、顶开阀控制（吸入管线上的控制）、旁路回流量控制、转速控制等。这些控制方案有时是同时使用的。

往复式压缩机主要用于流量小，压缩比较高的场合。与往复式压缩机相比，离心式压缩机有下述优点：体积小、流量大、重量轻、运行效率高、易损件少、维护方便、汽缸内无油气污染、供气均匀、运转平稳、经济性较好等。因此离心式压缩机得到了很广泛的应用。在此仅讨论离心式压缩机的控制方案。

离心式压缩机的控制方案与离心泵的控制方案有很多相似之处，被控变量同样是流量或压力，控制手段一般可分为以下三类。

1. 直接控制流量

对于低压的离心式鼓风机，一般可在其出口处直接控制流量，气体输送的管径通常都较大，执行器可采用蝶阀。在其他情况下，为了防止鼓风机出口压力过高，可在入口端控制流量。因为气体的可压缩性，所以直接控制流量的方案对于往复式压缩机也是适用的。在控制阀关小时，会在压缩机入口端引成负压，这就意味着吸入同样容积的气体，其质量流量减少了。当流量降低到额定值的 50%～70%以下时，负压严重而使压缩机效率大为降低。这种情况下，可采用分程控制方案，如图 7.7 所示。用出口流量控制器控制两个控制阀。吸入阀 1 只能关小到一定开度，如果需要的流量还要小，则应打开旁路阀 2，以避免入口端负压严重。

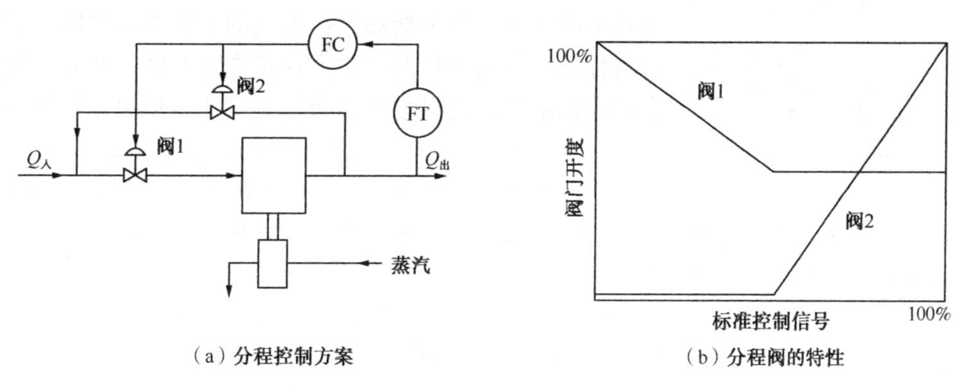

图 7.7　压缩机分程控制方案

为了减少阻力损失，对大型压缩机往往不用控制吸入阀的方法，而用控制导向叶片角度的方法。它比进口节流法节省能量，但要求压缩机设有导向叶片装置，这样机组在结构上就要复杂一些。

2. 控制转速

压缩机转速的改变能使其出口流量和压力发生变化，控制转速就能控制压缩机的出口流量和压力。这种控制方案最节能，特别是大型压缩机一般都采用蒸汽透平作为原动机，实现调速较为简单，应用较为广泛，但在设施上较复杂。大功率的风机，尤其用蒸汽透平带动的大功率风机应用调速的方案较多。

3．控制旁路流量

控制旁路流量即采用改变旁路回流量的办法，来控制实际排出量，其方案与离心泵的一样。

7.1.3 离心式压缩机的防喘振控制系统

离心式压缩机虽然有很多优点，但在大容量机组中，有许多技术问题必须得到很好的解决，如喘振、轴向推力等。因为微小的偏差很可能造成严重的事故，而且事故的出现又往往迅速、猛烈，单靠操作人员处理，常常措手不及。因此，为保证压缩机能够在工艺所要求的工况下安全运行，必须配备一系列的自控系统和安全联锁系统。

1．喘振现象及原因

由于离心式压缩机的固有特性，当负荷降低到一定程度时，气体的排送会出现强烈的振荡而引发压缩机剧烈振动，这种现象称为喘振。压缩机的喘振会严重损坏机体，进而产生严重的后果，在生产过程中一定要防止喘振的发生。因此，在离心式压缩机的控制方案中，防喘振控制是一个重要的课题。

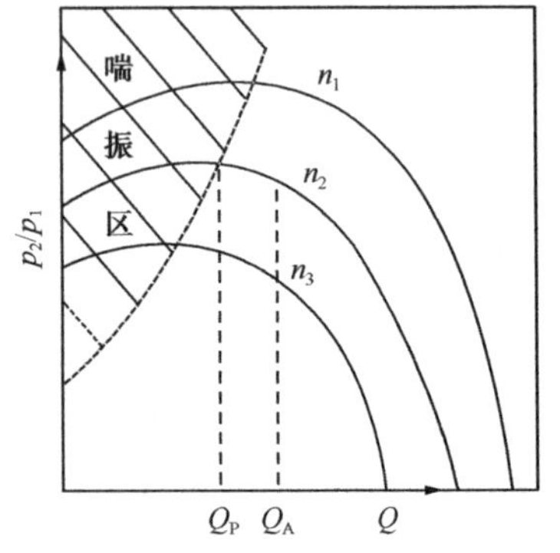

图 7.8 离心式压缩机的特性曲线

为什么会发生喘振呢？离心式压缩机的特性曲线即压缩比（p_2/p_1）与进口体积流量 Q 之间的关系曲线如图 7.8 所示。图中，n_1、n_2、n_3 为离心式压缩机的转速，由图可知，不同的转速下每条曲线都有一个 p_2/p_1 值的最高点，连接每条曲线最高点的虚线是一条表征喘振的极限曲线。虚线左侧的阴影部分是不稳定区，称为喘振区；虚线的右侧为稳定区，称为正常运行区。若压缩机的工作点在正常运行区，此时流量减小会提高压缩比，流量增大会降低压缩比。假设压缩机的转速为 n_2，正常流量为 Q_A，如因某种扰动使流量减小，则压缩比增加，即出口压力 p_2 增加，使压缩机排出量增加，自衡作用使负荷回复到稳定流量 Q_A 上。假如负荷继续减小，使负荷小于临界吸入流量值 Q_P 时（即移动到 p_2/p_1 的最高点后，排出量继续减小），压力 p_2 继续下降，于是出现管网压力大于压缩机所能提供压力的情况，瞬时会发生气体倒流，接着压缩机恢复到正常运行区。由于负荷还是小于 Q_P，压力被迫升高，重又把倒流进来的气体压出去，此后又引起压缩比下降，出口的气体倒流。这种现象重复进行时，称为喘振。表现为压缩机的出口压力和出口流量剧烈波动，机器与管道振动。如果与机身相连的管网容量较小并严密，则可能听到周期性的如同哮喘病人“喘气”般的噪声；而当管网容量较大时，喘振时会发出周期性间断的吼叫声，并伴随有止逆阀的撞击声，这种现象将会使压缩机及所连接的管网系统和设备发生强烈振动，甚至使压缩机等设备遭到破坏。

2．防喘振控制方案

由上述可知，在通常情况下，离心式压缩机产生喘振是因负荷减小，被输送的流体流量小于该工况下特性曲线的喘振点流量所致。因此，只要保证压缩机的吸入流量大于临界吸入流量值 Q_P，系统就会工作在稳定区，不会发生喘振。

为了使进入压缩机的气体流量保持在 Q_P 以上，在生产负荷下降时，须将部分出口气从出口旁路返回到入口或将部分出口气放空，以保证系统工作在稳定区。目前工业生产上常采用两种不同的防喘振控制方案：固定极限流量法和可变极限流量法。如下所述。

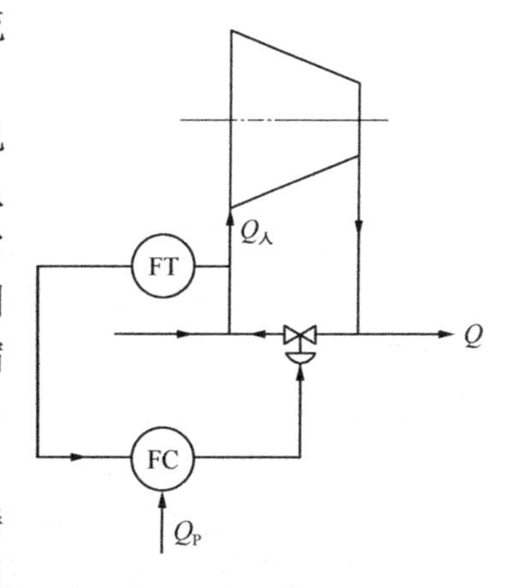

图 7.9　固定极限流量法防喘振控制方案

（1）固定极限流量防喘振控制。这种控制方案是使压缩机的流量始终保持大于某一定值流量（临界吸入流量值 Q_P），从而避免进入喘振区运行。控制方案如图 7.9 所示。压缩机正常运行时，测量值大于设定值 Q_P，则旁路阀完全关闭。如果测量值小于 Q_P，则旁路阀打开，使一部分气体返回，直到压缩机的流量达到 Q_P 为止，这样虽然压缩机向外的供气量减少了，但可以防止发生喘振。

固定极限流量防喘振控制系统应与一般控制中采用的旁路控制法区别开来。其主要差别在于检测点的位置不一样，固定极限流量防喘振控制回路测量的是进入压缩机的流量，而一般流量控制回路测量的是从管网送来或是通往管网的流量。

固定极限流量防喘振控制方案简单，系统可靠性高，投资少，适用于固定转速的场合或负荷不经常变化的场合。在变转速时，当转速低到 n_2、n_3（见图 7.9）时，流量的裕量过大，能量浪费很大。

（2）可变极限流量防喘振控制。为了减少压缩机的能量消耗，在压缩机负荷有可能通过调速来改变的场合，采用可变极限流量防喘振控制方案。

假如，在压缩机吸入口测量流量，只要满足下式即可防止喘振的产生：

$$\frac{p_2}{p_1} \leqslant a+\frac{bK^2\Delta p_1}{\gamma p_1} \quad 或 \quad \Delta p_1 \geqslant \frac{\gamma}{bK^2}(p_2-ap_1)$$

式中，p_1 是压缩机吸入口压力（绝对压力）；p_2 是压缩机出口压力（绝对压力）；Δp_1 是与入口流量 Q_1 对应的压差；$\gamma=\dfrac{M}{ZR}$ 为常数（M 为气体分子量，Z 为压缩系数，R 为气体常数）；K 是孔板的流量系数；a、b 为常数。

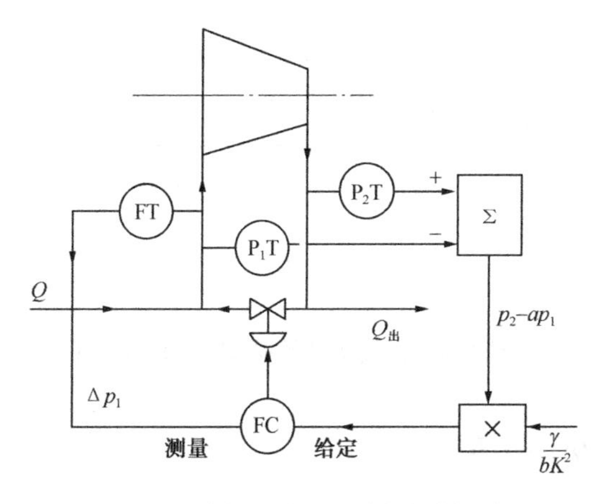

图 7.10　变极限流量防喘振控制方案

根据上式而设计的一种防喘振的控制方案如图 7.10 所示。压缩机入口压力 p_1、出口压力 p_2 经过测量变送装置以后送往加法器，得到(p_2-ap_1)信号，然后乘以系数 $\dfrac{\gamma}{bK^2}$，作为防喘振控制器 FC 的设定值 $\dfrac{\gamma}{bK^2}(p_2-ap_1)$。控制器的测量值是测量入口流量的差压经过变送器后的信号Δp_1，这是一个随动控制系统。当测量值Δp_1 大于设定值时，压缩机工作在正常运行区，旁路阀是关闭的；当测量值Δp_1 小于设定值时，则需要将旁路阀打开一部分，以保证压缩机的入口流量大于设定值，使其始终工作在正常运行区，从而防止了喘振的产生。

这种方案属于可变极限流量法的防喘振控制方案，控制器的设定值是经过运算来获得的，因此该方案能根据压缩机负荷变化的情况随时调整入口流量的设定值，而且由于将运算部分放在闭合回路之外，因此，该控制方案可以像单回路流量控制系统那样整定控制器的参数。

7.2 传热设备的控制

在工业生产过程中，经常需要根据工艺的要求，对物料进行加热或冷却来维持一定的温度，用以实现冷热两种流体换热的设备称为传热设备。换热方法主要有直接接触式、间壁式和蓄热式换热。直接接触式是指冷、热两种流体直接混合，以达到加热或冷却的目的；间壁式是指冷、热两种流体有间壁隔开的换热；蓄热式换热是冷、热两种流体交替地流过蓄热体，以蓄热体为传热媒介完成的换热过程。

生产过程中进行传热的目的主要有下面几种：

① 使工艺介质达到规定的温度，以使化学反应或其他工艺过程能很好地进行。

② 在工艺过程中加入吸收的热量或除去放出的热量，使工艺过程能在规定的温度范围内进行。

③ 某些工艺过程需要改变物料的相态。根据工艺过程的需要，有时加热使工艺介质汽化；有时则冷凝除热，以使气相物料液化。

④ 回收热量。

传热过程是工业生产过程中重要的组成部分。为保证工艺过程的正常、安全运行，必须对传热设备进行有效的控制。传热设备的种类很多，主要有换热器、蒸汽加热器、再沸器、冷凝器及加热炉等。由于它们的传热目的不同，被控变量也不完全一样。根据传热设备的传热目的，传热设备的控制主要是热量平衡的控制，一般取温度作为被控变量。对于某些传热设备，也需要增加有约束条件的控制，以对生产过程和设备的安全起到保护作用。

7.2.1 传热设备的特性

对于图 7.11 所示的列管式换热器，假定输出变量为 t_2，输入变量为 T_1、G_1、t_1、G_2，则建立该对象的数学模型就是要找出 t_2 与 T_1、G_1、t_1、G_2 之间的函数关系。

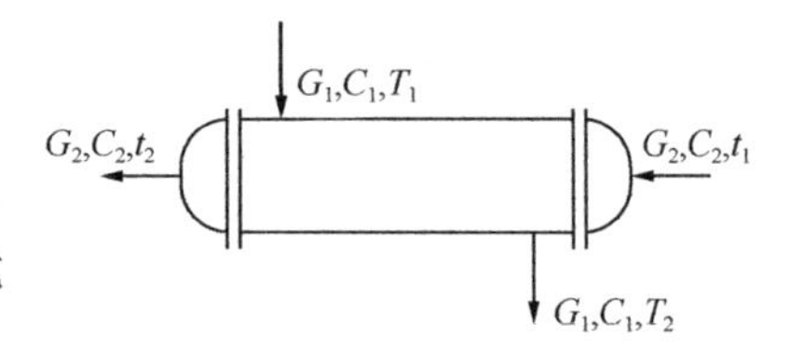

图 7.11 列管式换热器原理

1. 热量平衡关系式

在忽略热损失的情况下，冷流体所吸收的热量，应等于热流体放出的热量，其热量平衡关系式为

$$q=G_1c_1(T_1-T_2)=G_2c_2(t_2-t_1) \tag{7.3}$$

式中，q——传热速率，单位是 J/s；

G_1，G_2——分别为载热体和冷流体的质量流量，单位是 kg/h；

c_1，c_2——分别为载热体和冷流体的比热容，单位是 J/(kg・℃)；

T_1，T_2——分别为载热体入口和出口温度，单位是℃；

t_1，t_2——分别为冷流体入口和出口温度，单位是℃。

2．传热速率方程式

由传热定理可知，热流体向冷流体的传热速率可按下式计算：

$$q = KF\Delta t_m \tag{7.4}$$

式中，K——传热系数，单位为 kcal/(℃·m^2·h)，(1 cal＝4.18 J)；

F——传热面积，单位为 m^2；

Δt_m——两流体间的平均温差，单位为℃。

在各种不同情况下平均温差Δt_m的计算方法是不同的，篇幅所限，在此不予详细介绍，需要时可参考有关资料。

3．换热器的动态特性

目前，对换热器的控制仍采用传统的 PID 算法，以热（冷）载热体的流量为调节手段，以被加热（冷却）工艺介质的出口温度作为被控变量构成控制系统。

换热器是一个惯性和滞后均较大的被控对象，且是分布参数的。若将动态特性用集中参数来描述，可将其近似为一个三容时滞对象。为简化起见，将换热器的动态特性取为

$$G(s) = \frac{K}{Ts+1}\mathrm{e}^{-\tau s} \tag{7.5}$$

式中的时间常数 T 和滞后时间 τ 是两个决定换热器动态响应过程的时间型参数，且随换热器的工况变化而变化。

7.2.2　一般传热设备的控制

一般传热设备，通常指换热器、蒸汽加热器、再沸器、冷凝冷却器及加热炉等。

1．换热器的控制

换热器是传热设备中较为简单的一种，其目的是为了使工艺介质加热（或冷却）到一个工艺要求的温度。自动控制的目的就是通过改变换热器的热（冷）负荷，以保证工艺介质出口温度稳定在规定的温度值上。

换热器的基本控制方案有两类：一类是以载热体的流量为操纵变量，另一类是对工艺介质的旁路控制。

当换热器两侧的流体在传热过程中均无相态变化时，一般采用下列几种控制方案。

（1）控制载热体的流量。对于图 7.12 所示的换热器，由于冷、热流体间的传热既符合热量平衡方程式，又符合传热速率方程式，因此有下列关系式：

$$G_2c_2(t_2-t_1)=KF\Delta t_m \tag{7.6}$$

式（7.6）可改写为

$$t_2=(KF\Delta t_m/G_2c_2)+t_1 \tag{7.7}$$

从式（7.7）可以判断出，在传热面积 F 及冷流体进口流量 G_2、入口温度 t_1 及比热容 c_2 一定的情况下，影响冷流体出口温度 t_2 的主要因素是传热系数 K 及平均温差Δt_m。控制载热体的流量实质上是改变了传热速率方程中的传热系数 K 和平均温差Δt_m，可分为下列两种情况讨论：

① 对于载热体在传热过程中不发生相变化的情况，主要是改变传热速率方程中的传热

系数 K；

② 当载热体在传热过程中发生相变化时，情况要复杂得多，主要是改变传热速率方程中的平均温差Δt_m。

如图 7.12 所示，是控制载热体流量的方案之一，这种方案最简单，适用于载热体上游压力比较平稳及生产负荷变化不大的场合。假设由于某种原因使 t_2 升高，控制器将会使阀门关小以减小载热体的流量 G_1。从传热速率方程可以看出，K、Δt_m 会同时减小，从而把冷流体的出口温度 t_2 拉回到设定值的控制要求。

如果载热体上游压力不平稳，则需采取稳压措施使其稳定，或采用以出口温度 t_2 为主变量、载热体流量 G_1 为副变量的串级控制系统，力求达到工艺操作的要求，如图 7.13 所示。

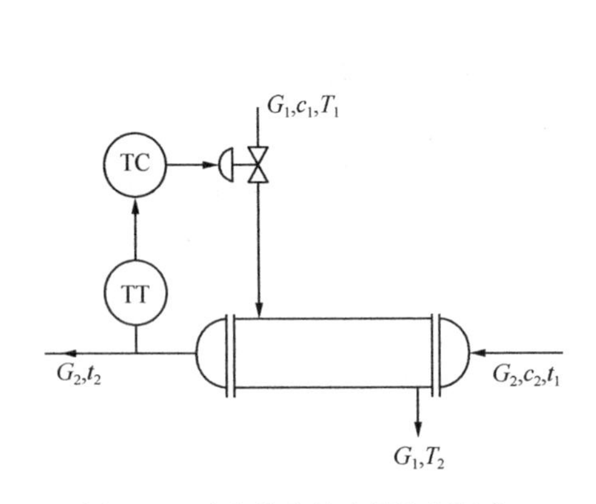

图 7.12 改变载热体流量控制温度

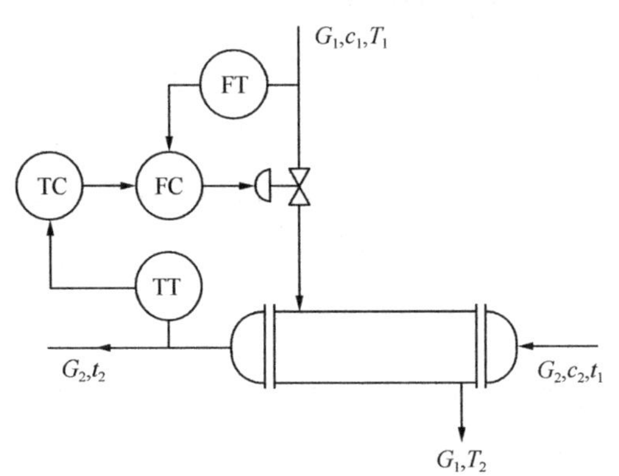

图 7.13 换热器串级控制系统

控制载热体流量是换热器操作中应用最为普遍的一种控制方案，多用于载热体流量变化对温度影响较灵敏的场合。

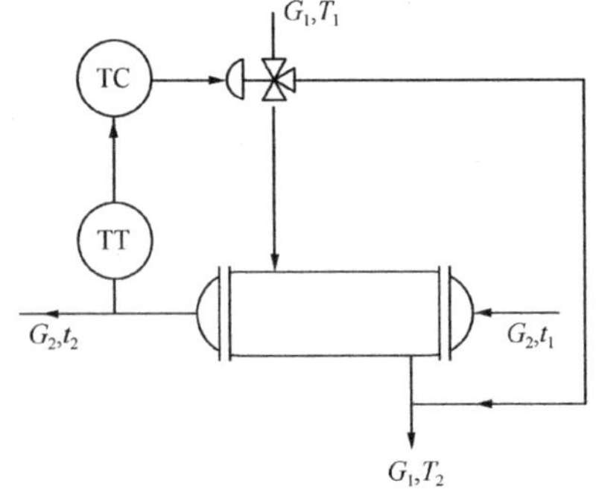

图 7.14 载热体旁路控制方案

（2）控制载热体的旁路流量。当载热体是工艺物料、其流量不允许节流时，可采用图 7.14 所示的控制方案。这种方案的控制机理与前一种方案相同，也是采用改变温差Δt_m和传热系数 K 的手段来达到控制温度 t_2 的目的的。方案中采用三通控制阀来改变进入换热器的载热体流量及其旁路流量的比例，这样既可以控制进入换热器的载热体的流量，又可以保证载热体总流量不受影响。这种控制方案在载热体为工艺物料时是极为常见的。

（3）控制工艺介质自身流量的旁路。如图 7.15 所示，为被加热流体流量旁路控制方案，其中一部分工艺物料经换热器，另一部分走旁路。从控制机理来看，这种方案实际上是一个混合过程，所以反应迅速及时，适用于物料在换热器里停留时间较长的操作。但需要注意的是，换热器必须要有富裕的传热面积，而且载热体流量一直处于高负荷下，该方案在采用专门的载热体时是不经济的。然而对于某些热量回收系统，载热体是工艺物料，总量本不宜控制，所以适合采用这种方案。

（4）控制载热体的汽化温度。控制载热体的汽化温度亦即改变了传热平均温差Δt_m。如图 7.16 所示的氨冷器出口温度控制就是这类方案的一例。控制阀安装于气氨出口管道上，当阀门开度变化时，气氨的压力将变化，相应的汽化温度也发生变化，这样就改变了传热平均温差，从而控制了传热量。但仅仅这样还不行，还要设置液位控制系统来维持液位，从而保证有足够的蒸发空间。这类方案的动态特点是滞后小、反应迅速、有效，应用亦较广泛。但必须用两套控制系统，所需仪表较多；在控制阀的两端，气氨有压力损失，增大了压缩机的功率；另外，若要行之有效，液氨需有较高的压力，设备必须耐压。

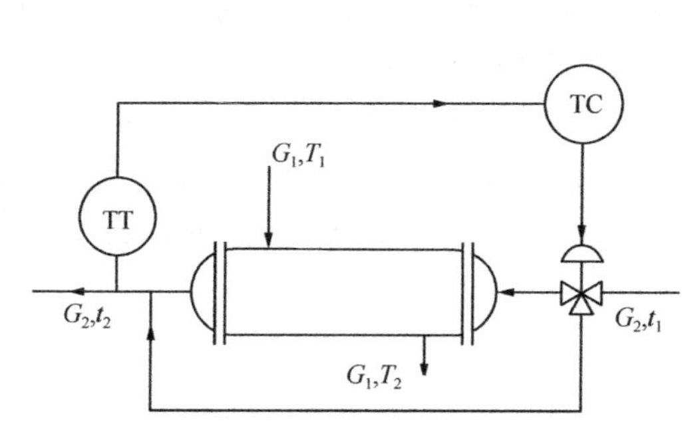

图 7.15　被加热流体流量旁路控制方案

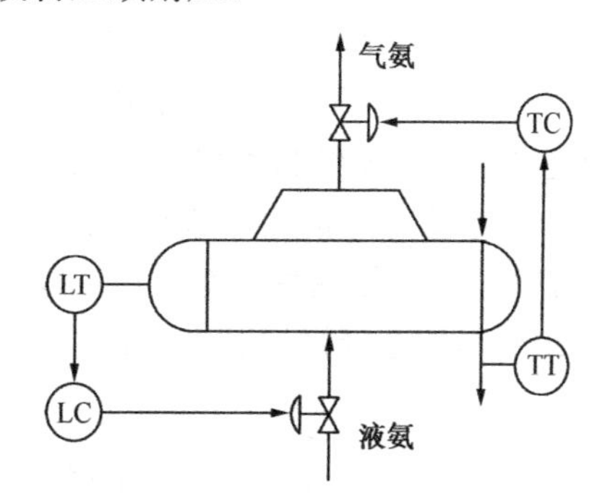

图 7.16　氨冷器出口温度控制

上述四种控制方案都是换热器生产过程中常见的方案，在实际应用过程中一定要对工艺生产的要求和操作条件进行深入分析，从而选择出较合理的一种控制方案，以满足生产过程的要求。

2. 蒸汽加热器的控制

蒸汽加热器的载热体为蒸汽，通过蒸汽冷凝释放热量来加热工艺介质，水蒸气是最常用的一种载热体。根据加热温度的不同，也可采用其他介质的蒸汽作为载热体。

（1）控制蒸汽载热体的流量。图 7.17 所示为控制蒸汽流量的温度控制方案，通过改变加热蒸汽量来稳定被加热介质的出口温度。当阀前蒸汽压力有波动时，可对蒸汽总管加设压力定值控制，或者采用出口温度与蒸汽流量（或压力）的串级控制。

这种控制方案控制灵敏，但是当采用低压蒸汽作为载热体时，进入加热器内的蒸汽一侧会产生负压，此时，冷凝液将不能连续排出，故需慎重采用该控制方案。

（2）控制冷凝液的排放量。图 7.18 所示为控制冷凝液排放量的控制方案。该方案的机理是通过控制冷凝液的排放量，改变加热器内冷凝液的液位，导致传热面积 F 的变化，从而改变传热量 q，以达到对被加热物料出口温度的控制。这种控制方案有利于冷凝液的排放，传热变化比较平缓，可防止局部过热，有利于热敏介质的控制。此外，采用该方案时排放阀的口径也小于蒸汽阀。但这种方案滞后较大，控制作用比较迟钝。

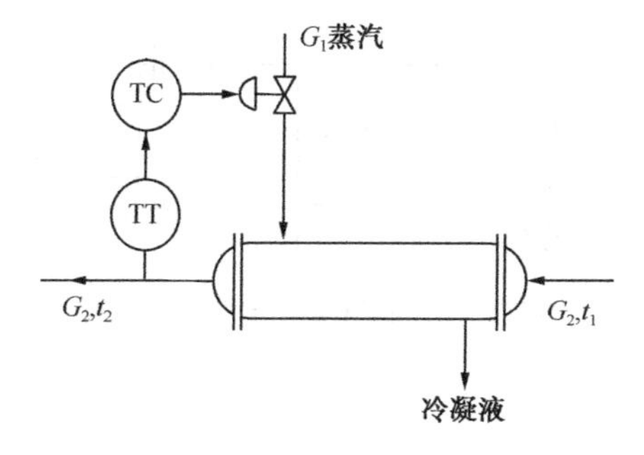

图 7.17　控制蒸汽流量的温度控制方案

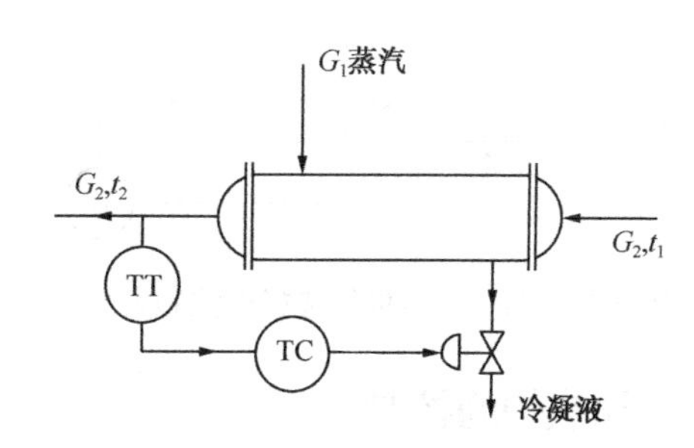

图 7.18　控制冷凝液排放量的控制方案

3．冷却器的控制

冷却器的载热体是冷却剂，常采用液氨等介质作为冷却剂，利用它们在冷却器内蒸发，吸收工艺物料的大量热量，来对工艺介质进行冷却。工业用冷却器的一般控制方案有以下几种。

（1）控制冷却剂的流量。如图 7.19 所示，为氨冷却器控制冷却剂流量的控制方案，其机理也是通过改变传热速率方程中的传热面积 F 来实现的。该方案控制平稳，冷量（冷却剂量）利用充分，且对压缩机入口压力无影响。但这种方案控制不够灵活，另外蒸发空间不能得到保证，易引起气氨带液而损坏压缩机。为此，可采用图 7.20 所示的物料出口温度与液位的串级控制方案，使用这种方案时，可以限制液位的上限，保证有足够的蒸发空间。也可以采用图 7.21 所示的选择性控制方案。

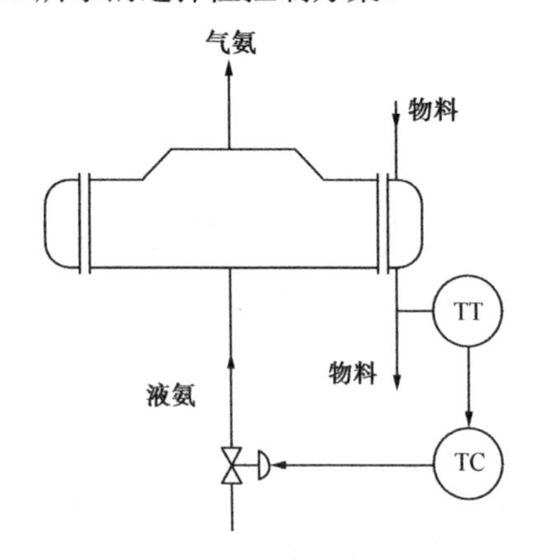

图 7.19　控制冷却剂流量的控制方案

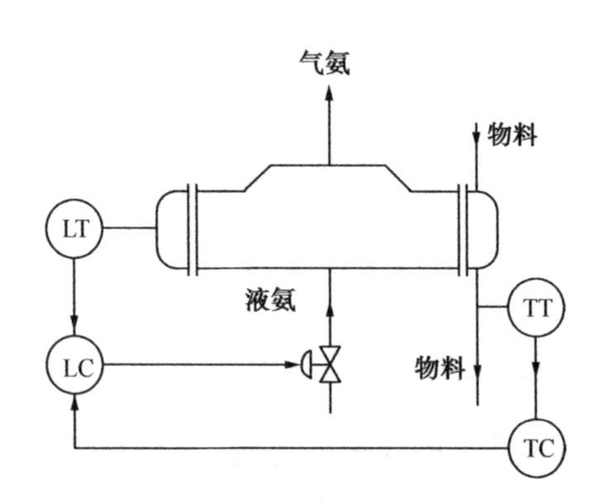

图 7.20　温度与液位串级控制方案

（2）控制气氨排量

氨冷却器控制气氨排量的控制方案如图 7.22 所示。其机理是通过改变传热速率方程中的平均温差来控制工艺物料的出口温度。这种方案控制灵敏迅速，但制冷系统必须许可压缩机入口压力的波动。另外，冷量的利用不充分。为确保系统的安全运行，还需要设置一个液位控制系统，防止液氨进入气氨管路而导致压缩机损坏。

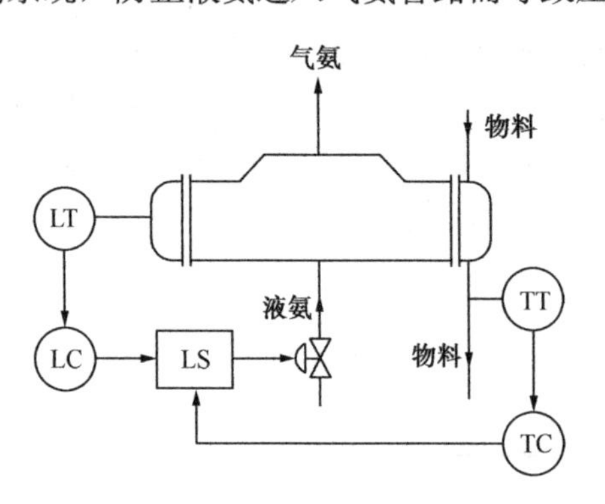

图 7.21　温度与液位的选择性控制方案

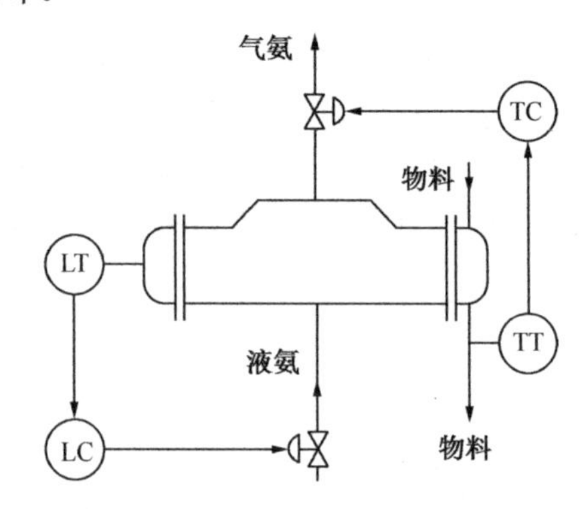

图 7.22　控制气氨排量的控制方案

7.2.3　加热炉的控制

在炼油、化工生产中常见的加热炉是管式加热炉。其形式可分为箱式、立式和圆筒炉三大类。对于加热炉，工艺介质受热升温或同时进行汽化，其温度的高低会直接影响后一工序的操作工况和产品质量。当炉子温度过高时，会使物料在加热炉内分解，甚至造成结焦而烧坏炉管。加热炉的平稳操作可以延长炉管的使用寿命，因此必须严格控制加热炉出口温度。

加热炉属于火力加热设备，首先由燃料的燃烧产生炽热的火焰和高温的烟气流，主要通过辐射将热量传给管壁，然后由管壁经热传导、对流传给工艺介质。工艺介质在辐射室获得的热量约占热负荷的 70%～80%，其余热量在对流段获得。由此可见，加热炉的传热过程比较复杂，用一阶惯性环节加纯滞后来近似加热炉的对象特性，其时间常数和纯滞后时间均较大。

1. 扰动分析

加热炉最主要的控制指标是工艺介质的出口温度。此温度是控制系统的被控变量，而操纵变量是燃料油或燃料气的流量。对于不少加热炉来说，温度控制指标要求相当严格，如允许波动范围为±(1～2)℃。影响炉出口温度的扰动因素有：工艺介质进料的流量、温度、组分，燃料方面有燃料油（或气）的压力、成分（或热值）、燃料油的雾化情况、空气过量情况、喷嘴的阻力、烟囱抽力等。在这些扰动因素中有些是可控的，有些是不可控的。为了保证炉出口温度稳定，对扰动应采取必要的控制措施。

2. 加热炉的简单控制方案

图 7.23 所示为某燃油加热炉控制系统示意图，其主要控制系统是以炉出口温度为被控变量、以燃料油（或气）流量为操纵变量组成的简单控制系统。为了对主要扰动采取必要的稳定措施，设置的其他辅助控制系统有：

① 进入加热炉工艺介质（原油）的流量控制系统，如图中 FC 控制系统；

② 燃料油（或气）的总压力控制系统，总压控制一般调回油量，如图中 P_1C 控制系统；

③ 采用燃料油时，还需加入雾化蒸汽（或空气），为此设有雾化蒸汽压力控制系统， 如图中 P_2C 控制系统，以保证燃料油的良好雾化。

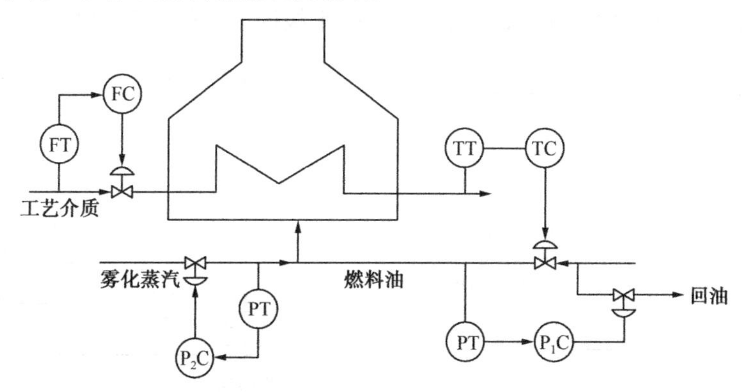

图 7.23　加热炉温度控制系统示意图

采用雾化蒸汽压力控制系统后，在燃料油压力变化不大的情况下是可以满足雾化要求的，目前炼油厂中大多数采用这种方案。如果燃料油压力变化较大，仅采用雾化蒸汽压力控制就不能保证燃料油达到良好的雾化效果，可以考虑采用如下的控制方案：燃料油与雾化蒸汽阀后的压力差控制系统（如图 7.24 所示），或燃料油阀后压力与雾化蒸汽压力比值控制系统（如图 7.25 所示）。

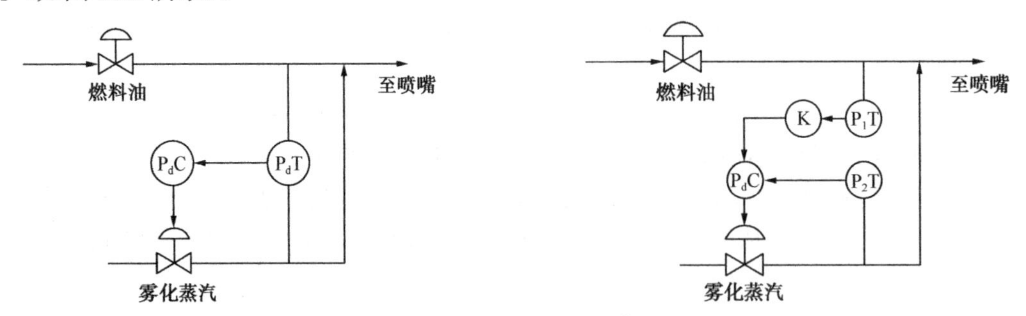

图 7.24 燃料油与雾化蒸汽阀后的压差控制系统 图 7.25 燃料油阀后压力与雾化蒸汽压力的比值控制系统

采用上述两种方案时，只能保持近似的流量比（燃料油与雾化蒸汽），还应注意经常保持喷嘴、管道、节流件等通道的畅通，以免喷嘴堵塞及管道局部阻力发生变化，引起控制系统的误动作。此外，也可采用两者流量的比值控制，则能克服上述缺点，但所用仪表多且重油流量的测量比较困难。

采用简单控制系统往往很难满足工艺上对炉出口温度波动 1～2℃的严格要求。因为加热炉对象的传递滞后和测量滞后都较大，控制不及时。为了改善控制品质，满足生产需要，石油化工和炼油厂中的加热炉大多采用串级控制系统。简单控制系统仅适用于下列情况：

① 对炉出口温度要求不十分严格；

② 外来扰动缓慢而较小，且不频繁；

③ 炉膛容量较小，即滞后不大。

3. 加热炉的串级控制系统

加热炉的串级控制方案，由于扰动因素及炉子的型式不同，可以选择不同的副变量。主要有以下几种方案：

① 炉出口温度对燃料油（或气）流量的串级控制，如图 7.26 所示；

② 炉出口温度对燃料油（或气）阀后压力的串级控制，如图 7.27 所示；

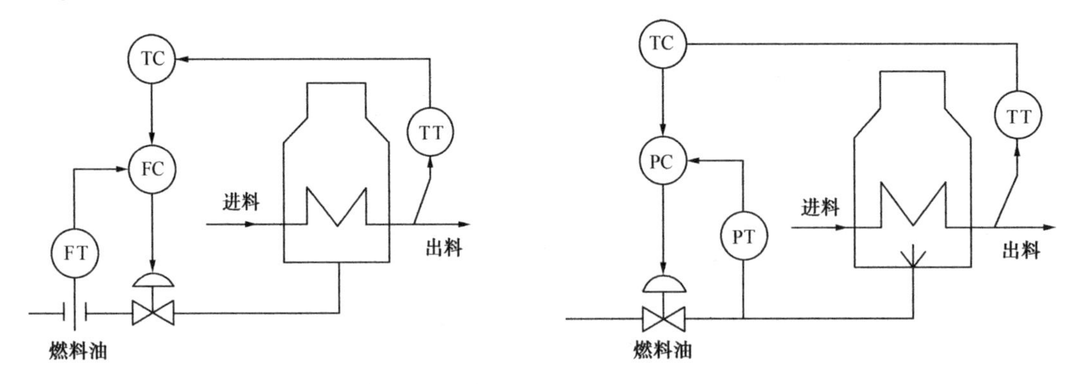

图 7.26 炉出口温度对燃料油流量的串级控制 图 7.27 炉出口温度对燃料油阀后压力的串级控制

③ 炉出口温度对炉膛温度的串级控制，如图 7.28 所示；

④ 采用压力平衡式控制阀（浮动阀）的控制方案（适用于气态燃料），如图 7.29 所示。

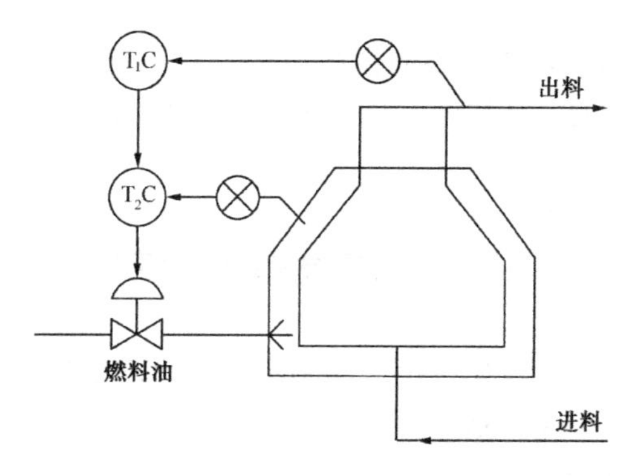

图 7.28　炉出口温度对炉膛温度的串级控制

如果主要扰动在燃料的流动状态方面（如阀前压力的变化），则炉出口温度对燃料油流量的串级控制似乎是一种很理想的方案。但是燃料油流量的测量比较困难，而压力测量比较方便，所以炉出口温度对燃料油（或气）阀后压力的串级控制系统应用更广泛。应当指出的是，如果燃烧嘴部分堵塞，也会使阀后压力升高，此时副控制器的动作将使控制阀关小，这是不适宜的，运行中必须防止这种现象的发生。

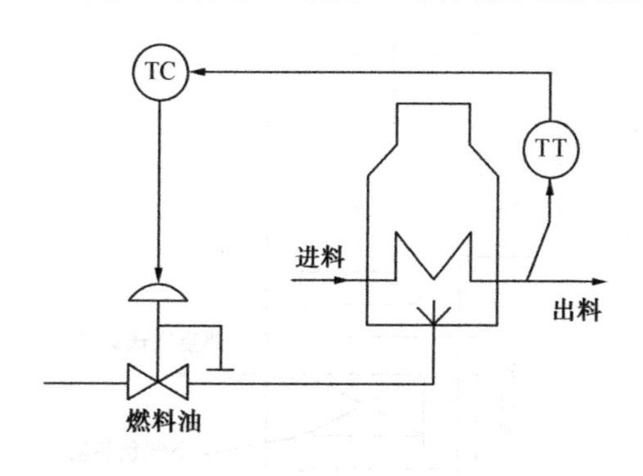

（a）采用浮动阀的控制方案

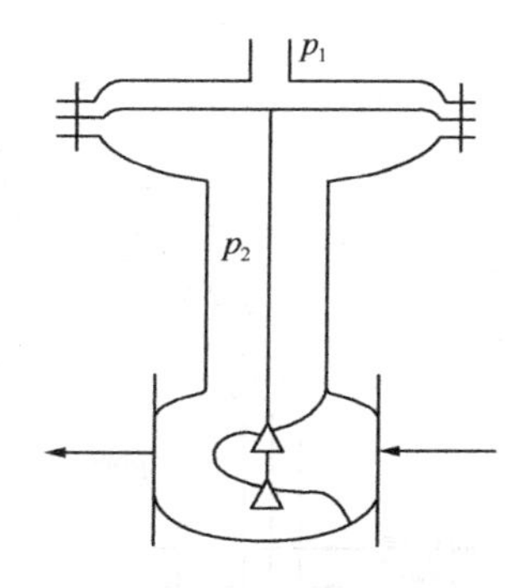

（b）浮动阀示意图

图 7.29　采用浮动阀的控制方案

当主要扰动是燃料油热值的变化时，上述两种串级控制的副回路无法感受，采用炉出口温度对炉膛温度串级控制的方案更好些。这时副回路滞后虽然较大，但可选择合适的控制规律和良好的参数整定，以达到满意的控制质量。目前炼油厂用这个方案的最多。但是，采用炉膛温度为副变量时，必须注意选择具有代表性、反应较快的炉膛温度检测点，而且测温元件及保护套管必须耐高温。

当使用气态燃料时，采用压力平衡式控制阀（浮动阀）的控制方案颇有特色。采用压力平衡式控制阀代替了一般控制阀，节省了压力变送器。压力平衡式控制阀本身兼有压力控制器的功能，实现了串级控制。压力平衡式控制阀不用弹簧，不用填料，所以它没有机械间隙和摩擦，故工作灵敏度高，反应迅速，能获得较好的控制效果。采用这种方案时，被调燃料气阀后压力一般应在 0.04～0.08MPa。如果被调燃料气阀后压力大于 0.08MPa，为了满足平衡的要求，则需在温度控制器的输出端串接一个适当的倍数继动器。这个方案由于下述原因而受到一定限制：

- 由于倍数继动器的限制，一般情况下只适用于 0.04～0.4MPa 的气体燃料；
- 一般的膜片不适用于液体燃料及温度较高的气体燃料；

● 当膜片上下压差较大时，膜片容易损坏。

此外，为了保证加热炉的安全生产，防止事故的发生，还必须根据具体工况设置相应的安全联锁保护系统。

7.3 锅炉设备的控制

锅炉是石油化工、发电等工业生产过程中必不可少的重要动力设备。它所产生的蒸汽不仅能够为工业生产的蒸馏、干燥、蒸发、化学反应等过程提供热源，而且还可以为压缩机、泵、涡轮（透平）机等提供动力源。

锅炉的种类很多，按所用燃料分类，有燃煤锅炉、燃油锅炉、燃气锅炉，还有利用残渣、残油等为燃料的（废热）锅炉。所有这些锅炉，虽然其燃料种类各不相同，但蒸汽发生系统和蒸汽处理系统是基本相同的。常见的锅炉设备主要工艺流程如图 7.30 所示。

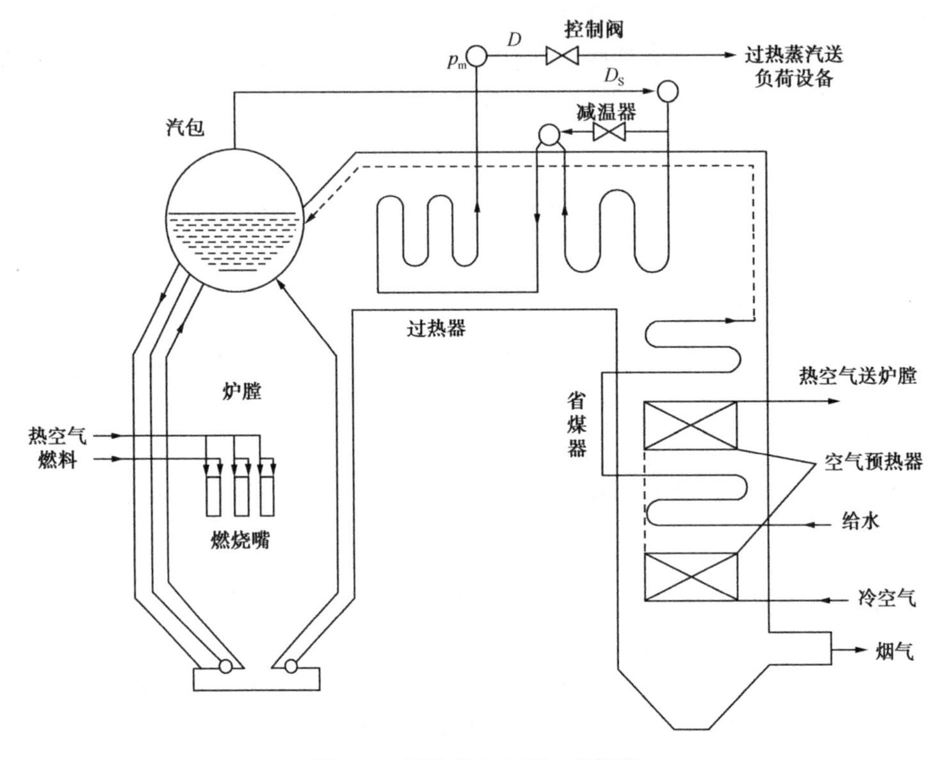

图 7.30　锅炉设备主要工艺流程

由图可知，燃料和热空气按一定比例进入燃烧室燃烧，生成的热量传递给蒸汽发生系统，产生饱和蒸汽 D_s。然后经过热器，形成一定气温的过热蒸汽 D，汇集至蒸汽母管。压力为 P_m 的过热蒸汽，经负荷设备控制阀供给生产负荷设备使用。与此同时，燃烧过程中产生的烟气，除将饱和蒸汽变成过热蒸汽外，还经省煤器预热锅炉给水和空气预热器预热空气，最后经引风机送往烟囱排入大气。

锅炉设备是重要的动力设备，对其要求是提供合格的蒸汽，使锅炉产汽量适应负荷的需要。为此，生产过程的各个主要工艺参数必须加以严格控制。同时，锅炉设备是一个复杂的被控对象，其主要输入变量有负荷、锅炉给水、燃料量、减温水、送风和引风等；主要输出变量有汽包水位、蒸汽压力、过热蒸汽温度、炉膛负压、过剩空气（烟气含氧量）等。

这些输入变量与输出变量之间互相关联。例如，蒸汽负荷发生变化，必然会引起汽包水位、蒸汽压力和过热蒸汽温度等的变化；燃料量的变化不仅影响蒸汽压力，同时还会影响汽包水位、过热蒸汽温度、空气量和炉膛负压；给水量的变化不仅影响汽包水位，而且对蒸汽压力、过热蒸汽温度等亦有影响；减温水的变化会导致过热蒸汽温度、蒸汽压力、汽包水位等的变化。对于这样的复杂对象，目前工程处理上做了一些假设后，将锅炉设备的控制方案划分为若干个控制系统进行实施，具体描述如下。

① 锅炉汽包水位的控制。被控变量是汽包水位，操纵变量是给水流量。它主要考虑汽包内部的物料平衡，使给水量适应锅炉的蒸发量，维持汽包水位在工艺允许范围内。这是保证锅炉、汽轮机安全运行的必要条件，是锅炉正常运行的重要标志。

② 锅炉燃烧系统的控制。其控制目的是使燃料燃烧所产生的热量适应蒸汽负荷的需要（常以蒸汽压力为被控变量）；使燃料量与空气量之间保持一定的比值，以保证经济燃烧（常以烟气成分为被控变量），提高锅炉的燃烧效率；使引风量与送风量相适应，以保持炉膛负压在一定的范围内。为了达到上述三个控制目的，操纵变量也有三个，即燃料量、送风量和引风量。

③ 过热蒸汽系统的控制，维持过热器出口温度在允许范围之内，并保证管壁温度不超过允许的工作温度。被控变量一般是过热器出口温度，操纵变量是减温器的喷水量。

7.3.1 锅炉汽包水位的控制

汽包水位是锅炉运行的重要指标，保持水位在一定范围内是保证锅炉安全运行的首要条件，水位过高或过低，都会给锅炉及蒸汽用户的安全操作带来不利的影响。如果水位过低，则因汽包内的水量较少，而蒸汽负荷却很大，水的汽化速度又快，因而汽包内的水量加速减少，水位迅速下降，如不及时控制，会使汽包内的水全部汽化，导致锅炉的水冷壁烧坏，甚至引起爆炸；水位过高会影响汽包内的汽水分离，产生蒸汽带液现象，会使过热器管壁因结垢而损坏，同时过热蒸汽温度急剧下降（该过热蒸汽如果作为汽轮机动力，则将因蒸汽带液而损坏汽轮机叶片，影响运行的安全性与经济性）。由此可见，水位过低或过高时所产生的后果都是极为严重的，所以汽包水位操作的平稳显得尤为重要，必须严加控制。

1．汽包水位的动态特性

影响汽包水位的因素有汽包（包括循环水管）中的储水量和水位下的气泡容积。而水位下气泡的容积与锅炉的负荷、蒸汽压力、炉膛热负荷等有关。因此，影响水位变化的因素很多，其中主要是锅炉蒸发量（蒸汽流量 D）和给水流量 W。下面着重讨论在给水流量作用下和蒸汽流量扰动下水位过程的动态特性。

（1）扰动通道的动态特性——蒸汽流量对水位的影响。在燃料量不变的情况下，蒸汽用量突然增加，瞬间必然导致汽包压力下降，汽包内水的沸腾突然加剧，水中气泡迅速增加，将整个水位抬高，形成虚假的水位上升现象，即所谓“虚假水位”现象。

在蒸汽流量扰动下，水位变化的阶跃响应曲线如图 7.31 所示。当蒸汽流量突然增加时，由于“虚假水位”现象，在开始阶段水位不仅不会下降，反而先上升，然后下降（反之，当蒸汽流量突然减少时，则水位先下降，然后上升）。蒸汽流量突然增加时，实际水位的变化 L，应是在不考虑水面下气泡容积变化时的水位变化 L_1 与只考虑水面下气泡容积变化所引起的水位变化 L_2 的叠加，即

$$L=L_1+L_2$$

“虚假水位”变化的大小与锅炉的工作压力和蒸发量有关。例如，一般100～200t/h的中高压锅炉，当负荷变化10%时，“虚假水位”可达30～40mm。“虚假水位”现象属于反向特性，这给控制带来了一定的困难，在设计控制方案时，必须加以注意。

（2）控制通道的动态特性——给水流量对汽包水位的影响。在给水流量作用下，水位的阶跃响应曲线如图7.32所示。如果把汽包和给水看做单容无自衡对象，水位阶跃响应曲线如图中L_1线。但是，由于给水温度比汽包内饱和水的温度低，所以给水量增加后，从原有饱和水中吸取部分热量，使得水位下气泡容积减少，导致水位下降。当水位下气泡容积的变化过程逐渐平衡时，水位就完全反映了由于汽包中储水量的增加而直线上升的变化。因此，实际水位曲线如图中L线，即当突然加大给水量后，汽包水位一开始不立即增加，而要呈现出一段起始惯性段。给水温度越低，纯滞后时间τ就越大。一般τ约在15～100s。如采用省煤器，则由于省煤器本身的延迟，会使τ增加到100～200s。

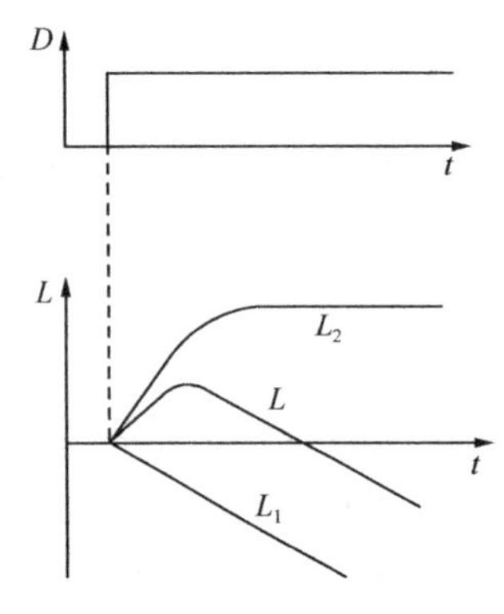

图7.31　蒸汽流量扰动下水位的阶跃响应曲线

图7.32　给水流量作用下水位的阶跃响应曲线

此外，在锅炉进行排污、吹灰等操作时对水位也有影响，但这些都是短时间的扰动。

2. 单冲量控制系统

锅炉汽包水位控制系统的操纵变量总是给水流量。基于这一原理，可构成如图7.33所示的单冲量控制系统。这里的“冲量”一词指的是变量，单冲量指只有一个变量，即汽包水位。这是典型的简单控制系统。其特点主要有：

① 结构简单，投资少。

② 适用于汽包容量较大，虚假水位不严重，负荷较平稳的场合。

③ 为安全运行，可设置水位报警和连锁控制系统。

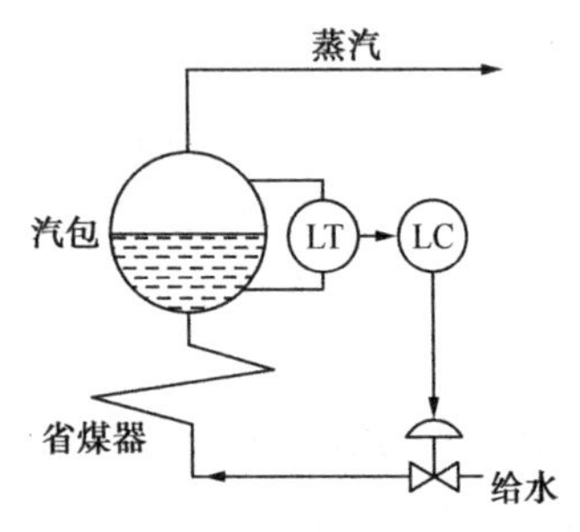

图7.33　单冲量控制系统

然而，单冲量控制系统存在三个问题：

① 当负荷变化产生虚假水位时，将使控制器误动作。如蒸汽负荷突然大幅度增加时，虚假水位上升，此时控制器发出命令关小控制阀，减少给水量。等到假水位消失后，水位严重下降，影响控制系统的控制品质，严重时甚至会使汽包水位降到危险程度，以致发生事故。因此对于停留时间短、负荷变动较大的情况，这样的系统不适合，水位不能保证。然而对于小型锅炉，由于水在汽包中的停留时间较长，在蒸汽负荷变化时，假水位的现象并不显著，配上一些联锁报警装置，也可以保证安全操作，故采用这种单冲量

控制系统尚能满足生产的要求。

② 控制作用不及时。负荷变化时，需引起汽包水位变化后才产生控制作用，由于控制缓慢，导致控制质量下降。

③ 不能及时克服给水量变化的干扰。当给水系统出现扰动时，控制作用缓慢，需等水位发生变化时才产生控制作用。

为了克服上述三个问题，将蒸汽流量和给水流量的变化引入控制系统，将能获得较好的控制效果，这就是双冲量和三冲量水位控制系统。

3. 双冲量控制系统

在汽包水位的控制中，最主要的扰动是蒸汽负荷的变化。如果根据蒸汽流量的变化来进行校正，就可以克服虚假水位所引起的误动作，而且也能提前发现负荷的变化，从而大大改善了控制品质。典型的双冲量控制系统如图 7.34 所示，这实质上是一个前馈（蒸汽流量）-反馈控制系统。

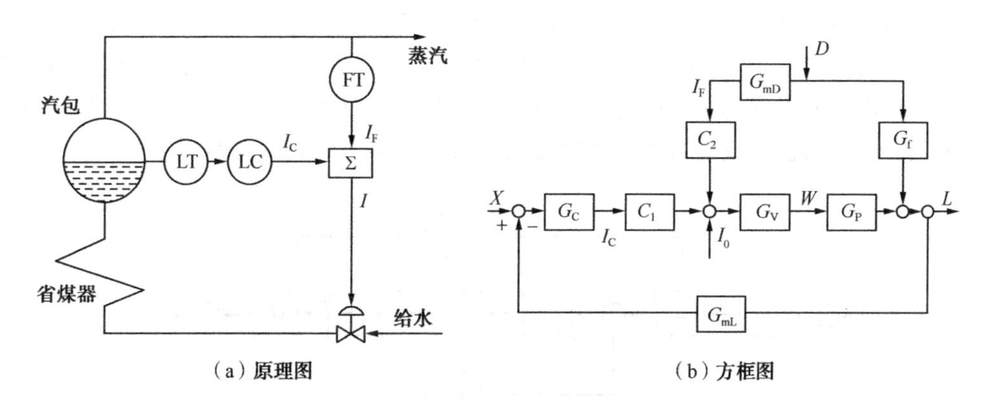

（a）原理图　（b）方框图

图 7.34　双冲量控制系统

这里的前馈仅为静态前馈，若需要考虑两条通道在动态上的差异，需引入动态补偿环节。

在如图 7.34 所示的连接方式中，加法器的输出 I 是

$$I=C_1I_C\pm C_2I_F\pm I_0$$

式中，I_C——液位控制器的输出；

I_F——蒸汽流量变送器（一般经开方器）的输出；

I_0——初始偏置值；

C_1、C_2——加法器系数。C_1 的设置一般取 1，也可小于 1。C_2 的值应考虑到静态前馈补偿，可现场凑试，也可经理论推导得出。

设置 I_0 的目的是使其在正常负荷下，控制器和加法器的输出都能有一个比较适中的数值。最好在正常负荷下，I_0 值与 C_2I_F 项接近而抵消。

4. 三冲量控制系统

双冲量控制系统仍然不能及时克服给水扰动的问题。此外，由于控制阀的工作特性不一定完全是线性，做到静态补偿也比较困难。为此可再将给水流量信号引入，构成三冲量控制系统。

三冲量控制系统的实施方案较多，图 7.35 所示为其中的典型控制方案之一。这实质上是

一个前馈–串级控制系统。其中，汽包水位是主冲量（主变量），蒸汽、给水流量为辅助冲量。

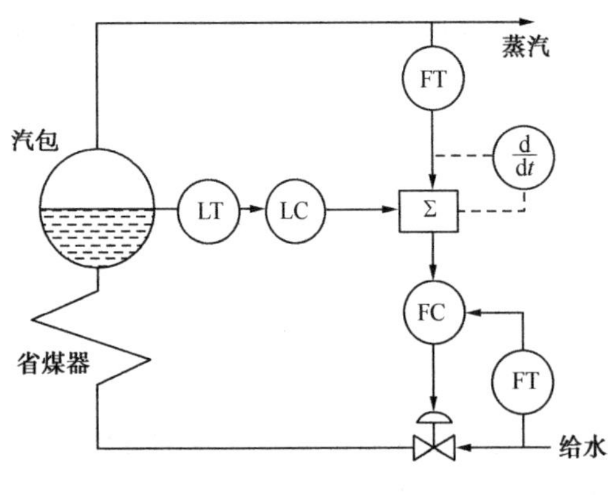

图 7.35 三冲量控制系统

在汽包停留时间较短、“虚假水位”严重时，需引入蒸汽流量信号的微分作用，如图 7.36 中虚线所示。这种微分信号应是负微分作用，以避免由于负荷突然增加和突然减少时，水位偏离设定值过高或过低而造成锅炉停车。

图 7.36 所示为三冲量控制系统的方框图。加法器的运算关系为

$$I = I_C + C_2 I_F - I_0$$

在三冲量控制系统中，水位控制器和流量控制器的参数整定方法与一般串级控制系统相同。

在有些装置中，采用了比较简单的三冲量控制系统，只用一台控制器和一台加法器，加法器可接在控制器之前，如图 7.37（a）所示；也可接在控制器之后，如图 7.37（b）所示。图中加法器的正负号是针对采用气关阀及正作用控制器的情况。图 7.37（a）接法的优点是使用仪表最少，只要一台多通道的控制器即可实现。但如果系数设置不能确保物料平衡，则当负荷变化时，水位将有余差。图 7.37（b）的接法，水位无余差，但使用仪表较前者多，在投运及系数设置等方面较前者麻烦一些。

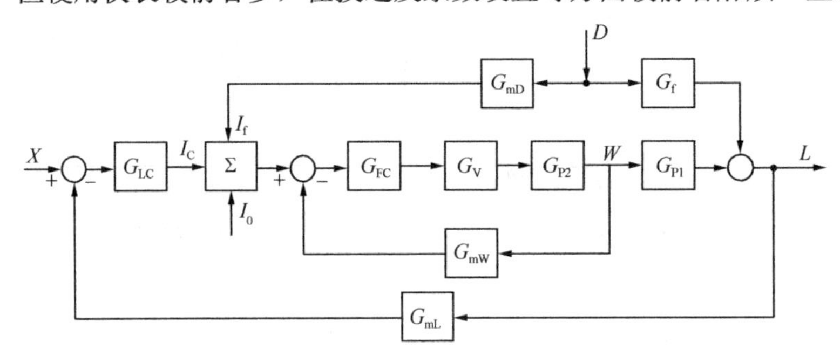

图 7.36 三冲量控制系统方框图

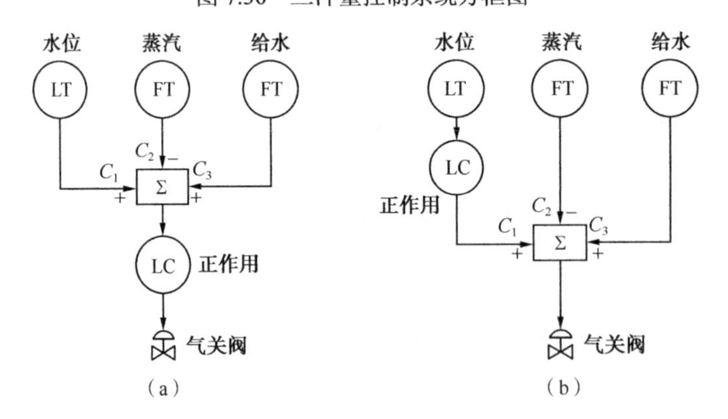

图 7.37 三冲量控制系统的简化接法

7.3.2 锅炉燃烧系统的控制

锅炉燃烧系统的控制与燃料种类、燃烧设备及锅炉的型式等有密切关系。现侧重以燃油

锅炉为例来讨论燃烧过程的控制。

燃烧过程自动控制的任务很多，其基本要求有三个：

① 保证出口蒸汽压力稳定，能按负荷要求自动增、减燃料量；

② 燃烧良好，供气适宜，既要防止由于空气不足使烟囱冒黑烟，也不要因空气过量而增加热量损失；

③ 保证锅炉安全运行。保持炉膛一定的负压，以免负压太小，甚至为正，造成炉膛内的烟气往外冒出，影响设备和工作人员的安全；如果负压过大，会使大量冷空气漏进炉内，从而使热量损失增加。此外，还需防止燃烧嘴背压（对于气相燃料）太高时脱火、燃烧嘴背压（对于气相燃料）太低时回火的危险。

1. 蒸汽压力控制和燃料与空气量的比值控制

蒸汽压力对象的主要扰动来自于燃料流量的波动与蒸汽负荷的变化。当蒸汽负荷及燃料流量波动较小时，可以采用蒸汽压力来控制燃料流量的单回路控制系统；而当燃料流量波动较大时，可以采用蒸汽压力对燃料流量的串级控制系统。

燃料流量是随蒸汽负荷而变化的，所以作为主流量（主动量），与空气流量组成单闭环比值控制系统，以使燃料与空气保持一定比例，从而获得良好的燃烧效果。图 7.38 所示是燃烧过程的基本控制方案。方案（a）是蒸汽压力控制器的输出同时作为燃料和空气流量控制器的设定值。这个方案可以保持蒸汽压力恒定，同时燃料流量和空气流量的比例是通过燃料控制器和送风控制器的正确动作而得到间接保证的。方案（b）是蒸汽压力对燃料流量的串级控制，而空气流量是随燃料量的变化而变化的比值控制，这样可以确保燃料量与空气量的比例。但是这个方案在负荷发生变化时，空气量的变化必然落后于燃料量的变化。为此，可在基本控制方案的基础上，通过增加两个选择器组成具有逻辑提量功能的燃烧过程改进控制方案，如图 7.39 所示。该方案在负荷减少时，先减燃料量，后减空气量；而当负荷增加时，在增加燃料量之前，先加大空气量，以保证燃料完全燃烧。

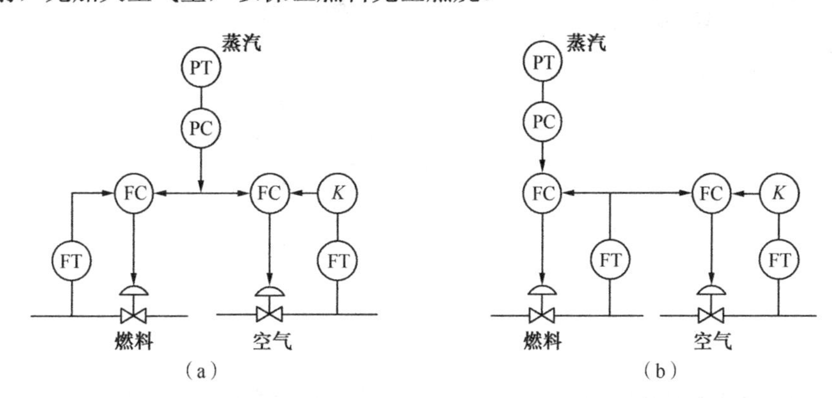

图 7.38　燃烧过程的基本控制方案

2. 燃烧过程的烟气氧含量闭环控制

前面介绍的锅炉燃烧过程的燃料流量与空气流量的比值控制存在两个不足之处。首先，不能保证两者的最优比，这是由流量测量的误差及燃料的质量（水分、灰分等）的变化造成的；另外，锅炉负荷不同时，两者的最优比也应有所不同。为此，要有一个检验燃料流量与空气流量适宜配比的指标，作为送风量的校正信号。通常用烟气中的氧含量作为送风量的校正信号。

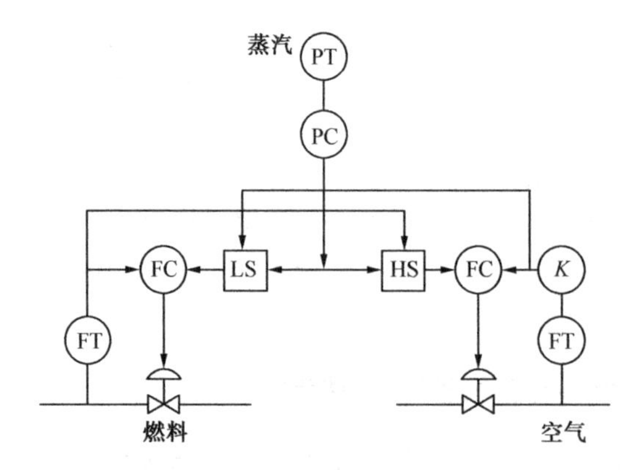

图 7.39　燃烧过程的改进控制方案

对于锅炉的热效率（经济燃烧），最简便的检测方法是用烟气中的氧含量来表示。根据燃烧方程式，可以计算出燃料完全燃烧时所需的氧量，从而可得出所需的空气量，称为理论空气量。但是，实际上完全燃烧所需的空气量要超过理论空气量，即需有一定的空气过剩量。当过剩空气量增多时，不仅使炉膛温度下降，而且也使最重要的烟气热损失增加。因此，针对不同的燃料，过剩空气量都有一个最优值，即所谓最经济燃烧。图 7.40 给出了过剩空气量与烟气中氧含量及锅炉效率之间的关系。

根据上述可知，只要在图 7.39 的控制方案中，对进风量用烟气氧含量加以校正，就可以构成如图 7.41 所示的烟气中氧含量的闭环控制方案。该方案中，只要把氧含量成分控制器的设定值，按正常负荷下烟气氧含量的最优值设定，就能保证锅炉燃烧最经济，热效率最高。

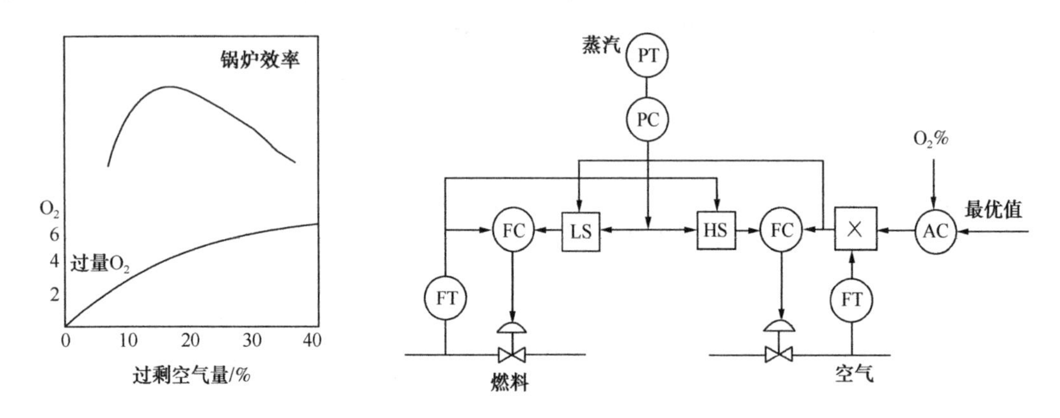

图 7.40　过剩空气量与 O_2 及锅炉效率间的关系

图 7.41　烟气中氧含量的闭环控制方案

3．炉膛负压控制及安全保护系统

图 7.42 所示是一个典型的锅炉燃烧过程的炉膛负压及有关安全保护控制系统。在这个控制方案中，共有三个控制系统，分别叙述如下。

（1）炉膛负压控制系统。炉膛负压控制系统是一个前馈-反馈控制系统，一般可通过控制引风量来实现，但当锅炉负荷变化较大时，采用单回路控制系统较难控制。因为负荷变化后，燃料及送风控制器控制燃料量和送风量与负荷变化相适应。由于送风量变化时，引风量只有在炉膛负压产生偏差时，才能由引风控制器去调节，这样引风量的变化落后于送风量，必然造成炉膛负压的较大波动。为此，用反映负荷变化的蒸汽压力作为前馈信号，组成前馈-反馈控制系统。图中，K 为静态前馈放大系数。通常把炉膛负压控制在−20～−80Pa 左右。

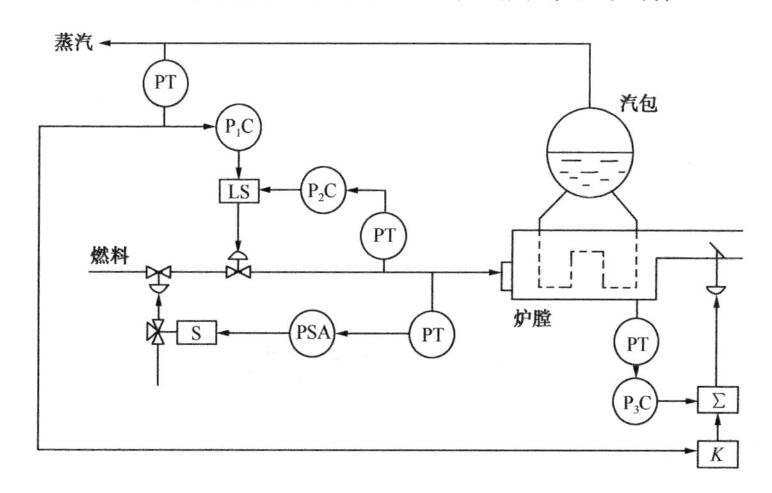

图 7.42　炉膛负压与安全保护控制系统方案之一

（2）防脱火系统。防脱火系统是一个选择性控制系统，在燃烧嘴背压（燃料控制阀阀后压力）正常的情况下，由蒸汽压力控制器控制燃料阀，维持锅炉出口蒸汽压力的稳定。如果燃烧嘴背压过高，可能会使燃料流速过大，从而造成脱火危险。为避免造成脱火危险，此时由背压控制器 P_2C 通过低选器 LS 来控制燃料阀，把阀关小，使背压下降，以防脱火的产生。

（3）防回火系统。防回火系统是一个联锁保护系统，当燃烧嘴背压过低时，为防止回火的危险，由 PSA（变压吸附技术）系统带动联锁装置，将燃料控制阀的上游阀切断，以防止回火。

7.3.3　蒸汽过热系统的控制

蒸汽过热系统包括一级过热器、减温器和二级过热器。其控制任务是使过热器出口温度维持在允许范围内，并保护过热器使管壁温度不超过允许的工作温度。

过热蒸汽温度过高或过低，对锅炉运行及蒸汽用户设备都是不利的。过热蒸汽温度过高，过热器容易损坏，汽轮机也会因内部过度的热膨胀而无法安全运行；过热蒸汽温度过低，一方面使设备的效率降低，同时使汽轮机后几级的蒸汽湿度增加，引起叶片磨损。所以必须把过热器出口的蒸汽温度控制在工艺规定的范围内。

目前广泛选用以过热器出口温度作为被控变量，以减温水流量作为操纵变量组成单回路控制系统。但由于该过热器控制通道的时间常数及纯滞后都较大，单回路控制往往不能满足要求。因此，引入减温器出口温度为副被控变量，组成如图 7.43 所示的串级控制系统。此控制方案对于提前克服扰动因素是有利的，这样可以减少过热蒸汽温度的动态偏差，提高对过热蒸汽温度的控制质量，以满足工艺要求。

过热蒸汽温度的另一种控制方案是双冲量控制系统，如图 7.44 所示。这种控制方案实际上是串级控制系统的变形，把减温器出口温度经微分器作为一个冲量，其作用与串级的副被控变量相似。

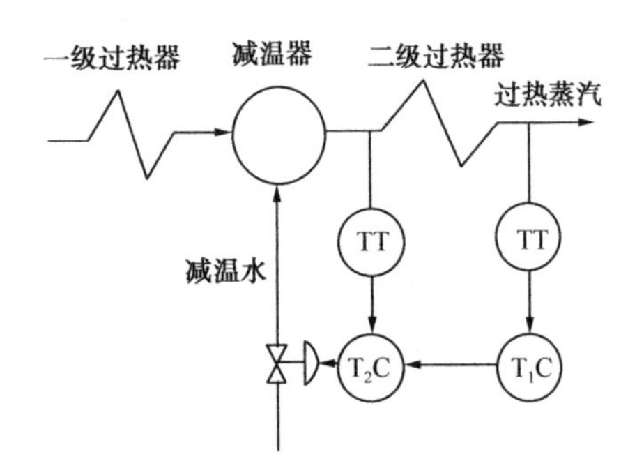

图 7.43　过热蒸汽温度串级控制系统

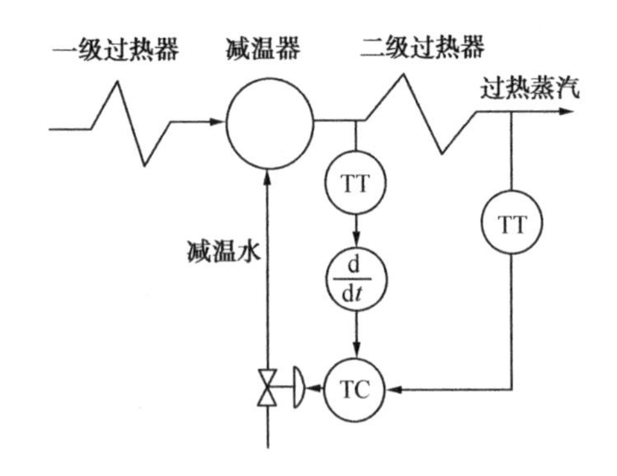

图 7.44　过热蒸汽温度双冲量控制系统

7.4　精馏塔的控制

精馏过程是现代化工、炼油等工业生产中应用极为广泛的一种传质过程，其目的是利用混合液中各组分挥发度的不同，将各组分进行分离并达到规定的纯度要求。分离的机理是利用混合物中各组分的挥发度不同（沸点不同），也就是在同一温度下，各组分的蒸汽分压不同这一性质，使液相中的轻组分（低沸物）转移到气相中，而气相中的重组分（高沸物）转移到液相中，从而实现分离。

一般的精馏装置由精馏塔、再沸器、冷凝器、回流罐及回流泵等设备组成，如图 7.45 所示。再沸器为混合物液相中的轻组分转移提供能量；冷凝器将塔顶来的上升蒸汽冷凝为液相并提供精馏所需的回流；精馏塔是实现混合物组分分离的主要设备，其一般形式为圆柱形体，内部装有提供汽液分离的塔板或填料，塔身设有混合物进料口和产品出料口。

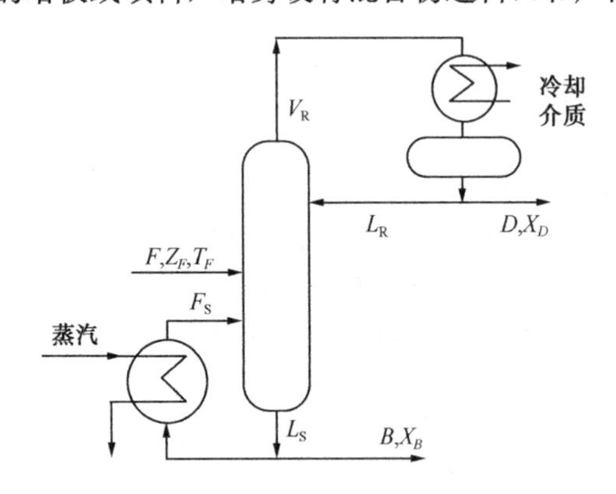

图 7.45　精馏塔的物料流程

在实际生产过程中，精馏操作可分为间歇精馏和连续精馏两种，对石油化工等大型生产过程，主要采用连续精馏。精馏塔是精馏过程的关键设备，它是一个非常复杂的对象。在精馏操作中，被控变量多，可以选择的操纵变量也多，它们之间又可以有各种不同的组合，所以控制方案繁多。由于精馏塔对象的控制通道很多，反应缓慢，内在机理复杂，各变量之间相互关联，加上工艺生产对控制要求又较高，因此在确定控制方案前必须深入分析工艺特性，总结实践经验，结合具体情况，设计出合理的控制方案。

7.4.1 精馏塔的控制目标和扰动分析

1. 控制目标

要对精馏塔实施有效的自动控制，首先必须了解精馏塔的控制目标。一般说来，精馏塔的控制目标，应该在保证产品质量合格的前提下，使塔的总收益（利润）最大或总成本最小。因此，精馏塔的控制目标应该从质量指标、产品产量和能量消耗三方面考虑。任何精馏塔的操作情况也同时受约束条件的制约，在考虑精馏塔控制方案时一定要把这些因素考虑进去。

（1）质量指标。质量指标（即产品纯度）必须符合规定的要求。一般应使塔顶或塔底产品之一达到规定的纯度，另一个产品的纯度也应该维持在规定的范围之内。在某些特定情况下，也有要求塔顶和塔底的产品均应达到一定的纯度要求的。所谓产品的纯度，就二元精馏来说，是指塔顶产品中轻组分的含量和塔底产品中重组分的含量。对多元精馏而言，则以关键组分的含量来表示。关键组分是指对产品质量影响较大的组分，塔顶产品的关键组分是易挥发的，称为轻关键组分；塔底产品的关键组分是不易挥发的，称为重关键组分。

在精馏塔操作中使产品合格很重要，但产品组分含量并非越纯越好。原因是，产品的质量超过规定，其价值并不因此而增加；而产量却可能下降，同时操作成本（主要是能量消耗）会增加很多，对控制系统的要求也会更高。因此，总的价值反倒下降了。由此可见，除了要考虑使产品符合规格外，还应同时考虑产品的产量和能量消耗。

（2）产品产量和能耗要求。化工产品的生产，要求在达到一定质量指标的前提下，还要有一定的产量。这对于提高经济效益显然是有利的。由精馏原理可知，用精馏塔进行混合物的分离是要消耗一定能量的，要使分离的产品质量越高，产品产量越多，所消耗的能量也就越大。故除了产品纯度与产品产量之间的关系，还必须考虑能量消耗因素。

精馏过程中消耗的能量，主要是再沸器的加热量和冷凝器的冷却量消耗；此外，塔和附属设备及管线也要散失部分能量。

（3）操作条件。进出物料平衡，即塔顶、塔底采出量应和进料量相平衡，维持塔的正常平稳操作，以及上下工序的协调工作。物料平衡的控制是以冷凝罐（回流罐）与塔釜液位一定（介于规定的上、下限之间）为目标的。

（4）约束条件。为确保精馏塔的正常、安全运行，必须将某些操作参数限制在约束条件之内。常用的精馏塔限制条件为液泛限、漏液限、压力限及临界温差限等。

① 所谓液泛限，也称气相速度限，即塔内气相速度过高时，雾沫夹带十分严重，实际上液相将从下面塔板倒流到上面塔板，产生液泛，破坏正常操作。

② 漏液限也称最小气相速度限，当气相速度小于某一值时，将产生塔板漏液，使塔板效率下降。防止液泛和漏液，可以通过塔压降或压差来监视气相速度。

③ 压力限是指塔的操作压力的限制，一般设最大操作压力限，即塔的操作压力不能过大，否则会影响塔内的气液平衡，若严重超限甚至会影响安全生产。

④ 临界温差限主要是指再沸器两侧间的温差，当这一温差低于临界温差时，传热系数急剧下降，传热量也随之下降，无法保证塔的正常传热需要。

因此，在确定精馏塔的控制方案时，必须考虑到上述的约束条件，以使精馏塔工作于正常操作区内。

2. 扰动分析

和其他化工过程一样，精馏是在一定的物料平衡和能量平衡的基础上进行的。一切因素均通过物料平衡和能量平衡影响塔的正常操作。影响物料平衡的因素包括进料流量、进料成分的变化，顶部馏出物及底部出料的变化，以及上升蒸汽速度的变化等。影响能量平衡的因素主要是进料温度（或热焓）的变化、再沸器加热量和冷凝器冷却量的变化、塔的环境温度变化等。此外，上升蒸汽速度的变化对塔的平稳操作也有较大影响。

在上述各扰动因素中，进料流量和进料成分的波动是精馏塔操作的主要扰动，而且往往是不可控的。其余扰动一般较小，而且往往是可控的（或者可以采用一些控制系统预先加以克服）。因此，在精馏塔的整体控制方案确定时，如果工艺允许，能把精馏塔进料量、进料温度或热焓加以定值控制，将对精馏塔的平稳操作极为有利。

7.4.2 精馏塔被控变量的选择

精馏塔被控变量的选择，主要讨论质量控制中的被控变量的确定，以及检测点的位置等问题。通常，精馏塔的质量指标选取有两类：直接的产品成分信号和间接的温度信号。

精馏塔最直接的质量指标是产品成分。近年来成分检测仪表的发展很快，特别是工业色谱的在线应用，出现了直接按产品成分来控制的方案，此时检测点就可放在塔顶或塔底。然而由于成分分析仪表价格昂贵，维护保养复杂，采样周期较长（即反应缓慢，滞后较大），可靠性不够，再加上成分分析针对不同的产品组分，品种上较难一一满足，因而在应用受到了一定限制。

基于以上原因，目前在精馏操作中，主要选择间接产品质量指标作为被控变量。在此重点讨论间接产品质量指标的选择。

1. 采用温度作为间接质量指标

最常用的间接产品质量指标是温度。温度之所以可选作间接产品质量指标，是因为对于一个二元组分的精馏塔来说，在一定压力下，沸点和产品成分之间有单值的对应关系。因此，只要塔压恒定，塔板的温度就反映了成分。对于多元精馏塔来说，情况则较为复杂。然而在炼油和石油化工生产中，许多产品都是由一系列碳氢化合物的同系物所组成的，在一定的压力下，保持一定的温度，成分的误差就可忽略不计。在其余情况下，压力的恒定总是使温度参数能够反映成分变化的前提条件。由上述分析可见，在温度作为反映质量指标的控制方案中，压力不能有剧烈波动，除常压塔外，温度控制系统总是与压力控制系统联系在一起的。

采用温度作为间接质量指标时，选择塔内哪一点的温度作为被控变量，应根据实际情况加以选择，主要有以下几种。

（1）塔顶（或塔底）的温度控制。一般来说，如果希望保持塔顶产品符合质量要求，即主要产品在顶部馏出时，以塔顶温度作为控制指标，可以得到较好的效果。同样，为了保证塔底产品符合质量要求，以塔底温度作为控制指标较好。为了保证另一产品的质量在一定的规格范围内，塔的操作要有一定的裕量。例如，如果主要产品在顶部馏出、操纵变量为回流量的话，再沸器的加热量要有一定的富裕，以使在任何可能的扰动条件下，塔底产品的规格都在一定限度以内。

采用塔顶（或塔底）的温度作为间接质量指标，似乎最能反映产品的情况，实际上并不尽然。当要分离出较纯的产品时，邻近塔顶的各板之间温差很小，所以要求温度检测装置有极高的精确度和灵敏度，这在实际上却很难满足。不仅如此，微量杂质（如某种更轻的组分）的存在，以及塔内压力的波动，会使沸点起相当大的变化，这些扰动很难避免。因此，目前除了像石油产品的分馏即按沸点范围来切割馏分的情况之外，凡是要得到较纯成分的精馏塔，往往不将检测点置于塔顶（或塔底）。

（2）灵敏板的温度控制。灵敏板的温度控制即在进料板与塔顶（或塔底）之间，选择灵敏板作为温度检测点。所谓灵敏板，是指当塔的操作经受扰动作用（或承受控制作用）时，塔内各板的组分都将发生变化，各板温度亦将同时变化，但变化程度各不相同，达到新的稳态后，温度变化最大的那块板即称为灵敏板。灵敏板与上、下塔板之间的浓度差较大。

灵敏板的位置可以通过逐板计算或计算机静态仿真、依据不同操作工况下各塔板温度的分布曲线比较得出。但是，因为塔板效率不易估准，所以还须结合实践予以确定。具体的办法是先算出大致位置，在它的附近设置若干检测点，然后根据实际运行的情况，从中选择最合适的测量点作为灵敏板。

（3）中温控制。在某些精馏塔上，也有把温度检测点放在加料板附近的塔板上的，甚至以加料板自身的温度作为被控变量，这种做法常称为中温控制。从其设计意图来看，中温控制的目的是希望能及时发现操作线左右移动的情况，并得以兼顾塔顶和塔底成分的效果。在有些精馏塔上，中温控制取得了较好的效果。但当分离要求较高，或是进料浓度变动较大时，中温控制难以正确反映塔顶或塔底的成分。

2. 采用具有压力补偿的温度参数作为间接质量指标

塔压恒定是采用精馏塔温度控制的前提。虽然一般情况下都设有精馏塔的塔压控制系统，但当对塔压变化或精密精馏等控制要求较高时，微小的压力变化将会影响温度与组分之间的关系，因此，需对温度进行压力补偿，常用的补偿方法有温差控制、双温差控制和补偿计算控制。

（1）温差控制。在精馏塔中，任一塔板的温度是成分与压力的函数，影响温度变化的因素可以是成分，也可以是压力。在一般塔的操作中，无论是常压塔、减压塔还是加压塔，压力都是维持在很小范围内波动的，所以温度与成分才有对应关系。但在精密精馏中，要求产品纯度很高，两个组分的相对挥发度差值很小，由于成分变化引起的温度变化较压力变化引起温度的变化要小得多，所以微小压力波动也会造成明显的效应。例如，苯–甲苯–二甲苯分离时，大气压变化 6.67kPa，苯的沸点变化 2℃，已超过了质量指标的规定。这样的气压变化是完全可能发生的，由此破坏了温度与成分之间的对应关系。所以在精密精馏时，用温度作为被控变量往往得不到好的控制效果，为此应该考虑补偿或消除压力微小波动的影响。

选择温差信号作为间接质量指标时，测温点应按下述方法确定。当塔顶馏出液为主要产品时，一个测温点应放在塔顶（或稍下一些），即成分和温度变化较小、比较恒定的位置；而另一个检测点放在灵敏板附近，即成分和温度变化较大、比较灵敏的位置上。然后取上述两个测温点的温度差ΔT 作为被控变量，此时压力波动的影响几乎相互抵消。温差控制要应用得好，关键在于选点正确、温差设定值合理（不能过大）及操作工况稳定。

（2）温差差值（双温差）控制。精馏塔温差控制的缺点是当进料流量波动时，会引起塔内成分变化和塔内压力变化。前者使温差减小，后者使温差增大，使温差与产品的纯度呈现非单值函数关系，温差控制难以满足工艺生产对产品纯度的要求。采用温差差值控制可克服这一不足，满足精密精馏操作的工艺要求。图 7.46 所示为双温差控制方案示例。

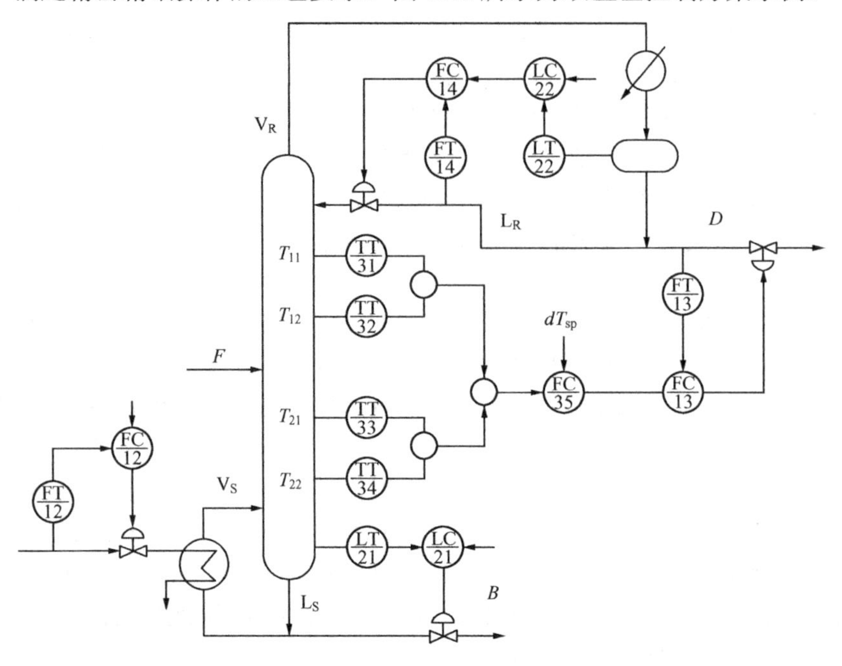

图 7.46　精馏塔的双温差控制

采用温差差值控制后，若由于进料流量波动引起塔压变化对温差的影响，则在塔的精馏段（上段）和提馏段（下段）同时出现，而精馏段温差减去提馏段温差的差值就消除了压降变化对质量指标的影响。从应用温差差值控制的许多精密精馏生产过程的操作来看，在进料流量波动的影响下仍能获得符合质量指标的控制效果。

7.4.3　精馏塔的控制方案

精馏塔的控制目标是使塔顶和塔底的产品满足工艺生产规定的质量要求。由于生产工艺要求和操作条件的不同，精馏塔的控制方案种类繁多，为简化讨论，这里仅介绍常见的塔顶和塔底均为液相且没有侧线采出的情况。

对于有两个液相产品的精馏塔来说，质量指标控制可以根据主要产品的采出位置不同分为两种情况：一是主要产品从塔顶馏出时可采用按精馏段质量指标的控制方案；二是主要产品从塔底流出时则可采用按提馏段质量指标的控制方案。

1. 按精馏段质量指标的控制方案

当对馏出液的纯度要求较之对釜液为高时，如主要产品为馏出液时，往往按精馏段质量指标进行控制。这时，可以选取精馏段某点的成分或温度作为被控变量，以塔顶的回流量 L_R、馏出量 D 或上升蒸汽量 V_S 作为操纵变量，组成单回路控制系统；也可以根据实际情况选择副被控变量组成串级控制系统，迅速有效地克服进入副环的扰动，并可降低对控制阀特性的要求，这在需要进行精密精馏的控制时常常采用。

在采用这类方案时，于 L_R、D、V_S 及 B（釜液流量）四者之中，选择一个参数作为控制产品质量指标的手段，选择另一个参数保持流量恒定，其余两个参数则按回流罐和再沸器的物料平衡关系设置液位控制系统加以控制。同时，为了保持塔压的恒定，还应设置塔顶的压力控制系统。

精馏段常用的控制方案可分为以下两类。

（1）依据精馏段塔板温度来控制回流量 L_R，并保持上升蒸汽量 V_S 恒定。这是在精馏段控制中最常用的方案，如图 7.47 所示。它的主要控制系统以精馏段塔板温度为被控变量，而以回流量为操纵变量。这种控制方案的优点是控制作用的滞后小，反应迅速，所以对克服进入精馏段的扰动和保证塔顶产品的质量是有利的。可是在该方案中，L_R 受温度控制器控制，回流量的波动对精馏塔的平稳操作不利。所以在温度控制器的参数整定时，应采用比例加积分的控制规律，不需加微分作用。此外，再沸器加热量要维持一定而且应足够大，以便精馏塔在最大负荷运行时仍可保证产品的质量指标合格。

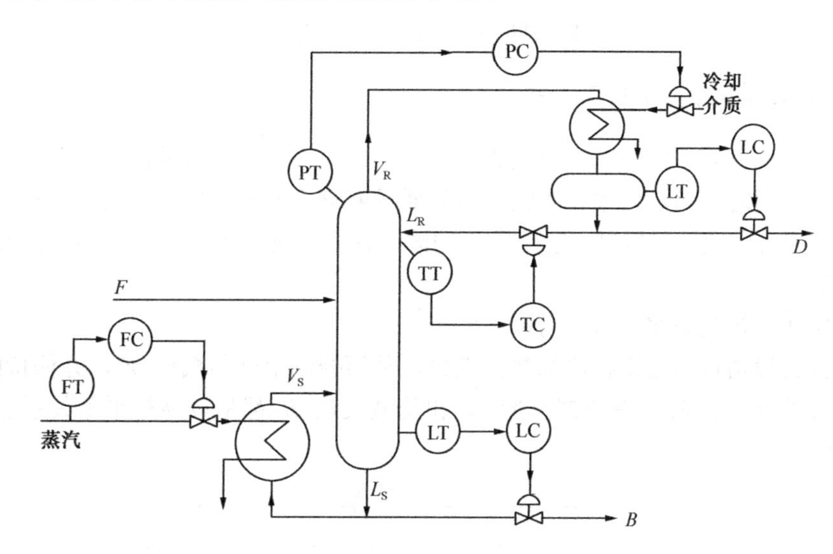

图 7.47　精馏段控制方案之一

（2）依据精馏段塔板温度来控制馏出量 D，并保持上升蒸汽量 V_S 恒定。如图 7.48 所示，这种控制方案的优点是有利于精馏塔的平稳操作，对于在回流比（L_R/D）较大的情况下，控制馏出量 D 要比控制回流量 L_R 灵敏。此外还有一个优点是，当塔顶的产品质量不合格时，如果采用有积分作用的控制器，则塔顶馏出量 D 会自动暂时中断，进行全回流操作，这样可确保得到合格的产品。

然而，这类控制方案的控制通道滞后较大，反应较慢，从馏出量 D 的改变到控制温度的变化，要间接地通过回流罐液位控制回路来实现，特别是当回流罐容积较大时，控制响应就更慢，以致给控制带来困难。同样，该方案也要求再沸器加热量需要有足够的裕量，以确保在最大负荷运行时的产品质量。

精馏段温度控制的主要特点与使用场合如下所述。

① 由于采用了精馏段温度作为间接质量指标，因此它能较直接地反映精馏段的产品情况。当塔顶产品纯度的要求比塔底严格时，一般宜采用精馏段温度控制方案；

② 如果扰动首先进入精馏段（如气相进料时），由于进料量的变化首先影响塔顶的成分，所以采用精馏段温度控制就比较及时。

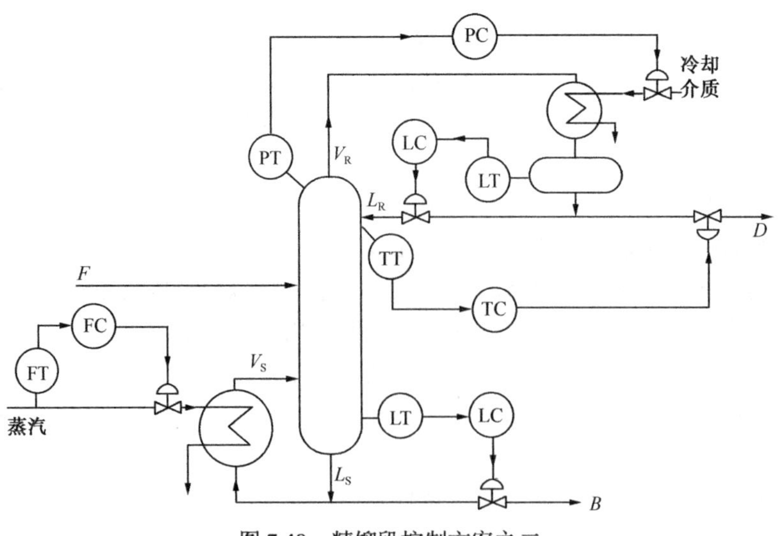

图 7.48　精馏段控制方案之二

2．按提馏段质量指标的控制方案

当对釜液的成分要求较之对馏出液为高时，如塔底为主要产品时，通常就按提馏段质量指标进行控制。同时，当对塔顶和塔底产品的质量要求相近时，如果是液相进料，也往往采用这类方案。因为在液相进料时，进料量 F 的波动首先影响到釜液的成分 X_B，因此用提馏段控制比较及时。

提馏段常用的控制方案也可分为以下两类。

（1）按提馏段塔板温度来控制加热蒸汽量，从而控制上升蒸汽量 V_S，并保持回流量 L_R 恒定或回流比恒定。此时，塔顶馏出量 D 和釜液流量 B 都是按物料平衡关系控制的。如图 7.49 所示。

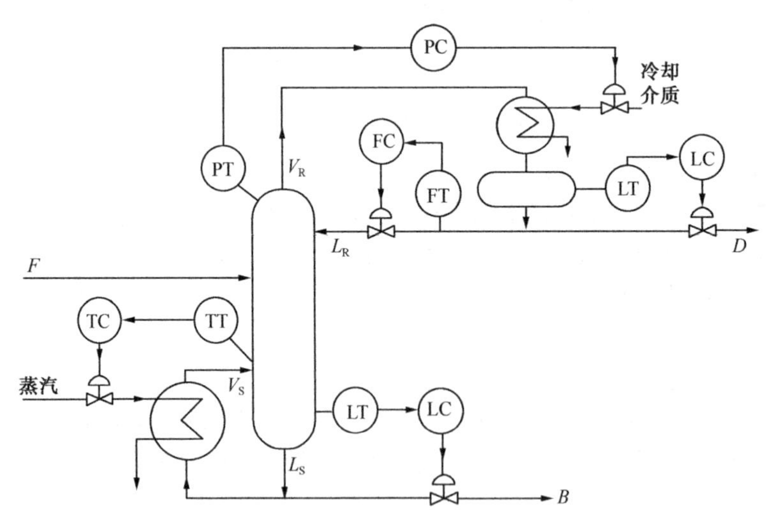

图 7.49　提馏段控制方案之一

这类方案采用塔内上升蒸汽量 V_S 作为控制参数，在动态响应上要比控制回流量 L_R 的滞后小，反应迅速，对克服进入提馏段的扰动和保证塔底的产品质量有利。因此该方案是目前应用最广的精馏塔控制方案，而且它比较简单、迅速，在一般情况下也比较可靠。可是在该方案中，回流量要采用定值控制，而且回流量应当足够大，以便当塔在最大负荷运行时仍可确保产品的质量指标合格。如果进入再沸器的蒸汽压力经常波动，可采用灵敏塔板温度–蒸汽流量串级控制系统。

（2）按提馏段温度控制釜液流量 B，并保持回流量 L_R 恒定。此时，塔顶馏出量 D 是按回流罐的液位来控制的，蒸汽量是按再沸器的液位来控制的，如图 7.50 所示。

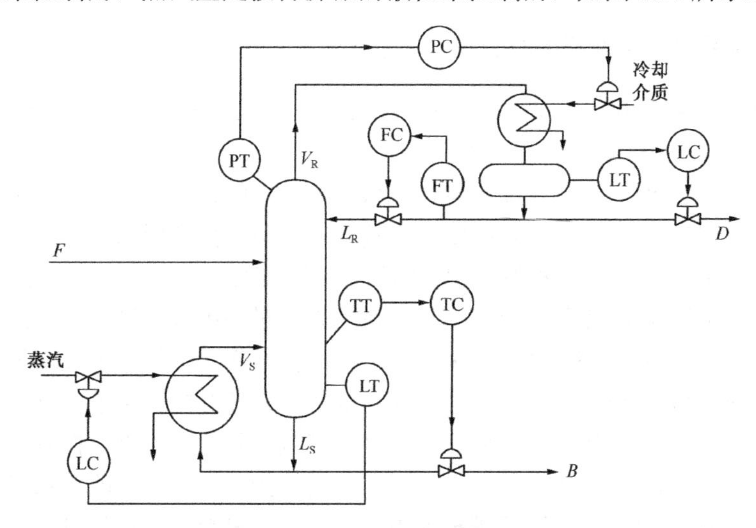

图 7.50　提馏段控制方案之二

这类方案正像前面所述的按精馏段温度来控制馏出量 D 的方案那样，有其独特的优点和一定的弱点。优点是：当塔底采出量 B 较小时，操作比较平稳；当采出量 B 不符合质量要求时，会自行暂停出料；对进料量 F 的波动等扰动控制比较及时。其缺点是滞后较大，而且液位控制回路存在着反向特性。同样，该方案也要求回流量应足够大，以确保在最大负荷运行时的产品质量合格。

提馏段温度控制的主要特点与使用场合如下所述。

① 由于采用了提馏段温度作为间接质量指标，因此，它能够较直接地反映提馏段产品的情况。使提馏段温度恒定后，就能较好地确保塔底产品的质量达到规定值。所以，当以塔底采出为主要产品、对塔釜成分要求比对馏出液为高时，常采用提馏段温度控制方案。

② 当扰动首先进入提馏段时（如在液相进料时），进料量或进料成分的变化首先要影响塔底的成分，故用提馏段温度控制就比较及时，动态过程也比较快。

由于采用提馏段温度控制时，回流量是足够大的，因而仍能使塔顶质量保持在规定的纯度范围内，这就是经常在工厂中看到的即使塔顶产品质量要求比塔底严格，仍采用提馏段温度控制的原因。

3. 压力控制

精馏塔塔压的恒定是以采出温度作为间接质量指标的前提。在精馏塔的控制中，往往都设有压力控制系统，以保持塔内压力的恒定。

而在采用成分分析用于产品质量控制的精馏塔控制方案中，则可以在可变压力操作下采用温度控制或对压力变化补偿的方法来实现质量控制。其做法是让塔压浮动于冷凝器的约束，而使冷凝器始终接近于满负荷操作。这样，当塔的处理量下降而使热负荷降低或冷凝器冷却介质温度下降时，塔压将维持在比设计要求低的数值。压力的降低可以使塔内被分离组分的挥发度增加，这样使单位处理量所需的再沸器加热量下降，节省能量，提高经济效益。

同时塔压的下降使同一组分的平衡温度下降，再沸器两侧的温度差增加，提高了再沸器的加热能力，减轻再沸器的结垢。

*7.4.4 复杂控制和新型控制方案在精馏塔中的应用

1. 复杂控制系统在精馏塔中的应用

在精馏塔的实际控制中，除了采用单回路控制外，还采用较多的复杂控制系统，如串级、均匀、前馈、比值、分程、选择性控制等。

（1）串级控制。串级控制系统能够迅速克服进入副环的扰动对系统的影响。因此，在精馏塔的与产品质量有关的一些控制系统中，当扰动对产品质量有影响，而且可以组成串级控制系统的副环时，都可采用串级控制方案。例如，精馏段温度与回流量（或馏出量、回流比）可组成串级控制，提馏段温度与加热蒸汽量或塔底采出量的串级控制，回流罐液位与塔顶馏出量或回流量的串级控制，塔釜液位与采出量的串级控制等。另外，串级均匀控制系统能够对液位（或气相压力）和出料量兼顾，在多塔组成的塔系控制中得到了广泛应用。

（2）前馈控制。在反馈控制过程中，精馏塔若遇到进料扰动频繁、控制通道滞后较大等情况，会使控制质量满足不了工艺要求，此时引入前馈控制可以明显改善系统的控制品质，如图 7.51 所示，为精馏塔的前馈–反馈控制方案之一。当进料流量增加时，只要成比例增加再沸器的加热蒸汽（即增加 V）和塔顶馏出液 D，就可基本保持塔顶或塔底的产品成分不变。

精馏塔的大多数前馈信号采用进料量，有些前馈信号也可取馏出量。实践证明，前馈控制可以克服进料流量扰动的大部分影响，余下小部分扰动影响由反馈控制作用予以克服。

（3）选择性控制。精馏塔操作受约束条件制约。当操作参数进入安全软限时，可采用选择性控制系统，使精馏塔操作仍可进行，这是选择性控制系统在精馏塔操作中一类较为广泛的应用。选择性控制系统在精馏塔操作中的另一类应用是控制精馏塔的自动开、停车。

如图 7.52 所示，为防止液泛的超驰控制系统。该控制系统的正常控制器是提馏段温度控制器 TC，取代控制器是塔压差控制器 P_dC。正常工况下，由提馏段灵敏板温度控制器控制再沸器加热蒸汽量；当塔压差接近液泛限值时，反作用控制器 P_dC 输出下降，被低选器 LS 选中，由塔压差控制器取代温度控制器，保证精馏塔不发生液泛。

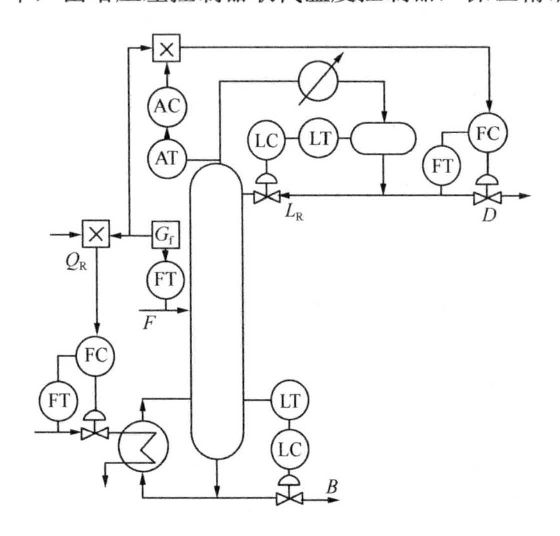

图 7.51 精馏塔的前馈–反馈控制方案之一

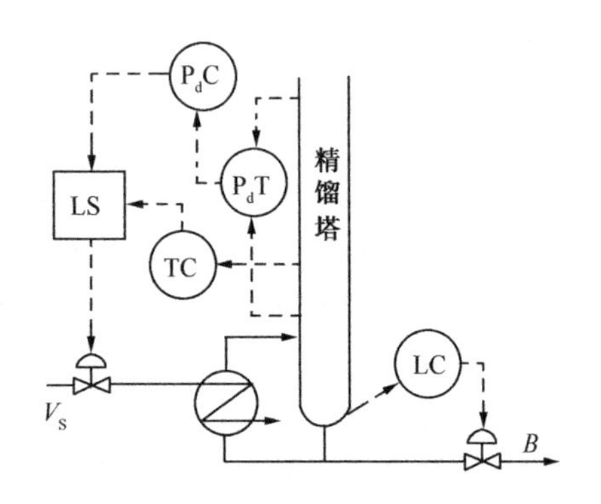

图 7.52 防液泛超驰控制

（4）均匀控制。在均匀控制系统一节中已提到，精馏塔操作经常是多个塔串联在一起连续运行，因此考虑前后工序的协调，经常在上一塔的出料部分和下一塔的进料部分设置均匀控制系统。

2．精馏塔的新型控制方案简介

随着现代控制技术的不断发展，尤其是计算机在过程控制中的广泛应用，使得在精馏过程的控制中新的控制方案不断涌现，如内回流控制、热焓控制、解耦控制、推断控制、节能控制、最优控制等。控制系统的品质指标也越来越高，使精馏塔的操作收到了明显的经济效益。因篇幅所限，在此不予一一介绍，读者可查阅相关资料。

7.5 化学反应器的控制

化学反应在化学反应器中进行，化学反应器是化工生产中的重要设备之一。化学反应器的类型很多，按照反应器进、出物料的状况，可分为间歇式与连续式两类。间歇式反应器通常应用于生产批量小、反应时间长或反应的全过程对反应温度有严格程序控制要求的场合。间歇式反应器的控制大多应用时间程序控制方式，即设定值按照一个预先规定的时间程序而变化，因此属典型的随动控制系统。目前，用于基本化工产品生产的相当数量的大型反应器均采用连续的形式，这样可以连同前后工序一起连续而平稳地生产。对于连续式反应器，为了保持反应的正常进行，希望控制反应器内的若干关键工艺参数（如温度、成分、压力等）稳定。因此，通常采用定值控制系统。

由于化学反应过程伴有化学和物理现象，涉及能量、物料平衡及物料动量、热量和物质传递等过程，因此化学反应器的操作一般比较复杂。反应器的自动控制直接关系到产品的质量、产量和安全生产。

7.5.1 化学反应器的控制要求和被控变量的选择

化学反应器自动控制的基本要求，是使化学反应在符合预定要求的条件下自动进行。

关于化学反应器的控制要求及被控变量的选择，一般需从质量指标、物料和能量平衡、约束条件等三方面考虑。

1．质量指标

化学反应器的质量指标一般指反应的转化率或反应生成物的规定浓度。转化率是直接质量指标，显然，转化率应当是被控变量。如果不能直接测量转化率，可选取几个与其相关的工艺变量，经运算去间接控制转化率。

因为化学反应过程总伴随有热效应，因此温度是最能表征质量的间接控制指标。一些反应过程也用出料浓度作为被控变量。例如，焙烧硫铁矿或尾砂的反应，可取出口气体中的 SO_2 含量作为被控变量。但因成分分析仪表价格昂贵、维护困难等原因，通常采用温度作为间接质量指标，必要时可辅以压力和处理量（流量）等控制系统，即可满足反应器正常操作的控制要求。

以温度、压力等工艺变量作为间接控制指标，有时并不能保证质量稳定。在扰动作用下，当反应转化率或反应生成物组分与温度、压力等工艺变量之间不呈现单值函数关系时，需要根据工况变化去改变温度控制系统中的设定值。在有催化剂的反应器中，由于催化剂的活性变化，温度设定值也要随之改变。

2. 物料和能量平衡

在反应器运行过程中必须保持物料和能量的平衡。为了使反应器的操作正常、反应转化率高，需要保持进入反应器各种物料量的恒定，或使物料的配比符合要求。为此，对进入反应器的物料常采用流量的定值控制或比值控制。此外，在部分物料循环的反应过程中，为保持原料的浓度和物料的平衡，需另设辅助控制系统，如合成氨生产过程中的惰性气体自动排放系统等。

反应过程伴有热效应。要保持化学反应器的热量平衡，应使进入反应器的热量与流出的热量及反应生成热之间相互平衡。能量平衡控制对化学反应器来说至关重要，它决定反应器的安全生产，也间接保证化学反应器的产品质量达到工艺规定的要求。因此，应设置相应的热量平衡控制系统。例如，及时移走反应热，以使反应向正方向进行等。而一些反应过程，在反应初期要加热，反应进行后要移热，为此，应设置加热和移热的分程控制系统等。

3. 约束条件

与其他单元操作设备相比，反应器操作的安全性具有更重要的意义，这样就构成了反应器控制中的一系列约束条件。例如，为防止反应器的工艺变量进入危险区或不正常工况，应该配置一些报警、联锁装置或自动选择性控制系统。

7.5.2 化学反应器的基本控制策略

由于反应器在结构、物料流程、反应机理和传热、传质情况等方面的差异，所以自控的难易程度相差很大，自控方案的差别也很大。本节仅对化学反应器的基本控制方法予以简单介绍。

影响化学反应的扰动主要来自外部，因此，控制外围是反应器控制的基本策略。采用的基本控制方法如下所述。

（1）反应物流量的控制。为保证进入反应器的物料的恒定，可采用反应物料流量的定值控制，同时，控制生成物流量，使由反应物带入反应器的热量和由生成物带走的热量也能够平衡。反应转化率较低、反应热较小的绝热反应器或反应温度较高、反应放热较大的反应器，采用这种控制策略有利于控制反应的平稳进行。

（2）流量的比值控制。多个反应物料之间的配比恒定是保证反应向正方向进行所必需的，因此，不仅要在静态时需保持相应的比值关系，在动态时也要保证相应的比值关系，有时，需要根据反应的转化率或温度等指标及时调整相应的比值。为此，可采用单闭环、双闭环比值控制系统，有时也可采用变比值控制系统。

（3）反应器冷却剂量或加热剂量的控制。当反应物的流量稳定后，由反应物带入反应器的热量就基本恒定，如果能够控制放热反应器的冷却剂量或吸热反应器的加热剂量，就能够使反应过程的热量平衡，使副反应减少，及时地移热或加热，有利于反应向正方向进行。因此，可采用对冷却剂量或加热剂量进行定值控制或将反应物流量作为前馈信号组成的前馈–反馈控制系统。

（4）化学反应器的质量指标是最主要的控制目标。因此，对反应器的控制，主要被控变量是反应的转化率或反应生成物的浓度等直接质量指标，当直接质量指标较难获得时，可采用间接质量指标。例如，将温度或带压力补偿的温度等作为间接质量指标，操纵变量可以采用进料量、冷却剂量或加热剂量，也可以采用进料温度等进行外围控制。

7.5.3　几种典型反应器的控制方案

1. 一个间歇式反应器的控制方案

目前大型化工生产过程所使用的聚合反应釜，其容量相当庞大，反应的放热量也很大，而传热效果往往又很不理想，控制其反应温度的平稳已经成为过程控制中的一个难题。实践经验证明，这类反应器的开环响应特性往往是不稳定的，假如在运行过程中不及时有效地移去反应热，则由于反应器内部的正反馈，将使反应器内的温度不断上升，以致达到无法控制的地步。从理论上说，增加反应器的传热面积或加快传热速率，使移走热量的速率大于反应热生成的速率，就能提高反应器操作的稳定性。但是，由于设计上与工艺上的困难，对于大型聚合反应釜是难以实现这些要求的，因此，只能在设计控制方案时对控制系统的实施提出更高的要求，来满足聚合反应釜工艺操作的质量指标和安全运行要求。下面介绍几个参考方案。

图 7.53 所示是聚丙烯腈反应器的内温控制方案。由丙烯腈聚合成聚丙烯腈的聚合反应要在引发剂的作用下进行，引发剂等物料连续地加入聚合釜内，丙烯腈通过计量槽同时加入，当反应达到稳定状态时，将制成的聚合物加入到分离器中，以除去未反应的单体物料。在聚合釜中发生的聚合反应有以下三个主要特点：

① 在反应开始前，反应物必须升温至指定的最低温度；

② 该反应是放热反应；

③ 反应速度随温度的升高而增加。

为了使反应发生，必须要在反应开始前先把热量提供给反应物。但是，一旦反应发生后，又必须将热量及时从反应釜中移走，以维持一个稳定的操作温度。此外，单体转化为聚合物的转化率取决于反应温度、反应时间（即反应物在反应器中的停留时间）。因此，首先需要对反应器实行定量喂料，来维持一定的停留时间。其次，需要对反应器内的温度进行有效的控制。在图 7.53 所示的控制方案中，包括两个主要控制回路，如下所述。

（1）反应釜内温与夹套温度的串级分程控制。采用以反应釜内温为主被控变量、夹套温度为副被控变量组成的串级控制系统，并通过控制进夹套的蒸汽阀和冷却水阀（分程控制）以实现给反应釜供热或除热的操作。

（2）反应物料入口温度的分程控制。通过控制反应釜入口换热器的热水阀和冷水阀以稳定物料带入反应釜的热量。

反应釜的内温控制亦可采用如图 7.54 所示的控制方案。该方案采用反应釜内温对夹套温度的串级分程控制，同时控制反应器入口换热器热水阀和冷水阀及进夹套的冷却水阀和蒸汽阀，通过给反应釜供热或除热的操作，分别控制进料过程和反应过程的物料温度，使其能符合工艺的要求。

此外，为克服反应釜因容量大、热效应强、传热效果却不理想而造成的滞后特性，也可选取反应釜内温为主被控变量、釜内压力为副被控变量组成的串级控制系统，以提高对反应温度的控制精度。

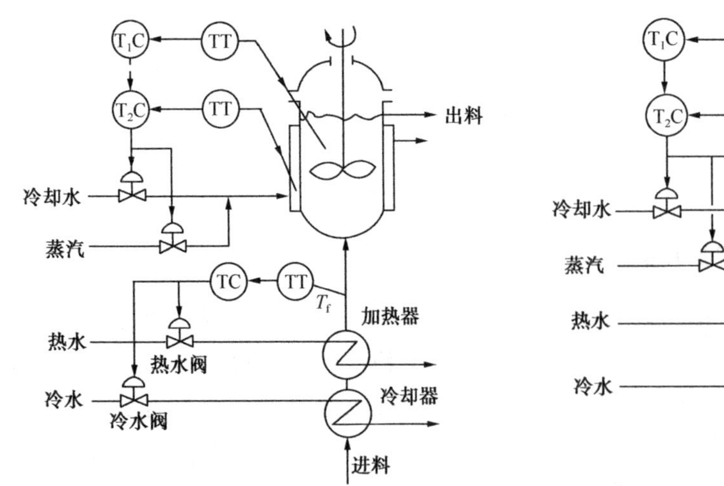

图 7.53　聚合釜的内温控制方案之一

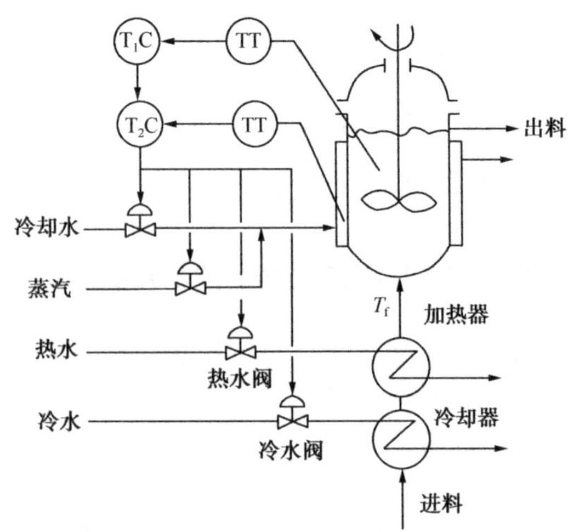

图 7.54　聚合釜的内温控制方案之二

2. 一个连续反应器的控制方案

化学反应器控制方案的设计，除了考虑温度、转化率等质量指标的核心问题之外，还必须考虑反应器的其他问题，如安全操作、开（停）车等，以使反应器的控制方案比较完善。下面以一个连续反应器为例来说明其全局控制方案。

图 7.55 所示是一个连续反应器的控制方案。在反应器中物料 A 与物料 B 进行合成反应，生成的反应热从夹套中通过循环水除去，反应的放热量与反应物流量成正比。A 进料量大于 B 进料量。反应速度很快，而且反应完成的时间比停留的时间短。反应的转化率、收率及副产品的分布取决于物料 A 与物料 B 的流量之比，物料平衡是根据反应器的液位改变进料量而达到的。工艺对自动控制设计提出的要求如下：

① 平稳操作，转化率、收率、产品分布均要确保恒定；

② 安全操作，而且要尽可能地减少硬性停车；

③ 保证较大的生产能力。

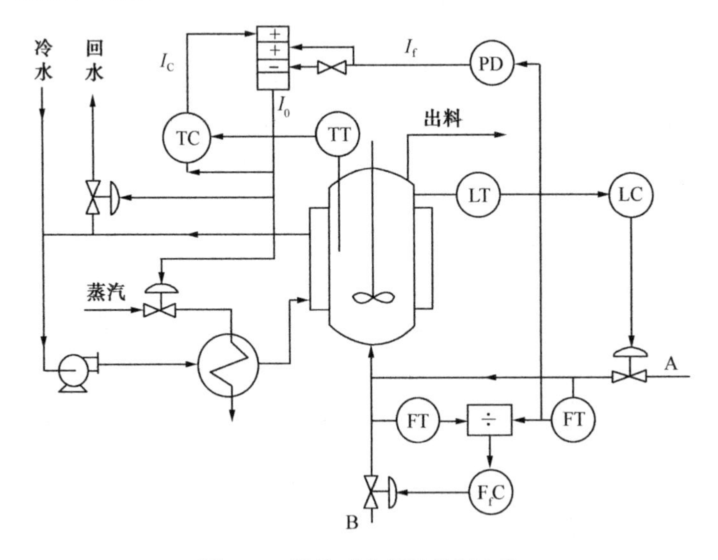

图 7.55　连续反应器的控制方案

通过深入分析调研，最后确定了一个前馈-反馈控制系统及比较完整的软保护控制方案。下面分别予以介绍。

（1）反应器温度的前馈-反馈控制系统。当进料流量变化较大时，应引入进料流量作为前馈信号，组成前馈-反馈控制系统。图 7.55 中采用以反应器温度（质量指标）为被控变量、以物料 A 的进料量为前馈输入信号构成的单回路前馈-反馈控制系统。在前馈控制回路中选用 PD 控制器作为前馈的动态补偿器。此外，由于温度控制器采用积分外反馈（I_0）来防止积分饱和，因此，前馈控制器输出采用直流分量滤波。由于这些反应在反应初期要加热升温，反应过程正常运行时，要根据反应温度加热或除热，故采用分程控制，通过控制回水和蒸汽流量来调节反应温度。

（2）反应器进料的比值控制系统。反应器进料的比值控制系统与一般的比值控制系统完全相同。但是，在控制物料 B 的流量时，工艺上提出了以下限制条件：

① 反应器温度低于结霜温度时，不能进料；

② 若测量出的比值过大，不能进料；

③ 物料 A 的流量达到低限以下时，不能进料；

④ 反应器液位达到低限以下时，不能进料；

⑤ 反应器温度过高时，不能进料。

显然，应用选择性控制系统可以实现这五个工艺约束条件，具体实施方案有多种。但是，它们的动作原理均鉴于当工况达到上述安全软限时，由选择性控制器取代正常工况下的比值控制器 F_fC 的输出，从而切断 B 的进料。在此不做详细介绍。

（3）反应器的液位及出料控制系统。图 7.55 所示的控制方案，是通过调节物料 A 的流量来达到对反应器液位的控制要求的。除了图示的控制系统之外，还需要考虑对物料 A 流量的两个附加要求：

① 进料速度要与冷却能力配合，不能太快；

② 开车时，如果反应器的温度低于下限值，则不能进料，同时也要求液位低于下限值时不能关闭进料阀。

此外，反应器的出料主要是由反应物的质量和后续工序来决定的。设计产品出料控制系统的原则如下：

① 反应器的液位低于量程的 25%时应当停止出料；

② 开车时的出料质量与反应温度有关，故须等反应温度达到工艺指标时才能出料；反之，如果反应温度低于正常值时应停止出料。

据此，同样可以设置一套相应的选择性控制系统来满足出料的工艺操作要求。

在实际应用时，一个连续反应器还需配置一套比较完善的开、停车程序控制系统，与上述控制系统相结合，以达到较高的生产过程自动化水平。

本章小结

本章主要讲述了几种典型的生产过程操作单元的基本控制方案。

1．流体输送设备

（1）离心泵、压缩机的控制方案；

（2）离心式压缩机的防喘振控制。

2．传热设备的控制

（1）传热设备的特性；
（2）换热器、蒸汽加热器、冷却器的控制；
（3）管式加热炉的两种控制方案：简单控制系统和串级控制系统。

3．锅炉设备的控制

（1）锅炉汽包水位的控制；
（2）锅炉燃烧系统的控制；
（3）蒸汽过热系统的控制。

4．精馏塔的控制

（1）精馏塔被控变量的选择；
（2）精馏塔按精馏段质量指标的控制方案；
（3）精馏塔按提馏段质量指标的控制方案。

5．化学反应器的控制

（1）化学反应器的控制要求和被控变量的选择；
（2）化学反应器的基本控制策略；
（3）间歇式反应器的控制方案示例；
（4）连续式反应器的控制方案示例；

思考与练习

1．离心泵的流量控制方案有哪几种形式？它们各有什么优缺点？

2．离心泵与离心式压缩机的控制方案有哪些相同点和不同点？

3．何谓离心式压缩机的喘振？产生喘振的条件是什么？防喘振控制方案有哪几种？

4．图 7.56 所示为某压缩机吸入罐压力与压缩机入口流量的选择性控制系统。为了既防止吸入罐压力过低导致罐子被吸瘪，又防止压缩机流量过低而产生喘振的双重目的，试确定系统中控制阀的开闭形式，控制器的正、反作用及选择器的类型。

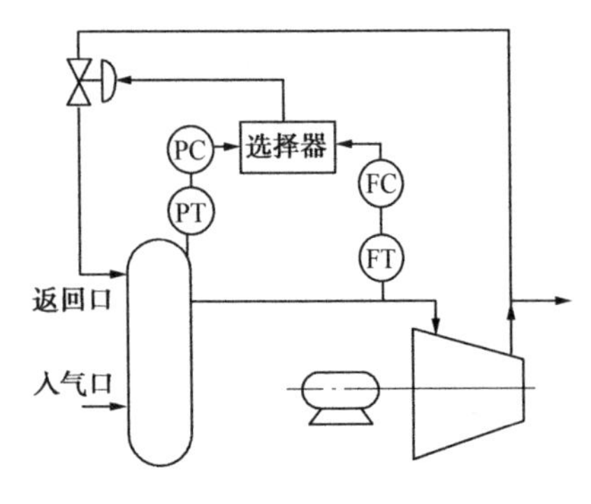

图 7.56　习题 4 图

5．对于传热设备，通常是通过对传热量的控制来达到控制温度的目的的。可以通过哪些途径来控制传热量？

6．图 7.57 所示为某精馏塔的提馏段温度控制系统。它通过改变进入再沸器的加热蒸汽量来控制提馏段温度。从传热的速率方程来分析，这种控制方案的实质是控制什么？并说明理由。

7．在如图 7.58 所示的热交换器中，物料与蒸汽换热，要求出口温度达到规定的要求。试分析下述情况下应采用何种控制方案为好，画出系统的信号流程图与方框图。

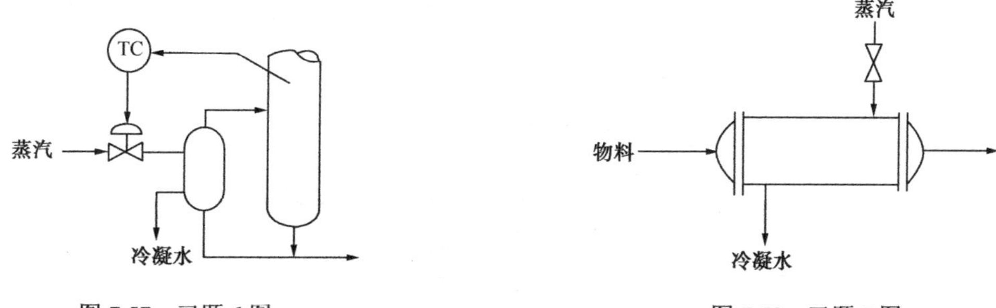

图 7.57　习题 6 图　　　　图 7.58　习题 7 图

① 物料流量 F（即 G_2）比较稳定，而蒸汽压力波动较大；

② 蒸汽压力比较平稳，而物料流量 F 波动较大；

③ 物料流量比较稳定，而物料入口温度 t_1 及蒸汽压力 p 波动都比较大。

8．图 7.59 所示是管式加热炉原油出口温度两种不同的控制方案。其中方案（a）为原油出口温度与燃料油压力的串级控制；方案（b）为原油出口温度与炉膛温度的串级控制。试比较这两种控制方案的优、缺点及它们所适用的场合。

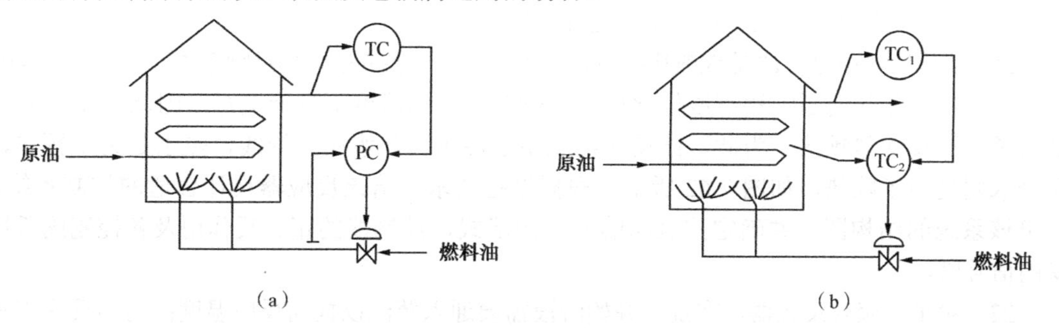

图 7.59　习题 8 图

9．为了回收产品的热量，某生产工序用它与另一个需要预热的物料进行换热。为了使被预热物料的出口温度达到规定的质量指标，采用了如图 7.60 所示的工艺。根据上述情况，你认为有哪几种可供选择的控制方案？画出其结构图，并确定系统中控制阀的开、闭形式及控制器的正、反作用。

10．锅炉设备的主要控制系统有哪些？

11．锅炉汽包的虚假水位现象是在什么情况下产生的？有何危害性？

12．在锅炉水位的控制中，能够克服虚假水位影响的控制方案有哪几种？说明它们能克服虚假水位的道理。

产品
物料
θ

图 7.60　习题 9 图

13．图 7.61 所示为某厂辅助锅炉燃烧系统的控制方案。试分析该方案的工作原理，并确定控制阀的开闭形式、控制器的正反作用，以及加法器信号的符号。

14．精馏塔对自动控制有哪些基本要求？

15．影响精馏塔操作的主要扰动有哪些？它们对精馏操作有什么影响？

16．什么情况下采用精馏段质量指标控制？什么情况下用提馏段质量指标控制？

17．精馏段和提馏段的温度控制方案有哪些？分别用在什么场合？

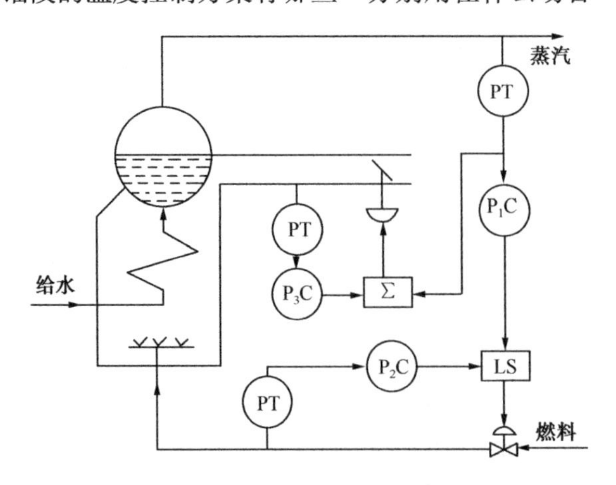

图 7.61　习题 13 图

18．精馏塔为什么要有回流？为什么要控制精馏塔的塔压？

19．试绘出一个主要产品在塔顶的能量平衡控制方案。

20．化学反应器控制的目标和要求是什么？

21．某反应器中进行的是放热化学反应，由于化学反应的热效应比较大，所以必须考虑反应过程中的除热问题。然而该化学反应又需在一定的温度下方能进行，因此，在反应前必须考虑给反应器预热。为此，给反应器配备了冷水和热水两路管线，热水是为了预热，而冷水则是为了除热，如图 7.62 所示。根据这些要求，给该反应器设计合适的控制系统，画出该系统的结构图，并确定控制阀的开、闭形式，控制器的正、反作用及各控制阀所接受的信号段。

22．对于某聚合反应器，在反应开始阶段需要通入蒸汽以提高反应温度；而当反应正常进行时，由于该反应为放热反应，需要通入冷却水来降低反应器的内部温度，为此设计了如图 7.63 所示的反应器内温串级分程控制系统。试确定：

① 蒸汽阀与冷却水阀的气开、气关形式；

② 控制器 T_1C，T_2C 的正、反作用；

③ 试确定两控制阀所接收的信号段。

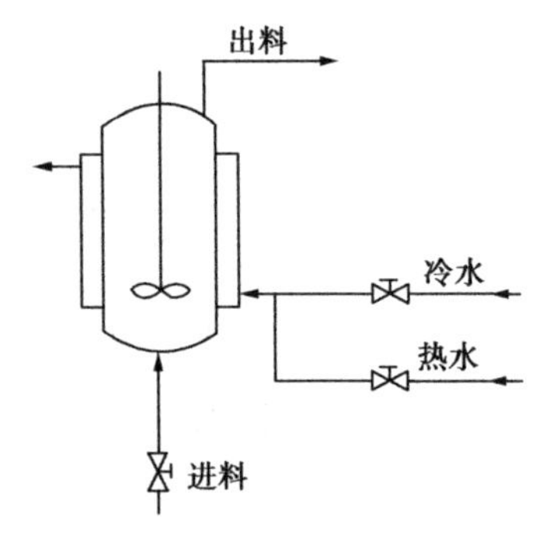

图 7.62　习题 21 图

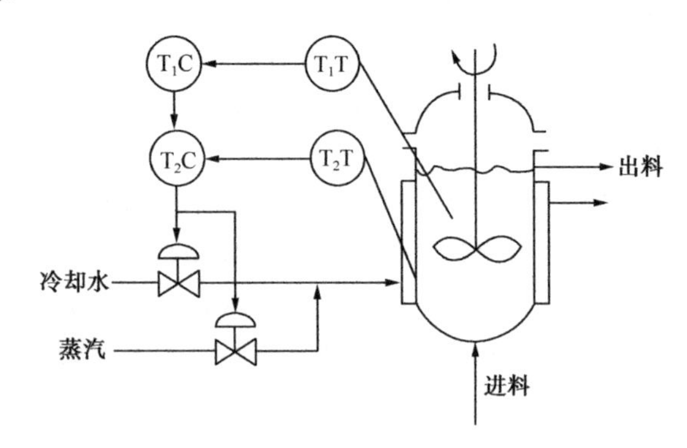

图 7.63　习题 22 图

第8章

控制系统工程设计

内容提要

本章简单介绍了控制系统工程设计的基本知识，包括控制系统工程设计的基本任务、设计步骤、设计内容和方法。重点讲述了工艺控制流程图（管道及仪表流程图）、仪表设备的选择及自控设备表、仪表盘正面布置图、仪表盘背面电气接线图等基本设计文件。最后对其他设计文件进行了简要说明。

 **特别提示：**

生产过程自动化工程基本图纸及资料的识读是自控系统安装人员和生产企业仪表工必备的基本技能。在校学生在进行课程设计、项目实训和生产实习前须具有一定程度的识图能力，并通过此类项目的实践培养操作和安装、维护技能，为走上工作岗位打下扎实的专业基础。

8.1　工程设计的基本知识

控制系统工程设计就是将实现生产过程自动化的内容，用设计图纸和文字资料进行表达的全部工作。设计文件和图纸一方面提供给上级机关，以便对该建设项目进行审批，另一方面作为施工建设单位进行施工安装和生产的依据。

学习控制系统工程设计的目的，是为了培养学生综合运用所学专业的基本理论、基本知识和基本技能，分析和解决工程中实际问题的能力。通过本章的学习，应学会看图、识图，掌握自控设备的安装及系统连线的必备技能，为以后走上工作岗位打下良好的基础。

8.1.1　工程设计的基本任务和设计步骤

1. 基本任务与设计宗旨

控制系统工程设计的基本任务是：依据生产工艺的要求，以企业经济效益、安全、环境保护等指标为设计宗旨，对生产工艺过程中的温度、压力、流量、物位、成分及火焰、位置、速度等各类质量参数进行自动检测、反馈控制、顺序控制、程序控制、人工遥控及安全保护（如自动信号报警与联锁保护系统等）等方面的设计，并进行与之配套的相关内容（如控制室、配电、气源，以及水、蒸汽、原料、成品计量等）的辅助设计。

在实际工作中，必须按照国家的经济政策，结合工艺特点进行精心设计。一切设计既要注意厂情，又要符合国情，严格以科学的态度执行相关技术标准和规定，在此基础上建立设计项目的特色。总之，工程设计的宗旨应切合实际，技术上先进，系统安全可靠，经济投入/

效益比要小。

2. 设计步骤

一般，控制系统工程设计分三个阶段进行，即设计准备阶段、初步设计阶段和施工图设计阶段。对于工艺条件苛刻、技术复杂且缺乏成熟设计经验的项目，还需在初步设计完成后进行可行性试验。

设计工作之所以要分阶段进行，是为了便于审查，随时纠正错误，避免或减少不必要的经济损失，及时协调各专业间的关系，使设计工作能顺利地按计划完成。

（1）设计准备阶段的主要任务是各类资料的收集，为初步设计与施工图设计做准备，对于大项目还需进行必要的人事组织分工。

（2）在初步设计阶段，必须深入了解工艺流程特点，确定控制方案，正确地选择控制仪表和自控材料，确定中央控制室设置的水平、动力供应、环境特性等。初步设计中如出现某些难度较大而工程上又要求必须解决的技术问题，应请示上级审批，进行必要的可行性试验。一般问题可以结合施工图设计进行进一步的深入调研来解决。

（3）当初步设计的审批文件下达后，应着手施工图设计。施工图是进行施工用的技术文件（图纸资料），必须从施工的角度出发，解决设计中的细节部分。在施工图设计完成后，不允许再留下技术上未解决的问题；图纸的多少可根据施工单位的情况，有的要详细些，有的可简单些。

施工图完成以后，将设计文件和图纸下发给施工建设单位、设备材料供应单位和生产单位，进行施工准备、订货制造和生产准备工作。

8.1.2 工程设计的内容

控制系统的工程设计是以某一具体生产工序为对象，以这种对象的生产工艺机理、流程特点、操作条件、设备及管道布置状况为基础，按一定控制要求所进行的自动化设计。

在不同的设计阶段，其设计内容和设计深度也有所不同。由于施工图设计资料既作为基建阶段施工安装的依据，又是正式投产后对自控系统进行维护和改进的技术参考，因此，本章仅介绍施工图设计阶段的主要设计内容。

施工图设计的内容分为采用常规仪表控制和采用计算机控制（包括DCS）的施工图设计文件两部分。

1. 采用常规仪表控制的施工图设计文件

采用常规仪表控制的施工图设计文件，具体包括以下内容。

（1）自控图纸目录；
（2）设计说明书；
（3）自控设备表；
（4）节流装置计算数据表；
（5）控制阀计算数据表；
（6）差压式液位计计算数据表；
（7）综合材料表；
（8）电气设备材料表；
（9）电缆表；

（21）半模拟盘正面布置图；
（22）继电器箱正面布置图；
（23）总供电箱接线图；
（24）分供电箱接线图；
（25）仪表回路接线图；
（26）仪表回路接管图；
（27）报警器回路接线图；
（28）仪表盘背面电气接线图（端子图）；
（29）仪表盘穿板接头图；

（10）管缆表；

（11）测量管路表；

（12）绝热伴热表；

（13）铭牌注字表；

（14）管道及仪表流程图；

（15）信号报警及联锁原理图；

（16）半模拟盘信号原理图；

（17）控制室仪表盘正面布置总图；

（18）仪表盘正面布置图；

（19）架装仪表布置图；

（20）报警器灯屏布置图；

（30）半模拟盘背面电气接线图（端子图）；

（31）继电器箱电气接线图（端子图）；

（32）接线箱接线图；

（33）空气分配器接管图；

（34）仪表供气空视图；

（35）伴热保温供气空视图；

（36）接地系统图；

（37）控制室电缆、管缆平面敷设图；

（38）电缆、管缆平面敷设图；

（39）（带位号）仪表安装图；

（40）非标准部件安装制造图。

2．采用计算机控制（或 DCS 控制）的施工图设计文件

（1）设计文件目录；

（2）DCS 技术规格书；

（3）DCS—I/O 表；

（4）联锁系统逻辑图；

（5）仪表回路图；

（6）控制室布置图；

（7）端子配线图；

（8）控制室电缆布置图；

（9）仪表接地系统图；

（10）DCS 监控数据表；

（11）DCS 系统配置图；

（12）端子（安全栅）柜布置图；

（13）机房设计。

3．承担 DCS 组态工作时，应完成的设计文件

（1）工艺流程显示图；

（2）DCS 操作组分配表；

（3）DCS 趋势组分配表；

（4）网络组态数据文件；

（5）DCS 生产报表；

（6）软件设计说明书；

（7）系统操作手册；

（8）其他必需文件。

根据高职学生就业岗位所接触的专业内容，这里主要介绍常规过程控制系统工程设计文件中较为典型的管道及仪表流程图（带控制点的工艺流程图）、自控设备表、仪表盘正面布置图和仪表盘背面电气接线图等。其余图纸的绘制方法可查阅相关教材和有关的设计资料。

8.1.3 控制系统工程设计的方法

接到一个工程项目后，在进行自控系统的工程设计时，一般应按照下面所述的方法来完成。

（1）熟悉工艺流程。熟悉工艺流程是自控设计的第一步。自控设计人员对工艺流程熟悉和了解的深度将决定设计的好坏与成败。在此阶段还需收集工艺中有关的物性参数和重要数据。

（2）确定自控方案，完成带控制点的工艺流程图的绘制。了解工艺流程，并与工艺人员充分协商后，定出各检测点、控制点、控制系统，确定全工艺流程的自控方案；在此基础上，画出工艺控制流程图，并配合工艺系统专业完成各管道、仪表流程图。

（3）仪表选型，编制有关仪表信息的设计文件。在仪表选型中，首先要确定的是采用常规仪表还是 PLC 系统、DCS 系统，或是现场总线系统；然后，以确定的控制方案和所有的检测点，按照工艺提供的数据及仪表选型的原则，查阅有关的产品目录、厂家的产品样本与说明书，调研产品的性能、质量和价格，选定检测、变送、显示、控制等各类仪表的规格与型号，并编制出自控设备表或仪表数据表等有关仪表信息的设计文件。

（4）控制室设计。自控方案确定及仪表选型后，根据工艺特点可进行控制室的设计。在采用常规仪表时，首先考虑仪表盘的正面布置，画出仪表盘布置图等有关图纸；然后均需画出控制室布置及控制室与现场信号连接的有关设计文件（如仪表回路图、端子配线图等）。在进行控制室的设计中，还应向土建、暖通、电气等专业提出有关的设计条件。

（5）节流装置和控制阀的计算。控制方案已定，所需的节流装置、控制阀的位置和数量也都已确定，根据工艺数据和有关计算方法进行计算，分别列出仪表计算数据表中控制阀及节流装置的计算数据及结果，完善自控设备表，并将有关条件提供给管道专业，供管道设计之用。

（6）仪表供电、供气系统的设计。自控系统的实现不仅需要供电，还需要供气（由于目前仍在大量地使用气动控制阀，所以以压缩空气作为气动仪表的气源也是不可少的）。为此，需按照仪表的供电、供气负荷大小及配制方式，画出仪表供电系统图、仪表供气系统图（或管道平面图）等设计文件。

（7）依据施工现场的条件，完成控制室与现场间联系的相关设计文件。土建、管道等专业的工程设计深入开展后，自控专业的现场条件也就清楚了。此时，按照现场的仪表设备的方位、控制室与现场的相对位置及系统的联系要求，进行仪表管线的配置工作。在此基础上，可列出有关的表格（如列出电缆表、管缆表、仪表件热绝热表等）和绘制相关的图纸，画出仪表位置图、仪表电缆桥架布置总图、仪表电缆（管缆）及桥架布置图、现场仪表配线图等。

（8）根据自控专业有关的其他设备、材料的选用等情况，完成有关的设计文件。自控专业除了进行仪表设备的选型外，在仪表设备的安装过程中，还需要选用一些有关的其他设备材料。对这些设备材料需根据施工要求，进行数量统计，编制仪表安装材料表。

（9）设计工作基本完成后，编写设计文件目录等文件。在设计开始时，先初定应完成的设计内容，待整个工程设计工作基本完成后，要对所有的设计文件进行整理，并编制设计文件目录、仪表设计规定、仪表施工安装要求等工程设计文件。

上述设计方法和顺序，仅仅是原则性的提法，在实际工程设计中各种设计文件的编（绘）制，还应按照工程的实际情况进行。

高职学生在校期间，应根据专业课程的教学要求及进展情况，有选择地进行一些内容经典、深度适当的控制系统课程设计方面的训练，或将其作为毕业设计环节，以培养和提高学生的看图、识图、掌握自控设备的安装及系统连线等方面的必备技能，为以后走上工作岗位打下良好的基础。

8.2 控制方案及工艺控制流程图的设计

带控制点的工艺流程图（管道及仪表流程图）是在工艺物料流程图的基础上，用过程检测和控制系统的文字代号和图形符号，描述生产过程自动化内容的图纸。它是控制方案的全面体现，也是工程设计的依据，亦可供施工安装和生产操作时参考。

8.2.1 工程设计的图例符号

工程设计的内容，都是用设计图纸和文字资料进行表达的。其中，设计图纸是设计内容的主要表示形式，而文字资料则是对设计图纸的诠释。在设计图纸中，其具体内容都是用图形符号、字母代号及数字编号来表示的。

根据国家行业标准《过程测量与控制仪表的功能标志及图形符号》(HG/T 20505—2014)，参照国家标准《过程检测和控制流程图用图形符号和文字代号》(GB 2625—81)，化工自控中常用的图形符号及字母代号如下所述。

1．字母代号

在设计图纸中，字母代号表示被测变量和仪表功能。其具体内容见表8.1。

表8.1 被测变量和仪表功能的字母代号

	首位字母		后继字母		
	被测变量	修饰词	读出功能	输出功能	修饰词
A	分析		报警		
B	喷嘴、火焰		供选用	供选用	供选用
C	电导率		控制		
D	密度	差			
E	电压（电动势）		检测元件		
F	流量	比（分数）			
G	供选用		视镜、观察		
H	手动				高
I	电流		指示		
J	功率	扫描			
K	时间、时间程序	变化速率		（自动–手动）操作器	
L	物位		（指示）灯		低
M	水分或湿度	瞬动			中、中间
N	供选用		供选用	供选用	供选用
O	供选用		节流孔		
P	压力、真空		连接或测试点		
Q	数量	积算、累计			
R	核辐射		记录		
S	速度、频率	安全		开关、联锁	
T	温度			传送（变送）	
U	多变量		多功能	多功能	多功能
V	振动、机械监视			阀、风门、百叶窗	
W	重量或力		套管		
X	未分类	*X*轴	未分类	未分类	未分类
Y	供选用	*Y*轴		继动器（继电器）、计算器、转换器	
Z	位置、尺寸	*Z*轴		驱动器、执行元件	

对于表 8.1 中所涉及的内容简要说明如下。

① “首位字母”在一般情况下为单个表示被测变量或引发变量的字母。首位字母附加修饰字母（如 d、f、m、k、q）后，其意义改变，即表示另外一种含义的被测变量。例如，T_dI 和 TI 分别表示温差指示和温度指示。

② “后继字母”可根据需要分为一个字母（读出功能）或两个字母（读出功能＋输出功能），有时为三个字母（读出功能＋输出功能＋读出功能）；后继字母的确切含义，根据实际需要可以有不同的解释。例如，“R”可以解释为“记录仪”、“记录”或“记录用”；“T”可理解为“变送器”、“传送”等。

③ “供选用”指该字母在本表相应栏目中未规定其具体含义，可根据使用者的需要确定并在图例中加以说明。

④ “未分类”（X）表示作为首位字母和后继字母均未规定其具体含义，在应用时，要求在表示仪表位号的图形符号（圆圈或正方形）外注明其具体含义。

⑤ “分析（A）”指分析类功能，并未表示具体分析项目。当需指明具体分析项目时，则在表示仪表位号的图形符号（圆圈或正方形）旁（一般在右上方）标明。例如，分析二氧化碳时，圆圈内标 A，圆圈外标注 CO_2。

⑥ 用后继字母“Y”表示继动或计算功能时，应在仪表圆圈外（一般在右上方）注明其具体功能。但功能明显时，也可不予标注。

⑦ 后继字母修饰词“H（高）”、“M（中）”、“L（低）”应与被测变量相对应，而并非与仪表输出的信号相对应。H、M、L 分别标注在表示仪表位号的图形符号（圆圈或正方形）的右上、中、下方。

当 H（高）、L（低）用来表示阀或其他开关装置的位置时，“H”表示阀在全开或接近全开的位置，“L” 表示阀在全关或接近全关的位置。

⑧ 字母“U”表示“多变量”时，可代替两个以上首位字母组合的含义；表示“多功能”时，可代替两个以上后继字母组合的含义。

⑨ “安全（S）”仅用于紧急保护的检测仪表或检测元件及最终控制元件。

⑩ 后继字母“K”表示设置在控制回路的自动–手动操作器。例如，流量控制回路的自动–手动操作器为“FK”，它区别于 HC——手动操作器。

2. 图形符号

模拟仪表、工艺设备及管线等图形符号有以下几种。

（1）测量点。测量点（包括检出元件）是由过程设备的轮廓线或管道符号（粗实线）引至检测元件或就地仪表的起点，一般无特定的图形符号。通常与检出元件或仪表画在一起，其连接引线用细实线表示，如图 8.1（a）所示。

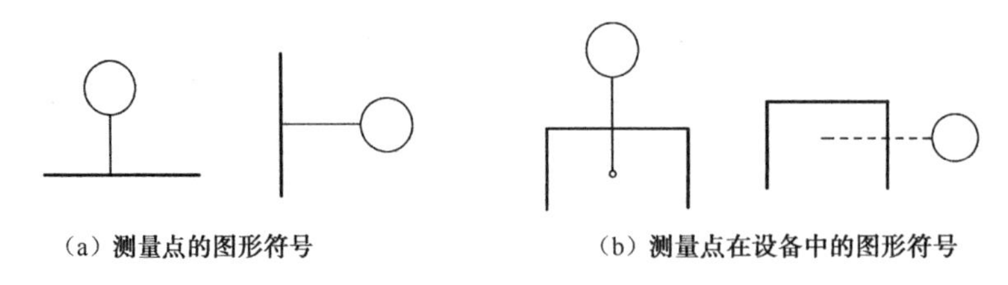

（a）测量点的图形符号　（b）测量点在设备中的图形符号

图 8.1　测量点

若测量点位于设备中，当需要标出测量点在过程设备中的具体位置时，可在引线的起点加一个直径约 2mm 的小圆圈符号或加虚线，如图 8.1（b）所示。必要时，检测仪表或检出元件也可以用象形或图形符号（详细内容请查阅国家或行业标准）表示。

（2）连接线图形符号。通用的仪表信号线和能源线的符号是细实线。用细实线表示仪表连接线，包括工艺参数测量点与检测装置或仪表（圆圈）的连接引线和仪表与仪表能源的连接线。当有必要标注能源类别时，可采用相应的缩写字母标注在能源线符号之上。例如，AS–0.14 为 0.14 MPa 的空气源，ES–24DC 为 24V 的直流电源。表示仪表能源的字母组合标志如下：

AS：空气源　　IA：仪表空气

ES：电源　　NS：氮气源

GS：气体源　　SS：蒸汽源

HS：液压源　　WS：水源

当通用的仪表信号线为细实线可能造成混淆时，通用信号线符号可在细实线上加斜短划线（斜短划线与细实线成 45° 角）。

常用仪表连接线的图形符号见表 8.2。

表 8.2　常用仪表连接线的图形符号

序号	类　别	图形符号	备　注
1	通用仪表的信号线	———（细实线，下同）	
2	仪表与工艺设备、管道上测量点的连接线	———	
3	连接线交叉		
4	连接线相接		
5	表示信号的方向		
当有必要区分信号线的类别时			
6	气压信号线		斜短划线与细实线成 45° 角
7	电信号线	或------------	
8	导压毛细管		
9	液压信号线		
（其他类型的信号线从略）			

（3）仪表图形符号。仪表图形符号用一个直径为 10mm（或 12mm）的细实线圆圈表示。当仪表位号的字母或阿拉伯数字较多、圆圈内不能容纳时，可以将圆圈上下断开，如图 8.2（a）所示。处理两个或多个变量，或处理一个变量但有多个功能的复式仪表，可用相切的仪表圆圈表示，如图 8.2（b）所示。当两个测量点引到一台复式仪表上，而两个测量点在图纸上距离较远或不在同一张图纸上时，则分别用两个相切的实线圆圈和虚线圆圈表示，如图 8.2（c）

所示。

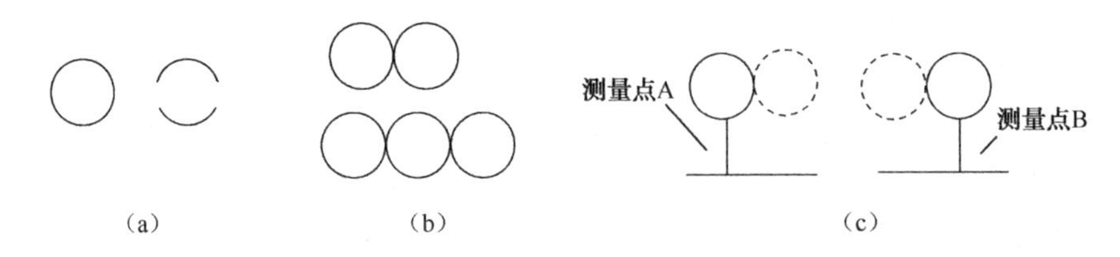

图 8.2　仪表图形符号

（4）仪表的安装位置。仪表的安装位置可用加在圆圈中的细实线、细虚线来表示，见表 8.3。这里的仪表盘包括柜式、屏式、架装式、通道式仪表盘和操纵台等。就地仪表盘面安装的仪表包括就地集中安装的仪表。仪表盘后安装的仪表包括盘后面、柜内、框架上和操纵台内安装的仪表。

表 8.3　仪表安装位置的图形符号

序号	安装位置	图形符号	序号	安装位置	图形符号
1	就地安装仪表		4	就地仪表盘面安装仪表	
2	嵌在管道中的就地安装仪表		5	集中仪表盘后安装仪表	
3	集中仪表盘面安装仪表		6	就地仪表盘后安装仪表	

（5）执行器的图形符号。执行器的图形符号由执行机构和调节机构的图形符号组合而成。常用执行机构的图形符号见表 8.4，调节机构的图形符号见表 8.5。一般在带控制点的工艺流程图上，执行机构上的阀门定位器不予表示。

表 8.4　常用执行机构的图形符号

序号	形　　式	图形符号	序号	形　　式	图形符号
1	通用的执行机构（不区别执行机构形式）		5	电动机执行机构	M
2	带弹簧的气动薄膜执行机构		6	电磁执行机构	S
3	活塞执行机构		7	执行机构与手轮组合	
4	带气动阀门定位器的气动薄膜执行机构		8	带能源转换的阀门定位器的气动薄膜执行机构	

表 8.5　调节机构的图形符号

序号	形　　式	图形符号	序号	形　　式	图形符号
1	球形阀、闸阀等直通阀		4	四通阀	
2	角阀		5	蝶阀、挡板或百叶窗	
3	三通阀		6	没有分类的特殊阀门	（工程图纸的图例中应说明其具体形式）

3．仪表位号及编制方法

（1）仪表位号的组成。在检测、控制系统中，构成一个回路的每个仪表（或元件）都应有自己的仪表位号。仪表位号由字母代号组合和回路编号（阿拉伯数字）两部分组成。仪表位号中，第一位字母表示被测变量，后继字母表示仪表的功能；回路编号可以按装置或工段（区域）进行编制，一般由三至五位数字表示。例如：

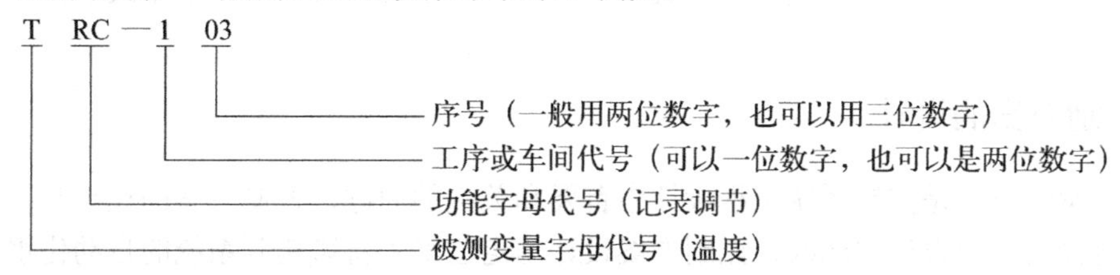

（2）仪表位号的分类与编号。

① 仪表位号按被测变量进行分类，其第一位字母（或者是被测变量字母和修饰词字母组合）只能按照被测变量来分类，即同一个装置（或工段）的相同被测变量的仪表位号中数字编号是连续的，但允许中间有空号；不同被测变量的仪表位号不能连续编号。例如，FR－101、FR－102、FR－105、FR－107，LI－101、LI－102、LI－104；不能编成 FR－101、TR－102、PR－103、LR－104。

② 在带控制点的工艺流程图和仪表系统图中，仪表位号的标注方法是：字母代号填写在圆圈的上半圆中，数字（回路）编号填写在下半圆中。集中仪表盘面安装仪表，圆圈中有一个横线，如图 8.3（a）所示；就地安装仪表中间没有，如图 8.3（b）所示。

TRC 101　　TI 101

（a）　　（b）

图 8.3　集中与就地安装仪表位号的标注方法

③ 一台仪表或一个圆圈内，仪表位号的字母代号最好不要超过五个字母。表示功能的后继字母应按 IRCQSA（指示、记录、控制、积算、联锁、报警）的顺序标注。具有指示和记录功能时，只标注字母代号“R”，而不标注“I”；具有开关和报警功能时，只标注字母代号“A”，而不标注“S”；当字母代号“SA”同时出现时，表示具有联锁和报警功能；一台仪表或一个圆圈内具有多功能时，可以用多功能字母代号“U”标注。例如，“LU”可以表示一台具有液位高报警、液位变送、液位指示、记录和控制等功能的仪表。

④ 如果同一个仪表回路中有两个以上的具有相同功能的仪表，可用仪表位号后附加尾缀（大写英文字母）加以区别。例如，PT－202A、PT－202B 分别表示同一系统中的两台变

送器；PV－201 A、PV－201 B 分别表示同一系统中的两台控制阀。

⑤ 当属于不同工段的多个检测元件共用一台显示仪表时，仪表位号只编顺序号，不表示工段号。例如，多点温度指示仪的仪表位号为 TI－1，相应的检测元件仪表位号为TE－1－1、TE－1－2…。

⑥ 当一台仪表由两个或多个回路共用时，应标注各回路的仪表位号。例如，一台双笔记录仪记录流量和压力时，仪表位号为 FR－121/PR－131；若记录两个回路的流量，仪表位号应为 FR－101/FR－102 或 FR101/102。

⑦ 在带控制点的工艺流程图或其他设计文件中，构成一个仪表回路的一组仪表，可以用主要仪表的位号或仪表位号的组合来表示。例如，FR－121 可以代表一个流量记录仪表回路。在带控制点的工艺流程图上，一般不表示出仪表冲洗或吹气系统的转子流量计、压力控制器、空气过滤器等设备，而应另出详图表示。

⑧ 随设备成套供应的仪表，在带控制点的工艺流程图上也应标注位号，但是在仪表位号圆圈外应标注“成套”或其他符号。

⑨ 仪表附件，如冷凝器、隔离装置等，不标注仪表位号。

⑩ 为了表达清楚，必要时可在仪表图形符号旁边附加简要说明。

根据上述图形符号、文字代号及仪表位号的表示方法，就可以着手绘制或识读管道仪表流程图了。

8.2.2 控制方案的设计

控制方案的设计是控制系统工程设计中首要和关键的问题，控制方案的设计是否正确、合理，将直接关系到设计的成败，控制方案设计的定位水平将影响到系统的自动化水平。因此，在工程设计中，必须高度重视控制方案的设计。

1．控制方案设计涉及的主要内容

控制方案的设计，就是根据生产过程的原理和工艺操作的要求，确定反馈控制系统、自动检测系统、自动信号报警与联锁系统。在技术上主要考虑每个控制系统中被控变量和操纵变量的选择，确定测量点位置和控制阀的安装位置，选择实现测量和控制的手段。在被测变量中，哪些需要自动指示、记录、报警，哪些需要设置安全联锁保护系统，都要合理地确定。在设计方法上，首先应该了解工艺机理，从实际出发，做到工艺上合理可行；从全局出发，充分考虑各设备之间的联系，相互协调；从实际使用考虑，尽量做到操作稳定可靠且简便易行；同时考虑经济性和技术先进性的统一。具体来说，控制方案的设计主要包括以下几项内容。

（1）确定合理的控制目标。工程设计的控制方案是根据设计任务书的要求，在充分考虑生产实际的基础上确定的。因此，应掌握必要的工艺知识，了解产品生产的工艺过程和特点、物料的特性、主要工艺设备、管线的特征和布置情况、基本操作方法和条件、控制指标要求及安全措施等情况，作为确定方案的基础资料。

（2）正确地选择所需的检测点及其检测仪表的安装位置。工艺过程中影响生产的因素很多，在设计中应根据实际生产过程的基本操作条件、控制指标要求及安全措施等情况，合理地选择所需的被测变量。被测变量确定以后，应从能够准确、迅速和可靠地反映被测变量的实际情况，符合检测仪表的安装条件及正常运行要求，尽量减少对工艺过程运行的影响等三方面来选择所需的检测点及其检测仪表的安装位置。

（3）正确地选择必要的被控变量和恰当的操纵变量。虽然在工艺过程中有很多因素会影响生产的正常进行，但并非所有变量都要进行自动控制。因此，在控制系统的设计中，应该按照被控变量的选择原则，选择那些对产品质量、产量、生产安全、节约能源和原材料、提高经济效益起决定作用的主要变量加以控制。对于某些人工操作难以满足要求，或者人工操作虽然可行但操作频繁、劳动强度大的变量要首先考虑进行自动控制。

（4）合理地设计控制系统。在确定控制方案的过程中，要认真研究所选用方案在工艺上的合理性和技术上的可行性。所选用的方案应该是经过实践考验并且行之有效的，这是进行设计工作时必须遵循的原则。进行设计时，要根据工艺机理、约束条件、对象特性、扰动的来源和大小及被控变量的允许偏差范围，结合有关生产实践的经验和资料来选用合适的控制方案，以确定组成简单还是复杂的控制系统。

（5）根据所选被控对象的特性及控制要求，选择合适的控制算法。

（6）根据被控介质的特点、工艺操作条件及要求，选择合适的执行器及其安装位置。

（7）设计生产安全保护系统，包括声、光信号报警系统、联锁系统及其他保护性系统。

利用自动信号报警系统进行监视的通常是工艺生产上的重要变量、关键变量，如设备的安全报警极限变量，化学反应器中的温度、压力变量，容器的液位变量等。当这些变量超限后，操作人员必须及时采取措施，以免发生事故；当超限严重时，联锁保护系统应能发挥作用，将主要生产设备自动停车，使生产处于安全保护状态。

应当指出，控制方案的自动化水平应根据工程项目的需要、重要性、投资量等因素综合考虑。自动化水平并非越高越好。如果用简单控制系统可以满足工艺要求，就不必采用复杂控制系统。控制回路也并非越多越好，要注意各控制回路之间的关联问题。信号报警和联锁系统不能滥用，如果设置不好，会造成因频繁停车而影响生产的不良后果。

总之，控制方案的确定，要从工艺过程的实际需要出发，从生产过程的全局考虑，使之满足要求、简便易行、安全可靠。

2. 工艺控制流程图的设计

在控制方案确定以后，运用国家规定的HG/T20505—2014《过程测量与控制仪表的功能标志及图形符号》中的图例符号，在工艺流程图上按其流程顺序标注检测点、控制点和控制系统，并绘制工艺控制流程图。

（1）工艺流程图。工艺流程图是用来表达整个工厂或车间生产流程的图样。它是一种示意性的展开图，即按工艺流程顺序，把设备和流程线自左至右都展开在同一平面上。其图面主要包括工艺设备和工艺流程线。

① 工艺设备的画法。方案流程图中用细实线画出设备的大致轮廓或示意结构，一般不按比例，但应保持各设备的相对大小。各设备之间的高低位置及设备上重要接管口的位置应大致符合实际情况。

② 工艺流程线的画法。方案流程图中一般只画出主要工艺流程线，其他辅助工艺流程线则不必一一画出。用粗实线画出主要物料的流程线，在流程线上用箭头标明物料流向，并在流程线的起讫处注明物料的名称、来源或去向。如遇有流程线自检、流程线与设备之间发生交错或重叠而实际上并不相连时，其中的一线应断开或曲折绕过设备图形。

（2）工艺控制流程图。工艺控制流程图又称管道仪表流程图，它是在工艺流程图的基础上，用过程检测和控制系统设计符号，在工艺流程图上标注检测点、控制点和控制系统的。

因此，工艺控制流程图是描述生产过程自动化内容的图纸，是自动化水平和自动化方案的全面体现，是自动化工程设计的依据，亦可供施工安装和生产操作时参考。

具体绘制时，按照各设备上检测点和控制点的密度，布局上可进行适当的调整，以免图面上出现疏密不均的情况。通常，设备进出口的检测点和控制点应尽可能地标注在进出口附近。有时为顾全图面的质量，可适当地移动某些检测点和控制点的位置。

① 工艺控制流程图的主要内容。

- 图形：带位号、名称和接管口的设备简图，并配以连接设备的主、辅物料管线、阀门、管件及过程检测和控制系统设计符号等。
- 标注：设备位号、名称、管段编号、控制点符号、必要的尺寸及数据等。
- 图例：图形符号、字母代号及其他的标注、说明、索引等。
- 标题栏：注写图名、图号、设计项目、设计阶段、设计时间和会签栏等。

② 工艺控制流程图的画法。

- 图样画法。工艺控制流程图采用展开图的形式，按工艺流程顺序，自左至右依次画出设备的图例符号，并配以物料流程线和必要的标注及说明。图中设备、机器的大小及比例无特殊要求，保证图形清楚即可，但需保持设备间的相对大小。通常按 1∶100 或 1∶200 的比例绘制。
- 设备和机器表示方法。用细实线画出设备、机器的简略外形和内部特征。一般不画管口，需要时可用单线画出。常用设备、机器的图形符号可参照“附录 A　工艺流程图上常用设备和机器图例符号”绘制。

在工艺控制流程图上，要在两处标注设备位号：一处是在图的上方或下方，按图 8.4 所示标注，位号排列要整齐，并尽可能与设备对正；另一处是在设备内或近旁，此处只标注位号，不标注名称。

图中设备之间的相对位置，在保证图面清晰的原则下，主要考虑便于连接管线和标注符号、代号，应注意避免管线过长或设备过于密集。

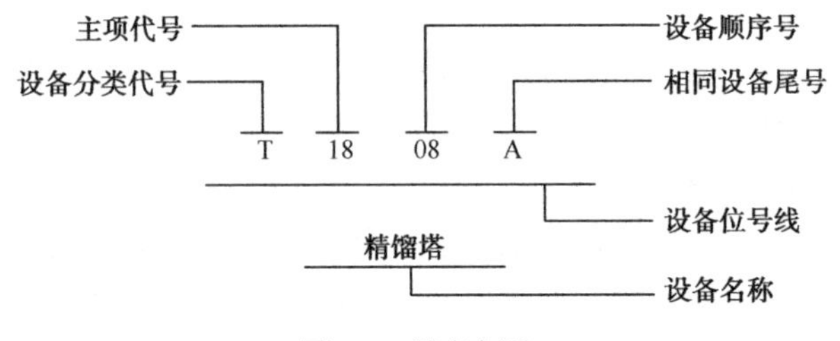

图 8.4　设备标注

- 管道表示方法。在工艺控制流程图中，应画出全部物料管道，对辅助管道、公用系统流程图中的管道应水平或垂直画出，尽量避免斜线。

各种常用管道规定画法可参照“附录 C　工艺流程图上管道、管件、阀门及附件图例符号”进行。在绘制管道图时，应尽量避免管道穿过设备或交叉管道在图上相交。当表示交叉管道相交时，一般应将横向管道断开。管道转弯处，一般应画成直角而不画成圆弧，如图 8.5 所示。管道上应画出箭头，以表示物料流向。各控制流程图之间相衔接的管道，应在始（或末）端注明其接续图的图号及来自（或去）的设备位号或管道号，如图 8.6 所示。

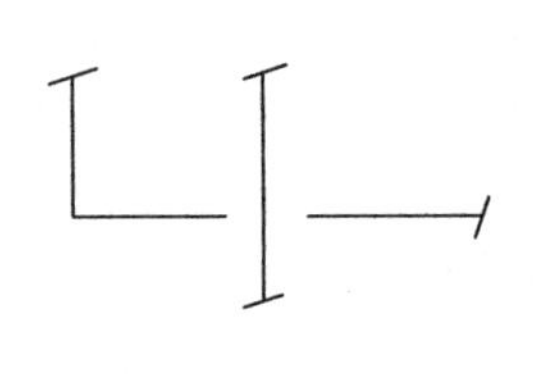

图 8.5　交叉管道

每段管道都应标注。横向管道，在管道上方标注；竖向管道，在管道左侧标注。管道标注的内容包括管道号、管径和管道等级三部分，如图 8.7 所示。

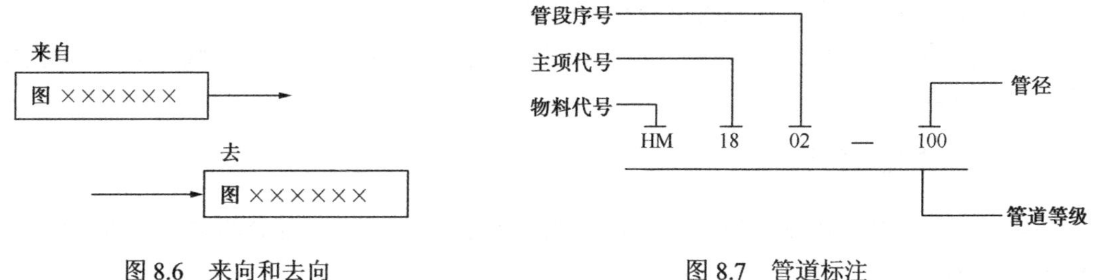

图 8.6　来向和去向

图 8.7　管道标注

管道号包括物料代号、主项代号和管段序号。常用物料代号见“附录 B　工艺流程图上常用物料代号”。主项代号用两位数字表示，各主项应独立编写。管段序号应按生产流向依次编写，一般用两位数字表示。辅助管段可另行独立编写。

管径为管道的公称直径，一般以 mm 为单位，不注明单位符号。

管道等级是根据介质的温度、压力及腐蚀等情况，由工艺设计确定的。有隔热、隔音措施的管道，在管道等级之后要加注代号。

- 阀门和管件表示方法。在管道上的阀门及其他管件，应以细实线按国家标准所规定的符号在相应位置画出，并注明规格代号，如图 8.8 所示。阀门和管件的符号可参考“附录 C　工艺流程图上管道、管件、阀门及附件图例符号”中的图例。无特殊要求时，管道上的一般连接件，如法兰、三通、弯头等均不画出。

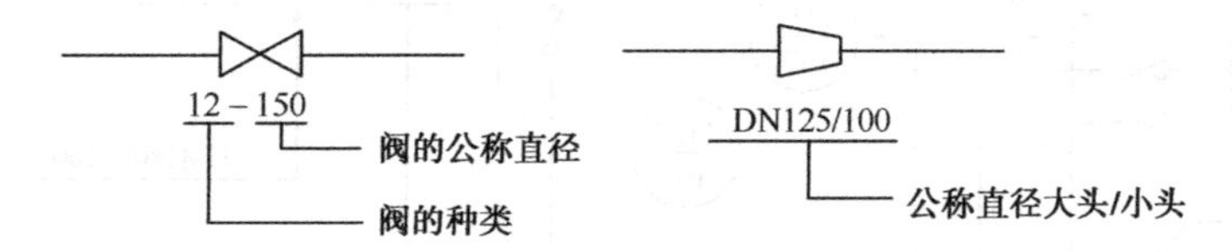

图 8.8　阀门及异径接头在管路上的画法

- 控制方案表示方法。在工艺物料流程图上，按照过程检测和控制系统设计符号及使用方法，把已确定的控制方案按流程顺序标注出来。

绘图时，设备进出口的测量点尽可能标注在设备进出口附近。有时为了照顾图面质量，可适当移动某些测量点的标注位置。管网系统的测量点最好都标注在最上一根管线的上面。控制系统的标注可自由处理。

仪表控制点以细实线在相应的管路上用代号、符号画出，并应大致符合安装位置。其代号、符号的含义参见表 8.1。

8.2.3　工艺控制流程图的绘制

根据上面所述基本知识，就可以着手绘制或识读工艺控制流程图了。

1. 工艺控制流程图的绘制步骤

（1）绘图时，图面应布置合理、清晰；设备及管道排列均匀，便于标注。

（2）按流程顺序，并考虑设备位差要求，自左至右依次画出设备外形图。

（3）画出主要物料流程线，留出管道上阀门、管件等符号的位置。

（4）画出有关阀门、管件的图例符号；在管道上画出物料流向的箭头。

（5）画出所有自动检测、控制系统。

（6）标注设备、管道、仪表的位号及名称等内容。

（7）在图的右上侧画出有关符号、代号的图例及说明；在图的右下框线处画出标题栏，并填入相关内容。

2. 工艺控制流程图示例

某化工厂某工序带控制点的工艺控制流程图及其总体布局图（部分和总体布局）如图 8.9 和图 8.10 所示。

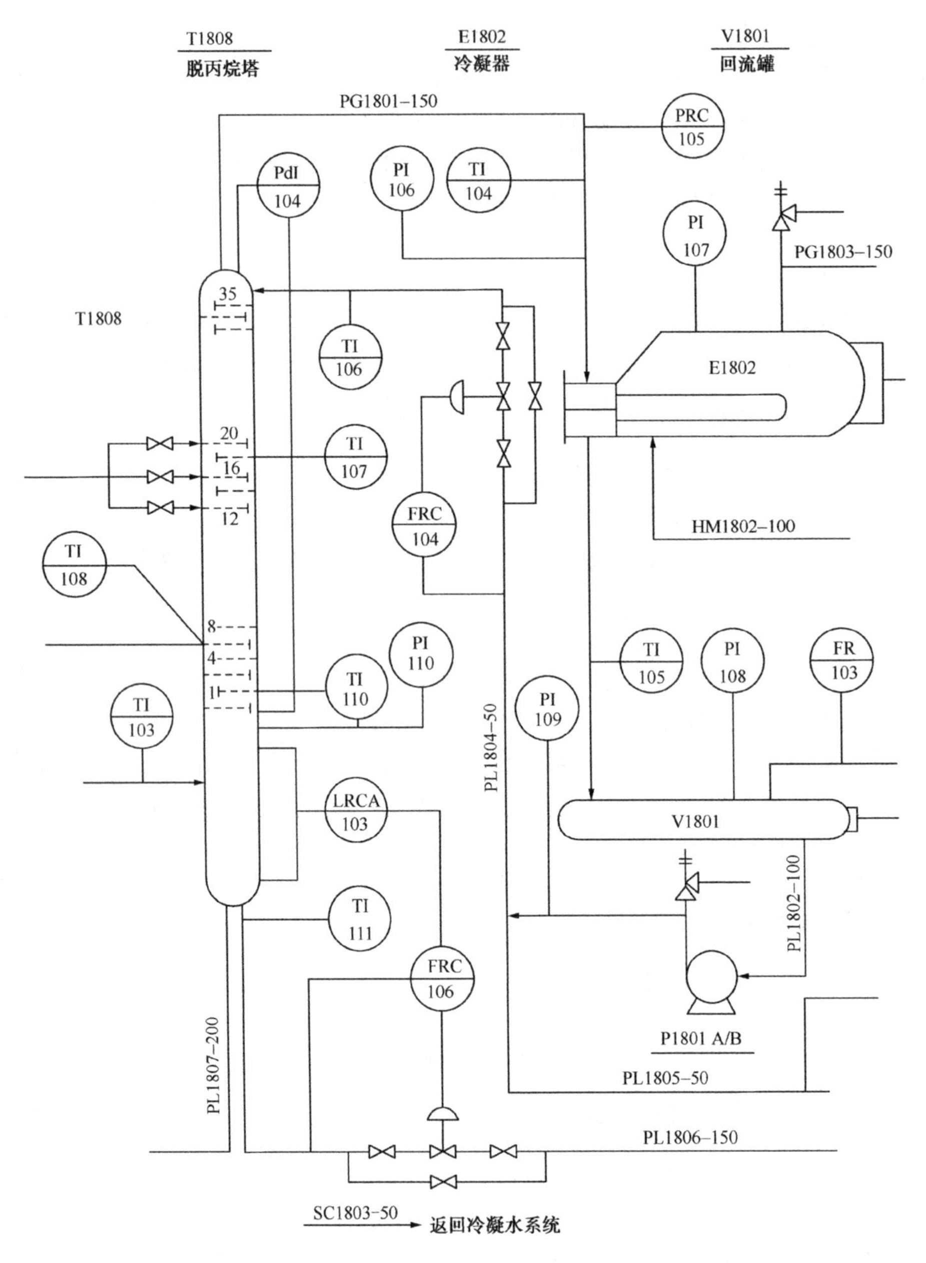

图 8.9 某工序带控制点的工艺控制流程图（部分）

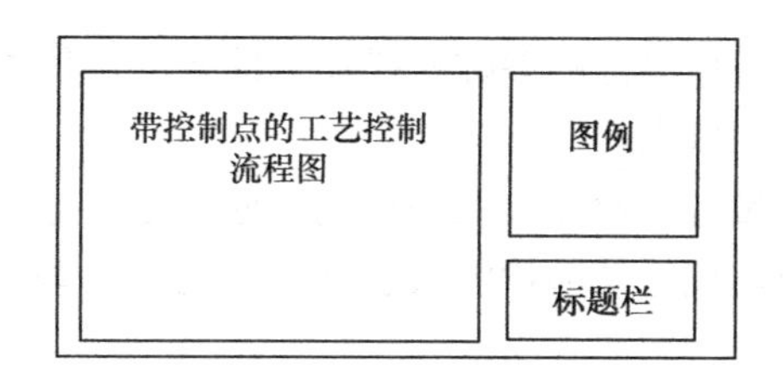

图 8.10　带控制点的工艺控制流程图的总体布局

8.3　控制系统的设备选择

8.3.1　仪表自动化设备的选型

生产过程自动化的实现，不仅需要制定合理的控制方案，而且需要正确地选用自动化仪表。

工业自动化仪表的类型很多，品种、规格各异。目前，主要的控制装置有基地式控制仪表、单元组合式仪表、组装式控制仪表、可编程序数字调节器、可编程序控制器（PLC）、计算机控制系统、分散型控制系统（DCS）和现场总线控制系统（FCS）8 种，且基本上都已实现数字化控制。

对于控制装置的选择，首先应根据控制对象确定采用何种控制装置来实现系统的控制。常规仪表的选用应倾向于数字化、智能化的仪表。目前，气动控制仪表已很少使用，少数有爆炸危险的现场控制，尚有选用气动控制仪表的。

常规控制仪表的选择没有严格的规定，选择时一般应考虑以下几个因素。

（1）价格因素。通常，数字式仪表比模拟仪表价格高，新型仪表比老型仪表价格高，引进或合资生产的仪表比国产仪表价格高，电动仪表比气动仪表价格高。因此，选型时要考虑投资的情况、仪表的性能/价格比。

（2）管理的需要。从管理上考虑，首先应尽可能地使全厂的仪表选型一致，以有利于仪表的维护管理。此外，对于大中型企业，为实现现代化的管理，控制仪表应选择带有通信功能的，以便实现连网。

（3）工艺的要求。控制仪表应选择能满足工艺对生产过程的监测、控制和安全保护等方面的要求。对于检测元件（或执行器）处在有爆炸危险的场合的情况，必须考虑安全栅的使用。

随着计算机网络技术的不断发展，生产现场的数据信息不仅用于过程控制，还用于生产管理、企业决策等，因此，在进行控制装置的选择时，应对其网络功能予以重视，从而实现从单一的生产过程到整个企业的各个生产过程的统一控制与管理，为企业与外部世界信息共享奠定基础。

8.3.2　检测仪表的选择

检测仪表的选择一般应考虑如下因素。

（1）被测对象及环境因素。被测对象的温度、压力、流量、黏度、腐蚀性、毒性、脉动等因素，以及仪表使用环境（如防火、防爆、防震等）是决定检测仪表选型的主要条件，关系到检测仪表选用的合理性和仪表的使用寿命等。

（2）检测仪表的功能。各检测点的参数在操作上的要求是仪表的指示、记录、积算、报警、控制、遥控等功能选择的依据。

（3）检测仪表的精度及量程。检测仪表的精确度应按工艺过程的要求和变量的重要程度合理选择。一般来说，集中监控系统的检测仪表精确度应较高些，就地指示型检测仪表的精确度可略低。

检测仪表的量程应按正常生产条件选取。有时还要考虑到开、停车，以及生产事故时变量变动的范围。

（4）经济性和统一性。检测仪表的选型在一定程度上也取决于投资，一般应在满足工艺和自控要求的前提下，进行必要的经济核算，取得适宜的性能/价格比。

为了便于检测仪表的维修和管理，在选型时应考虑到仪表的统一性。尽量地选用同一系列、同规格型号及同一生产厂家的产品。

（5）检测仪表的可靠性和供应情况。所选用的检测仪表应是较为成熟的，并经现场使用证明其性能可靠；同时，要注意到选用的检测仪表应当是货源及备品、备件供应充裕，短期内不会被淘汰或停产的产品。

8.3.3 显示控制仪表的选型

1. 显示控制仪表的选型原则

显示控制仪表的指示、记录、积算、报警、控制、手动遥控等功能，应根据工艺过程的实际需要选用。一般，对工艺过程影响不大但需经常监视的变量，可选指示型仪表；对需要经常了解其变化趋势的重要变量，应选记录型仪表；对工艺过程影响较大、需随时进行监控的变量，应选控制型仪表；对关系到物料平衡和动力消耗而要求计量或经济核算的变量，宜选具有积算功能的仪表；对变化范围较大且必须操作的变量，宜选手动遥控型仪表；对可能影响生产或安全的变量，宜选报警型仪表。此外，控制型仪表远传信号的传输方式应与控制系统的信号输入方式相匹配。

显示控制类仪表的精确度，应按工艺过程的要求和变量的重要程度合理选择。一般指示型仪表的精确度不应低于 1.5 级，记录仪表型的精确度不应低于 1.0 级。就地安装仪表的精确度可略低些。构成控制回路的各种仪表的精确度要相匹配，必要时应按误差分配与综合原则核算精确度。

显示控制仪表的量程应按正常生产条件选取，同时还必须考虑开（停）车、生产故障及事故状态下变量的预计变动范围。

对于 0～100%线性刻度的仪表，变量的正常值宜使用在读数为 50%～70%的范围内，最大值可用到 90%，读数在 10%以下不宜使用。液位正常值一般用在读数的 50%左右。对于 0～10 的方根刻度，变量的正常值宜使用在读数为 7～8.5 的范围内，最大可用到 9.5，读数为 3 以下的范围不宜使用。

由于目前过程控制的主流是采用计算机控制方式，常规的控制、显示类仪表已很少使用，在此不再讨论具体的选型问题。仅就控制阀的选型予以说明。

2. 控制阀的选型

由于工业生产过程大多存在易燃、易爆等危险性介质，因此，从可靠性和防爆性考虑，通常选用气动控制阀。对气动控制阀的选择也已在第2章中详细论述。一般要从以下几方面进行考虑。

① 根据工艺条件，选择合适的气动控制阀结构类型和材质；

② 根据生产安全和产品质量等项要求，选择气动控制阀的气开、气关形式；

③ 根据被控过程的特性，选择气动控制阀的流量特性；

④ 根据工艺参数，计算气动控制阀的流通能力，确定阀的口径；

⑤ 根据工艺要求，选择与控制阀配用的阀门定位器。

除此之外，在选择气动控制阀时，还必须注重考虑其具体工艺操作条件和使用环境。主要应注意以下几点。

① 被控制流体的种类，分为液体、蒸汽或气体。对于液体通常要考虑黏度的修正，当液体黏度过高时，其雷诺数下降，改变了流体的流动形态，在计算气动控制阀流通能力时，必须考虑黏度校正系数；对于气体，应该考虑其可压缩性；对于蒸汽，要考虑饱和蒸汽或过热蒸汽等。

② 流体的温度、压力。根据工艺介质的最大工作压力来选定控制阀的公称压力时，必须对照工艺温度条件综合选择，因为公称压力是在一定基准温度下依据强度确定的，其允许最大工作压力必须低于公称压力。例如，对于碳钢阀门，当公称压力 P_N=1.6MPa、介质的温度在200℃时，最大耐压力为1.6MPa；当250℃时，最大压力变为1.5MPa；当400℃时，最大工作压力只有0.7MPa。

对于压力控制系统，还要考虑其是阀前取压、阀后取压和阀前后压差，再进一步来选择阀的形式。

③ 流体的黏度、密度和腐蚀性。根据流体黏度、密度和腐蚀性来选择不同形式的气动控制阀，以便满足工艺的要求。对于高黏度、含纤维介质，常用O形和V形球阀；对于腐蚀性强、易结晶的流体，常用阀体分离型的阀。

④ 气动控制阀旁路和手轮机构的设置。在下列情况下可设置旁路阀。

- 液体会出现闪蒸、空化；流体中含有固体颗粒和具有腐蚀性的场合；
- 对于洁净流体，气动控制阀公称通径 D_N>80mm 的场合；
- 气动控制阀发生故障或检修时，不致引起工艺事故的场合。

对于需要限制开度或未设置旁路的气动控制阀应设置手轮机构。但对工艺安全生产联锁用的紧急放空阀和安装在禁止人员进入的危险区的气动控制阀，不应设置手轮机构。

8.3.4 自控设备表

自控设备表是用来反映设计中所选用仪表设备的类型、规格、数量、安装地点等详细内容的表格，它是提供投资概算、设备订货等的依据。

所有控制系统（包括就地控制系统）及传送至控制室进行集中检测的仪表（不包括温度）均需填表，并按信号流向依次填写。

自控设备表（见附录E及附录F）按检测系统和控制系统的信号传输类型及自控设备分类，分为自控设备表一和自控设备表二。

（1）设计项目中的所有控制系统，包括就地直接作用式控制系统、基地式仪表组成的控制系统等，其所选用的仪表设备均填写在“表一”中。

（2）除控制系统外的其他仪表设备，包括集中检测系统所选用的仪表、就地检测仪表、仪表盘、操纵台、报警器、减压阀、安全阀等，均填写在“表二”中。也可将已在“表一”中填写的控制系统一并填入“表二”，使“表二”实质上成为自控设备总表。

（3）两表中的仪表设备，均应按温度仪表、压力仪表、流量仪表、液位仪表、成分分析仪表、其他仪表、辅助装置、仪表盘（箱）的顺序填写。

（4）每个系统中，内容编写次序按信号的流向顺序进行。检测系统的信号流向顺序为检出元件→变送器→信号处理、运算、指示、记录仪表；控制系统的信号流向顺序为检出元件→变送器→信号处理、运算仪表→显示、控制仪表→控制阀。

（5）控制阀和节流装置的规格、附件和工艺参数在自控设备表中可不列出。

8.4 仪表盘正面布置图和背面电气接线图

自控工程设计中，与仪表连接有关的图纸较多。本节从实际工作岗位的要求出发，仅介绍最重要的两种图，即仪表盘正面布置图和仪表盘背面电气接线图。自控设备的布置、配线、接线等基本规则仍适用于计算机过程控制系统的工程设计。

8.4.1 仪表盘正面布置图

1. 模拟仪表盘

模拟仪表盘主要用来安装显示、控制、操纵、运算、转换和辅助等类仪表，以及电源、气源和接线端子排等装置，是模拟仪表控制室的核心设备。《自控专业施工图设计内容深度规定》（HG 20506—2000）提出了一些仪表盘设计的相关技术规定，这里就其主要内容进行简要介绍。仪表盘设计内容主要包括仪表盘的选用、盘面布置、盘内配线和配管及仪表盘的安装方面。

（1）仪表盘的选用。仪表盘结构形式和品种规格的选用，可根据工程设计的需要，选用标准仪表盘。大、中型控制室内的仪表盘宜采用框架式、通道式、超宽式仪表盘。盘前区可视具体要求设置独立操作台，台上安装需经常监视的显示、报警仪表或屏幕装置、按钮开关、调度电话、通信装置等。小型控制室内宜采用框架式仪表盘或操作台。环境较差时宜采用柜式仪表盘。若控制室内仪表盘盘面上安装的信号灯、按钮、开关等元器件数量较多，应选用附接操作台的各类仪表盘。含有粉尘、油雾、腐蚀性气体、潮气等环境恶劣的现场，宜采用具有外壳防护兼散热功能的封闭式仪表柜。

（2）仪表盘盘面布置。仪表在盘面上布置时，应尽量将一个操作岗位或一个操作工序中的仪表排列在一起。仪表的排列应参照工艺流程顺序，从左至右进行。当采用复杂控制系统时，各台仪表应按照该系统的操作要求排列。采用半模拟盘时，模拟流程应尽可能与仪表盘上相应的仪表相对应。半模拟盘的基色与仪表盘的颜色应协调。

仪表盘盘面上仪表的布置高度一般分成三段。上段距地面标高 1 650～1 900mm 内，通常布置指示仪表（含积算类）、闪光报警仪、信号灯等监视仪表；中段距地面标高 1 000～1 650mm 内，通常布置控制仪、记录仪等需要经常监视的重要仪表；下段距地面标高 800～1 000mm 内，通常布置操作器、遥控板、开关、按钮等操作仪表或元件。采用通道式仪表盘时，架装仪表的布置一般也分三段。上段一般设置电源装置；中段一般设置各类给定器、设定器、运算单元等；下段一般设置配电器、安全栅、端子排等。仪表盘盘面上安装仪表的外形边缘至盘顶距离应不小于 150mm，至盘边距离应不小于 100mm。

仪表盘盘面上安装的仪表、电气元件的正面下方应设置标有仪表位号及内容说明的铭牌框（板）。背面下方应设置标有与接线（管）图相对应的位置编号的标志，如不干胶贴等。根据需要允许设置空仪表盘或在仪表盘盘面上设置若干安装仪表的预留孔。预留孔尽可能安装仪表盲盖。

（3）仪表盘盘内配线和配管。仪表盘盘内配线可采用明配线和暗配线。明配线要挺直，暗配线要用汇线槽。仪表盘盘内配线数量较少时，可采用明配线方式；配线数量较多时，宜采用汇线槽暗配线方式。仪表盘盘内信号线与电源线应分开敷设。信号线、接地线及电源线端子间应采用标记端子隔开。

仪表盘相互间有连接电线（缆）时，应通过两盘各自的接线端子或接插件连接。进出仪表盘的电线（缆），除热电偶补偿导线及特殊要求的电线（缆）外，均应通过接线端子连接。本安电路、本安关联电路的配线应与其他电路分开敷设。本安电路与非本安电路的接线端子应分开，其间距不小于 50mm。本安电路的导线颜色应为蓝色，本安电路的接线端子应有蓝色标记。

仪表盘盘内气动配管一般采用紫铜管或带 PVC 护套的紫铜管，进出仪表盘必须采用穿板接头，穿板接头处应设置标有用途及位号的铭牌。

（4）仪表盘的安装。控制室内的仪表盘一般安装在用槽钢制成的基座上，基座可用地脚螺栓固定，也可焊接在预埋钢板上。当采用屏式仪表盘时，盘后应用钢件支撑。

控制室外、户外仪表盘一般安装在槽钢基座或混凝土基础上，基座（础）应高出地面 50～100mm。若在钢制平台上安装，可采用螺栓固定。仪表盘坐落平台部位应采取加固措施。

2. 仪表盘正面布置图的绘制

（1）仪表盘正面布置图的内容。在仪表盘正面布置图中，应表示出仪表在仪表盘、操作台和框架上的正面布置位置，标注出仪表盘号及型号、仪表位号及型号、电气设备的编号和数量、中心线与横坐标尺寸，并表示出仪表盘、操作台和框架的外形尺寸及颜色。

① 本图绘制比例一般为 1∶10。当高密度排列时，也可用 1∶5 的比例绘制。每块仪表盘绘一张 2 号图。图中应绘出盘上安装的全部仪表、电气设备及其铭牌框，标注出定位尺寸，一般尺寸线应在盘外标注，必要时可在盘内标注。横向尺寸线应从每块盘的左边向右边或从中心线向两边标注；纵向尺寸线应自上而下标注。所有尺寸线均不封闭，并按照自上而下、从左到右的顺序编制设备表，其编写的深度应能满足订货要求。

② 图中应标注出仪表盘号及型号、仪表位号及型号、电气设备的编号。盘上安装的仪表、电气设备及元件，在其图形内（或外）水平中心线上标注仪表位号或电气设备、元件的编号，中心线下标注仪表、电气设备及元件的型号。而在每块仪表盘的下部标注出其编号和型号。

③ 为了便于标明仪表盘上安装的仪表、电气设备及元件的位号和用途，在它们的下方均应绘出铭牌框。大铭牌框用细实线矩形线框表示，小铭牌框用一条短粗实线表示，可不按比例。

④ 线条表示方法。仪表盘、仪表、电气设备、元件的轮廓线用粗实线表示，标注尺寸的引线用细实线表示。

⑤ 仪表正面尺寸的标注应清楚醒目。仪表盘需装饰边时，应在图上绘出。

⑥ 仪表盘的颜色。应注明仪表盘颜色的色号，特殊要求时，应附色版。仪表盘一般为苹果绿色。

（2）绘制举例。某工厂自控设计中的仪表盘正面布置图总体布局和布置示例分别如图 8.11 和图 8.12 所示。这里选用了框架式仪表盘。其中，1 号盘 1IP 上配置了电动控制仪表，2 号盘 2IP 上配置了气动控制仪表。仪表盘的颜色为苹果绿色。首尾两块仪表盘设置了装饰边，其宽度为 50mm。安装在盘面上的全部仪表、电气设备及元件，分盘完整地列在设备表中。仪表盘中的仪表及电气设备的型号和规格见表 8.6。读图时，应将仪表盘正面布置图和设备表中的内容结合起来，予以对照，以便了解其详细而准确的信息。

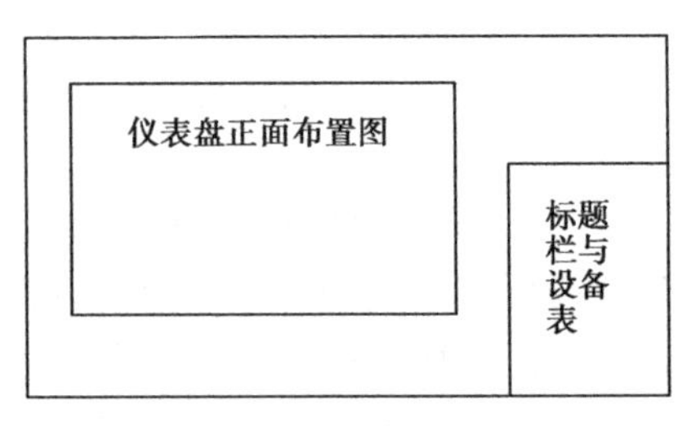

图 8.11　仪表盘正面布置图的总体布局

表 8.6　仪表盘正面布置图中设备和材料的型号和规格

序号	位号或符号	名称及规格	型号	数量	备注
		1IP			
1	1IP	框架式仪表盘（2 100×800×900）	KK-23	1	
2	FIC-101，TIC-109，LIC-103	指示调节仪	ICE-5241-3522	3	
3	FIC-102，FIC-106	指示调节仪	ICE-5241-4522	2	
4	FR-101	记录仪，0～6 300kg/h，方根刻度	IRV-4131-0023	1	
5	FR-106	记录仪，0～5 000kg/h，方根刻度	IRV-4131-0023	1	
6	TR-109 /FR-102	记录仪，0～100%，0～1 600kg/h，方根刻度	IRV-4132-0023	1	
7	LR-103	记录仪，0～100%	IRV-4131-0023	1	
8	TJ-108	数字温度巡检仪，P_t100，0～100%	SWX-802	1	
9	UA-101	闪光报警器	XXS-12	1	
10	FS-102	塑料分头转换开关	KHS-2W4D	1	
11	1AN	控制按钮	LA19-11K	1	消声
12	2AN	控制按钮	LA19-11K	1	试验
13		小铭牌框		14	
		2IP			
1	2IP	框架式仪表盘（2 100×800×900）	KK-33	1	
2	PRC-105	气动指示记录调节仪，0～1.0MPa	QXJ-213B	1	
3	FRC-104	气动指示记录调节仪，0～8 000kg/h，方根刻度	QXJ-213A	1	
4	LRC-101，LRC-102	气动指示记录调节仪，0～100%	QXJ-213A	2	
5	FRC-105	气动指示记录调节仪，0～5000kg/h，方根刻度	QXJ-213C	1	
6	FR-103	气动单笔记录仪，0～800m³/h，方根刻度	QXJ-013	1	
7	P_dI-104	气动条型指示仪	QXJ-130	1	
8		小铭牌框		7	

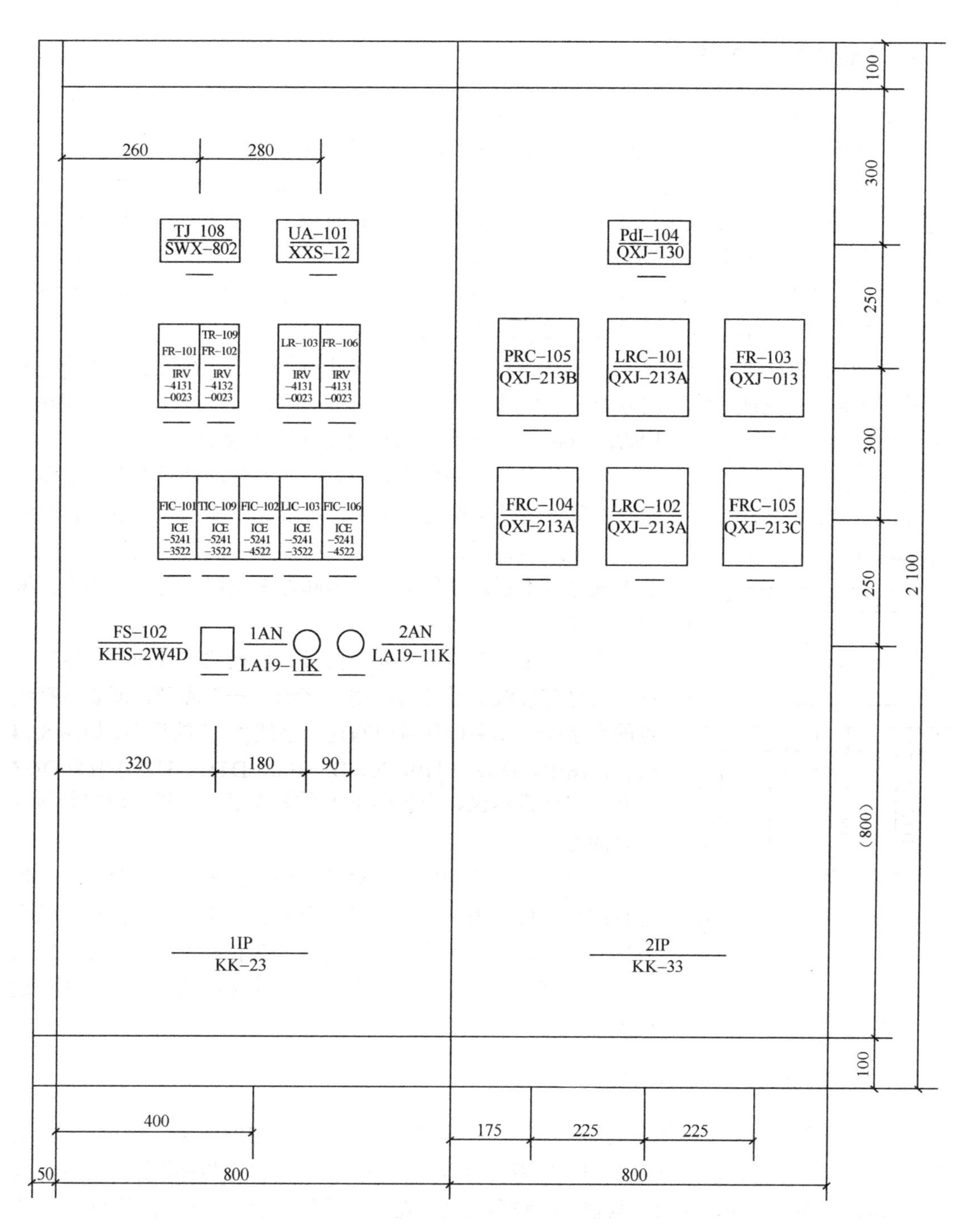

图 8.12　仪表盘正面布置图布置示例

8.4.2　仪表盘背面电气接线图

仪表盘背面电气接线图（端子图）表明盘（架）信号和接地端子排进、出线之间的连接关系。图中应注明连接仪表或电气设备的位号、去向端子号、电缆（线）的编号，并编制设备材料表（包括报警器的电铃等）。

1. 仪表管线编号方法

仪表盘（箱）内部仪表之间、仪表与接线端子之间的连接方法主要有两种，即直接连接法和相对呼应编号法。在同一张图纸上，最好采用同一种编号方法。

（1）直接连线法。直接连线法是根据设计意图，将有关端子或接头直接用一系列连线连接起来，直观、逼真地反映了端子与端子、接头与接头之间的相互连接关系。但是，这种方法比较复杂，当仪表和端子接头数量较多时，线条相互穿插、交织在一起，比较繁乱，读图时容易看错。因此，这种方法通常适用于仪表及端子数量较少、连接线路比较简单的场合。例如，在单个系统的仪表回路接线图、接管图中多采用这种方法。

单根或成束的不经接线端子而直接接向仪表的电缆电线和测量管线，在仪表接线处的编号，均用电缆、电线或管线的编号表示，必要时应区分（+）、（–）等，如图 8.13 所示。图中，EWX_2－007 为电子平衡式温度显示记录仪的型号。

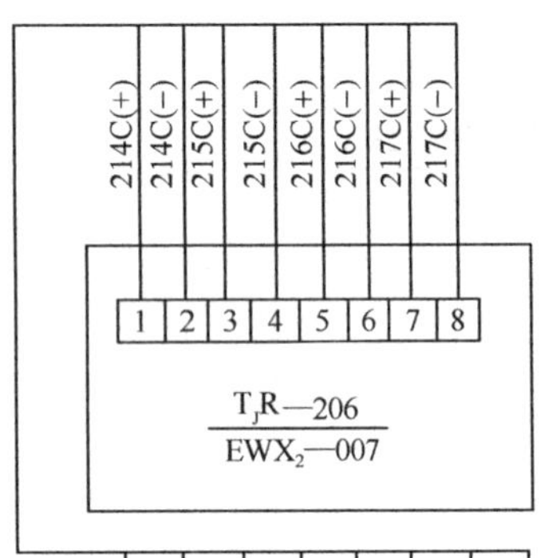

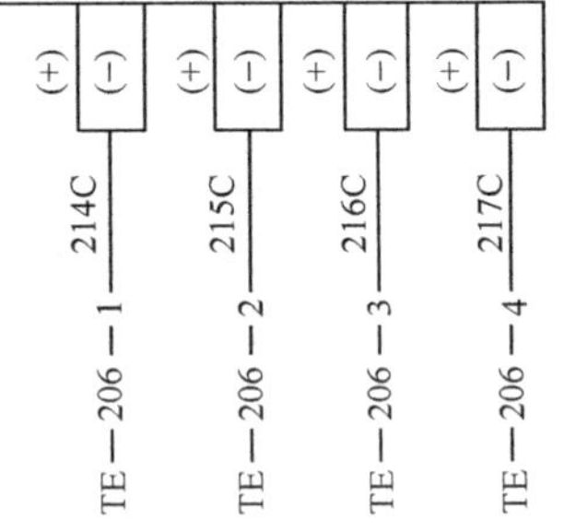

图 8.13　直接连线法示例

（2）相对呼应编号法。相对呼应编号法是根据设计意图，对每根管、线两头都进行编号，各端头都编上与本端头相对应的另一端所接仪表或接线端子（或接头）的接线点号。每个端头的编号以不超过 8 位为宜，当超过 8 位时，可采取加中间编号的方法。

在标注编号时，应按先去向号、后接线点号的顺序填写。在去向号与接线点号之间，用一字线“—”隔开，即表示接线点的数字编号或字母代号应写在一字线“—”的后面，如图 8.14 所示。图中，DXZ－110，XWD－100、DTL－311 分别为 DDZ－Ⅱ型电动指示仪、小长图电子平衡式记录仪和电动控制器等仪表的型号。

与直接连线法相比，相对呼应编号法虽然要对每个端头都进行编号，但省去了对应端子之间的直接连线，从而使图面变得比较清晰、整齐而不混乱，便于读图和施工。在绘制仪表盘背面电气接线图和仪表盘背面气动管线接线图时，普遍采用这种方法。

2. 仪表盘背面电气接线图的绘制

（1）仪表盘背面电气接线图的绘制方法。仪表盘背面电气接线图的内容包括：所有盘装和架装电动仪表中，仪表与仪表之间、仪表与信号接线端子之间、仪表与接地端子之间、仪表与电源接线端子之间、仪表与其他电气设备之间的电气连接情况及设备材料统计表等。为了表达上述内容，仪表盘背面电气接线图可按下述方法绘制。

① 在图纸的中部，按不同的接线面绘出仪表盘及盘上安装（或架装）的全部仪表、电气设备、元件等的轮廓线，其大小可不按比例，也不标注尺寸，但相对位置应与仪表盘正面布置图相符，即在仪表盘背面接线图中，仪表盘及仪表的左右排列顺序应与仪表盘正面布置图中的顺序是一致的。

在仪表盘后框架上安装的接线端子板等，若按接线面绘制有困难时，可以在图中的适当位置画出，并加注文字说明。通常将电源接线端子板画在仪表盘上方，而信号接线端子板画在仪表盘下方。

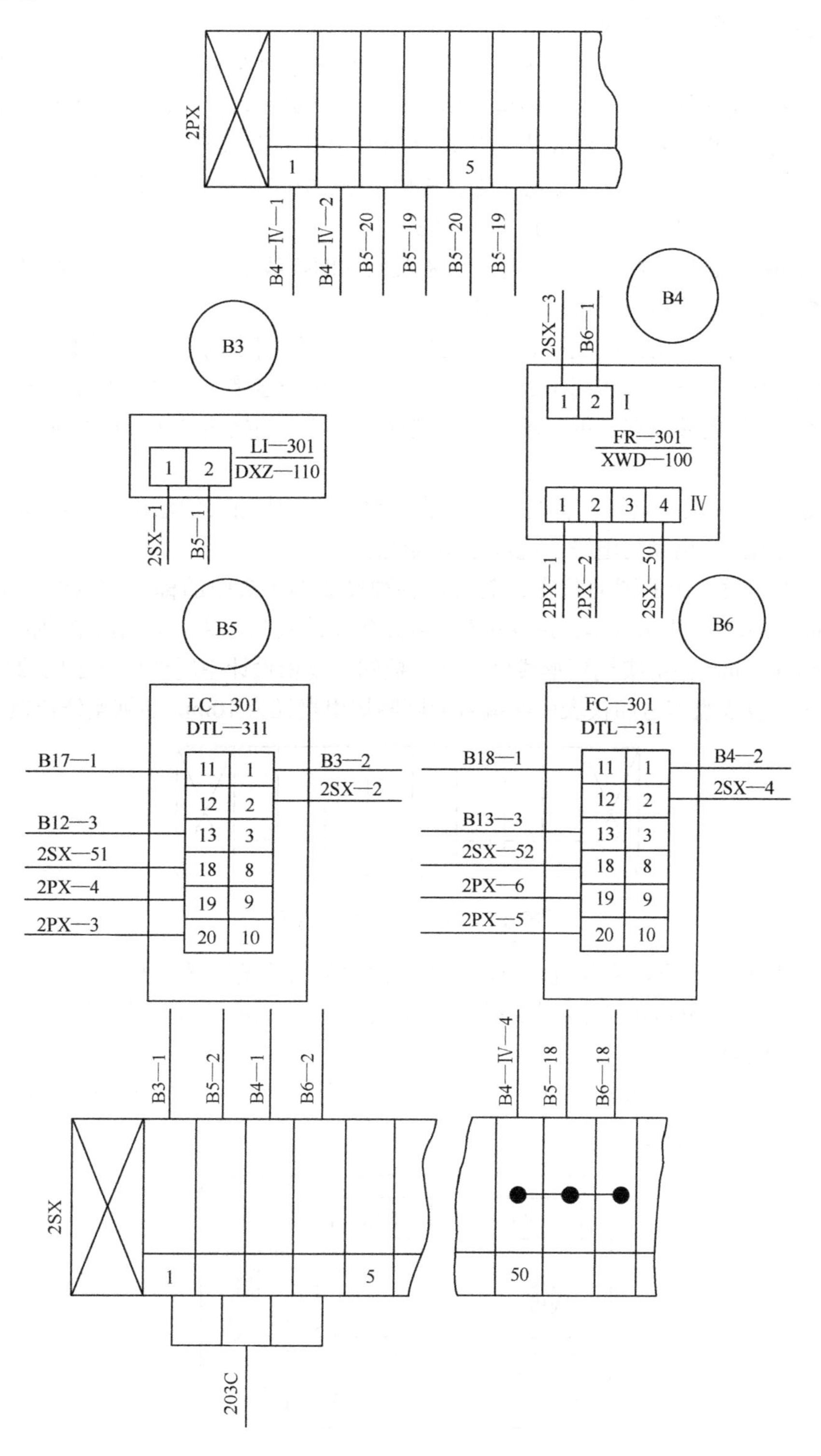

图 8.14　相对呼应编号法示例

② 仪表盘背面安装的所有仪表、电气设备及元件，均需在其图形符号内标注上位号、编号及型号（与正面布置图相一致），特殊情况下允许在图形外标注，标注方法与仪表盘正面布置图相同。中间编号可用圆圈标注在仪表图形符号的上方。仪表盘的顺序编号可标注在仪表盘左下角或右下角的圆圈内。

为了简化仪表盘后仪表接线端子编号的内容，以便于读图和施工，提倡使用仪表的中间编号。仪表及电气设备、元件的中间编号由大写英文字母和阿拉伯数字编号组合而成。英文字母表示仪表盘的顺序编号，如 A 表示仪表盘 1IP，B 表示仪表盘 2IP……依次类推。数字编号表示仪表盘内仪表、电气设备及元件的位置顺序号。中间编号的编写顺序是按先从左至右、后从上向下的顺序依次进行，如 A1、A2、A3…

③ 在图中如实地绘制出仪表、电气设备及元件的接线端子，并注明仪表的实际接线点编号，与本图接线无关的端子可省略不画。

仪表盘背面引入、引出的电缆、电线均应编号，并注明去向。进、出仪表盘及需要跨盘的接线，均需先进（出）接线端子板，再与仪表接线端子连接。仪表盘背面仪表的接地，应单独设置用于接地的接线端子板。本质安全型仪表信号线的接线端子板应与非本质安全型仪表信号线端子板分开。

④ 仪表盘、仪表、电气设备及元件等的轮廓线均用中粗实线绘出，接线端子引出的连线用细实线绘出，引出盘的电缆、电线用粗实线绘出。

为了使工程设计中的图面整齐、美观，各种接线端子板中的标记型接线端子可以画成 20mm×8mm 的粗实线矩形线框，并将其对角线用细实线连接起来，其他类型的接线端子可统一画成 20mm×5mm 的细实线矩形线框，端子板的长度依设计中所选用端子的数量而定，如图 8.15 所示。仪表盘编号和仪表中间编号的圆圈均用直径为 10mm 的细实线绘制。

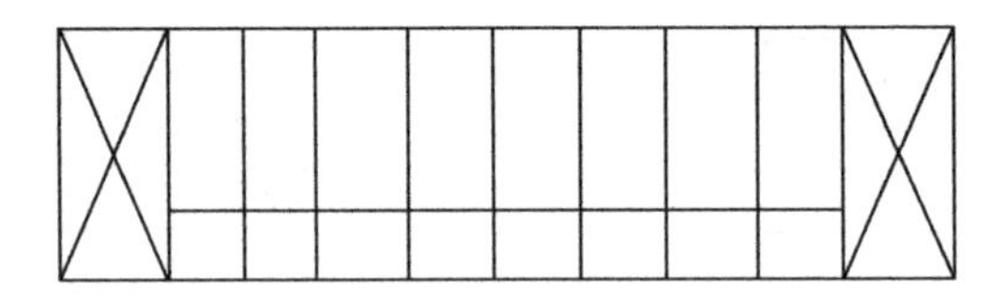

图 8.15　接线端子板示意图

⑤ 在标题栏的上方，应分盘列出仪表盘背面安装用的设备材料表。

⑥ 供电箱、继电器箱及半模拟盘等的背面电气接线图的绘制方法，原则上与仪表盘背面电气接线图的处理方法相同。

（2）绘制举例。如图 8.16、图 8.17 所示，其分别为某工程自控设计中仪表盘背面电气接线图总体布局及接线示例。

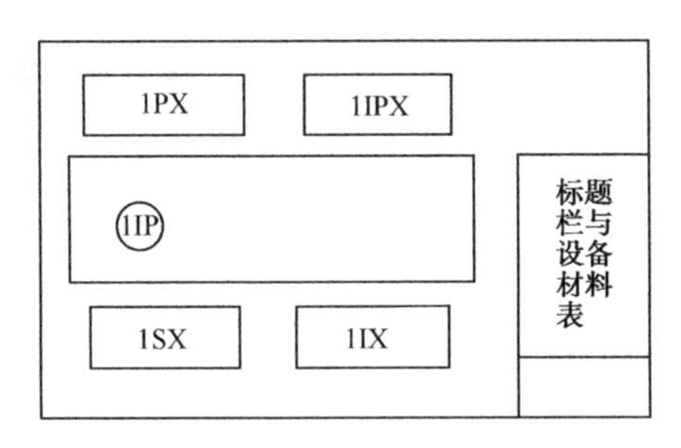

图 8.16　仪表盘背面电气接线图总体布局示意

图 8.17 中所用设备材料的型号和规格均应列入位于标题栏上方的设备材料表中。仪表盘后框架上安装的接线端子板等，若按接线面表示，不易表达端子间的连接关系，一般做法是移到仪表盘外处理。通常将电源接线端子画在仪表盘的上方，而信号接线端子板等画在仪表盘的下方。绘图时，应按设备之间信号出、入的连接关系和电源的供求关系，对每个端子均需逐个标出与之相连接的接线端子的编号，并反复检查，以保证接线的正确性。

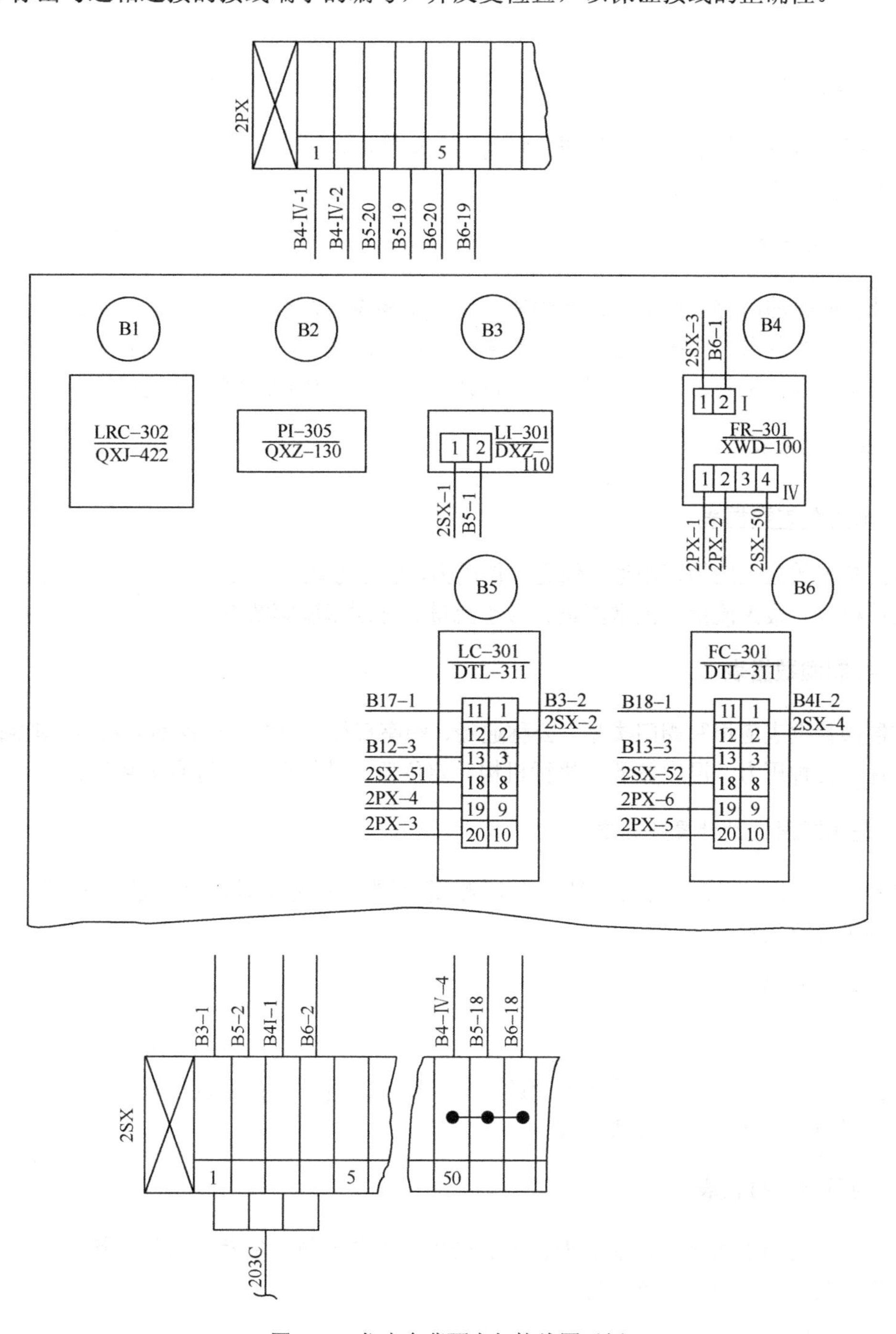

图 8.17　仪表盘背面电气接线图示例

8.5 其他设计文件简介

本章前面几节中较为详细地介绍了工艺控制流程图、自控设备表、仪表盘正面布置图和背面电气接线图的设计要求及绘制方法。本节将对控制系统工程设计中施工图设计阶段的其他设计文件予以简要说明。

1. 自控图纸目录

自控图纸目录应包括工程设计图、复用图及标准图，当不采用带位号的安装图时，仪表安装图列入标准图类。

2. 设计说明书

设计说明书的内容应包括本设计中所采用的主要设计标准、规范；设计范围、总体控制方案及自动化控制水平概述；施工安装要求、推荐安装规程；仪表防爆、防腐、防冻等保护措施；采购和成套说明、风险说明，以及设计人员认为需特殊说明的其他问题。

3. 自控设备表（略）

4. 节流装置数据表

节流装置数据表应填写用途、额定工作压力、取压方式、孔径比或圆缺高度、法兰规格、检测元件材料、最大流量、正常流量、最小流量、介质密度等数据。

5. 控制阀数据表

控制阀数据表应填写阀门类型、公称通径、阀座直径、导向、阀各部分材料、泄漏等级、流量特性、各种压力、温度参数、执行机构、定位器、转换器参数等有关数据。

6. 差压式液位计计算数据表

差压式液位计计算数据表应填写差压测量范围、被测介质密度、法兰间距、液位范围、迁移量等有关数据。

7. 综合材料表

综合材料表统计仪表盘成套订货以外的仪表、装置所需要的管路及安装用材料。例如，测量管路、气动管路、气源管路等所用的管材、阀门、管件；仪表及仪表盘（箱）等固定用的型钢、板材；导线管、汇线桥架等。

8. 电气设备材料表

电气设备材料表用来统计非仪表盘成套的电气设备材料，包括供电箱、接线箱、电气软管、防爆密封接头、电缆、电线等。

9. 电缆表

电缆表用来表明各电缆（包括信号线和电源线）的连接关系。在表中应标明电缆编号、型号、规格、长度及保护管规格、长度。此表也可用电缆、电线外部连接系统图和接线箱接线图取代。

10．管缆表

管缆表是用来表明各气动管缆的连接关系。在表中应标明管缆的编号、型号、规格、长度等。此表也可用气动管路外部连接系统图或接管箱接管图取代。

11．测量管路表

测量管路表表明各测量管路的起点、终点、规格、材料和长度。

12．绝热伴热表

当仪表或管路需要绝热伴热时，必须采用绝热伴热表来表示其保温伴热方式、保温箱型号、被测介质名称、温度及安装图等。

13．铭牌注字表

铭牌注字表列出各盘装仪表及电气设备的铭牌注字内容。

14．信号及联锁原理图

信号及联锁原理图用于表达生产过程及重要设备的事故联锁与报警内容、信号及联锁方案的设计文件。信号及联锁原理图中应注明所有电气设备、元件及其触点的编号和原理图接点号，并列表说明各信号（联锁）回路的工艺要求和作用，注明联锁时的工艺参数。

15．半模拟盘信号原理图

半模拟盘信号原理图表明半模拟盘信号灯回路的动作原理，绘制时可参考信号及联锁原理图。

16．控制室仪表盘正面布置总图

控制室仪表盘正面布置总图表明在一个控制室中所有盘装仪表在若干块仪表盘上的正面排列，其绘制比例为 1∶10。在此图中不标注仪表、电气设备的型号，不绘制铭牌框，设备表只列仪表盘、半模拟盘，只标注主要的尺寸。一般还应绘出仪表盘等在控制室的平面位置图，并注明仪表盘组装时的安装角度和控制室的平面尺寸。对于大型控制室，也可单独绘制其平面布置图。

17．仪表盘正面布置图（略）

18．架装仪表布置图

架装仪表布置图的绘制比例一般为 1∶10，每面框架绘一张 2 号图。图中应绘出在框架式仪表盘的框架上，或通道式仪表盘的后框架上，或仪表盘背面安装的全部架装仪表及供电箱、电源箱、继电器箱等，标注出其在框架上的安装高度，并按照从左到右、自上而下的顺序编制设备表。

19．报警器灯屏布置图

报警器灯屏布置图要注明报警器位号、灯屏规格、发讯器的位号、所在仪表盘盘号、灯位、灯颜色及铭牌注字内容等。

20．半模拟盘正面布置图

半模拟盘正面布置图是绘有包括主要工艺设备、管道、全部控制系统及主要测量点等内容的简要工艺控制流程图的仪表盘。半模拟盘正面布置图应按不小于1∶5的比例进行绘制。半模拟盘上检测点的位置应尽量与仪表盘上有关的仪表相对应，以便进行工况分析和观测。

21．继电器箱正面布置图

继电器箱正面布置图是按一定的比例标示出在继电器箱上正式安装的所有电气设备、元件的安装位置及外形尺寸的图纸。继电器箱可选用定型产品，对于有特殊要求的非定型产品，应绘制继电器箱的制造图。

22．总供电箱接线图

总供电箱接线图用来表示设在控制室中总供电箱的接线情况，此图与分供电箱接线图联用，代替供电系统图，其内容应包括电源来源及电压等级（注明来自电气专业的电缆号、柜（盘）号、电缆规格和接线编号）、供电回路分配情况、所需设备材料表。

23．分供电箱接线图

分供电箱接线图的内容包括：电源情况（电源电压等级、电缆编号、规格、接线编号及引向），供电回路分配情况（供电对象的位号、型号、需要的容量和熔断丝的容量；电线的型号、规格和引向），所需设备材料表等。

24．仪表回路接线图

仪表回路接线图表明电动控制或测量回路中所有仪表之间的连接关系，应标注接线箱及仪表盘（架）相应连接端子的编号、所在盘（架）号、供电回路号等，并应编制仪表回路接线图目录。

25．仪表回路接管图

仪表回路接管图表明气动控制或测量回路中所有仪表之间的连接关系，应标注接管箱及仪表盘（架）相应穿板接头编号、所在盘（架）号、（空气分配器）供气点号，并应编制仪表回路接管图目录。

26．报警器回路接线图

报警器回路接线图表明报警器与外部报警接点、消音和试灯按钮、供电回路、仪表盘端子之间的连接关系。

27. 仪表盘端子图（即背面电气接线图，略）

28. 仪表盘穿板接头图

仪表盘穿板接头图表明盘（架）穿板接头进、出气动信号管路的连接关系。图中应注明连接仪表的位号、接头号、管缆编号、去向，并编制设备材料表。

29. 半模拟盘端子图

半模拟盘端子图的绘制要求与仪表盘端子图相同。

30. 继电器箱端子图

继电器箱端子图的绘制要求与仪表盘端子图相同。

31. 接线箱接线图

接线箱接线图表明接线箱进、出线之间的连接关系。图中应注明所连现场仪表的位号、端子号，支电缆规格、型号，主电缆的去向、端子号及电缆编号，并编制设备材料表。

32. 空气分配器接管图

空气分配器接管图表明空气分配器与用气仪表之间的气源管路连接关系。其内容包括：空气分配器型号、安装位置，供气仪表的位号，供气管的名称、规格、长度等，并编制设备材料表。

33. 仪表供气空视图

当仪表供气总管和支干管均由自控专业设计时，需绘制仪表供气空视图，而气源的分配采用空气分配器时，只需画至空气分配器。本图应按比例以立体图的形式绘制，内容应包括：建筑物与构筑物的柱轴线、编号、尺寸，所有供气管路的规格、长度、总（干）管的标高、坡度要求，气源来源，供气对象的位号（或编号），以及供气管路上的切断阀、排放阀等，并应编制材料表。

34. 伴热保温供汽空视图

伴热保温供汽空视图的绘制原则与仪表供汽空视图的绘制原则相同。

35. 接地系统图

接地系统图要求绘出控制室仪表工作接地和保护接地系统，图中应注明接地分干线的规格和长度，并编制材料表。例如，公用连接板、接地总干线和接地极由电气专业设计，应用虚拟线表示并注明。

36. 控制室电缆、管缆平面敷设图

控制室电缆、管缆平面敷设图表示进、出控制室及室内盘与箱之间的电缆、管缆、供气管线等的敷设情况。应绘出必要的剖视图，并列出设备材料表。

37. 电缆、管缆平面敷设图

电缆、管缆平面敷设图按实际比例绘出在生产现场中与控制室有关的变送器、执行器、接线（管）箱、现场供电箱、空气分配器等的安装位置，电缆、管缆及将管、线、缆集中敷设的汇线桥架的敷设情况，并标明标高和平面坐标尺寸等。

38.（带位号的）仪表安装图

（带位号的）仪表安装图要标明各类仪表及执行机构等的安装方式。除材料表外，还应列出采用该图的仪表位号。

39. 非标准部件安装制造图

非标准部件安装制造图要按加工制造要求，绘制本工程设计项目所需要的非标准部件的制造图及安装图。

40. 管道和仪表流程图（工艺控制流程图）

管道和仪表流程图中的过程检测和控制系统的标注，要符合《过程测量与控制仪表的功能标志和图形符号》（HG/T 20505—2014）的规定。其详细内容前面已做介绍，此处从略。

本 章 小 结

过程控制系统工程设计是生产过程自动化专业一个非常重要的实践环节。对于生产过程自动化专业的学生，在学习了各门专业课程之后，进行一次自控工程设计的实践是十分必需和重要的。

本章介绍了控制系统工程设计的基本知识，包括控制系统工程设计的基本任务、设计步骤、设计内容和方法。重点讲述了《过程测量和控制仪表的功能标志及图形符号》（HG 20505—2014）、工艺控制流程图（管道及仪表流程图）的画法、仪表设备的选型原则、自控设备表填写方法，以及仪表盘正面布置图与盘后电气接线图的绘制原则与方法。

通过本章的学习，应能看懂控制系统工程设计文件中的工艺控制流程图（管道及仪表流程图）、控制系统设备表、仪表盘正面布置图、仪表盘背面电气接线图等基本设计文件，提高识图能力。具体要求如下所述。

（1）根据各局部控制方案汇总、整理，画出带控制点的工艺控制流程图。

（2）根据控制方案选用经济、可靠的各类仪表。

（3）根据工艺控制流程图和自控设备表绘出仪表盘正面布置图和仪表盘背面电气接线图。

（4）学习本章时，应注意与本书前面章节的内容相结合，同时与“检测技术及仪表”、“过程控制仪表”、“自动控制原理”课程中的专业知识相结合。

思考与练习

1. 控制系统工程设计的主要任务是什么？简述控制系统工程设计的基本步骤。

2. 控制系统工程设计分几个阶段进行？主要设计内容有哪些？

3．简述控制系统工程设计的方法。

4．编制仪表位号的设计标准有哪些？简述仪表位号的编制方法。

5．确定控制方案的要点是什么？

6．常规控制仪表的选择通常应考虑哪些因素？

7．自控设备表一、表二的编制原则有什么区别？

8．仪表盘正面布置图的绘制内容主要有哪些？

9．仪表盘内部接线的表示方法有哪几种？各有什么特点？

10．在工艺控制流程图中，应如何表示工艺设备、机器和物料管道？

11．简述仪表盘背面电气接线图的绘制方法。

12．在绘制仪表盘背面电气接线图时应注意哪些问题？

附录A　工艺流程图上常用设备和机器图例符号

设备类别	代　　号	图　　例
塔	T	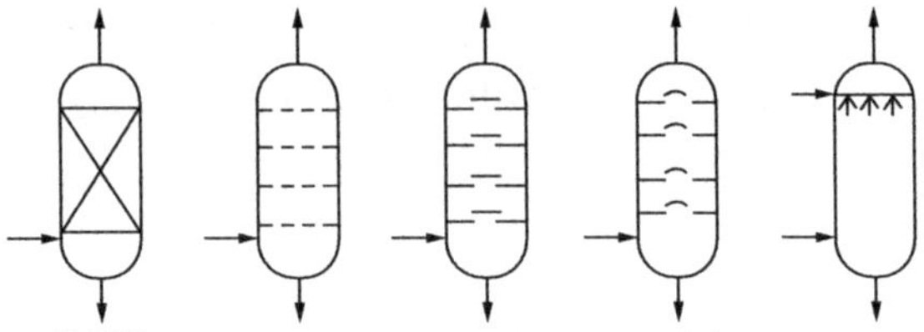 填料塔　筛板塔　浮阀塔　泡罩塔　喷洒塔
泵	P	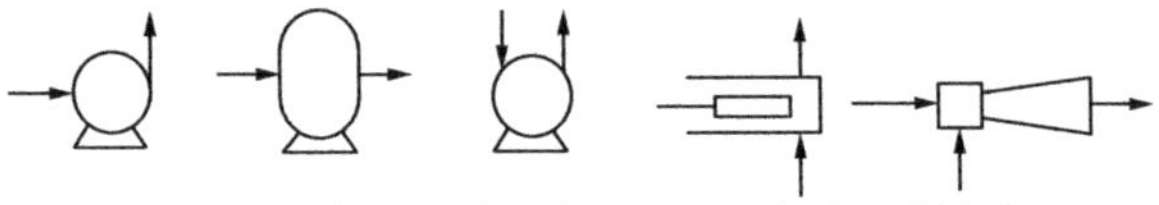 离心泵　旋转泵 齿轮泵　水环真空泵 纳什泵　柱塞泵　喷射泵
压缩机，鼓风机	C	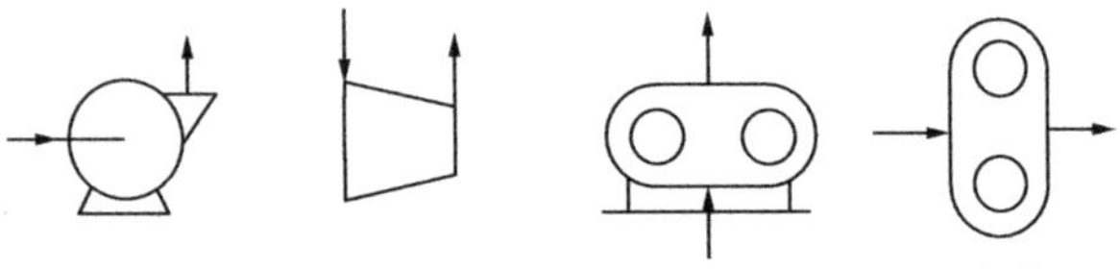 鼓风机　离心压缩机　（卧式）　（立式） 旋转式压缩机 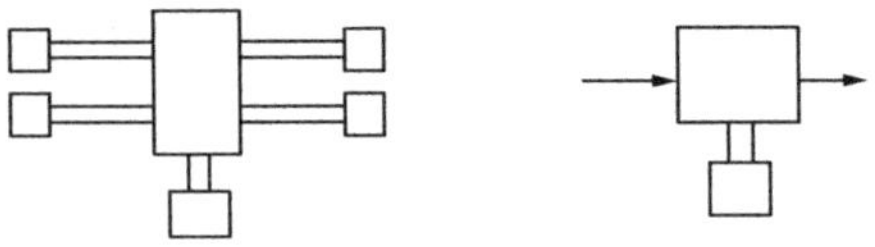　四级往复式压缩机　单级往复式压缩机
反应器	R	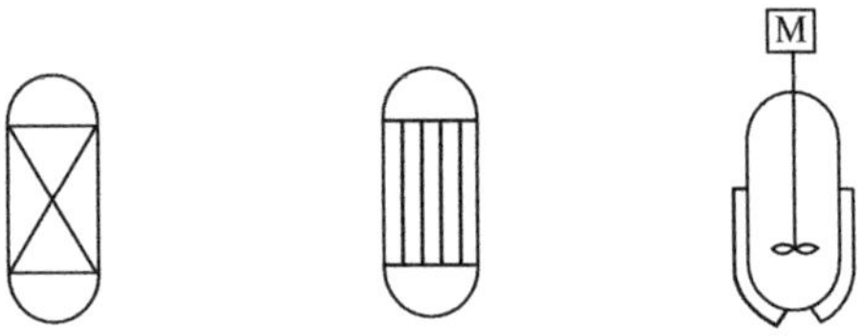 M 固定床反应器　管式反应器　聚合釜
容器、（槽、罐）分离器	V	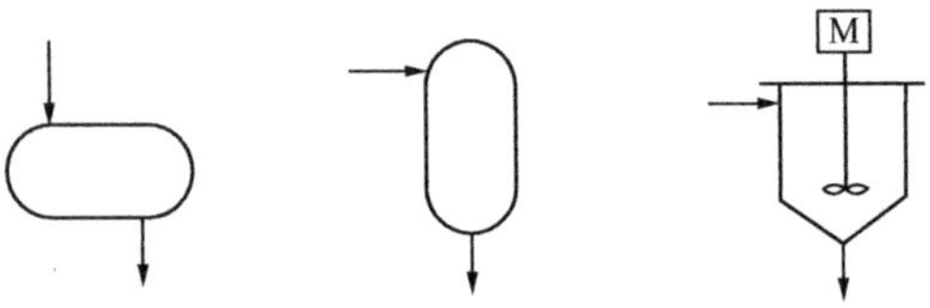 M 卧式槽　立式槽

续表

设备类别	代　号	图　例
容器、（槽、罐）分离器	V	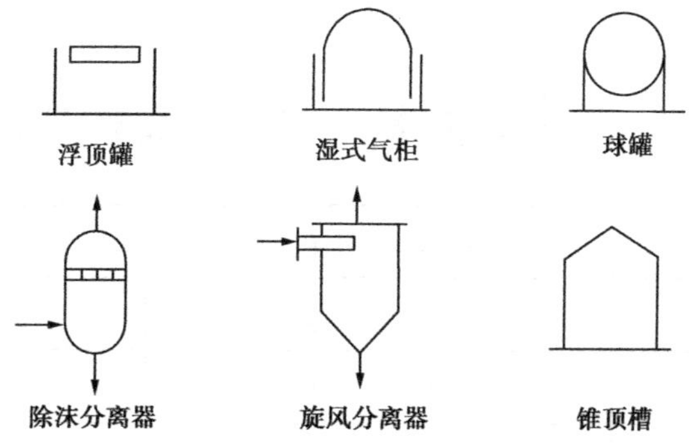 浮顶罐　湿式气柜　球罐 除沫分离器　旋风分离器　锥顶槽
换热器、冷却器、蒸发器	E	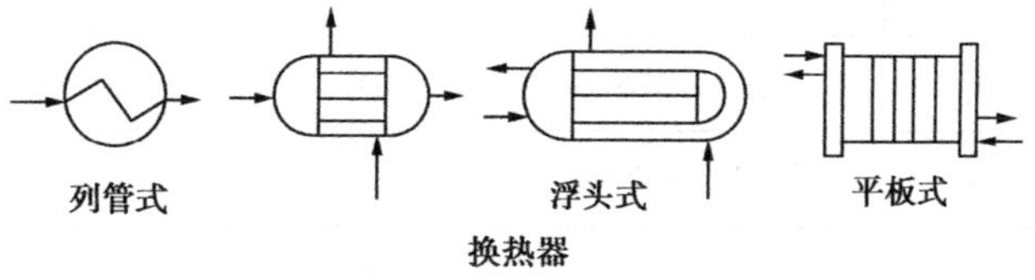 列管式　浮头式　平板式 换热器
		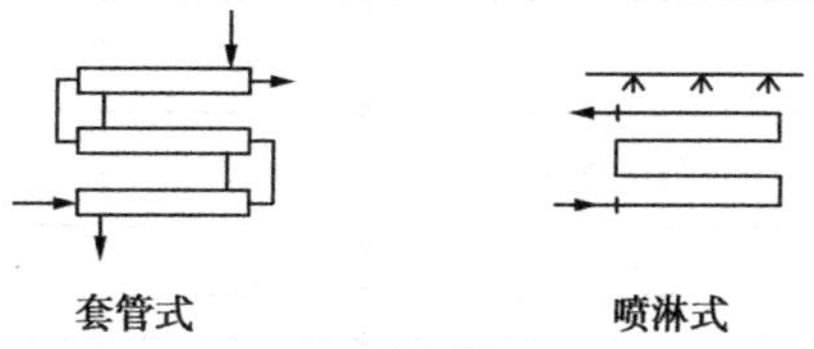 套管式　喷淋式 冷却器
		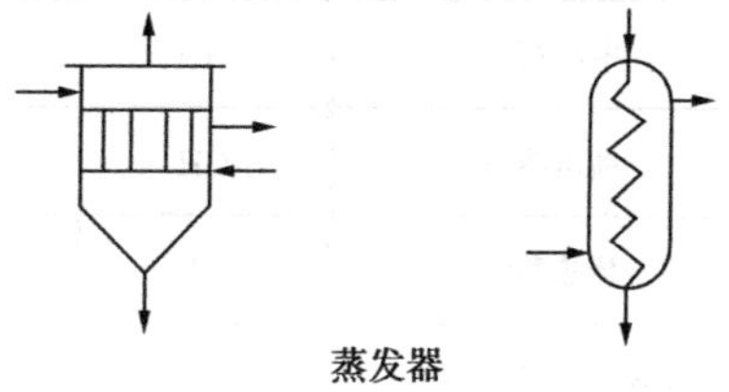 蒸发器
其他机械	M	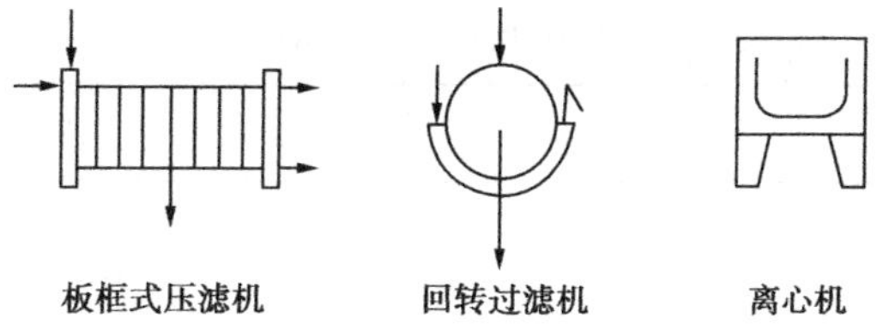 板框式压滤机　回转过滤机　离心机

附录B　工艺流程图上常用物料代号

物料代号	物料名称	物料代号	物料名称	物料代号	物料名称
RW	原水	FG	燃料气	PR	丙烯
IW	工业水（新鲜水）	LPG	液化石油气	M	甲醇
PW	工艺水（软化水）	SO	密封油	ET	乙醇
CW	循环冷却水	RO	原料油	PH	苯酚
DW	生活水（饮用水）	S	溶剂	AP	烷基酚
HW	热水	ER	冷冻剂	IS	异丁烯
WW	废水	AM	氨水	PI	聚异丁烯
HFW	高压消防水	LA	液氨	T	甲苯
SC	蒸汽冷凝水	GA	气氨	PP	丙烯聚合物
LS	低压蒸汽	GO	氧气	CS	二硫化碳
MS	中压蒸汽	GN	氮气	OA	油酸
HS	高压蒸汽	GH	氢气	EA	乙酸
TS	伴热蒸汽	KL	碱液	XY	二甲苯
IA	仪表风（净化风）	FL	酸液	ZO	氧化锌
PA	工业风（非净化风）	WL	废液	SU	硫磺粉
VG	放空气	CS	催化剂（固）	C	导向剂
NG	天然气	CL	催化剂浆液	JL	凝胶浆液
P	工艺流体	AC	助催化剂	MJL	成胶浆液
LO	润滑油	SL	泥浆	MS	分子筛
FO	燃料油	HX	乙烷	WG	水玻璃

附录C　工艺流程图上管道、管件、阀门及附件图例符号

名　称	图　例	名　称	图　例
主要物料管道		节流阀	
辐助物料及公用系统管道		角阀	
蒸汽伴热管道		闸阀	
夹套管		球阀	
文氏管		隔膜阀	
消声器		旋塞阀	
翅片管		三通旋塞阀	
喷淋管		四通旋塞阀	
放空管		弹簧式安全阀	
敞口漏斗		杠杆式安全阀	

附录D　过程控制范例——识读工业锅炉工艺控制流程图

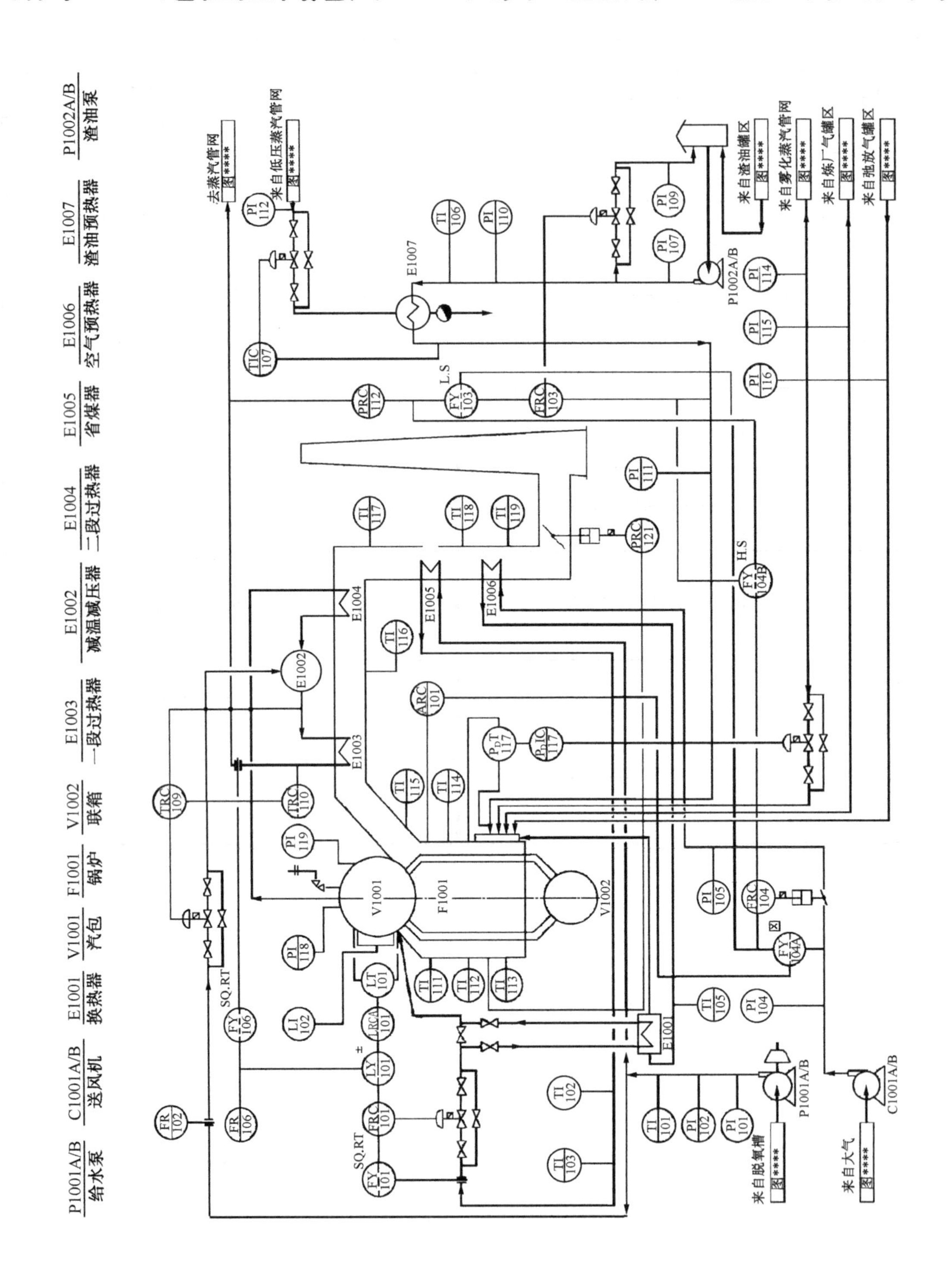

附录 E　某自控设计的自控设备表（表一）（部分）

（设计单位名称）	项目名称 PROJECT	××××	自控设备表（表一）INSTRUMENT LIST	版次 REV.	设计 PREP.	校核 CHK.	审查 REV.	核定 APPR	批准 RATIFY	日期 DATE	图号/版次 DWG.NO./REV.
	装置名称 IFEM	××××									
	设计阶段 DES,STAG	××××									Sheel　of

系统位号名称			FRC-101 ××××××××××××××控制系统					
仪表位号			FE-101	FT-101	FR-101	FIC-101	FV-101	FN-101
仪表及其附件	数量		1	1	1	1	1	1
	名称		环室标准孔板	差压变送器	记录仪	指示控制器	气动控制阀	安全栅
	型号			1151DP3E12M1B3	IRV-4131-0023	ICE-5241-3522	ZMAP-4.0K	ISB-5262-5006
	规格		DN80				C_{100}=12.0	
			孔板1Cr18Ni9Ti	0～7.5kPa	显示范围：	0～100%	DN×d−32×32	执行器一路
			环室20钢	附：三阀组	0～6300kg/h	控制规律：PI	等百分比特性	变送器一路
			附：切断阀一对			作用方式：反	阀芯：1Cr18Ni9Ti	
							阀体：ZG251	
操作条件	介质及重度		C_3 C_4				C_3 C_4	
			415kg/m^3				415kg/m^3	
	温度（℃）		72				72	
	表压（MPa）		2.78				2.78	
	流量	最大	6255kg/h				6255kg/h	
		正常	4175kg/h				4175kg/h	
		最小	1826kg/h				1826kg/h	
安装地点			××××	就地	××××	××××	××××	××××
安装图号			××××	××××				
备注								

附录F 某自控设计的自控设备表（表二）（部分）

（设计单位名称）	项目名称 PROJECT	×××××	自控设备表（表二） INSTRUMENT LIST	图号/版次 DWG.NO./REV.
	装置名称 ITEM	××××		
	设计阶段 DES.STAG	××××	版次 REV. / 设计 PREP. / 校核 CHK. / 审查 REV. / 核定 APPR. / 批准 RATIFY. / 日期 DATE.	Sheet of

位号 TAG.NO	用途 SERVICE	仪表名称及规格 DISCRIPTION& SPECIFICATION	型号 MODEL	数量 QTY.	安装地点 LOCATION	安装图号 HOOK-UP DWG.	操作条件OPER.CONDITION 介质及重度 MEDIA& DENSITY	温度 TEMP.（℃）	表压 PRESS.（MPa）	流量及液位 FLOW&LEVEL	备注 REMARKS	修改标记 REV.
	温度测量											
TIC—101	加热器进口碱溶液	PLC										
	温度调节											
TT—101		热电阻一体化温度变送		1	133×4衬胶	仪表-02-08-01	5%碱熔注	40	0.4			
		分度号：Pt100										
		插入深度：1-150mm										
		连接尺寸：M27×2										
		保护管村质：碳钢										
		输出：4～20mA										
		测量范围：0～100℃										
		电源：24 VDC										
		精度：0.2										
TN-101		安全栅					2#PLC					
TV-101		电动调节阀										
TT-102	加热器进口碱溶液	PLC										
	温度指示											
TT-102		热电阻一体化温度变送		1	133×4衬胶	仪表-02-08-01	5%碱熔注	常温	0.4			

参考文献

1 刘巨良．过程控制仪表．北京：化学工业出版社，1998．
2 莫彬．过程控制工程．北京： 化学工业出版社，1991．
3 蒋慰孙．过程控制工程．北京：中国石化出版社，1999．
4 俞金寿．过程自动化及仪表．北京：化学工业出版社，2003．
5 何衍庆，俞金寿，蒋慰孙．工业生产过程控制．北京：化学工业出版社，2004．
6 王树青．工业过程控制工程．北京：化学工业出版社，2003．
7 何离庆．过程控制系统．重庆：重庆大学出版社，2003．
8 翁维勤，孙洪程．过程控制系统及工程（第二版）．北京：化学工业出版社，2002．
9 王爱广．过程控制技术．北京：化学工业出版社，2005．
10 金以慧．过程控制．北京：清华大学出版社，1993．
11 王骥程，祝和云．化工过程控制工程．北京：化学工业出版社，1991．
12 王骥程．化工过程控制工程．北京：化学工业出版社，1996．
13 陆德民．石油化工自动控制设计手册．北京：化学工业出版社，2000．
14 侯志林．过程控制与自动化仪表．北京：机械工业出版社，2002．
15 施引萱，王丹均，刘源泉．仪表维修工．北京：化学工业出版社，2001．
16 孙虎章．自动控制原理．北京：中央广播电视大学出版社，1994．
17 黄坚．自动控制原理及其应用（第 2 版）．北京：高等教育出版社，2001．
18 温希东．自动控制原理及其应用．西安：西安电子科技大学出版社，2004．
19 左国庆，明赐东．自动化仪表故障处理实例．北京：化学工业出版社，2003．
20 李守忠等．化工电气和化工仪表．北京：化学工业出版社，2000．
21 吉化集团公司组织．仪表维修工．北京：化学工业出版社，2004．
22 张德泉．仪表工识图．北京：化学工业出版社，2006．
23 徐帮学．仪器仪表国内外最新标准及其工程应用技术全书．长春：银声音像出版社．
24 杨为民．过程控制系统及工程．西安：西安电子科技大学出版社，2008．
25 于辉．过程控制原理与工程．北京：机械工业出版社，2010．
26 刘玉长．自动检测和过程控制．北京：冶金工业出版社，2010．
27 戴连奎．过程控制工程．北京：化学工业出版社，2012．

反侵权盗版声明

举报电话：（010）88254396；（010）88258888

传　　真：（010）88254397

E-mail：dbqq@phei.com.cn

通信地址：北京市海淀区万寿路 173 信箱

电子工业出版社总编办公室

邮　　编：100036